全国计算机技术与软件专业技术资格（水平）考试用书

网络工程师教程

第6版

张永刚　王　涛　高振江　主　编

清華大學出版社
北　京

内 容 简 介

本书是计算机技术与软件专业技术资格考试用书。作者在前5版的基础上，针对考试的重点内容做了较大篇幅的修订，书中主要内容包括数据通信、局域网、无线通信网、网络互连、网络安全、网络操作系统与应用服务器、组网技术、网络管理、网络规划和设计。

本书是参加网络工程师考试的必备教材，也可作为网络工程从业人员学习网络技术的教材或日常工作的参考用书。

图书在版编目(CIP)数据

网络工程师教程 / 张永刚，王涛，高振江主编 .
6版 . -- 北京 : 清华大学出版社，2024. 8. -- (全国计算机技术与软件专业技术资格（水平）考试用书).
ISBN 978-7-302-66919-7

Ⅰ. TP393

中国国家版本馆CIP数据核字第2024XB2187号

责任编辑：杨如林　邓甄臻
封面设计：杨玉兰
责任校对：徐俊伟
责任印制：沈　露

出版发行：清华大学出版社
网　　址：https://www.tup.com.cn，https://www.wqxuetang.com
地　　址：北京清华大学学研大厦A座　　**邮　　编：**100084
社 总 机：010-83470000　　**邮　　购：**010-62786544
投稿与读者服务：010-62776969，c-service@tup.tsinghua.edu.cn
质 量 反 馈：010-62772015，zhiliang@tup.tsinghua.edu.cn
印 装 者：三河市龙大印装有限公司
经　　销：全国新华书店
开　　本：185mm×230mm　　**印　　张：**24.25　　**防伪页：**1　　**字　　数：**587千字
版　　次：2004年7月第1版　　2024年10月第6版　　**印　　次：**2024年10月第1次印刷
定　　价：89.00元

产品编号：104534-01

第 6 版前言

考虑到信息系统国产化换代和网络安全防护需求，本次修编进一步对交换机和路由器的配置以及服务器操作系统配置进行了替换，对部分章节内容进行了精简和合并，增加了 4G、5G、国产操作系统、网络安全防范等技术内容。各章的作者如下：齐勇编写了第 1 章；王涛和严体华编写了第 2 章、第 3 章和第 4 章；高振江编写了第 5 章；张永刚编写了第 6 章和第 7 章；景为编写了第 8 章和第 10 章；张珂编写了第 9 章。

编　者

2024 年 5 月

第 5 版前言

考虑到交换机与路由器设备在市场上的占有率以及服务器操作系统的升级换代，本次修编对交换机和路由器的配置以及服务器操作系统及配置进行了替换。第 1 章由雷震甲、张凡编写；第 2 章由吴小葵、杨俊卿编写；第 3 章由严体华、刘伟编写；第 4 章由张永刚、王亚平编写；第 5 章由雷震甲编写；第 6 章由高悦、刘强编写；第 7 章由吴振强、武波编写；第 8 章由高振江、王黎明编写；第 9 章由张武军、张志钦编写；第 10 章由景为、宋胜利编写；第 11 章由谢志诚、霍秋艳编写；第 12 章由曹燕龙、褚华编写。

编　者

2018 年 1 月

第 4 版前言

考虑到无线互联网和 IPv6 技术的应用已经普及，所以这次修订把无线通信网和下一代互联网的有关内容独立出来，经扩充后成为单独的两章，全书增加到 12 章。各章的作者如下：雷震甲编写了第 1 章、第 5 章和第 6 章；张淑平编写了第 2 章；严体华编写了第 3 章和第 9 章；高振江编写了第 4 章；吴晓葵编写了第 7 章和第 10 章；张志钦编写了第 8 章；张武军编写了第 11 章；曹艳龙编写了第 12 章。

编　者

2014 年 4 月

第 3 版（修订版）前言

根据新的网络工程师考试大纲，这次再版时对本书内容进行了比较大的调整，对基础知识部分进行了简化，对应用技术部分进行了改写，突出了网络服务器的配置、路由器和交换机的配置，以及网络安全和网络管理等实用技术。在适当调整后，全书分为 10 章，其主要内容介绍如下。

第 1 章介绍计算机网络的基本概念，这一章最主要的内容是计算机网络的体系结构——ISO 开放系统互连参考模型，其中的基本概念，例如协议实体、协议数据单元、服务数据单元、面向连接的服务和无连接的服务、服务原语、服务访问点、相邻层之间的多路复用，以及各个协议层的功能特性等，都是进行网络分析的理论基础，是网络工程技术人员应该掌握的基础知识。

第 2 章讲述数据通信的基础知识，这一章主要是物理层的内容。网络工程师除了熟悉网络协议的工作原理、能够操作网络互连设备之外，也应该掌握数据通信方面的基础知识，这样，在进行网络故障分析和故障排除时才能做到有的放矢，事半功倍地解决问题。

第 3 章介绍电话网、数据通信网、帧中继网和综合业务数字网等广域通信网方面的基础知识，这些网络都是进行网络互连时必须要用到的基础设施，这方面的基础知识可以帮助网络工程师根据已有的条件选择网络互连设备。

第 4 章详细介绍局域网和城域网方面的主要技术。这次修改时突出了快速以太网技术，删去了较少使用的令牌环网等，丰富了无线局域网和城域网方面的内容。这一章是网络工程师应该掌握的最重要的基础知识。

第 5 章讨论了网络互连的基本原理，深入讲解了 Internet 协议及其提供的网络服务。这一章也是网络工程师应该掌握的重要的基础知识。

第 6 章包含了网络安全方面的基础知识和应用技术。读者应该掌握诸如数据加密、报文认证、数字签名等基本理论，在此基础上深入理解网络安全协议的工作原理，并能够针对具体的网络系统设计和实现简单的安全解决方案。

第 7 章介绍了 Windows 和 Linux 操作系统的基础知识，并详细讲述了常用的各种服务器的配置方法。这一章主要是具体操作方面的内容，网络工程师应能够熟练地配置各种网络服务器，排除网络服务器中出现的故障。

第 8 章是有关网络互连设备操作方面的基础知识和实用技术，要求网络工程师能够熟练地操作网络互连设备，重点是 VLAN 和动态路由配置。要求网络工程师熟悉网络互连设备的工作原理，掌握路由器和交换机的配置命令，能够排除网络互连设备的故障。

第 9 章是网络管理。读者除了要熟悉 SNMP 协议的体系结构和操作原理之外，还要能实际操作网络管理系统，熟练地使用常见的网络管理命令，针对具体的网络给出实用的网络管理解决方案。

第 10 章讲述网络规划与设计。网络工程师应该能够根据网络的设计目标，按照系统工程的方法给出解决方案，写出规范的设计和实施文档。另外，这一章还给出了网络规划和设计的案例，作为学习时的参考。

新版大纲增加了 IPv6、802.11x、MPLS、光纤主干网等新技术，希望读者给予注意。

编　者

2009 年 4 月

目 录

第 1 章　计算机网络概论

计算机网络是计算机技术与通信技术相结合的产物。计算机网络是信息收集、分发、存储、处理和消费的重要载体。计算机网络作为一种生产和生活工具被人们广泛接纳和使用后，对人类社会的经济、政治和文化生活产生了重大影响。本章讲述计算机网络基本概念和发展简史，以及国际标准化组织定义的开放系统互连参考模型，后者是分析和认识计算机网络的理论基础。

1.1　计算机网络的形成和发展

1. 早期的计算机网络

自从有了计算机，就有了计算机技术与通信技术的结合。早在 1951 年，麻省理工学院林肯实验室为美国空军推出了一个名为 SAGE 的半自动地面防空系统，并于 1963 年完成，它被认为是计算机和通信技术整合的先驱。

计算机通信技术在民用系统中的首次应用是 SABRE-I，这是由美航公司和 IBM 联合开发的飞机订票系统，于 20 世纪 60 年代初推出。美国通用电气公司的信息服务系统是世界上最大的商用数据处理网络，于 1968 年投入运行，具有交互式和批量处理能力，其广泛的地理覆盖面使其能够利用时间差充分开发资源。

早期计算机通信网络采用多点通信线路、终端集中器以及前端处理机等技术，以提高通信线路的使用率，并减少主机的负荷。以多点线路连接的终端和主机间的通信建立过程，可以用主机对各终端轮询或由各终端连接成雏菊链的形式实现。鉴于远程通信的特殊情况，对传输的信息还要按照一定的通信规程进行特殊处理。

2. 现代计算机网络的发展

20 世纪 60 年代中期大型机的出现创造了远程共享大型机资源的需求。以程控交换为特征的电信技术的发展使得满足这种远程通信的需求成为可能。现代意义上的计算机网络始于美国国防部高级研究计划局（DARPA）在 1969 年开发的实验网 ARPANET。该网络当时只有 4 个节点，以电话线路作为主干通信网络，两年后建成 15 个节点，进入工作阶段。此后，ARPANET 的规模不断扩大。到 20 世纪 70 年代末，网络节点超过 60 个，主机 100 多台，地理范围跨越美洲大陆，并持续延展。ARPANET 的主要特点如下：

（1）资源共享；

（2）分散控制；

（3）分组交换；

（4）采用专门的通信控制处理机；

（5）分层的网络协议。

这些特点被认为是现代计算机网络的一般特征。

20世纪70年代中后期是广域通信网大发展的时期。各发达国家的政府部门、研究机构和电报电话公司都在发展分组交换网络。例如，英国邮政局的EPSS公用分组交换网络（1973）、法国信息与自动化研究所（IRIA）的CYCLADES分布式数据处理网络（1975）等。这些网络都以实现计算机之间的远程数据传输和信息共享为主要目的，通信线路大多采用租用电话线路，少数铺设专用线路，数据传输速率在50kb/s左右。这一时期的网络被称为第二代网络，以远程大规模互连为主要特点。

3. 计算机网络标准化阶段

自二十世纪六七十年代初，关于组网的技术、方法和理论的研究日趋成熟。为促进网络产品的开发，各大计算机公司制定了自己的网络技术标准。IBM首先于1974年推出系统网络体系结构（System Network Architecture，SNA），为用户提供互联互通的成套通信产品；1975年，DEC公司宣布了自己的数字网络体系结构（Digital Network Architecture，DNA）；1976年，UNIVAC宣布了分布式通信体系结构（Distributed Communication Architecture，DAC）。这些网络技术标准只在一个公司范围内有效。网络通信市场的这种各自为政的状况使得用户在投资方向上无所适从，也不利于多厂商之间的公平竞争。1977年，国际标准化组织（ISO）的TC97信息处理系统技术委员会SC16分技术委员会开始制定开放系统互连参考模型（OSI/RM）。作为国际标准，OSI规定了可以互连的计算机系统之间的通信协议，遵从OSI协议的网络通信产品即所谓的“开放系统”。今天，几乎所有的网络产品厂商都声称自己的产品是开放系统，不遵从国际标准的产品逐渐失去了市场。这种统一的、标准化的产品互相竞争的市场推动了网络技术的发展。

4. 微型机局域网的发展时期

20世纪80年代初期出现了微型计算机，这种更适合办公室环境和家庭使用的新机种对社会生活的各个方面都产生了深刻的影响。1972年，Xerox公司发明了以太网，以太网与微型机的结合使得微型机局域网得到了快速发展。将一个单位内部的微型计算机和智能设备互相连接起来，提供了办公自动化的环境和信息共享的平台。1980年2月，IEEE组织了一个802委员会，开始制定局域网标准。局域网的发展道路不同于广域网，局域网厂商从一开始就按照标准化、互相兼容的方式展开竞争。用户在建设自己的局域网时选择面更宽，设备更新更快。

5. 国际因特网的发展时期

1985年，美国国家科学基金会（National Science Foundation，NSF）利用ARPANET协议建立了用于科学研究和教育的骨干网络NSFnet。1990年，NSFnet代替ARPANET成为美国国家骨干网，并从大学和研究机构转移到公众。1992年，Internet学会成立，该学会把Internet定义为“组织松散的、独立的国际合作互联网络”“通过自主遵守计算协议和过程支持主机对主机的通信”。1993年，美国伊利诺伊大学国家超级计算中心成功开发了网上浏览工具Mosaic，使各种信息都可以方便地在网上交流。浏览工具的实现引发了Internet发展和普及的高潮。上网不再是网络操作人员和科学研究人员的专利，而成为一般人进行远程通信和交流的工具。到了20世纪90年代后期，Internet以惊人的高速度发展，网上的主机数量、上网人数、网络的信息流量每年都在成倍增长。

1.2　计算机网络的分类和应用

1.2.1　计算机网络的分类

“计算机网络”是指由通信线路互相连接的许多自主工作的计算机构成的集合体。这里强调构成网络的计算机是自主工作的，这是为了和多终端分时系统相区别。在后一种系统中，终端无论是本地的还是远程的，只是主机和用户之间的接口，它本身并不拥有计算资源，全部资源集中在主机中。主机以自己拥有的资源分时地为各终端用户服务。在计算机网络中的各个计算机（工作站）本身拥有计算资源，能独立工作，能完成一定的计算任务。同时，用户还可以共享网络中其他计算机的资源（CPU、大容量外存或信息等）。

比计算机网络更高级的系统是分布式系统。分布式系统在计算机网络基础上为用户提供了透明的集成应用环境。用户可以用名字或命令调用网络中的任何资源或进行远程的数据处理，不必考虑这些资源或数据的地理位置。

与计算机网络类似的另一种系统是多机系统。多机系统专指同一机房中的许多大型主机互连组成的功能强大、能高速并行处理的计算机系统。对这种系统互连的要求是高带宽和连通的多样性。计算机网络中的信息传输成本高，实际的有效数据速率比通信线路能够提供的带宽要小得多。同时，由于距离的原因，计算机网络终端系统是通过交换设备互连的，这种有限互连的方式不能适应高速并行计算的要求。

计算机网络的组成元素可以分为两大类，即网络节点和通信链路。网络节点又分为端节点和转发节点。端节点指信源和信宿节点，例如用户主机和用户终端；转发节点指网络通信过程中控制和转发信息的节点，例如交换机、集线器、接口信息处理机等。通信链路是指传输信息的信道，可以是电话线、同轴电缆、无线电线路、卫星线路、微波中继线路和光纤缆线等。网络节点通过通信链路连接成的计算机网络如图 1-1 所示。

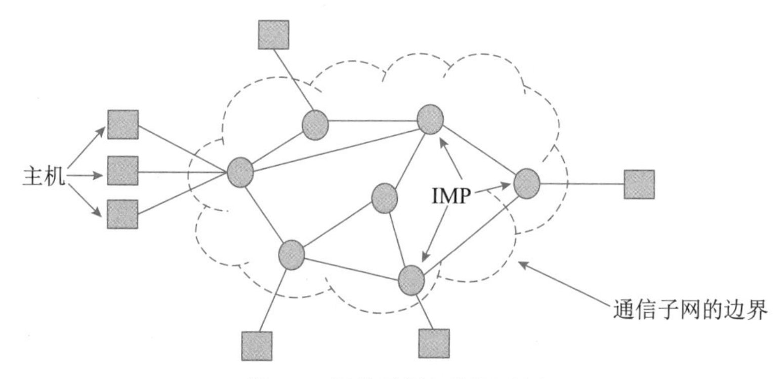

图 1-1　通信子网与资源子网

在图 1-1 中，虚线框外的部分称为资源子网。资源子网中包括拥有资源的用户主机和请求资源的用户终端，它们都是端节点。虚线框内的部分叫作通信子网，其任务是在端节点之间传送由信息组成的报文，主要由转发节点和通信链路组成。在图1-1中，按照ARPA网络的术语把转发节点统称为接口信息处理机（Interface Message Processor，IMP）。IMP是一种专用于通信的计算机，有些IMP之间直接相连，有些IMP之间必须经过其他IMP才能相连。当IMP收到一个报文后要根据报文的目标地址决定把该报文提交给与它相连的主机还是转发到下一个IMP，这种通信方式叫作存储-转发通信，在广域网中的通信一般都采用这种方式。另外一种通信方式是广播通信方式，主要用于局域网中。局域网中的IMP简化为一个微处理器芯片，每台主机或工作站中都设置一个IMP。在广播通信系统中，唯一的信道为所有主机所共享，任何主机发出的信息所有主机都能收到。信息包中的目标地址则指明特定的接收站。在需要时可以用一个特殊的目标地址（例如全1地址）表示该信息包是发给所有站的，这叫作多目标发送。

可以按照不同的方法对计算机网络进行分类。按照互连规模和通信方式，可以把网络分为局域网（LAN）、城域网（MAN）和广域网（WAN），这3种网络的比较如表1-1所示。

表1-1　LAN、MAN和WAN的比较

比较内容	LAN	MAN	WAN
地理范围	室内，校园内部	建筑物之间，城区内	国内，国际
所有者和运营者	单位所有和运营	几个单位共有或公用	通信运营公司所有
互联和通信方式	共享介质，分组广播	共享介质，分组广播	共享介质，分组交换
数据速率	每秒几十兆位 至每秒几百兆位	每秒几兆位 至每秒几十兆位	每秒几十千位
误码率	最小	中	较大
拓扑结构	规则结构：总线、星形和环形	规则结构：总线、星形和环形	不规则的网状结构
主要应用	分布式数据处理 办公自动化	LAN互联，综合声音、视频和数据业务	远程数据传输

按照使用方式可以把计算机网络分为校园网（Campus Network）和企业网（Enterprise Network），前者用于学校内部的教学科研信息的交换和共享，后者用于企业管理和办公自动化。一个校园网或企业网可以由内联网（Intranet）和外联网（Extranet）组成。内联网是采用Internet技术（TCP/IP协议和B/S结构）建立的校园网或企业网，用防火墙限制与外部的信息交换，以确保内部的信息安全。外联网是校园网或企业网的一部分，通过Internet上的安全通道与内部网进行通信。按照网络服务的范围可以把网络分为公用网与专用网。公用网是通信公司建立和经营的网络，向社会提供有偿的通信和信息服务。专用网一般是建立在公用网上的虚拟网络，仅限于一定范围的用户之间的通信，或者对一定范围的通信设备实施特殊的管理。

1.2.2 计算机网络的应用

计算机网络的应用涉及社会生活的各个方面。当前对经济和文化生活影响最大的网络应用列举如下：

（1）办公自动化。网络化办公系统的主要功能是实现信息共享和公文流转。功能包括领导办公、电子签名、公文处理、信息发布和全文检索等模块，以解决各种类型的无纸化办公问题。

（2）远程教育。远程网络教学是利用因特网技术与教育资源相结合，在计算机网络上进行的教学方式。网络教学利用现代通信技术实现远程交互，学习者可以与远地的教师通过电子邮件、BBS 等建立交互联系，学员之间也可进行类似的交流和互助学习。

（3）电子银行。电子银行是一种在线服务系统，它以因特网为媒介，为客户提供银行账户信息查询、转账付款、在线支付和代理业务等自助金融服务。

（4）娱乐和在线游戏。随着宽带通信与视频演播的快速发展，网络在线游戏正逐步成为因特网娱乐的重要组成部分，也是互联网最富群众性和最有潜力的盈利点。一般而言，计算机游戏可以分为 3 类：完全不具备联网功能的单机游戏、具备局域网联网功能的多人联网游戏以及基于因特网的多用户游戏。最后一种游戏有大型的客户端软件和复杂的后台服务器系统。

1.3　我国互联网的发展

我国互联网的发展始于 20 世纪 80 年代末。1987 年 9 月 20 日，钱天白教授通过意大利公用分组交换网 ITAPAC 设在北京的 PAD 发出我国的第一封电子邮件，与德国卡尔斯鲁厄大学进行通信，揭开了中国人使用 Internet 的序幕。

1989 年 9 月，国家计委组织建立中关村地区教育与科研示范网络（NCFC）。立项的主要目标是在北京大学、清华大学和中国科学院 3 个单位间建设高速互联网络，并建立一个超级计算中心，这个项目于 1992 年建设完成。

1990 年 10 月，中国正式在 DDN-NIC 注册登记了我国的顶级域名 CN。1993 年 4 月，中国科学院计算机网络信息中心召集部分网络专家调查了各国的域名系统，据此提出了我国的域名体系。

1994 年 1 月 4 日，NCFC 工程通过美国 Sprint 公司连入 Internet 的 64k 国际专线开通，实现了与 Internet 的全功能连接，从此我国正式成为有 Internet 的国家。

从 1994 年开始，分别由国家计委、邮电部、国教教委和中科院主持，建成了我国的四大因特网，即中国金桥信息网、中国公用计算机互联网、中国教育科研网和中国科学技术网。在短短几年间，这些主干网络就投入使用，形成了国家主干网的基础。

1996 年以后，我国互联网的发展进入应用平台建设和增值业务开发阶段。中国互联网进入了空前活跃的高速发展时期。一大批中文网站，包括综合性的“门户”网站和各种专业性的网站纷纷出现，提供新闻报道、技术咨询、软件下载和休闲娱乐等 ICP 服务，以及虚拟主机、域名注册、免费空间等技术支持服务。与此同时，各种增值服务也逐步展开，其中主要有电子商务、IP 电话、视频点播和无线上网等。在互联网的应用面扩宽和普及率快速增长的前提下，一些中国互联网公司开始进军海外股市纳斯达克，成为世纪之交中国新经济发展的重要标志。

1997 年 6 月 3 日，根据国务院信息化工作领导小组办公室的决定，中国科学院网络信息中心组建了中国互联网络信息中心（CNNIC），同时，国务院信息化工作领导小组办公室宣布成立中国互联网络信息中心工作委员会。

1997 年 11 月，CNNIC 发布了第 1 次《中国 Internet 发展状况统计报告》。截止到 1997 年 10 月 31 日，我国共有上网计算机 29.9 万台，上网用户 62 万人，CN 下注册的域名 4066 个，WWW 站点 1500 个，国际出口带宽为 18.64Mb/s。

2023年8月28日，中国互联网络信息中心（CNNIC）在京发布第52次《中国互联网络发展状况统计报告》。截至2023年6月，我国网民规模达10.79亿人，较2022年12月增长1109万人，互联网普及率达76.4%。在网络基础资源方面，截至2023年6月，我国域名总数为3024万个；IPv6地址数量为68055块/32，IPv6活跃用户数达7.67亿；互联网宽带接入端口数量达11.1亿个；光缆线路总长度达6196万公里。在移动网络发展方面，截至2023年6月，我国移动电话基站总数达1129万个，其中累计建成开通56基站293.7万个，占移动基站总数的26%；移动互联网紧计流量达1423亿GB，同比增长14.6%；移动互联网应用蓬勃发展，国内市场上监测到的活跃App数量达260万款，进一步覆盖网民日常学习、工作、生活。在物联网发展方面，截至2023年6月，三家基础电信企业发展蜂窝物联网终端用户21.23亿户，较2022年12月净增2.79亿户，占移动网终端连接数的比重为55.4%，万物互联基础不断夯实。

1.4 计算机网络体系结构

计算机网络发展到今天，已经演变成一种复杂而庞大的系统。计算机专业人员应对这种复杂系统的常规方法就是把系统组织成分层的体系结构，即把很多相关的功能分解开来，逐个予以解释和实现。读者在后续内容中会看到，在分层的体系结构中，每一层都是一些明确定义的相互作用的集合，即对等协议；层之间的界限是另外一些相互作用的集合，称为接口协议。下面介绍一下计算机网络应该提供的各种功能。

1.4.1 计算机网络的功能特性

研究计算机网络的基本方法是全面深入地了解计算机网络的功能特性，即计算机网络是怎样在两个端用户之间提供访问通路的。理解了计算机网络的功能特性才能够掌握各种网络的特点，才能了解网络运行的原理。

首先，计算机网络应该在源节点和目标节点之间提供传输线路，这种传输线路可能要经过一些中间节点。如果是远程联网，则要通过电信公司提供的公用通信线路，这些通信线路可能是地面链路，也可能是卫星链路。如果电信公司提供的通信线路是模拟的，还必须用Modem进行信号变换，因而网络应该提供与Modem相对应的接口。

计算机通信有一个特点，即间歇性或突发性。当用户坐在终端前思考时，线路中没有信息流过。当用户发出文件传输命令时，突然来到的数据需要迅速地发送，然后又沉默一段时间。因而计算机之间的通信链路要有较高的带宽，同时由许多节点共享高速线路，以获得合理经济的使用效率。计算机网络的设计者发明了一些新的交换技术来满足这种特殊的通信要求，例如报文交换和分组交换技术。计算机网络的功能之一是对传输的信息流进行分组，加入控制信息，并把分组正确地传送到目的地。

加入分组的控制信息主要有两种：一种是接收端用于验证是否正确接收的差错控制信息；另一种是数据包的发送端和接收端的地址信息。因而，网络必须具有差错控制功能和寻址功能。另外，当多个节点同时要求发送分组时，网络还必须通过某种仲裁过程决定谁先发送，谁后发送。所有这些控制信息数据包在网络中通过一个个节点正确地向前传送的功能叫数据链路控制

（Data Link Control，DLC）功能。

关于寻址功能，还有更复杂的一面。如果网络有多个转发节点，则当转发节点收到数据包时必须确定下一个转发的对象，因此每一个转发节点都要有根据网络配置和交通情况决定路由的能力。复杂网络中的通信类似于道路系统中的交通情况，数据包分配不好会导致部分节点拥挤、阻塞，甚至完全瘫痪，所以计算机网络要有流量控制和阻塞控制功能。当网络中的通信量达到一定程度时必须限制进入网络中的分组数，以免造成锁死。一旦交通完全阻塞，也要有解除阻塞的办法。

两个用户通过计算机网络会话时，不仅开始时要有会话建立的过程，结束时还要有会话终止的过程。同时它们之间的双向通信也需要进行管理，以确定何时该谁说，何时该谁听。一旦发生差错，该从哪儿说起。

最后，通信双方可能各有一些特殊性需要统一，才能彼此理解。例如，用户使用的终端不同，字符集和数据格式各异，甚至它们之间还可能使用某种安全保密措施，这些都需要规定统一的协议，以消除不同系统之间的差别。这样，才能保证用户计算机在网络中进行正常的通信。

由上面的介绍可知，网络中的通信是相当复杂的，涉及一系列相互作用的功能过程。用户与远地应用程序通信的过程可以用图 1-2 表示，以上提到的主要功能过程按顺序列在图中。用户输入的字符流按标准协议进行转换，然后加入各种控制位和顺序号用于进行会话管理，再进行分组，加入地址字段和校验字段等。上述信息经过 Modem 的变换，送入公共载波线路传送。在接收端进行相反的处理，就可得到发送的信息。值得注意的是，整个通信过程经过这样的功能分解后，得到的功能元素总是成对地出现。而数据链路控制功能则与 Modem 的调制与解调功能无关，也与数据帧中信息字段的内容无关，DLC 元素的作用只是把数据帧从发送节点正确地传送到接收节点。这样，把一对功能元素从整个功能过程中孤立出来，就形成了分层的体系结构。

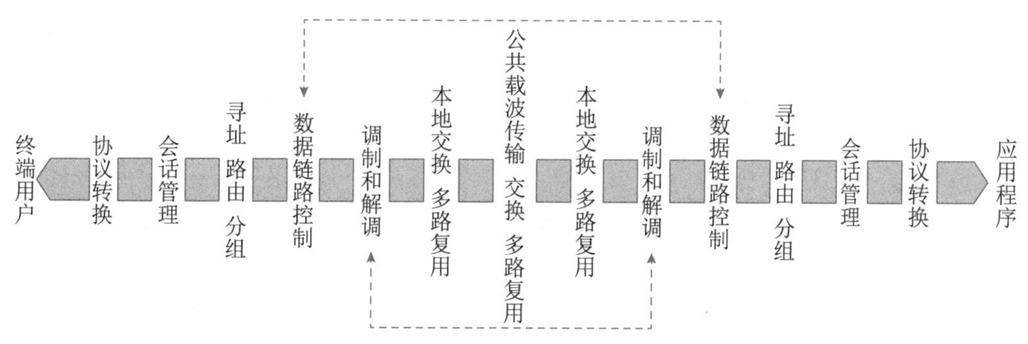

图 1-2　用户与远地应用程序通信的过程

可以把这些功能层按作用范围分类。Modem 和数据链路控制功能是相邻节点间的作用，与同一线路上的其他节点无关；协议转换、会话管理和打包 / 拆包功能涉及一对端节点，与端节点之间的转发节点无关。然而，寻址和路由功能则涉及多个节点，完成这样的功能要考虑网络中的所有节点，以便数据包可以沿着一条最佳线路逐个节点地向前传送，最后到达目的地。

也可以从另一个角度看待这种分层结构，寻址—路由—数据分组之上的功能层对端用户隐藏了通信网络的细节，因而这些功能层叫作高层功能，它们下边的功能层叫作低层功能。这样的功能分解与图1-1中把整个计算机网络划分为资源子网和通信子网是一致的。

以上功能分解描绘出一幅规整的图画。事实上，情况远不是如此简单。首先，有些功能会出现在一个以上的层次。例如多路复用功能，即几个信息流交叉地通过同一线路的功能，会出现在数据链路控制过程中，也会出现在公共载波传输系统中。其次，几个端用户可能会多路访问同一通路，当一个用户的数据包从端节点出发进入更下面的功能层时，就存在选择在哪一层与其他用户的信息流合并的问题。

问题的复杂性还在于同一节点中的层次之间还有控制信息的通信。例如，在一个中间节点上，路由功能必须给DLC功能提供地址，以便DLC能把数据包转发到适当的中间节点上。还需指出的是，有些功能层可能很简单，甚至完全没有。例如，在局域网中就不需要路由功能；对于租用线路，则没有物理层。

用"接口"来描述相邻层之间的相互作用。在两个相邻层之间，下层为上层提供服务，上层利用下层提供的服务实现规定给自己的功能，这种服务和被服务的关系就是人们所说的接口关系。例如，Modem和DLC之间必须按规定的电气接口相互作用；用户程序和网络之间也应规定统一的接口关系，以便于程序的移植。

至此，已引入了功能层的概念。对等层之间按规定的协议通信，相邻层之间按接口关系提供服务和接受服务。把实现复杂的网络通信过程的各种功能划分成这样的层次结构，就是网络的分层体系结构。

1.4.2　开放系统互连参考模型的基本概念

所谓开放系统，是指遵从国际标准的、能够通过互连而相互作用的系统。显然，系统之间的相互作用只涉及系统的外部行为，与系统内部的结构和功能无关。因而，关于互连系统的任何标准都只是关于系统外部特性的规定。1979年，ISO公布了开放系统互连参考模型（Open System Interconnection/Reference Model，OSI/RM）。同时，CCITT（Consultative Committee of International Telegraph and Telephone）认可并采纳了这一国际标准的建议文本。OSI/RM为开放系统互连提供了一种功能结构的框架，ISO 7498文件对它做了详细的规定和描述。

OSI/RM是一种分层的体系结构。从逻辑功能上看，每一个开放系统都是由一些连续的子系统组成的，这些子系统处于各个开放系统和分层的交叉点上，一个层次由所有互连系统的同一行上的子系统组成，如图1-3所示。例如，每一个互连系统逻辑上是由物理电路控制子系统、分组交换子系统和传输控制子系统等组成的，而所有互连系统中的传输控制子系统共同形成了传输层。

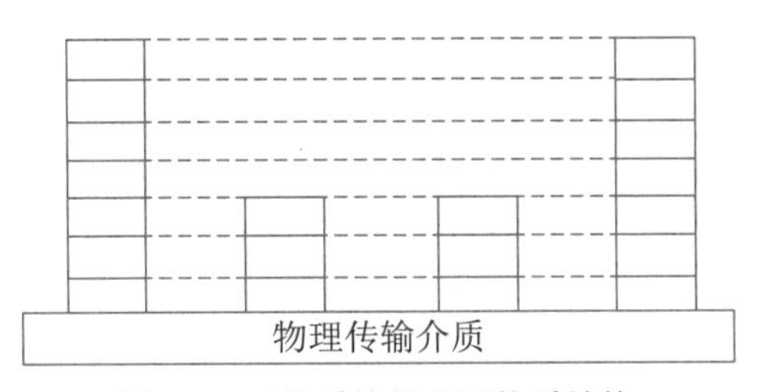

图1-3　开放系统的分层体系结构

开放系统的每一个层次由一些实体组成。实体是软件元素（如进程等）或硬件元素（如智能 I/O 芯片等）的抽象。处于同一层中的实体叫对等实体，一个层次由多个实体组成，这一点正说明了层次的分布处理特征。另一方面，处于同一开放系统中各个层次的实体则代表了系统的协议处理能力，即由其他开放系统所看到的外部功能特性。为了叙述方便，任何层都可以称为（*N*）层，它的上下邻层分别称为（*N*+1）层和（*N*–1）层。同样的提法可以应用于所有和层次有关的概念，例如，（*N*）层的实体称为（*N*）实体等。

分层的基本想法是每一层都在它的下层提供的服务基础上提供更高级的增值服务，而最高层提供能运行分布式应用程序的服务。这样，分层的方法就把复杂问题分解开了。分层的另外一个目的是保持层次之间的独立性，其方法就是用原语操作定义每一层为上层提供的服务，而不考虑这些服务是如何实现的，即允许一个层次或层次的集合改变其运行的方式，只要它能为上层提供同样的服务即可。除最高层外，在互连的各个开放系统中分布的所有（*N*）实体协同工作，为所有（*N*+l）实体提供服务，如图 1-4 所示。例如，网络层在数据链路层提供的点到点通信服务的基础上增加了中继功能，传输层在网络层服务的基础上增加了端到端的控制功能。

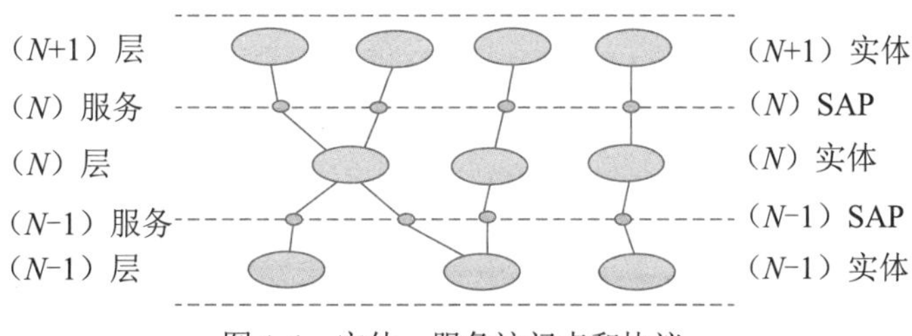

图 1-4　实体、服务访问点和协议

（*N*）实体之间的通信只使用（*N*–1）服务。最低层实体之间通过 OSI 规定的物理介质通信，物理介质形成了 OSI 体系结构中的（0）层。（*N*）实体之间的合作关系由（*N*）协议来规范。（*N*）协议是由公式和规则组成的集合，它精确地定义了（*N*）实体如何协同工作，利用（*N*–1）服务去完成（*N*）功能，以便向（*N*+l）实体提供服务。例如，传输层协议定义了传输站如何协同工作，利用网络服务向会话实体提供传输服务。同一个开放系统中的（*N*）实体之间的直接通信对外部是不可见的，因而不包含在 OSI 体系结构中。

（*N*+l）实体从（*N*）服务访问点（Service Access Point，SAP）获得（*N*）服务。（*N*）SAP 表示（*N*）实体与（*N*+1）实体之间的逻辑接口。一个（*N*）SAP 只能由一个（*N*）实体提供，也只能被一个（*N*+l）实体所使用。然而，一个（*N*）实体可以提供几个（*N*）SAP，一个（*N*+1）实体也可能利用几个（*N*）SAP 为其服务。事实上，（*N*）SAP 只是代表了（*N*）实体和（*N*+1）实体建立服务关系的手段。

OSI/RM 用抽象的服务原语说明一个功能层提供的服务，这些服务原语采用了过程调用的形式。服务可看作层间的接口，OSI 只为特定层协议的运行定义了所需的原语和参数，而互连系统内部层次之间的局部流控及交换状态信息的原语和参数都不包括在 OSI 服务定义之中。

服务分为面向连接和无连接的服务。对于面向连接的服务，有 4 种形式的服务原语，即请求原语、指示原语、响应原语和确认原语，如图 1-5 所示。（*N*）层提供（*N*）SAP 之间的连接，这种连接是（*N*）服务的组成部分。最通常的连接是点到点的连接。但是也可以在多个端点之间建立连接，多点连接和实际网络中的广播通信相对应。（*N*）连接的两端叫作（*N*）连接端点

（Connection End Point，CEP），（*N*）实体用本地的CEP来标识它建立的各个连接。另外，在网络服务中还有一种叫作数据报的无连接的通信，它对面向事务处理的应用很重要，所以后来也增添到OSI/RM中。

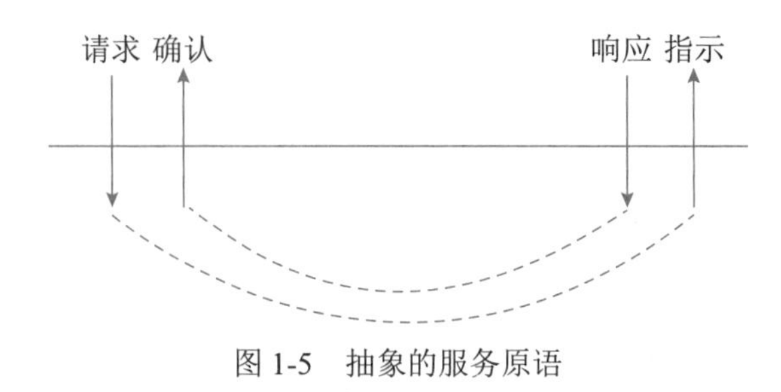

图1-5　抽象的服务原语

下面说明几个与连接有关的概念。

1. 连接的建立和释放

当某个（*N*+1）实体要求建立与远方的（*N*+1）实体的连接时，应给当地的（*N*）SAP提供远方（*N*）SAP的地址。（*N*）连接建立后，（*N*+1）实体就可以用它们自己一端的（*N*）CEP来引用该连接。例如，会话实体A想连接到一个远程实体B，则它须知道B的传输地址TA（B）。为建立连接，会话实体A请求传输层在TA（A）地址和另一端的TA（B）地址的SAP之间建立连接。该连接建立后，会话实体A和B都可以用自己一端的传输层CEP标识符来引用它。

（*N*）连接的建立和释放是在（*N*–1）连接之上动态地进行的。（*N*）连接的建立意味着两个实体间的（*N*–1）连接可以利用，如果（*N*–1）连接不存在，则必须预先建立或同时建立（*N*–1）连接，而这又要求（*N*–2）连接可用。以此类推，直到最底层连接可用。

2. 多路复用和分流

在（*N*–1）连接之上可以构造出3种具体的（*N*）连接。

（1）一一对应式：每一个（*N*）连接建立在一个（*N*–1）连接之上。

（2）多路复用式：几个（*N*）连接多路访问同一个（*N*–1）连接。

（3）分流式：一个（*N*）连接建立在几个（*N*–1）连接之上。这样，（*N*）连接上的通信被分配到几个（*N*–1）连接上进行传输。

邻层连接之间的3种对应关系在实际应用中都是可能的。例如，单独一个终端连接到X.25公共数据网上，则在一个网络连接（虚电路）上只实现一个传输连接。如果使用了终端集中器，则各个终端上的传输连接被多路复用到一个网络连接上，这样就降低了通信费用。

3. 数据传输

各个实体之间的信息传输是由各种数据单元实现的，这些数据单元如图1-6所示。

实　体	控　制	数　据	结　合
（*N*）–（*N*）对等实体	（*N*）协议控制信息	（*N*）用户数据	（*N*）协议数据单元
（*N*）–（*N*+1）邻层实体	（*N*）接口控制信息	（*N*）接口数据	（*N*）接口数据单元

图1-6　各种数据单元

（N）协议控制信息通过（N–1）连接在两个（N）实体之间交换，用于协调（N）实体之间的合作关系。例如，HDLC 的帧头和帧尾。（N）用户数据来自上层的（N+1）实体，这种数据也在两个（N）实体之间传送，但（N）实体并不了解也不解释其内容。例如，网络实体的数据被包装在 HDLC 信息帧中由两个数据链路实体透明地传输。（N）协议数据单元包含（N）协议控制信息，也可能包含（N）用户数据。例如 HDLC 帧。

（N）接口控制信息是在（N+1）实体和（N）实体之间交换的信息，用于协调两个实体间的合作。例如，在网络实体和数据链路实体间交换的系统专用控制信息，包括缓冲区地址和长度、最大等待时间等。（N）接口数据是（N+1）实体交给（N）实体发往远端的信息，或（N）实体收到的、由远端（N+1）实体发来的信息。例如，由数据链路实体透明传输的一段文字。（N）接口数据单元是（N+1）实体和（N）实体在一次交互作用中通过服务访问点传送的信息单位，由（N）接口控制信息和（N）接口数据组成。一个（N）连接两端传送的（N）接口数据单元的大小可以不同，例如，网络实体和为之服务的数据链路实体可以在一次交互作用中传送一个数据块。（N）服务数据单元是通过（N）连接从一端传送到另一端的数据的集合，这个集合在传送期间保持其标识不变。（N）服务数据单元可能通过一个或多个（N）协议数据单元传送，并在到达接收端后完整地交给上层的（N+1）实体。

OSI/RM 的网络体系结构如图 1-7 所示，下面简要说明 OSI/RM 七层协议的主要功能。

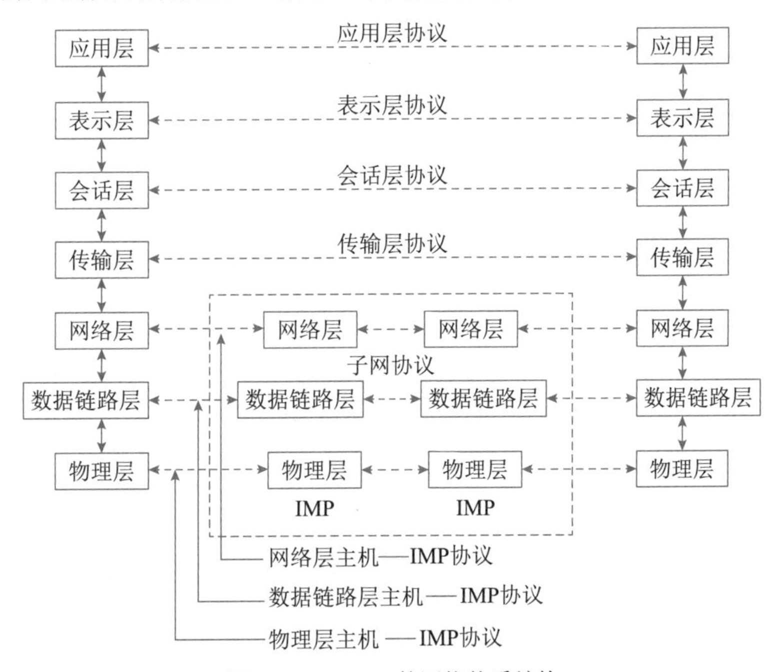

图 1-7　OSI/RM 的网络体系结构

1）*应用层*

应用层是 OSI 的最高层。这一层的协议直接为用户服务，提供分布式处理环境。典型的应用层功能包括：在不同系统间传输文件的协议、电子邮件协议和远程作业输入协议等。

2）表示层

表示层的用途是提供一个可供应用层选择的服务的集合，使得应用层可以根据这些服务功能解释数据的含义。表示层关心的是所传输数据的表现方式，以及它的语法和语义。

3）会话层

会话层支持两个表示层实体之间的交互作用。它提供的会话服务可分为以下两类：

（1）把两个表示实体结合在一起，或者把它们分开，这叫作会话管理。

（2）控制两个表示实体间的数据交换过程，例如分段、同步等，这一类叫作会话服务。

使用校验点使会话在通信失效时从校验点恢复通信数据，其主要协议为ADSP、ASP。

4）传输层

传输层在低层服务的基础上提供一种通用的传输服务。会话实体利用这种透明的数据传输服务而不必考虑下层通信网络的工作细节，确保数据高效传输。传输层用多路复用或分流的方式优化网络的传输效率。传输层协议是真正的从源端到目标端，由传输连接两端的传输实体处理。

5）网络层

网络层的功能属于通信子网，它通过网络连接交换传输层实体发出的数据。网络层把上层传来的数据组织成分组在通信子网的节点之间交换传送。交换过程中要解决的关键问题是选择路径，还有防止网络中出现局部的拥挤或阻塞。当传送的分组跨越一个网络的边界时，网络层应对不同网络中分组的长度、寻址方式、通信协议进行变换，使异构型网络能互连互通。

6）数据链路层

数据链路层的功能是建立、维持和释放网络实体之间的数据链路且对网络层表现为一条无差错的信道。相邻节点之间的数据交换是分帧进行的，各帧按顺序传送，并通过接收端的校验检查和应答保证可靠的传输。数据链路层对损坏、丢失和重复的帧进行处理，相邻节点之间的数据传输也有流量控制的问题，数据链路层把流量控制和差错控制合在一起进行。

7）物理层

物理层规定通信设备机械、电气、功能和过程的特性，建立、维持和释放数据链路实体间的连接。

1.5 几种商用网络的体系结构

商用网络体系结构定义了对等层之间的协议、语法等，而把相邻层的接口留给实现者决定。

1.5.1 SNA

1974年，IBM公司推出了系统网络体系结构（Systems Network Architecture，SNA），这是一种以大型主机为中心的集中式网络。在SNA中，主机运行ACF/VTAM服务，所有的系统资源都是由ACF/VTAM定义的。SNA协议分为7层，各层的功能简述如下：

（1）物理层。与OSI/RM协议一致。

（2）数据链路控制层。这一层的功能是把原始比特流组织成帧，无损耗地从主站传送到次站。

（3）路径控制层（PC）。这一层的功能是在源节点和目标节点之间建立一条逻辑通路。

（4）传输控制层（TC）。提供端到端的面向连接的服务，不支持无连接的通信，可以为上层提供一条无差错的信道。TC 也完成加 / 解密功能。

（5）数据流控制层（DFC）。这一层根据用户的请求和响应对会话方式和过程进行管理，决定数据通信的方向、数据通信方式、数据流的中断和恢复等。

（6）表示服务层（PS）。这一层定义数据的编码和格式，也负责资源的共享和操作的同步，使得网络入口处的多个用户可以并发地操作。

（7）事务处理服务层（TS）。这一层以特权程序的形式为用户提供应用服务。

随着微型计算机局域网的广泛使用，IBM 推出了第二代的高级点对点网络（Advanced Peer-to-Peer Networking，APPN），使得 SNA 由集中式网络演变成点对点的网络环境。在 APPN 网络环境中有下面 3 类节点：

- 低级入口节点（Low-Entry Node，LEN）。这种节点只能利用与其相连的网络节点提供的服务进行会话。
- 端节点（End Node，EN）。这种节点包含APPN的部分功能，还具有路由能力，能够通过网络节点与其他端节点建立会话。
- 网络节点（Network Node，NN）。这种节点包含 APPN 的全部功能，其中的控制点（Control Point，CP）功能管理着NN的全部资源，能够建立 CP-to-CP 会话，维护网络的拓扑结构，并提供目录服务。

图 1-8 展示了由这几类节点组成的 APPN 网络的拓扑结构。

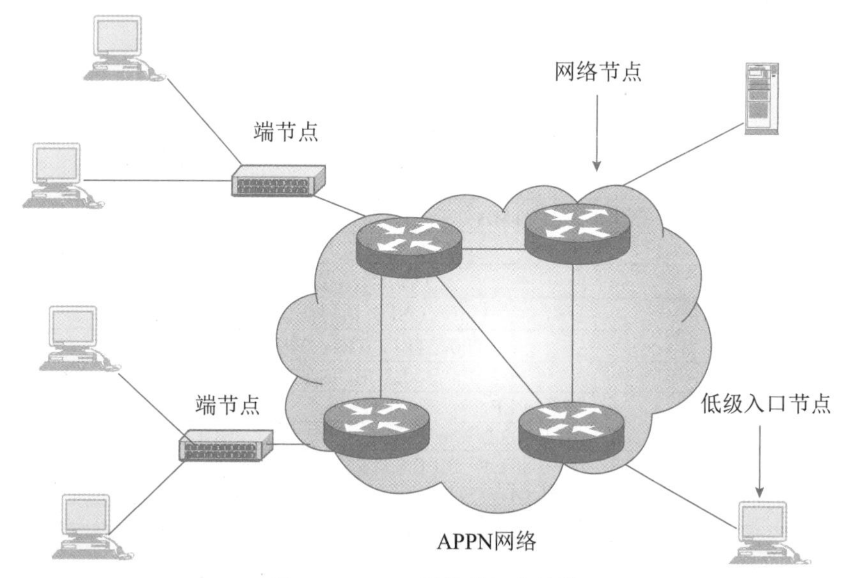

图 1-8　APPN 网络的拓扑结构

1.5.2 Novell NetWare

Novell 公司的 NetWare 3.11 在 20 世纪 80 年代非常流行，具有安全可靠性高、管理成本低等优势。随着 Internet 的兴起和 Windows 操作系统的普及，由于其与 Windows 的兼容性不佳逐渐被市场淘汰。2003 年推出了 NetWare 6.5，全面支持“开放源代码”和一系列新技术。

Novell 的专用通信协议是 IPX/SPX。IPX（Internet Protocol Exchange）是 Novell 按照 Xerox 公司的 IDP 协议（Internet Datagram Protocol）实现的网络层协议，它是 Novell 的传输层协议，为分布式应用之间的顺序传输提供服务。NetWare 还支持 TCP/IP 和 Windows 协议，以便直接连接到因特网。此外，网络层需要其他协议来执行数据传输任务。RIPX 是 Novell 的路由信息协议，用于收集和交换网关之间的路由信息。BCAST（Broadcast）是广播协议，用于向用户广播信息。DIAG（Diagnostic）是诊断协议。WDOG（Watchdog）协议监视工作站的活动，当连接断开时向服务器发出通知。

NetWare 中有两个会话层协议。服务公告协议（SAP）把网络中所有服务器的信息发送给客户端，这样客户端才能向特定的服务器发送消息。另外，Novell 还重新实现了 NetBIOS，作为会话层编程平台。

NetWare 核心协议（NetWare Core Protocol，NCP）管理服务器资源，它向服务器发出过程调用来使用文件和打印资源。突发模式协议（Burst Mode Protocol，BMP）是为提高文件传输的效率而设计的。用突发模式通信，允许对一个请求发回多个响应包。NetWare 目录服务（NetWare Directory Services，NDS）是一个分布式网络数据库。在基于 NDS 的网络中，仅需一次登录就可以访问所有的服务器，而以前基于装订库（Bindery）的网络则需要在不同的服务器之间不断切换。

1.6 OSI 协议集

国际标准化组织除定义了 OSI 参考模型之外，还开发了实现 7 层次的各种协议和服务标准，这些协议和服务统称为“OSI 协议”。OSI 协议是实现某些功能的过程的描述和说明。每一个 OSI 协议都详细地规定了特定层次的功能特性。OSI 协议集如图 1-9 所示。

<table>
<tr><td rowspan="2">应用层</td><td>VT</td><td>DS</td><td>FTMA</td><td>CMIP/CMIS</td><td>MHS</td><td rowspan="3">ASN.1</td></tr>
<tr><td colspan="5">ACSE、RTSE、ROSE、CCR</td></tr>
<tr><td>表示层</td><td colspan="5">OSI 表示层协议</td></tr>
<tr><td>会话层</td><td colspan="6">OSI 会话层协议</td></tr>
<tr><td>传输层</td><td colspan="6">TP0、TP1、TP2、TP3、TP4</td></tr>
<tr><td rowspan="2">网络层</td><td colspan="6">ES-IS IS-IS</td></tr>
<tr><td colspan="3">X.25 PLP</td><td colspan="3">CLNP</td></tr>
<tr><td>数据链路层</td><td colspan="3">IEEE 802.2</td><td colspan="3">HDLC LAP-B</td></tr>
<tr><td>物理层</td><td colspan="3">IEEE 802.3 IEEE 802.4 IEEE 802.5
FDDI</td><td colspan="3">RS-232 RS-449 X.21
V.35 ISDN</td></tr>
</table>

图 1-9 OSI 协议集

1. 物理层协议

在物理层，OSI 采用了各种现成的协议，其中有 RS-232、RS-449、X.21、V.35、ISDN，以及 FDDI、IEEE 802.3、IEEE 802.4 和 IEEE 802.5 的物理层协议。

2. 数据链路层协议

数据链路层协议和服务与具体的物理传输技术有关，包括 HDLC、LAP-B 以及 IEEE 802.2 协议。虽然上面的功能层一般是每层对应一个协议，而数据链路层却不同，为有效利用各种传输技术，数据链路层用不同的协议满足不同的技术要求。

3. 网络层协议

网络层提供两种服务，即面向连接的服务和无连接的服务。ISO 8348 文件定义了面向连接的服务（CONS），ISO 8473 文件定义了无连接的网络服务（CLNS）。在 OSI 参考模型中，网络层没有相应的协议规范文件。对于有些网络来说，必须增加软件功能，提供附加的功能，才能转向 OSI 的标准形式。因而 OSI 网络层又分成了 3 个子层，ISO 8648 文件描述了网络层内部的组织，给出了 3 个子层的协议。最上面的子层完成与子网无关的会聚功能（SNIC），相当于网际协议；中间一个子层实现与子网相关的会聚功能（SNDC），它的作用是把一个具体的网络服务改造得适合于网络子层的需要；最下面的子层利用数据链路服务，实现子网访问功能。

4. 传输层协议

传输层和网络层之间的界面是用户和通信子网的界面。传输层的任务是在子网服务的基础上提供完整的数据传送，因而在原来的 OSI 协议集中，传输层的功能是提供面向连接的服务，无连接的服务是后来增加的。OSI 传输服务定义文件是 ISO 8072，传输层协议规范文件是 ISO 8073（连接模式）和 ISO 8602（无连接模式）。无连接传输远没有面向连接的传输应用得广泛。由于各种通信子网在服务模式、残留错误率以及网络复位等方面有很大差别，因此不同子网实现面向连接的传输服务所需的传输功能不同。因而，面向连接的传输协议分为 5 类，即 TP0、TP1、TP2、TP3 和 TP4。这 5 类传输协议在不同的通信子网服务的基础上都能提供完整的数据传送，组网时可根据子网的情况选用。

5. 会话层协议

会话层在传输层提供的完整数据传送平台上提供应用进程之间组织和构造交互作用的机制，这种机制表现在会话层服务定义文件 ISO 8326（CCITT X.215）和协议规范文件 ISO 8327（CCITT X.225）中。OSI 会话层协议是在 ECMA 提供的会话协议和 CCITT 的 T.62（Teletex）建议的基础上制定的，既包含了面向计算机应用的功能，也包含了与智能用户电报兼容的功能。

6. 表示层协议

表示层原来的用途是规定用户信息的表现方式，后来把这些与终端和文件传输有关的功能划分到了应用层，所以表示层的功能就只剩下了关于数据表示的约定。表示层过程用于建立连接、控制数据的发送和同步。它只是一个很简单的相邻层之间的“过路”协议。

7. 应用层协议

应用层是 OSI 的最高层，这一层的协议都与应用进程间的通信有关。

第 2 章　数据通信基础

计算机网络采用数据通信方式传输数据。数据通信和电话网络中的语音通信不同，也和无线电广播通信不同，它有其自身的规律和特点。数据通信技术的发展与计算机技术的发展密切相关，又互相影响，形成了一门独立的学科。这门学科主要研究对计算机中的二进制数据进行传输、交换和处理的理论、方法以及实现技术。本章讲述数据通信的基本理论和基础知识，为学习以后各章内容做好准备。

2.1　数据通信的基本概念

通信的目的就是传递信息。通信中产生和发送信息的一端叫作信源，接收信息的一端叫作信宿，信源和信宿之间的通信线路称为信道。信息在进入信道时要变换为适合信道传输的形式，在进入信宿时又要变换为适合信宿接收的形式。信道的物理性质不同，对通信的速率和传输质量的影响也不同。另外，信息在传输过程中可能会受到外界的干扰，这种干扰称为噪声。不同的物理信道受各种干扰的影响不同，例如，如果信道上传输的是电信号，就会受到外界电磁场的干扰，光纤信道则基本不受电磁场干扰。以上描述的通信模式忽略了具体通信中的物理过程和技术细节，得到如图 2-1 所示的通信系统模型。

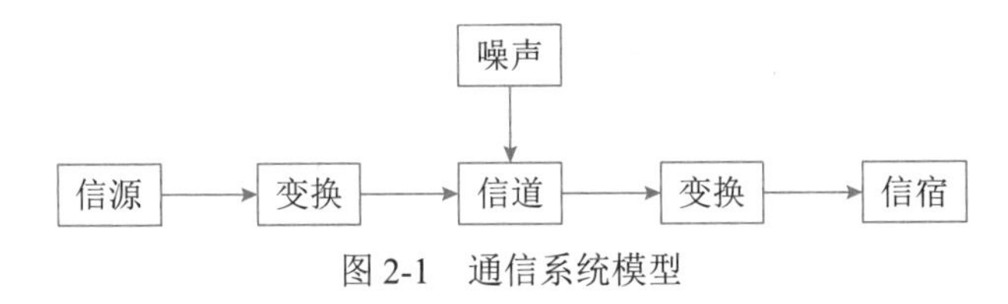

图 2-1　通信系统模型

作为一般的通信系统，信源产生的信息可能是模拟数据，也可能是数字数据。模拟数据取连续值，而数字数据取离散值。在数据进入信道之前要变成适合传输的电磁信号，这些信号也可以是模拟的或数字的。模拟信号是随时间连续变化的信号，这种信号的某种参量（如幅度、相位和频率等）可以表示要传送的信息。数字信号只取有限个离散值，而且数字信号之间的转换几乎是瞬时的，数字信号以某一瞬间的状态表示它们传送的信息。

如果信源产生的是模拟数据并以模拟信道传输，则叫作模拟通信。如果信源发出的是模拟数据且以数字信号的形式传输，那么这种通信方式叫作数字通信。如果信源发出的是数字数据，当然也可以有两种传输方式，这时无论是用模拟信号传输还是用数字信号传输都叫作数据通信。可见，数据通信专指信源和信宿中数据的形式是数字的，在信道中传输时可以根据需要采用模拟传输方式或数字传输方式。

在模拟传输方式中，数据进入信道之前要经过调制，变换为模拟的调制信号。由于调制信号的频谱较窄，因此信道的利用率较高。模拟信号在传输过程中会衰减，还会受到噪声的干扰，如果用放大器将信号放大，混入的噪声也被放大了，这是模拟传输的缺点。在数字传输方式中，可以直接传输二进制数据或经过二进制编码的数据，也可以传输数字化了的模拟信号。因为数字信号只取有限个离散值，在传输过程中即使受到噪声的干扰，只要没有畸变到不可辨认的程度，就可以用信号再生的方法进行恢复，对某些数码的差错也可以用差错控制技术加以消除。所以，数字传输对于信号不失真地传送是非常有好处的。另外，数字设备可以大规模集成，比复杂的模拟设备便宜得多。然而，传输数字信号比传输模拟信号所要求的频带要宽得多，因而信道利用率较低。

2.2　信道特性

2.2.1　信道带宽

模拟信道的带宽如图 2-2 所示。信道带宽 $W=f_2-f_1$，其中，f_1 是信道能通过的最低频率，f_2 是信道能通过的最高频率，两者都是由信道的物理特性决定的。当组成信道的电路制成了，信道的带宽就决定了。为了使信号传输中的失真小一些，信道要有足够的带宽。

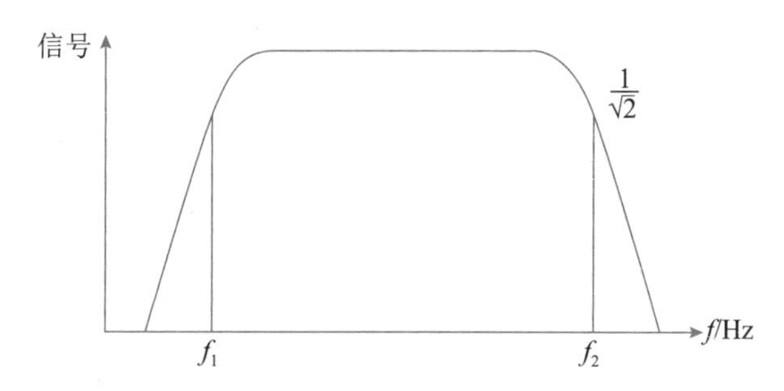

图 2-2　模拟信道的带宽

数字信道是一种离散信道，它只能传送取离散值的数字信号。信道的带宽决定了信道中能不失真地传输的脉冲序列的最高速率。一个数字脉冲称为一个码元，用码元速率表示单位时间内信号波形的变换次数，即单位时间内通过信道传输的码元个数。若信号码元宽度为 T 秒，则码元速率 $B=1/T$。码元速率的单位叫波特（Baud），所以码元速率也叫波特率。早在 1924 年，贝尔实验室的研究员亨利 • 奈奎斯特（Harry Nyquist）就推导出了有限带宽无噪声信道的极限波特率，称为奈奎斯特定理。若信道带宽为 W，则奈奎斯特定理指出最大码元速率为

$$B=2W\text{（Baud）}$$

码元携带的信息量由码元取的离散值的个数决定。若码元取两个离散值，则一个码元携带 1 位信息。若码元可取 4 个离散值，则一个码元携带两位信息。总之，一个码元携带的信息量 n（位）与码元的种类数 N 有如下关系

$$n=\log_2 N\text{（}N=2^n\text{）}$$

单位时间内在信道上传送的信息量（位数）称为数据速率。在一定的波特率下，提高速率

的途径是用一个码元表示更多的位数。如果把两位编码为一个码元，则数据速率可成倍提高。有公式

$$R=B\log_2 N=2W\log_2 N\ (\text{b/s})$$

其中，R 表示数据速率，单位是每秒位（b/s）。

数据速率和波特率是两个不同的概念。仅当码元取两个离散值时两者的数值才相等。实际信道会受到各种噪声的干扰，因而远远达不到按奈奎斯特定理计算出的数据传送速率。香农（Shannon）的研究表明，有噪声信道的极限数据速率可由下面的公式计算

$$C=W\log_2\left(1+\frac{S}{N}\right)$$

这个公式叫作香农定理，其中，W 为信道带宽，S 为信号的平均功率，N 为噪声平均功率，S/N 叫作信噪比。由于在实际使用中 S 与 N 的比值太大，故常取其分贝数（dB）。分贝与信噪比的关系为

$$\text{dB}=10\log_{10}\frac{S}{N}$$

例如，当 S/N=1000 时，信噪比为 30dB。这个公式与信号取的离散值的个数无关，也就是说，无论用什么方式调制，只要给定了信噪比，则单位时间内最大的信息传输量就确定了。例如，信道带宽为 3000Hz，信噪比为 30dB，则最大数据速率为

$$C=3000\log_2(1+1000)\approx 3000\times 9.97\approx 30\,000\text{b/s}$$

这是极限值，只有理论上的意义。实际上，在 3000Hz 带宽的电话线上，数据速率能达到 9600b/s 就很不错了。

综上所述，有两种带宽的概念，在模拟信道，带宽按照公式 $W=f_2-f_1$ 计算，例如 CATV 电缆的带宽为 600MHz 或 1000MHz；数字信道的带宽为信道能够达到的最大数据速率，例如以太网的带宽为 10Mb/s 或 100Mb/s。两者可互相转换。

2.2.2 误码率

在有噪声的信道中，数据速率的增加意味着传输中出现差错的概率增加。用误码率来表示传输二进制位时出现差错的概率。误码率可用下式表示

$$P_c=\frac{N_e\text{（出错的位数）}}{N\text{(传送的位数)}}$$

在计算机通信网络中，误码率一般要求低于 10^{-6}，即平均每传送 1 兆位才允许错 1 位。在误码率低于一定的数值时，可以用差错控制的办法进行检查和纠正。

2.2.3 信道延迟

信号在信道中传播，从源端到达宿端需要一定的时间。这个时间与源端和宿端的距离有关，也与具体信道中的信号传播速度有关。以后考虑的信号主要是电信号，这种信号一般以接近光

速的速度（300m/μs）传播，但随传输介质的不同而略有差别。例如，在电缆中的传播速度一般为光速的 77%，即 200m/μs 左右。

一般来说，考虑信号从源端到达宿端的时间是没有意义的，但对于一种具体的网络，我们经常对该网络中相距最远的两个站之间的传播时延感兴趣。这时除了要计算信号传播速度外，还要知道网络通信线路的最大长度。例如，500m 同轴电缆的时延大约是 2.5μs，而卫星信道的时延大约是 270ms。时延的大小对某些网络应用（例如交互式应用）有很大影响。

2.3　传输介质

计算机网络中可以使用各种传输介质来组成物理信道。这些传输介质的特性不同，因而使用的网络技术不同，应用的场合也不同。下面简要介绍各种常用的传输介质的特点。

2.3.1　双绞线

双绞线由粗约 1mm 的互相绝缘的一对铜导线绞扭在一起组成，对称均匀地绞扭可以减少线对之间的电磁干扰。双绞线分为屏蔽双绞线和无屏蔽双绞线。常用的无屏蔽双绞线（Unshielded Twisted Pair，UTP）电缆由不同颜色的（橙、绿、蓝、棕）4 对双绞线组成。屏蔽双绞线（Shielded Twisted Pair，STP）电缆的外层由铝箔包裹着，价格相对高一些，并且需要支持屏蔽功能的特殊连接器和适当的安装技术，但是传输速率比相应的无屏蔽双绞线高。由于双绞线价格便宜，安装容易，适用于结构化综合布线，所以得到了广泛使用。目前在局域网中使用的无屏蔽双绞线的传送速率是 100Mb/s 或 1000Mb/s。

2.3.2　同轴电缆

同轴电缆的芯线为铜质导线，外包一层绝缘材料，再外面是由细铜丝组成的网状外导体，最外面加一层绝缘塑料保护层，芯线与网状导体同轴，故名同轴电缆。同轴电缆的这种结构使它具有高带宽和极好的噪声抑制特性。

通常把表示数字信号的方波所固有的频带称为基带，所以这种电缆也叫基带同轴电缆，直接传输方波信号称为基带传输。常用的另一种同轴电缆是特性阻抗为 75Ω 的 CATV 电缆（RG-59），用于传输模拟信号，这种电缆也叫宽带同轴电缆。所谓宽带，在电话行业中是指比 4 kHz 更宽的频带，而这里是泛指模拟传输的电缆网络。宽带系统的优点是传输距离远，可达几十千米，而且可同时提供多个信道。然而和基带系统相比，它的技术更复杂，需要专门的射频技术人员安装和维护，宽带系统的接口设备也更昂贵。

2.3.3　光缆

光缆由能传送光波的超细玻璃纤维制成，外包一层比玻璃折射率低的材料。进入光纤的光波在两种材料的界面上形成全反射，从而不断地向前传播。光纤信道中的光源可以是发光二极管（Light Emitting Diode，LED）或注入式激光二极管（Injection Laser Diode，ILD）。这两种器件在有电流通过时都能发出光脉冲，光脉冲通过光导纤维传播到达接收端。接收端有一个光检测器——光电二极管，它遇光时产生电信号，这样就形成了一个单向的光传输系统，类似于单向传输模拟信号的宽带系统。

光波在光导纤维中以多种模式传播，不同的传播模式有不同的电磁场分布和不同的传播路径，这样的光纤叫多模光纤（如图2-3（a）所示）。光波在光纤中以什么模式传播，这与芯线和包层的相对折射率、芯线的直径以及工作波长有关。如果芯线的直径小到光波波长大小，则光纤就成为波导，光在其中无反射地沿直线传播，这种光纤叫单模光纤（如图2-3（b）所示）。单模光纤比多模光纤的价格更贵。

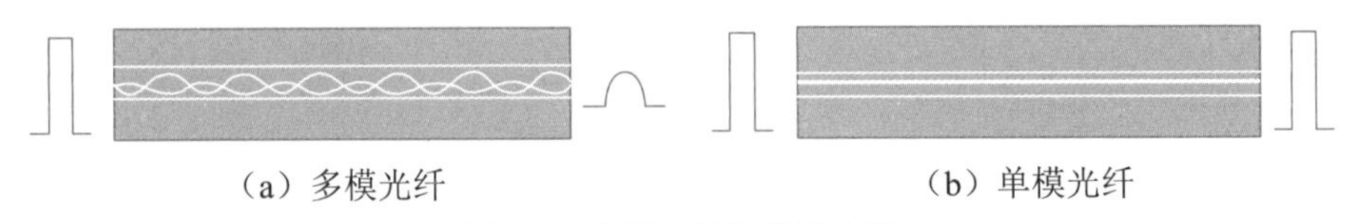

（a）多模光纤　　（b）单模光纤

图2-3　多模光纤与单模光纤

光导纤维作为传输介质，其优点是很多的。首先，它具有很高的数据速率、极宽的频带、低误码率和低延迟。数据传输速率可达1000Mb/s，甚至更高，而误码率比同轴电缆可低两个数量级，只有10^{-9}。其次，光传输不受电磁干扰，不可能被窃听，因而安全和保密性能好。最后，光纤重量轻、体积小、铺设容易。

2.3.4　无线信道

前面提到的由双绞线、同轴电缆和光纤等传输介质组成的信道可统称为有线信道。后面要讲到的信道都是通过空间传播信号，称为无线信道。无线信道包括微波、红外和短波信道，下面简单介绍这3种信道的特点。

微波通信系统可分为地面微波系统和卫星微波系统，两者的功能相似，但通信能力有很大的差别。地面微波系统由视距范围内的两个互相对准方向的抛物面天线组成，长距离通信则需要多个中继站组成微波中继链路。微波通信的频率段为吉兆段的低端，一般是1～11GHz，因而它具有带宽高、容量大的特点。由于使用了高频率，因此可使用小型天线，便于安装和移动。不过微波信号容易受到电磁干扰，地面微波通信也会造成相互之间的干扰，大气层中的雨雪会大量吸收微波信号，当长距离传输时会使得信号衰减以至无法接收。通信卫星为了保持与地球自转同步，一般停在36 000km的高空。这样长的距离会造成240～280ms的时延，在利用卫星信道组网时，这样长的时延是必须考虑的因素。

红外传输系统利用墙壁或屋顶反射红外线从而形成整个房间内的广播通信系统。这种系统所用的红外光发射器和接收器常见于电视机的遥控装置中。红外通信的设备相对便宜，可获得高带宽，这是红外通信方式的优点。其缺点是传输距离有限，而且易受室内空气状态（例如有烟雾等）的影响。

短波通信设备比较便宜，便于移动，没有像地面微波站那样的方向性，并且中继站可以传送很远的距离。但是，这种情况容易受到电磁干扰和地形地貌的影响，而且带宽比微波通信要小。

2.4　数据编码

二进制数字信息在传输过程中可以采用不同的代码，各种代码的抗噪声特性和定时功能各不相同，实现费用也不一样。下面介绍几种常用的编码方案，如图 2-4 所示。

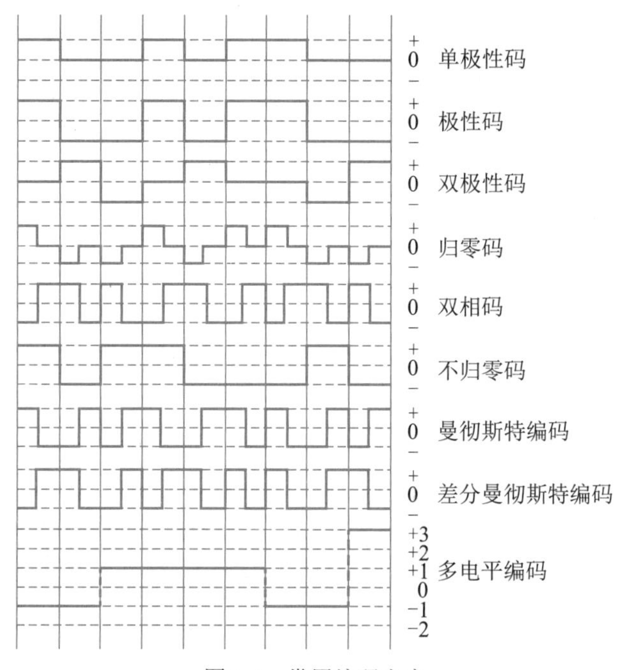

图 2-4　常用编码方案

1. 单极性码

在这种编码方案中，只用正的（或负的）电压表示数据。例如，在图 2-4 中用 +3V 表示二进制数字“0”，用 0 V 表示二进制数字“1”。单极性码用在电传打字机（TTY）接口以及 PC 与 TTY 兼容的接口中，这种代码需要单独的时钟信号配合定时，否则，当传送一长串 0 或 1 时，发送机和接收机的时钟将无法定时。单极性码的抗噪声特性也不好。

2. 极性码

在这种编码方案中，分别用正电压和负电压表示二进制数“0”和“1”。例如，在图 2-4 中用 +3V 表示二进制数字“0”，用 –3V 表示二进制数字“1”。这种代码的电平差比单极性码大，因而抗干扰特性好，但仍然需要另外的时钟信号。

3. 双极性码

在双极性编码方案中，信号在 3 个电平（正、负、零）之间变化。一种典型的双极性码就是所谓的信号交替反转编码（Alternate Mark Inversion，AMI）。在 AMI 信号中，数据流中遇到“1”时使电平在正和负之间交替翻转，而遇到“0”时则保持零电平。双极性是三进制编码方法，它与二进制编码相比抗噪声特性更好。AMI 有其内在的检错能力，当正负脉冲交替出现的规律被打乱时容易识别出来，这种情况叫AMI违例。这种编码方案的缺点是当传送长串“0”时会失去位同步信息。对此稍加改进的一种方案是“6零取代”双极性码B6ZS，即把连续6个“0”用一组代码代替。这一组代码中若含有AMI违例，便可以被接收机识别出来。

4. 归零码

在归零码（Return to Zero，RZ）中，码元中间的信号回归到零电平，因此，任意两个码元之间被零电平隔开。与以上仅在码元之间有电平转换的编码方案相比，这种编码方案有更好的噪声抑制特性。因为噪声对电平的干扰比对电平转换的干扰要强，而这种编码方案是以识别电平转换边来判别“0”和“1”信号的。图2-4中表示出的是一种双极性归零码。可以看出，从正电平到零电平的转换边表示码元“0”，从负电平到零电平的转换边表示码元“1”，同时每一位码元中间都有电平转换，使得这种编码成为自定时的编码。

5. 双相码

双相码要求每一位中都要有一个电平转换。因而这种代码的最大优点是自定时，同时双相码也有检测错误的功能，如果某一位中间缺少了电平翻转，则被认为是违例代码。

6. 不归零码

图2-4中所示的不归零码（Not Return to Zero，NRZ）的规律是当“1”出现时电平翻转，当“0”出现时电平不翻转。因而数据“1”和“0”的区别不是高低电平，而是电平是否转换。这种代码也叫差分码，用在终端到调制解调器的接口中。这种编码的特点是实现起来简单而且费用低，但不是自定时的。

7. 曼彻斯特编码

曼彻斯特编码（Manchester Code）是一种双相码。在图2-4中，用高电平到低电平的转换边表示“0”，用低电平到高电平的转换边表示“1”，相反的表示也是允许的。位中间的电平转换边既表示了数据代码，同时也作为定时信号使用。曼彻斯特编码用在以太网中。

8. 差分曼彻斯特编码

这种编码也是一种双相码，和曼彻斯特编码不同的是，这种码元中间的电平转换边只作为定时信号，不表示数据。数据的表示在于每一位开始处是否有电平转换：有电平转换表示“0”，无电平转换表示“1”。差分曼彻斯特编码用在令牌环网中。

从曼彻斯特码和差分曼彻斯特码的图形中可以看出，这两种双相码的每一个码元都要调制为两个不同的电平，因而调制速率是码元速率的2倍。这对信道的带宽提出了更高的要求，所以实现起来更困难也更昂贵。但由于其良好的抗噪声特性和自定时功能，在局域网中仍被广泛使用。

9. 多电平编码

这种编码的码元可取多个电平之一，每个码元可代表几个二进制位。例如，令$M=2^n$，设$M=4$，则$n=2$。若表示码元的脉冲取4个电平之一，则一个码元可表示两个二进制位。与双相码相反，多电平码的数据速率大于波特率，因而可提高频带的利用率。但是这种代码的抗噪声特性不好，在传输过程中信号容易畸变到无法区分。

在数据通信中，选择什么样的数据编码要根据传输的速度、信道的带宽、线路的质量以及实现的价格等因素综合考虑。

10. 4B/5B 编码

在曼彻斯特编码和差分曼彻斯特编码中，每位中间都有一次电平跳变，因此波特率是数据速率的 2 倍。对于 100Mb/s 的高速网络，如果采用这类编码方法，就需要 200 兆的波特率，其硬件成本是 100 兆波特率硬件成本的 5 ～ 10 倍。

为了提高编码的效率，降低电路成本，可以采用 4B/5B 编码。这种编码方法的原理如图 2-5 所示。

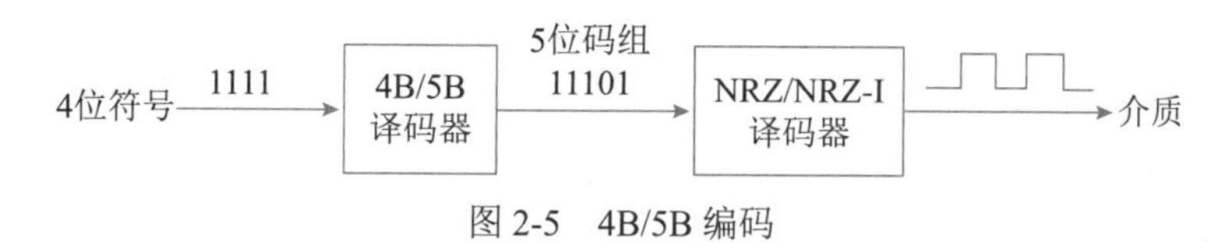

图 2-5　4B/5B 编码

这实际上是一种两级编码方案。系统中使用不归零码，在发送到传输介质之前要变成见 1 就翻不归零码（NRZ-I）。NRZ-I 代码序列中 1 的个数越多，越能提供同步定时信息，但如果遇到长串的 0，则不能提供同步信息。所以在发送到介质之前还需经过一次 4B/5B 编码，发送器扫描要发送的位序列，4 位分为一组，然后按照表 2-1 的对应规则变换成 5 位的代码。

表 2-1　4B/5B 编码规则

十六进制数	4 位二进制数	4B/5B 编码	十六进制数	4 位二进制数	4B/5B 编码
0	0000	11110	8	1000	10010
1	0001	01001	9	1001	10011
2	0010	10100	A	1010	10110
3	0011	10101	B	1011	10111
4	0100	01010	C	1100	11010
5	0101	01011	D	1101	11011
6	0110	01110	E	1110	11100
7	0111	01111	F	1111	11101

5 位二进制代码的状态共有 32 种，在表 2-1 中选用的 5 位代码中 1 的个数都不少于两个，这就保证了在介质上传输的代码能提供足够多的同步信息。另外，还有 8B/10B 编码等方法，其原理是类似的。

2.5　数字调制技术

数字数据不仅可以用方波脉冲传输，也可以用模拟信号传输。用数字数据调制模拟信号叫作数字调制。本节讲述简单的数字调制技术。

可以调制模拟载波信号的 3 个参数，即幅度、频移和相移来表示数字数据。在电话系统中就是传输这种经过调制的模拟载波信号的。3 种基本模拟调制方式如图 2-6 所示。

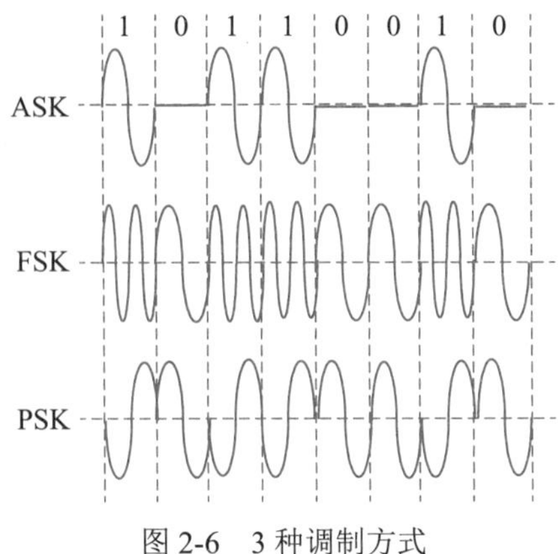

图 2-6　3 种调制方式

1. 幅度键控

按照幅度键控（ASK）的调制方式，载波的幅度受到数字数据的调制而取不同的值。例如，对应二进制“0”，载波振幅为“0”；对应二进制“1”，载波振幅为“1”。调幅技术虽然实现起来简单，但抗干扰性能较差。

2. 频移键控

按照数字数据的值调制载波的频率叫作频移键控（FSK）。例如，对应二进制“0”的载波频率为 f_1，对应二进制“1”的载波频率为 f_2。这种调制技术的抗干扰性能好，但占用的带宽较大。在有些低速调制解调器中，用这种调制技术把数字数据变成模拟音频信号传送。

3. 相移键控

用数字数据的值调制载波相位，这就是相移键控（PSK）。例如，用 180 相移表示“1”；用 0 相移表示“0”。这种调制方式的抗干扰性能好，而且相位的变化也可以作为定时信息来同步发送机和接收机的时钟。码元只取两个相位值叫 2 相调制，码元取 4 个相位值叫 4 相调制。4 相调制时，一个码元代表两位二进制数（如表 2-2 所示）。采用 4 相或更多相的调制能提供较高的数据速率，但实现技术更复杂。

表 2-2　4 相调制方案

位 AB	方案 1	方案 2	位 AB	方案 1	方案 2
00	0°	45°	10	180°	225°
01	90°	135°	11	270°	315°

可见，数字调制的结果是模拟信号的某个参量（幅度、频率或相位）取离散值。这些值与传输的数字数据是对应的，这是数字调制与传统的模拟调制不同的地方。

4. 正交幅度调制

所谓正交幅度调制（Quadrature Amplitude Modulation，QAM）就是把两个幅度相同但相位相差 90° 的模拟信号合成为一个模拟信号。以 16QAM 为例，表 2-3 的例子是把 ASK 和 PSK

技术结合起来，形成幅度相位复合调制，这也是一种正交幅度调制技术。由于形成了 16 种不同的码元，所以每一个码元可以表示 4 位二进制数据，使得数据速率大大提高。近年来，QAM 技术的应用日益广泛。例如，在 Wi-Fi 标准中，Wi-Fi 4（802.11n）采用 64QAM、Wi-Fi 5（802.11ac）采用 256QAM、Wi-Fi 6（802.11ax）采用 1024QAM。

表 2-3　幅度相位复合调制

二进制数	码元幅度	码元相位	二进制数	码元幅度	码元相位
0000	$\sqrt{2}$	45°	1000	$3\sqrt{2}$	45°
0001	3	0°	1001	5	0°
0010	3	90°	1010	5	90°
0011	$\sqrt{2}$	135°	1011	$3\sqrt{2}$	135°
0100	3	270°	1100	5	270°
0101	$\sqrt{2}$	315°	1101	$3\sqrt{2}$	315°
0110	$\sqrt{2}$	225°	1110	$3\sqrt{2}$	225°
0111	3	180°	1111	5	180°

2.6　脉冲编码调制

模拟数据通过数字信道传输时效率高、失真小，而且可以开发新的通信业务，例如，在数字电话系统中可以提供语音信箱功能。把模拟数据转化成数字信号，要使用叫作编码解码器（Codec）的设备。这种设备的作用和调制解调器的作用相反，它是把模拟数据（例如声音、图像等）变换成数字信号，经传输到达接收端再解码还原为模拟数据。用编码解码器把模拟数据变换为数字信号的过程叫模拟数据的数字化。常用的数字化技术就是脉冲编码调制技术（Pulse Code Modulation，PCM），简称脉码调制。下面介绍脉码调制的具体过程。

2.6.1　取样

每隔一定的时间，取模拟信号的当前值作为样本，该样本代表了模拟信号在某一时刻的瞬时值。一系列连续的样本可用来代表模拟信号在某一区间随时间变化的值。以什么样的频率取样，才能得到近似于原信号的样本空间呢？奈奎斯特取样定理告诉我们：如果取样速率大于模拟信号最高频率的两倍，则可以用得到的样本空间恢复原来的模拟信号，即

$$f = \frac{1}{T} > 2f_{\max}$$

其中，f 为取样频率，T 为取样周期，$f_{\max}$ 为信号的最高频率。

2.6.2　量化

取样后得到的样本是连续值，这些样本必须量化为离散值，离散值的个数决定了量化的精

度。在图2-7中，把量化的等级分为16级，用0000～1111这16个二进制数分别代表0.1～1.6这16个不同的电平幅度。

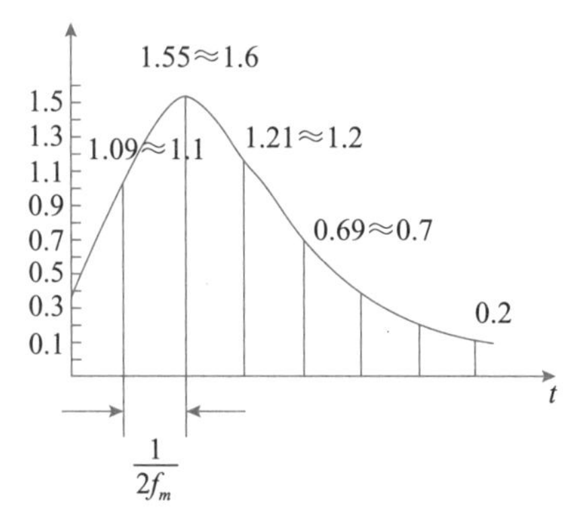

图2-7 脉冲编码调制

2.6.3 编码

把量化后的样本值变成相应的二进制代码，可以得到相应的二进制代码序列，其中每个二进制代码都可用一个脉冲串（4位）来表示，这4位一组的脉冲序列就代表了经PCM编码的模拟信号。

由上述脉码调制的原理可以看出，取样的速率是由模拟信号的最高频率决定的，而量化级的多少则决定了取样的精度。在实际使用中，希望取样的速率不要太高，以免编码解码器的工作频率太快；也希望量化的等级不要太多，能满足需要即可，以免得到的数据量太大，所以这些参数都取下限值。例如，对声音信号数字化时，由于话音的最高频率是4kHz，所以取样速率是8kHz。对话音样本用128个等级量化，因而每个样本用7位二进制数字表示。在数字信道上传输这种数字化了的话音信号的速率是7×8000=56kb/s。如果对电视信号数字化，由于视频信号的带宽更大（6MHz），取样速率就要求更高，假若量化等级更多，对数据速率的要求也就更高了。

2.7 通信方式和交换方式

2.7.1 数据通信方式

1. 通信方向

按数据传输的方向分，可以有下面3种不同的通信方式。

（1）单工通信。在单工信道上，信息只能在一个方向传送，发送方不能接收，接收方也不能发送。信道的全部带宽都用于由发送方到接收方的数据传送。无线电广播和电视广播都是单工通信的例子。

（2）半双工通信。在半双工信道上，通信的双方可交替发送和接收信息，但不能同时发送和接收。在一段时间内，信道的全部带宽用于在一个方向上传送信息，航空和航海无线电台以及无线对讲机等都是以这种方式通信的。这种方式要求通信双方都有发送和接收能力，因而比单工通信设备昂贵，但比全双工设备便宜。在要求不是很高的场合，多采用这种通信方式，虽然转换传送方向会带来额外的开销。

（3）全双工通信。这是一种可同时进行双向信息传送的通信方式，例如现代的电话通信就是这样的。全双工通信不仅要求通信双方都有发送和接收设备，而且要求信道能提供双向传输的双倍带宽，所以全双工通信设备最昂贵。

2. 同步方式

在通信过程中，发送方和接收方必须在时间上保持同步才能准确地传送信息。前面曾提到过信号编码的同步作用，叫作码元同步。另外，在传送由多个码元组成的字符以及由许多字符组成的数据块时，通信双方也要就信息的起止时间取得一致。这种同步作用有两种不同的方式，因而对应了两种不同的传输方式。

（1）异步传输。即把各个字符分开传输，字符之间插入同步信息。这种方式也叫起止式，即在字符的前后分别插入起始位（“0”）和停止位（“1”），如图 2-8 所示。起始位对接收方的时钟起置位作用。接收方时钟置位后只要在 8 ～ 11 位的传送时间内准确，就能正确接收一个字符。最后的停止位告诉接收方该字符传送结束，然后接收方就可以检测后续字符的起始位了。当没有字符传送时，连续传送停止位。

1位	7位	1位	1位
起始位	字 符	校验位	停止位

图 2-8　异步传输

加入校验位的目的是检查传输中的错误，一般使用奇偶校验。异步传输的优点是简单，但是由于起止位和检验位的加入会多引入 20% ～ 30% 的开销，传输的速率也不会很高。

（2）同步传输。异步传输不适合于传送大的数据块（例如磁盘文件），同步传输在传送连续的数据块时比异步传输更有效。按照这种方式，发送方在发送数据之前先发送一串同步字符 SYNC，接收方只要检测到连续两个以上 SYNC 字符就确认已进入同步状态，准备接收信息。随后的传送过程中双方以同一频率工作（信号编码的定时作用也表现在这里），直到传送完指示数据结束的控制字符。这种同步方式仅在数据块的前后加入控制字符 SYNC，所以效率更高。在短距离高速数据传输中，多采用同步传输方式。

2.7.2　交换方式

一个通信网络由许多交换节点互连而成。信息在这样的网络中传输就像火车在铁路网络中运行一样，经过一系列交换节点（车站），从一条线路交换到另一条线路，最后才能到达目的地。交换节点转发信息的方式可分为电路交换、报文交换和分组交换 3 种。

1. 电路交换

这种交换方式把发送方和接收方用一系列链路直接连通。电话交换系统就是采用这种交换方式。当交换机收到一个呼叫后就在网络中寻找一条临时通路供两端的用户通话，这条临时通路可能要经过若干个交换局的转接，并且一旦建立连接就成为这一对用户之间的临时专用通路，其他用户不能打断，直到通话结束才拆除连接。

电路交换的特点是建立连接需要等待较长的时间。由于连接建立后通路是专用的，因而不会有其他用户的干扰，不再有等待延迟。这种交换方式适合于传输大量的数据，传输少量信息时效率不高。

2. 报文交换

这种方式不要求在两个通信节点之间建立专用通路。节点把要发送的信息组织成一个数据包——报文，该报文中含有目标节点的地址，完整的报文在网络中一站一站地向前传送。每一个节点接收整个报文，检查目标节点地址，然后根据网络中的“交通情况”在适当的时候转发到下一个节点。经过多次的存储—转发，最后到达目标节点（如图 2-9 所示），因而这样的网络叫存储—转发网络。其中的交换节点要有足够大的存储空间（一般是磁盘），用于缓冲接收到的长报文。交换节点对各个方向上收到的报文排队，寻找下一个转发节点，然后再转发出去，这些都带来了排队等待延迟。报文交换的优点是不建立专用链路，线路是共享的，因而利用率较高，这是由通信中的等待时延换来的。

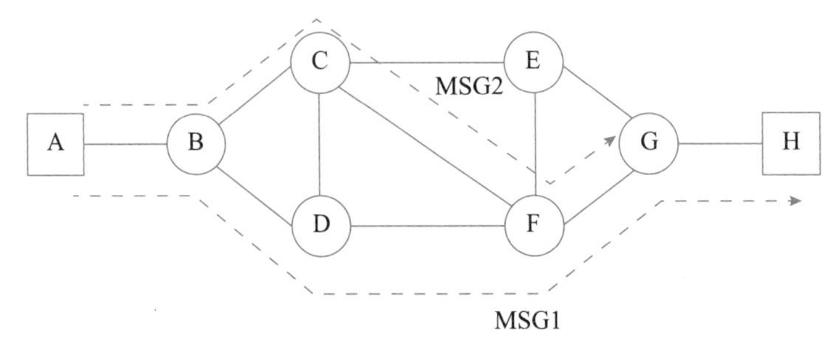

图 2-9 报文交换

3. 分组交换

在这种交换方式中数据包有固定的长度，因而交换节点只要在内存中开辟一个小的缓冲区就可以了。在进行分组交换时，发送节点先要对传送的信息分组，对各个分组编号，加上源地址和目标地址以及约定的分组头信息，这个过程叫作信息的打包。一次通信中的所有分组在网络中传播又有两种方式，一种叫作数据报（Datagram），另一种叫作虚电路（Virtual Circuit），下面分别介绍。

（1）数据报。类似于报文交换，每个分组在网络中的传播路径完全是由网络当时的状况随机决定的。因为每个分组都有完整的地址信息，如果不出意外都可以到达目的地。但是，到达目的地的顺序可能和发送的顺序不一致。有些早发的分组可能在中间某段交通拥挤的链路上耽搁了，比后发的分组到得迟，目标主机必须对收到的分组重新排序才能恢复原来的信息。一般来说，在发送端要有一个设备对信息进行分组和编号，在接收端也要有一个设备对收到的分组拆去头、尾并重排顺序，具有这些功能的设备叫作分组拆装设备（Packet Assembly and Disassembly device，PAD），通信双方各有一个。

（2）虚电路。类似于电路交换，这种方式要求在发送端和接收端之间建立一条逻辑连接。在会话开始时，发送端先发送建立连接的请求消息，这个请求消息在网络中传播，途中的各个交换节点根据当时的交通状况决定取哪条线路来响应这一请求，最后到达目的端。如果目的端给予肯定的回答，则逻辑连接就建立了。以后发送端发出的一系列分组都走这一条通路，直到会话结束，拆除连接。与电路交换不同的是，逻辑连接的建立并不意味着其他通信不能使用这条线路，它仍然具有链路共享的优点。

按虚电路方式通信，接收方要对正确收到的分组给予回答确认，通信双方要进行流量控制和差错控制，以保证按顺序正确接收，所以虚电路意味着可靠的通信。当然，它涉及更多的技术，需要更大的开销。也就是说，它没有数据报方式灵活，效率不如数据报方式高。

虚电路可以是暂时的，即会话开始建立，会话结束拆除，这叫作虚呼叫；也可以是永久的，即通信双方一开机就自动建立连接，直到一方请求释放才断开连接，这叫作永久虚电路。

虚电路适合于交互式通信，这是它从电路交换那里继承的优点。数据报方式更适合于单向地传送短消息，采用固定的、短的分组相对于报文交换是一个重要的优点。除了交换节点的存储缓冲区可以小一些外，也带来了传播时延的减小。分组交换也意味着按分组纠错，发现错误只需重发出错的分组，使通信效率提高。广域网络一般都采用分组交换方式，按交换的分组数收费，而不是像电话网那样按通话时间收费，这当然更适合计算机通信的突发式特点。有些网络同时提供数据报和虚电路两种服务，用户可根据需要选用。

2.8　多路复用技术

多路复用技术是把多个低速信道组合成一个高速信道的技术。这种技术要用到两个设备，其中，多路复用器（Multiplexer）在发送端根据某种约定的规则把多个低带宽的信号复合成一个高带宽的信号；多路分配器（Demultiplexer）在接收端根据同一规则把高带宽的信号分解成多个低带宽的信号。多路复用器和多路分配器统称多路器，简写为 MUX，如图 2-10 所示。

图 2-10　多路复用

当然，也可以相反地使用多路复用技术，即把一个高带宽的信号分解到几个低速线路上同时传输，然后在接收端合成为原来的高带宽信号。例如，两个主机可以通过若干条低速线路连接，以满足主机间高速通信的要求。

2.8.1　频分多路复用

频分多路复用（Frequency Division Multiplexing，FDM）是在一条传输介质上使用多个频率不同的模拟载波信号进行多路传输，这些载波可以进行任何方式的调制，如 ASK、FSK、PSK

以及它们的组合。每一个载波信号形成了一个子信道，各个子信道的中心频率不相重合，子信道之间留有一定宽度的隔离频带（如图2-11所示）。

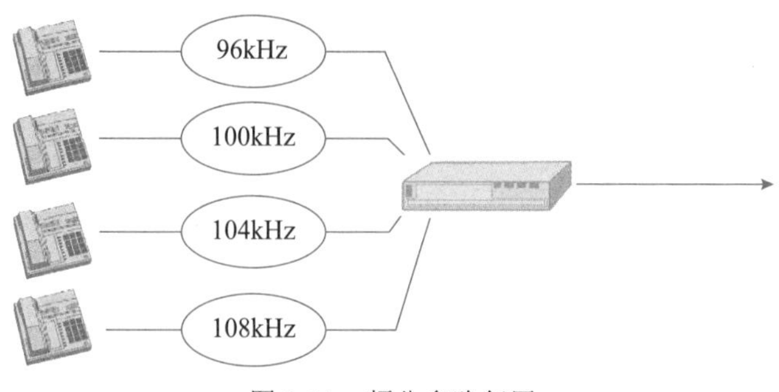

图2-11 频分多路复用

频分多路技术早已用在无线电广播系统中，在有线电视系统（CATV）中也使用频分多路技术。一根CATV电缆的带宽大约是1000MHz，可传送多个频道的电视节目，每个频道6.5MHz的带宽中又划分为声音子通道、视频子通道以及彩色子通道。每个频道两边都留有一定的警戒频带，防止相互串扰。

FDM也用在宽带局域网中。电缆带宽至少要划分为不同方向上的两个子频带，甚至还可以分出一定带宽用于某些工作站之间的专用连接。

2.8.2 时分多路复用

时分多路复用（Time Division Multiplexing，TDM）要求各个子通道按时间片轮流地占用整个带宽（如图2-12所示）。时间片的大小可以按一次传送一位、一个字节或一个固定大小的数据块所需的时间来确定。

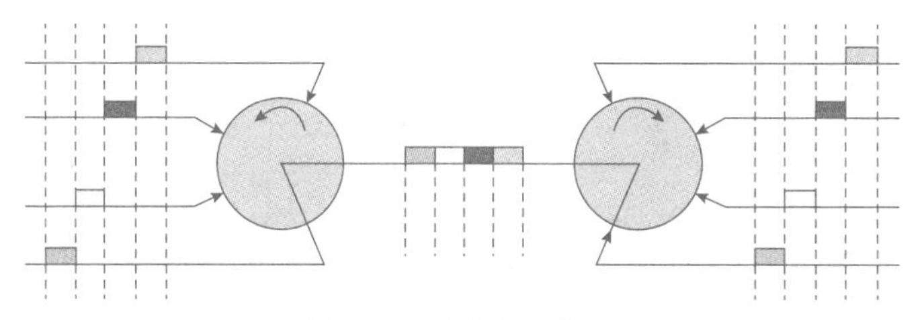

图2-12 时分多路复用

时分多路技术可以用在宽带系统中，也可以用在频分制下的某个子通道上。时分制按照子通道的动态利用情况又可分为两种，即同步时分和统计时分。在同步时分制下，整个传输时间被划分为固定大小的周期。每个周期内，各子通道都在固定位置占有一个时槽。这样，在接收端可以按约定的时间关系恢复各子通道的信息流。当某个子通道的时槽来到时，如果没有信息要传送，这一部分带宽就浪费了。统计时分制是对同步时分制的改进，特别把统计时分制下的多路复用器称为集中器，以强调它的工作特点。在发送端，集中器依次循环扫描各个子通道。若某个子通道有信息要发送，则为它分配一个时槽，若没有就跳过，这样就没有空槽在线路上传播了。但是，需要在每个时槽加入一个控制字段，以便接收端可以确定该时槽是属于哪个子通道的。

2.8.3 波分多路复用

波分多路复用（Wave Division Multiplexing，WDM）使用在光纤通信中，不同的子信道用不同波长的光波承载，多路复用信道同时传送所有子信道的波长。这种技术在网络中要使用能够对光波进行分解和合成的多路器，如图 2-13 所示。

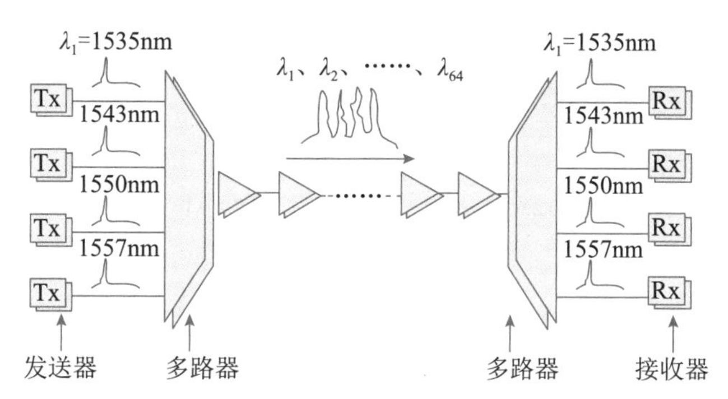

图 2-13 波分多路复用

2.8.4 数字传输系统

在介绍脉码调制时曾提到，对 4kHz 的话音信道按 8kHz 的速率采样，128 级量化，则每个话音信道的比特率是 56kb/s。为每一个这样的低速信道安装一条通信线路太不划算了，所以在实际中要利用多路复用技术建立更高效的通信线路。在美国和日本使用很广的一种通信标准是贝尔系统的 T_1 载波（如图 2-14 所示）。

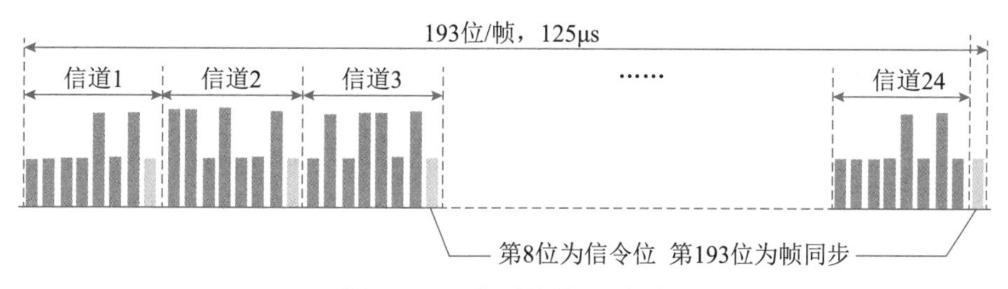

图 2-14 贝尔系统的 T1 载波

T_1 载波也叫一次群，它把 24 路话音信道按时分多路的原理复合在一条 1.544Mb/s 的高速信道上。该系统的工作是这样的，用一个编码解码器轮流对 24 路话音信道取样、量化和编码，将一个取样周期中（125μs）得到的 7 位一组的数字合成一串，共 7×24 位长。这样的数字串在送入高速信道前要在每一个 7 位组的后面插入一个信令位，于是变成了 8×24=192 位长的数字串。这 192 位数字组成一帧，最后再加入一个帧同步位，故帧长为 193 位。每 125μs 传送一帧，其中包含了各路话音信道的一组数字，还包含了总共 24 位的控制信息以及 1 位帧同步信息。这样，不难算出 T_1 载波的各项比特率。对每一路话音信道来说，传输数据的比特率为 7b/125μs=56kb/s，传输控制信息的比特率为 lb/125μs=8kb/s，总的比特率为 193b/125μs=l.544Mb/s。

T_1 载波还可以多路复用到更高级的载波上，如图 2-15 所示。4 个 1.544 Mb/s 的 T_1 信道结合成 1 个 6.312Mb/s 的 T_2 信道，多增加的位（6.312–4×1.544=0.136）是为了组帧和差错恢复。与此类似，7 个 T_2 信道组合成 1 个 T_3 信道，6 个 44.736Mb/s 的 T_3 信道结合成 1 个 274.176Mb/s 的 T_4 信道。

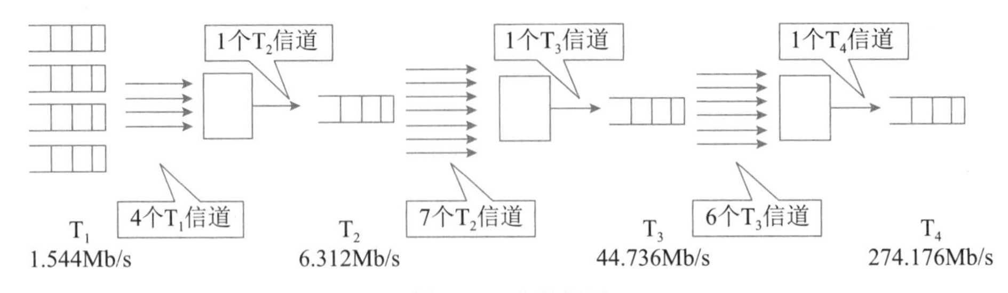

图 2-15 多路复用

ITU-T 的 E1 信道的数据速率是 2.048Mb/s（如图 2-16 所示）。这种载波把 32 个 8 位一组的数据样本组合成 125μs 的基本帧，其中 30 个子信道用于话音传送数据，两个子信道（CH0 和 CH16）用于传送控制信令，每 4 帧能提供 64 个控制位。除了北美和亚洲的日本外，E1 载波在其他地区得到了广泛使用。

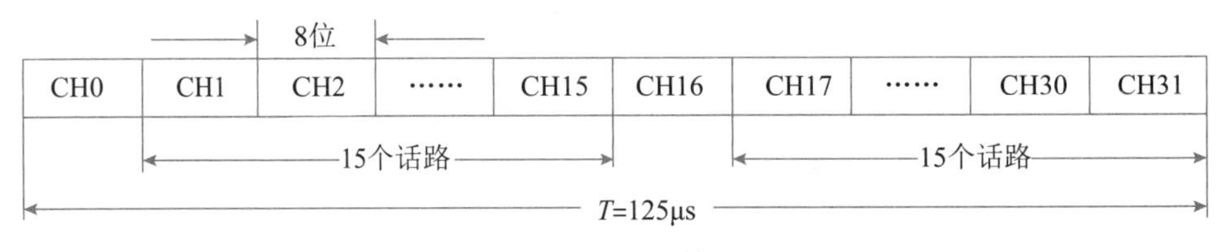

图 2-16 E1 帧

按照 ITU-T 的多路复用标准，E2 载波由 4 个 E1 载波组成，数据速率为 8.448Mb/s。E3 载波由 4 个 E2 载波组成，数据速率为 34.368Mb/s。E4 载波由 4 个 E3 载波组成，数据速率为 139.264Mb/s。E5 载波由 4 个 E4 载波组成，数据速率为 565.148Mb/s。

2.8.5 同步数字系列

光纤线路的多路复用标准有两个：美国标准叫作同步光纤网络（Synchronous Optical Network，SONET）；ITU-T 以 SONET 为基础制订出的国际标准叫作同步数字系列（Synchronous Digital Hierarchy，SDH）。SDH 的基本速率是 155.52Mb/s，称为第 1 级同步传递模块（Synchronous Transfer Module），即 STM-1，相当于 SONET 体系中的 OC-3 速率，如表 2-4 所示。

表 2-4 SONET 多路复用的速率

光纤级	STS 级	链路速率（Mb/s）	有效载荷（Mb/s）	负载（Mb/s）	SDH 对应	常用近似值
OC-1	STS-1	51.840	50.112	1.728	-	
OC-3	STS-3	155.520	150.336	5.184	STM-1	155Mb/s
OC-9	STS-9	466.560	451.008	15.552	STM-3	
OC-12	STS-12	622.080	601.344	20.736	STM-4	622Mb/s

（续表）

光纤级	STS 级	链路速率（Mb/s）	有效载荷（Mb/s）	负载（Mb/s）	SDH 对应	常用近似值
OC-18	STS-18	933.120	902.016	31.104	STM-6	
OC-24	STS-24	1244.160	1202.688	41.472	STM-8	
OC-36	STS-36	1866.240	1804.032	62.208	STM-13	
OC-48	STS-48	2488.320	2405.376	82.944	STM-16	2.5Gb/s
OC-96	STS-96	4976.640	4810.752	165.888	STM-32	
OC-192	STS-192	9953.280	9621.504	331.776	STM-64	10Gb/s

2.9　差错控制

无论通信系统如何可靠，都不能做到完美无缺。因此，必须考虑怎样发现和纠正信号传输中的差错。本节从应用角度介绍差错控制的基本原理和方法。

通信过程中出现的差错可大致分为两类：一类是由热噪声引起的随机错误；另一类是由冲击噪声引起的突发错误。

通信线路中的热噪声是由电子的热运动产生的，香农关于噪声信道传输速率的结论就是针对这种噪声的。热噪声时刻存在，具有很宽的频谱，且幅度较小。通信线路的信噪比越高，热噪声引起的差错越少。这种差错具有随机性，影响个别位。

冲击噪声源是外界的电磁干扰，例如打雷闪电时产生的电磁干扰，电焊机引起的电压波动等。冲击噪声持续的时间短而幅度大，往往引起一个位串出错。根据它的特点，称其为突发性差错。

此外，由于信号幅度和传播速率与相位、频率有关而引起的信号失真，以及相邻线路之间发生串音等都会产生差错，这些差错也具有突发性的特点。

突发性差错影响局部，而随机性差错总是断续存在，影响全局。所以要尽量提高通信设备的信噪比，以满足要求的差错率。此外，要进一步提高传输质量，就需要采用有效的差错控制办法。本节介绍的检错和纠错码只是可靠性技术中的一种，它广泛地应用在数据通信中。

2.9.1　检错码

奇偶校验是最常用的检错方法，其原理是在 7 位的 ASCII 代码后增加一位，使码字中 1 的个数成奇数（奇校验）或偶数（偶校验）。经过传输后，如果其中一位（甚至奇数个位）出错，则接收端按同样的规则就能发现错误。这种方法简单实用，但只能应对少量的随机性错误。

为了能检测突发性的位串出错，可以使用校验和的方法。这种方法把数据块中的每个字节当作一个二进制整数，在发送过程中按模 256 相加。数据块发送完后，把得到的和作为校验字节发送出去。接收端在接收过程中进行同样的加法，数据块加完后用自己得到的校验和与接收到的校验和比较，从而发现是否出错。实现时可以用更简单的办法，例如在校验字节发送前，对累加器中的数取 2 的补码。这样，如果不出错，接收端在加完整个数据块以及校验和后累加器中是 0。这种方法的好处是由于进位的关系，一个错误可以影响到更高的位，从而使出错位对校验字节的影响扩大了。可以粗略地认为，随机的突发性错误对校验和的影响也是随机的。出现突发错误而得到正确的校验字节的概率是 1/256，于是就有 255∶1 的机会能检查出任何错误。

2.9.2 海明码

1950 年，海明（Hamming）提出了用冗余数据位来检测和纠正代码差错的理论和方法。按照海明的理论，可以在数据代码上添加若干冗余位组成码字。码字之间的海明距离是一个码字要变成另一个码字时必须改变的最小位数。例如，7 位 ASCII 码增加一位奇偶位成为 8 位的码字，这 128 个 8 位的码字之间的海明距离是 2。所以，当其中一位出错时便能检测出来。两位出错时就变成另外一个码字了。

海明用数学分析的方法说明了海明距离的几何意义，n 位的码字可以用 n 维空间的超立方体的一个顶点来表示。两个码字之间的海明距离就是超立方体的两个对应顶点之间的一条边，而且这是两顶点（两个码字）之间的最短距离，出错的位数小于这个距离都可以被判断为就近的码字。这就是海明码纠错的原理，它用码位的增加（因而通信量增加）来换取正确率的提高。

按照海明的理论，纠错码的编码就是要把所有合法的码字尽量安排在 n 维超立方体的顶点上，使得任意一对码字之间的距离尽可能大。如果任意两个码字之间的海明距离是 d，则所有小于等于 $d-1$ 位的错误都可以检查出来，所有小于 $d/2$ 位的错误都可以纠正。一个自然的推论是，对于某种长度的错误串，要纠正它就要用比仅仅检测它多一倍的冗余位。

如果对于 m 位的数据增加 k 位冗余位，则组成 $n=m+k$ 位的纠错码。对于 2^m 个有效码字中的每一个，都有 n 个无效但可以纠错的码字。这些可纠错的码字与有效码字的距离是 1，含单个错误位。这样，对于一个有效的消息总共有 $n+1$ 个可识别的码字。这 $n+1$ 个码字相对于其他 2^m-1 个有效消息的距离都大于 1。这意味着总共有 $2^m(n+1)$ 个有效的或者可纠错的码字。显然，这个数应小于等于码字的所有可能的个数，即 2^n。于是，有

$$2^m(n+1)<2^n$$

因为 $n=m+k$，得出

$$m+k+1<2^k$$

对于给定的数据位 m，上式给出了 k 的下界，即要纠正单个错误，k 必须取的最小值。海明建议了一种方案可以达到这个下界，并能直接指出错在哪一位。首先把码字的位从 1 到 n 编号，并把这个编号表示成二进制数，即 2 的幂之和。然后对 2 的每一个幂设置一个奇偶位。例如，对于 6 号位，由于 6=110（二进制），所以 6 号位参加第 2 位和第 4 位的奇偶校验，而不参加第 1 位的奇偶校验。类似地，9 号位参加第 1 位和第 8 位的校验而不参加第 2 位或第 4 位的校验。海明把奇偶校验分配在 1、2、4、8 等位置上，其他位放置数据。下面根据图 2-17 举例说明编码的方法。

数据位 \ 校验位	8	4	2	1
3	0	0	1	1
5	0	1	0	1
6	0	1	1	0
7	0	1	1	1
9	1	0	0	1
10	1	0	1	0
11	1	0	1	1

图 2-17 海明编码的例子

假设传送的信息为 1001011，把各个数据放在 3、5、6、7、9、10、11 等位置上，1、2、4、8 位留作校验位。

		1		0	0	1		0	1	1
1	2	3	4	5	6	7	8	9	10	11

根据图 2-17，3、5、7、9、11 的二进制编码的第一位为 1，所以 3、5、7、9、11 号位参加第 1 位校验，若按偶校验计算，1 号位应为 1。

1		1		0	0	1		0	1	1
1	2	3	4	5	6	7	8	9	10	11

类似地，3、6、7、10、11 号位参加第 2 位校验，5、6、7 号位参加第 4 位校验，9、10 和 11 号位参加第 8 位校验，全部按偶校验计算，最终得到：

1	0	1	1	0	0	1	0	0	1	1
1	2	3	4	5	6	7	8	9	10	11

如果这个码字传输中出错，比如 6 号位出错，即变成：

√	×		×				√			
1	0	1	1	0	1	1	0	0	1	1
1	2	3	4	5	6	7	8	9	10	11

当接收端按照同样的规则计算奇偶位时，发现 1 号位和 8 号位的奇偶性正确，2 号位和 4 号位的奇偶性不对，于是 2+4= 6，立即可确认错在 6 号位。

在上例中，k=4，因而 $m<2^4-4-1=11$，即数据位可用到 11 位，共组成 15 位的码字，可检测出单个位的错误。

2.9.3　循环冗余校验码

所谓循环码是这样一组代码，其中任一有效码字经过循环移位后得到的码字仍然是有效码字，不论是右移或左移，也不论移多少位。例如，若（$a_{n-1}\,a_{n-2}\cdots a_1\,a_0$）是有效码字，则（$a_{n-2}\,a_{n-3}\cdots a_0\,a_{n-1}$），（$a_{n-3}\,a_{n-4}\cdots a_{n-1}\,a_{n-2}$）等都是有效码字。循环冗余校验码（Cyclic Redundancy Check，CRC）是一种循环码，它有很强的检错能力，而且容易用硬件实现，在局域网中广泛应用。

下面介绍 CRC 怎样实现，并对它进行一些数学分析，最后说明 CRC 的检错能力。CRC 可以用图 2-18 所示的移位寄存器实现。移位寄存器由 k 位组成，还有几个异或门和一条反馈回路。图 2-18 所示的移位寄存器可以按 CCITT-CRC 标准生成 16 位的校验和。寄存器被初始化为 0，数据从右向左逐位输入。当一位从最左边移出寄存器时就通过反馈回路进入异或门和后续进来的位以及左移的位进行异或运算。当所有 m 位数据从右边输入完后再输入 k 个 0（本例中 k=16）。最后，当这一过程结束时，移位寄存器中就形成了校验和。k 位的校验和跟在数据位后边发送，接收端可以按同样的过程计算校验和并与接收到的校验和比较，以检测传输中的差错。

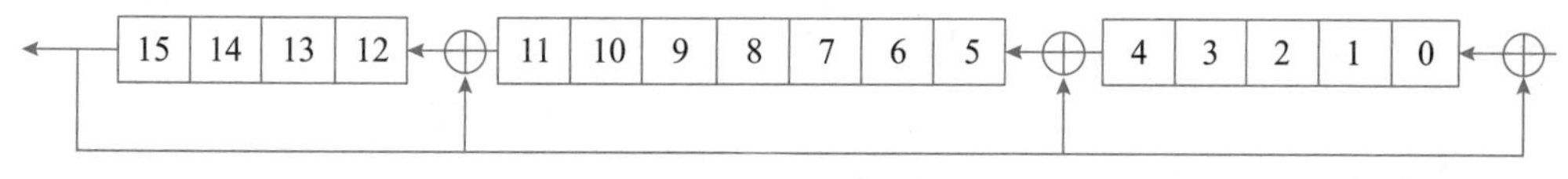

图 2-18　CRC 的实现

以上描述的计算校验和方法可以用一种特殊的多项式除法进行分析。m 个数据位可以看作

$m-1$ 阶多项式的系数。例如，数据码字 00101011 可以组成的多项式是 x^5+x^3+x+1。图 2-18 中表示的反馈回路可表示成另外一个多项式 $x^{16}+x^{12}+x^5+1$，这就是所谓的生成多项式。所有的运算都按模 2 进行，即

$$1x^a+1x^a=0x^a,\ 0x^a+1x^a=1,\ 1x^a+0x^a=1x^a,\ 0x^a+0x^a=0x^a,\ -1x^a=1x^a$$

显然，在这种代数系统中，加法和减法一样，都是异或运算。用 x 乘一个多项式等于把多项式的系数左移一位。可以看出，按图 2-18 的反馈回路把一个向左移出寄存器的数据位反馈回去与寄存器中的数据进行异或运算，等同于在数据多项式上加上生成多项式，因而也等同于从数据多项式中减去生成多项式。以上给出的例子，对应于下面的长除法：

```
    0010 1011 0000 0000 0000 0000
-     10 0010 0000 0100 001
---------------------------------
      00 1001 0000 0100 0010 0000
-        1000 1000 0001 0000 1
---------------------------------
         0001 1000 0101 0010 1000
-           1 0001 0000 0010 0001
---------------------------------
            0 1001 0101 0000 1001     （余数）
```

得到的校验和是 9509H。于是看到，移位寄存器中的过程和以上长除法在原理上是相同的，因而可以用多项式理论来分析 CRC 代码，这就使得这种检错码有了严格的数学基础。

把数据码字形成的多项式称为数据多项式 $D(x)$，按照一定的要求可给出生成多项式 $G(x)$。用 $G(x)$ 除 $x^k D(x)$ 可得到商多项式 $Q(x)$ 和余多项式 $R(x)$，实际传送的码字多项式是

$$F(x)= x^k D(x)+ R(x)$$

由于使用了模 2 算术，$+R(x)=-R(x)$，于是接收端对 $F(x)$ 计算的校验和应为 0。如果有差错，则接收到的码字多项式包含某些出错位 E，可表示成

$$H(x)= F(x)+ E(x)$$

由于 $F(x)$ 可以被 $G(x)$ 整除，如果 $H(x)$ 不能被 $G(x)$ 整除，则说明 $E(x) \neq 0$，即有错误出现。然而，若 $E(x)$ 也能被 $G(x)$ 整除，则有差错而检测不到。

数学分析表明，$G(x)$ 应该有某些简单的特性，才能检测出各种错误。例如，若 $G(x)$ 包含的项数大于 1，则可以检测单个错；若 $G(x)$ 含有因子 $x+1$，则可检测出所有奇数个错。最后得出的最重要的结论是：具有 r 个校验位的多项式能检测出所有长度小于等于 r 的突发性差错。

为了能对不同场合下的各种错误模式进行校验，业内研究出了几种 CRC 生成多项式的国际标准。

CRC-CCITT　　$G(x)=x^{16}+x^{12}+x^5+1$

CRC-16　　$G(x)=x^{16}+x^{15}+x^2+1$

CRC-12　　$G(x)=x^{12}+x^{11}+x^3+x^2+x+1$

CRC-32　　$G(x)=x^{32}+x^{26}+x^{23}+x^{22}+x^{16}+x^{12}+x^{11}+x^{10}+x^8+x^7+x^5+x^4+x^2+x+1$

其中，CRC-32 被用在许多局域网中。

第 3 章　局域网

传统局域网（Local Area Networks，LAN）是分组广播式网络，这是局域网与分组交换式广域网的主要区别。在广播网络中，所有工作站都连接到共享的传输介质上，共享信道的分配技术是局域网的核心技术，而这一技术又与网络的拓扑结构和传输介质有关。而且这种网络协议包含在 IEEE LAN/MAN 委员会制定的标准中。本章介绍几种常见的局域网相关国际标准，以及其工作原理和性能分析方法。

3.1　局域网技术概论

拓扑结构和传输介质决定了各种 LAN 的特点，决定了它们的数据速率和通信效率，也决定了其适合传输的数据类型，甚至决定了网络的应用领域。本节首先概述各种局域网使用的拓扑结构和传输介质，同时介绍两种不同的数据传输系统，最后引出根据以上特点制定的 IEEE 802 标准。

3.1.1　拓扑结构和传输介质

1. 总线拓扑

总线（如图 3-1（a）所示）是一种多点广播介质，所有的站点都通过接口硬件连接到总线上。工作站发出的数据组织成帧，数据帧沿着总线向两端传播，到达末端的信号被终端匹配器吸收。数据帧中含有源地址和目标地址，每个工作站都监视总线上的信号，并复制发给自己的数据帧。由于总线是共享介质，多个站点同时发送数据时会发生冲突，因而需要一种分解冲突的介质访问控制协议。传统的轮询方式不适合分布式控制，总线网的研究者开发了一种分布式竞争发送的访问控制方法，本章将介绍这种协议。

适用于总线拓扑的传输介质主要是同轴电缆，分为传播数字信号的基带同轴电缆和传播模拟信号的宽带同轴电缆，这两种传输介质的比较如表 3-1 所示。

表 3-1　总线网的传输介质

传输介质	数据速率（Mb/s）	传输距离（km）	站点数
基带同轴电缆	10，50（限制距离和节点数）	<3	100
宽带同轴电缆	500 个信道，每个信道 20	<30	1000

对于总线这种多点介质，必须考虑信号平衡问题。任意一对设备之间传输的信号强度必须调整到一定的范围：一方面，发送器发出的信号不能太大，否则会产生有害的谐波，使得接收电路无法工作；另一方面，经过一定距离的传播衰减后，到达接收端的信号必须足够大，能驱动接收器电路，还要有一定的信噪比。如果总线上的任何一个设备都可以向其他设备发送数据，

对于一个不太大的网络，譬如200个站点，则设备配对数是39 800。因此，要同时考虑这么多对设备之间的信号平衡问题，从而设计出适用的发送器和接收器是不可能的。在制定网络标准时，考虑到这一问题的复杂性，所以把总线划分成一定长度的网段，并限制每个网段接入的站点数。

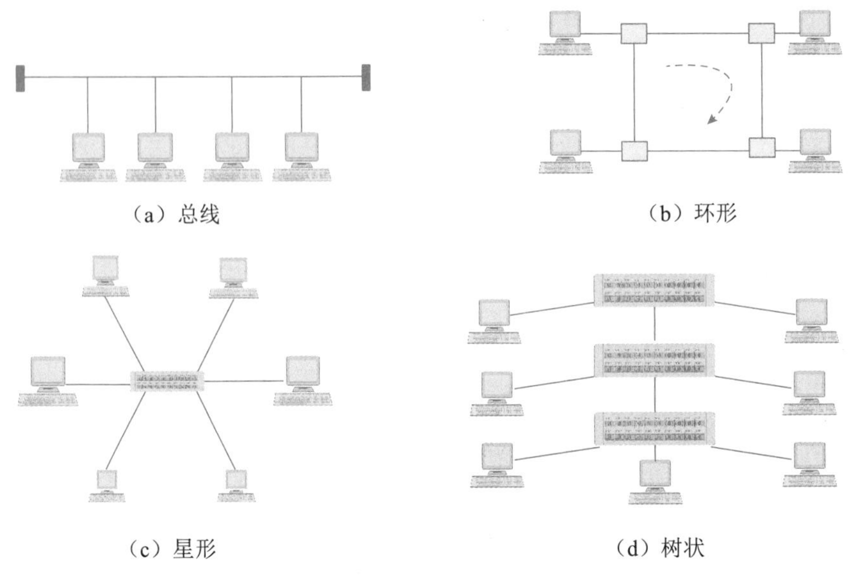

（a）总线　（b）环形　（c）星形　（d）树状

图3-1　局域网的拓扑结构

1）基带系统

数字信号是一种电压脉冲，它从发送处沿着基带电缆向两端均匀传播，这种情况就像光波在以太介质（物理学家们杜撰的）中各向同性地均匀传播一样，所以总线网的发明者把这种网络称为以太网。以太网使用特性阻抗为50Ω的同轴电缆，这种电缆具有较小的低频电噪声，在接头处产生的反射也较小。

一般来说，传输系统的数据速率与电缆长度、接头数量以及发送和接收电路的电气特性有关。当脉冲信号沿电缆传播时，会发生衰减和畸变，还会受到噪音和其他不利因素的影响。传播距离越长，这种影响越大，增加了出错的机会。如果数据速率较小，脉冲宽度就比较宽，比高速的窄脉冲更容易恢复，因而抗噪声特性更好。基带系统的设计需要在数据速率、传播距离、站点数量之间进行权衡。一般来说，数据速率越小，传输的距离越远；传输系统（收发器和电缆）的电气特性越好，可连接的站点数就越多。表3-2列出了IEEE 802.3标准中对两种基带电缆的规定。这两种系统的数据速率都是10Mb/s，但传输距离和可连接的站点数不同，这是因为直径为0.4英寸（1英寸=2.54厘米）的电缆比直径为0.25英寸的电缆性能更好，当然价格也较昂贵。

表3-2　IEEE 802.3标准中对两种基带电缆的规定

参　数	10Base 5	10Base 2
电缆直径	0.4in（RG-11）	0.25in（RG-58）
数据速率	10Mb/s	10Mb/s

（续表）

参　数	10Base 5	10Base 2
最大段长	500m	185m
传播距离	2500m	1000m
每段节点数	100	30
节点距离	2.5m	0.5m

若要扩展网络的长度，可以用中继器把多个网络段连接起来，如图3-2所示。中继器可以接收一个网段上的信号，经再生后发送到另一个网段上去。然而，由于网络的定时特性，不能无限制地使用中继器，表3-2中的两个标准都将中继器的数目限制为4个，即最大网络由5段组成。

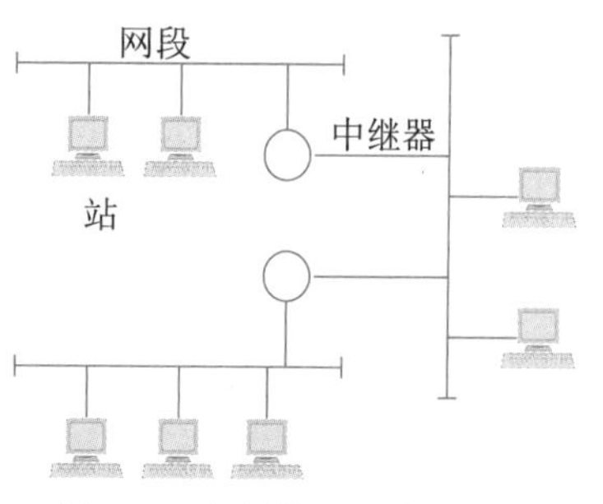

图3-2　由中继器互连的网络

2）宽带系统

宽带系统是指采用频分多路技术传播模拟信号的系统。不同频率的信道可分别支持数据通信、TV和CD质量的音频信号。模拟信号比数字脉冲受噪声和衰减的影响更小，可以传播更远的距离，甚至达到100km。

宽带系统使用特性阻抗为75Ω的CATV电缆。根据系统中数/模转换设备采用的调制技术的不同，1b/s的数据速率可能需要1～4Hz的带宽，而支持150Mb/s的数据速率可能需要300MHz的带宽。

由于宽带系统中需要模拟放大器，而这种放大器只能单方向工作，所以加在宽带电缆上的信号只能单方向传播，这种方向性决定了在同一条电缆上只能由“上游站”发送，“下游站”接收，相反方向的通信则必须采用特殊的技术。有两种技术可提供双向传输：一种是双缆配置，即用两根电缆分别提供两个方向不同的通路（如图3-3（a）所示）；另一种是分裂配置，即把单根电缆的频带分裂为两个频率不同的子通道，分别传输两个方向相反的信号（如图3-3（b）所示）。双缆配置可提供双倍的带宽，而分裂配置比双缆配置可节约大约15%的费用。

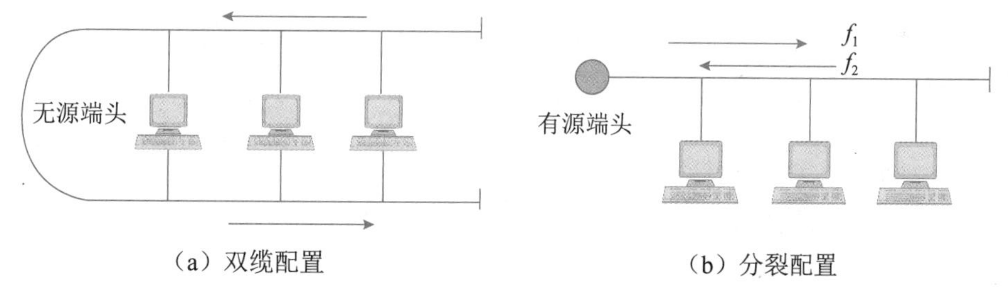

（a）双缆配置　　（b）分裂配置

图3-3　宽带系统中实现双向传输的两种配置

两种电路配置都需要“端头”来连接两个方向不同的通路。双缆配置中的端头是无源端头，朝向端头的通路称为“入径”，离开端头的通路称为“出径”。所有的站向入径上发送信号，经端头转接后发向出径，各个站从出径上接收数据。入径和出径上的信号使用相同的频率。

在分裂配置中使用有源端头，也叫频率变换端头。所有的站以频率 f_1 向端头发送数据，经端头转换后以频率 f_2 向总线上广播，目标站以 f_2 接收数据。

2. 环形拓扑

环形拓扑由一系列首尾相接的中继器组成，每个中继器连接一个工作站（如图 3-1（b）所示）。中继器是一种简单的设备，它能从一端接收数据，然后在另一端发出数据。整个环路是单向传输的。

工作站发出的数据组织成帧。在数据帧的帧头部分含有源地址和目标地址字段，以及其他控制信息。数据帧在环上循环传播时被目标站复制，返回发送站后被回收。由于多个站共享环上的传输介质，所以需要某种访问逻辑来控制各个站的发送顺序。

由于环网是一系列点对点链路串接起来的，所以可使用任何传输介质。最常用的介质是双绞线，因为它们价格较低。使用同轴电缆可得到较高的带宽，而光纤则能提供更大的数据速率。表 3-3 中列出了常用的几种传输介质的有关参数。

表 3-3 环网的传输介质

传输介质	数据速率（Mb/s）	中继器之间的距离（km）	中继器个数
无屏蔽双绞线	4	0.1	72
屏蔽双绞线	16	0.3	250
基带同轴电缆	16	1.0	250
光纤	100	2.0	240

3. 星形拓扑

星形拓扑中有一个中心节点，所有站点都连接到中心节点上。电话系统就采用了这种拓扑结构，多终端联机通信系统也同样采用星形拓扑结构。中心节点在星形网络中起到控制和交换的作用，是网络中的关键设备。星形拓扑的网络布局如图 3-1（c）所示。

用星形拓扑结构也可以构成分组广播式的局域网。在这种网络中，每个站都用两对专线连接到中心节点上，一对用于发送，一对用于接收。中心节点叫作集线器（Hub）。Hub 接收工作站发来的数据帧，然后向所有的输出链路广播出去。当有多个站同时向 Hub 发送数据时就会产生冲突，这种情况和总线拓扑中的竞争发送一样，因而总线网的介质访问控制方法也适用于星形网。

Hub 有两种形式，一种是有源 Hub，另一种是无源 Hub。有源 Hub 中配置了信号再生逻辑，这种电路可以接收输入链路上的信号，经再生后向所有输出链路发送。如果多个输出链路同时有信号输入，则向所有输出链路发送冲突信号。

无源 Hub 中没有信号再生电路，这种 Hub 只是把输入链路上的信号分配到所有的输出链路上。如果使用的介质是光纤，则可以把所有的输入光纤熔焊到玻璃柱的两端，如图 3-4 所示。当有光信号从输入端进来时就照亮了玻璃柱，从而也照亮了所有输出光纤，这样就起到了光信号的分配作用。

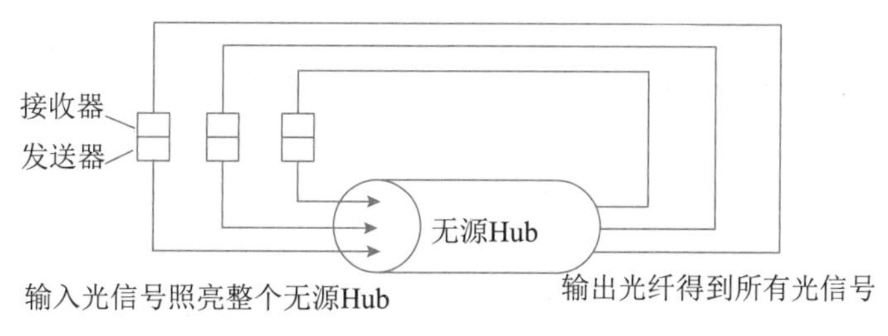

图 3-4　无源星形光纤网

任何有线传输介质都可以使用有源 Hub，也可以使用无源 Hub。为达到较高的数据速率，必须限制工作站到中心节点的距离和连接的站点数。一般来说，无源 Hub 用于光纤或同轴电缆网络，有源 Hub 则用于无屏蔽双绞线网络。表 3-4 列出了几种传输介质的有代表性的网络参数。

表 3-4　星形网的传输介质

传输介质	数据速率（Mb/s）	从站到中心节点的距离（km）	站数
无屏蔽双绞线	1 ～ 10	0.5（1Mb/s），0.1（10Mb/s）	几十个
基带同轴电缆	70	<1	几十个
光纤	10 ～ 20	<1	几十个

为延长星形网络的传输距离和扩大网络的规模，可以把多个 Hub 级联起来，组成树状结构，如图 3-1（d）所示。这棵树的根是头 Hub，其他节点叫中间 Hub，每个 Hub 都可以连接多个工作站和其他 Hub，所有的叶子节点都是工作站。图 3-5 抽象地表示出头 Hub 和中间 Hub 的区别。头 Hub 可以完成上述 Hub 的基本功能，然而中间 Hub 的作用是把任何输入链路上送来的信号向上级 Hub 传送，同时把上级送来的信号向所有的输出链路广播。这样，整棵 Hub 树就完成了与单个 Hub 同样的功能：一个站发出的信号经 Hub 转接，所有的站都能收到。如果有两个站同时发送，头 Hub 会检测到冲突，并向所有的中间 Hub 和工作站发送冲突信号。

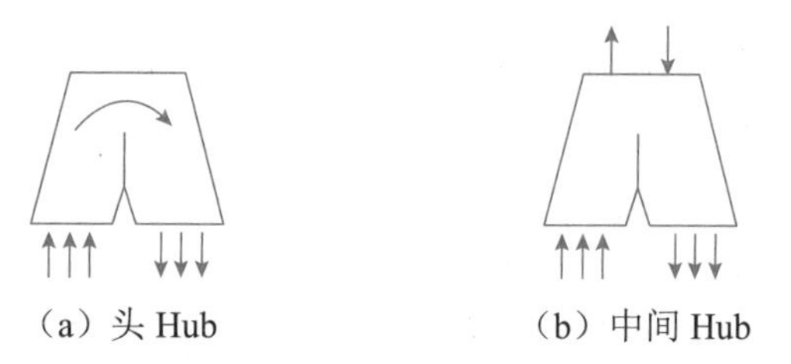

图 3-5　头 Hub 和中间 Hub

3.1.2　LAN/MAN的IEEE 802标准

IEEE 802 委员会的任务是制定局域网和城域网标准，目前有 20 多个分委员会，它们研究的内容如下：

（1）802.1 研究局域网体系结构、寻址、网络互连和网络管理。

（2）802.2 研究逻辑链路控制子层（LLC）的定义。

（3）802.3 研究以太网介质访问控制协议 CSMA/CD 及物理层技术规范。

（4）802.4 研究令牌总线网（Token-Bus）的介质访问控制协议及物理层技术规范。

（5）802.5 研究令牌环网（Token-Ring）的介质访问控制协议及物理层技术规范。

（6）802.6 研究城域网介质访问控制协议 DQDB 及物理层技术规范。

（7）802.7 宽带技术咨询组，提供有关宽带联网的技术咨询。

（8）802.8 光纤技术咨询组，提供有关光纤联网的技术咨询。

（9）802.9 研究综合声音数据的局域网（IVD LAN）介质访问控制协议及物理层技术规范。

（10）802.10 网络安全技术咨询组，定义了网络互操作的认证和加密方法。

（11）802.11 研究无线局域网（WLAN）的介质访问控制协议及物理层技术规范。

（12）802.12 研究需求优先的介质访问控制协议（100VG-AnyLAN）。

（13）802.14 研究采用线缆调制解调器（Cable Modem）的交互式电视介质访问控制协议及物理层技术规范。

（14）802.15 研究采用蓝牙技术的无线个人网（Wireless Personal Area Network，WPAN）技术规范。

（15）802.16 宽带无线接入工作组，开发 2 ～ 66GHz 的无线接入系统空中接口。

（16）802.17 弹性分组环（RPR）工作组，制定了弹性分组环网访问控制协议及有关标准。

（17）802.18 宽带无线局域网技术咨询组（Radio Regulatory）。

（18）802.19 多重虚拟局域网共存（Coexistence）技术咨询组。

（19）802.20 移动宽带无线接入（MBWA）工作组，正在制定宽带无线接入网的解决方案。

（20）802.21 研究各种无线网络之间的切换问题，正在制定与介质无关的切换业务（MIH）标准。

（21）802.22 无线区域网（Wireless Regional Area Network，WRAN）工作组，正在制定利用感知无线电技术在广播电视频段的空白频道进行无干扰无线广播的技术标准。

由于局域网是分组广播式网络，网络层的路由功能是不需要的，所以在 IEEE 802 标准中，网络层简化成了上层协议的服务访问点 SAP。又由于局域网使用多种传输介质，而介质访问控制协议与具体的传输介质和拓扑结构有关，所以，IEEE 802 标准把数据链路层划分成了两个子层。与物理介质相关的部分叫作介质访问控制（Medium Access Control，MAC）子层，与物理介质无关的部分叫作逻辑链路控制（Logical Link Control，LLC）子层。LLC 提供标准的 OSI 数据链路层服务，这使得任何高层协议（例如 TCP/IP、SNA 或有关的 OSI 标准）都可以运行于局域网标准之上。局域网的物理层规定了传输介质及其接口的电气特性、机械特性、接口电路的功能，以及信令方式和信号速率等。整个局域网的标准以及与 OSI 参考模型的对应关系如图 3-6 所示。

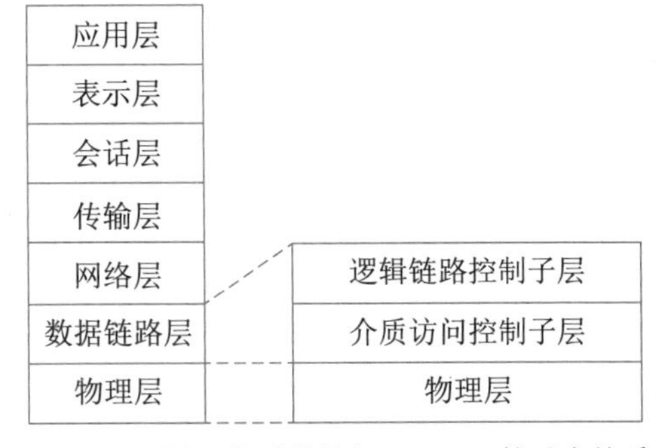

图 3-6 局域网体系结构与 OSI/RM 的对应关系

从图 3-6 中可以看出，局域网标准没有规定高层的功能，高层功能往往与具体的实现有关，包含在网络操作系统（NOS）中，而且大部分 NOS 的功能都是与 OSI/RM 或通行的工业标准协议兼容的。

局域网的体系结构说明，在数据链路层应当有两种不同的协议数据单元，即 LLC 帧和 MAC 帧，这两种帧的关系如图 3-7 所示。从高层来的数据加上 LLC 的帧头就成为 LLC 帧，再向下传送到 MAC 子层加上 MAC 的帧头和帧尾，组成 MAC 帧。物理层则把 MAC 帧当作比特流透明地在数据链路实体间传送。

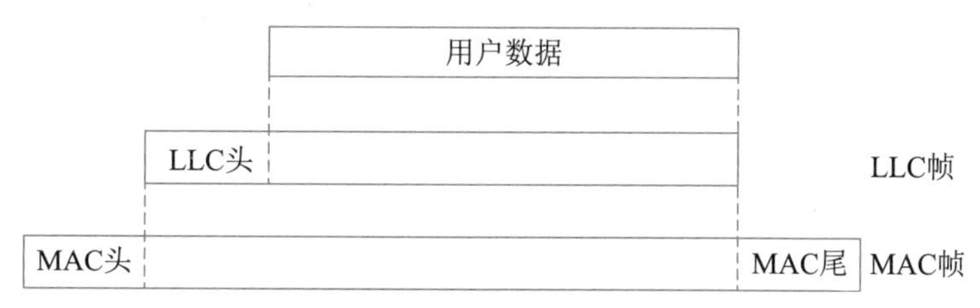

图 3-7　LLC 帧和 MAC 帧的关系

3.2　逻辑链路控制子层

逻辑链路控制子层规范包含在 IEEE 802.2 标准中。这个标准与 HDLC 是兼容的，但使用的帧格式有所不同。这是由于 HDLC 的标志和位填充技术不适合局域网，因而被排除，而且帧校验序列由 MAC 子层实现，因而也不包含在 LLC 帧结构中。另外，为了适合局域网中的寻址，地址字段也有所改变，同时提供目标地址和源地址。LLC 帧格式如图 3-8 所示，帧的类型如表 3-5 所示。

8位	8位	8位或16位	M×8位
DSAP	SSAP	控制	信息

（a）帧结构

I/G	D D D D D D D	C/R	S S S S S S S

I/G=0　单地址　　C/R=0　命令
I/G=1　组地址　　C/R=1　响应

（b）地址字段

0	N(S)	P/F	N(R)

信息帧

1	0	S S	0 0 0 0	P/F	N(R)

管理帧

1	1	M M	P/F	M M M

无编号帧

（c）控制字段

N(S)：发送顺序号　　M：无编号帧功能位　　P/F：询问/终止位
N(R)：接收顺序号　　S：管理帧功能位

图 3-8　LLC 帧格式

表 3-5 LLC 帧类型

控制字段	控制字段编码	命　令	响　应
1. 无确认无连接服务			
无编号帧	1100*000 1111*101 1100*111	UI 无编号信息 XID 交换标识 TEST 测试	XID 交换标识 TEST 测试
2. 连接方式服务			
信息帧 管理帧 无编号帧	0-N(S)-*N(R) 10000000*N(R) 10100000*N(R) 10010000*N(R) 1111*110 1100*010 1100*110 1111*000 1110*001	I 信息 RR 接收准备好 RNR 接收未准备好 REJ 拒绝 SABME 置扩充异步平衡方式 DISC 断开	I 信息 RR 接收准备好 RNR 接收未准备好 REJ 拒绝 UA 无编号确认 DM 断开方式 FRMR 帧拒绝
3. 有确认无连接服务			
无编号帧	1110*110 1110*111	AC0 无连接确认 AC1 无连接确认	AC1 无连接确认 AC0 无连接确认

3.2.1 LLC地址

LLC 地址是 LLC 层服务访问点。IEEE 802 局域网中的地址分两级表示，主机的地址是 MAC 地址，LLC 地址实际是主机中上层协议实体的地址。一个主机可以同时拥有多个上层协议进程，因而就有多个服务访问点。IEEE 802.2 中的地址字段分别用 DSAP 和 SSAP 表示目标地址和源地址（如图 3-8 所示），这两个地址都是 8 位长，相当于 HDLC 中的扩展地址格式。另外增加的一种功能是可提供组地址，如图中的 I/G 位所示。组地址表示一组用户，而全 1 地址表示所有用户。在源地址字段中的控制位 C/R 用于区分命令帧和响应帧。

3.2.2 LLC服务

LLC 提供了以下 3 种服务。

（1）无确认无连接的服务。这是数据报类型的服务，这种服务因简单而不涉及任何流控和差错控制功能，所以不保证可靠的提交。使用这种服务的设备必须在高层软件中处理可靠问题。

（2）连接方式的服务。在有数据交换的用户间建立连接，并提供流控和差错控制功能。

（3）有确认无连接的服务。与前两种服务有交叉，它提供有确认的数据报，但不建立连接。

这 3 种服务是可选择的。用户根据应用程序的需要选择其中一种或多种服务。无确认无连接的服务一般用在以下两种情况：一种是高层软件具有流控和差错控制机制，LLC 子层就不必提供重复的功能；另一种是连接的建立和维护机制会引起不必要的开销，因而必须简化控制。

连接方式的服务可以用在简单设备中，例如终端控制器，它只有很简单的上层协议软件，因而由数据链路层硬件实现流控和差错控制功能。

有确认无连接的服务具有高效、可靠的特点，适合传送少量的重要数据。例如，传送重要而时间紧迫的紧急控制信号。由于重要，所以需要确认；由于紧急，所以要省去建立连接的时间。

3.2.3 LLC协议

LLC 协议与 HDLC 协议兼容（如表 3-5 所示），它们之间的差别如下：

（1）LLC 用无编号信息帧支持无连接的服务，即 LLC 1 型操作。

（2）LLC 用 HDLC 的异步平衡方式支持连接方式的服务，即 LLC 2 型操作。

（3）LLC 用两种新的无编号帧支持有确认无连接的服务，即 LLC 3 型操作。

（4）通过 LLC 服务访问点支持多路复用，即一对 LLC 实体间可建立多个连接。

这 3 类 LLC 操作都使用同样的帧格式，如图 3-8 所示。LLC 控制字段使用 LLC 的扩展格式。

LLC 1 型操作支持无确认无连接的服务。无编号信息帧（UI）用于传送用户数据。这里没有流控和差错控制，差错控制由 MAC 子层完成。另外，有两种帧（XID 和 TEST）用于支持与 3 种协议都有关的管理功能。XID 帧用于交换两类信息：LLC 实体支持的操作和窗口大小。而 TEST 帧用于进行两个 LLC 实体间的通路测试。当一个 LLC 实体收到 TEST 命令帧后，应尽快发回 TEST 响应帧。

LLC 2 型操作支持连接方式的服务。当 LLC 实体得到用户的要求后可发出置扩充的异步平衡方式帧 SABME，另一个站的 LLC 实体请求建立连接。如果目标 LLC 实体同意建立连接，则以无编号应答帧 UA 回答，否则以断开连接应答帧 DM 回答。建立的连接由两端的服务访问点唯一标识。连接建立后，使用 I 帧传送数据。I 帧包含发送 / 接收顺序号，用于流控和捎带应答。另外，还有管理帧辅助进行流控和差错控制。数据发送完成后，任何一端的 LLC 实体都可发出断连帧 DISC 来终止连接。这些与 HDLC 是完全相同的。

LLC 3 型操作支持有确认无连接的服务，要求每个帧都要应答。这里使用了一种新的无连接应答帧 AC（Acknowledged Connectionless）。信息通过 AC 命令帧发送，接收方以 AC 响应帧回答。为了防止帧的丢失，使用了 1 位序列号。发送者交替在 AC 命令帧中使用 0 和 1，接收者以相反序号的 AC 帧回答，这类似于停等协议中发生的过程。

3.3 IEEE 802.3 标准

总线、星形和树状拓扑最适合的介质访问控制协议是 CSMA/CD（Carrier Sense Multiple Access/Collision Detection）。早期对 CSMA/CD 协议有较大影响的是 20 世纪 70 年代美国夏威夷大学建立的 ALOHA 网络，其运行的 ALOHA 协议的效率很低，大部分时间都被工作站之间的竞争发送浪费了，后来制定的 CSMA/CD 协议效率则要高得多，详见下面的分析。

3.3.1 CSMA/CD协议

ALOHA 的主要缺点是各个工作站设置自己的传输时间，这意味着冲突概率很高，信道利用率下降。若各个站在发送前先监听信道上的发送情况，信道忙时后退一段时间再发送，可大大减少冲突概率，这就是局域网上采用的载波监听多路访问（CSMA）协议。在局域网中，最远两个站之间的传播时延很小，可避免与正在发送的站产生冲突。同时，帧的发送时间 t_f 相对于网络延迟大得多，一旦一个帧开始成功发送，可长时间保持网络中有效地传输并显著提高信道利用率。

CSMA 的基本原理：站在发送数据之前，先监听信道上是否有别的站发送的载波信号。若有，说明信道正忙，否则说明信道空闲，根据预定的策略决定：

（1）若信道空闲，是否立即发送。

（2）若信道忙，是否继续监听。

1. 监听算法

监听算法并不能完全避免发送冲突，但若对以上两种控制策略进行精心设计，则可以把冲突概率减到最小。据此，有以下 3 种监听算法（如图 3-9 所示）。

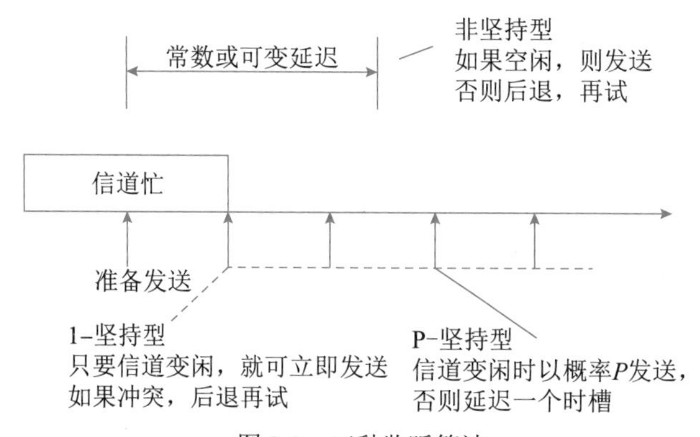

图 3-9 三种监听算法

（1）非坚持型监听算法。这种算法可描述如下：当一个站准备好帧，发送之前先监听信道。

① 若信道空闲，立即发送，否则转②。

② 若信道忙，则后退一个随机时间，重复①。

由于随机时延后退，从而减少了冲突的概率。然而，可能出现的问题是，因为后退而使信道闲置一段时间，使信道的利用率降低，而且增加了发送时延。

（2）1- 坚持型监听算法。这种算法可描述如下：当一个站准备好帧，发送之前先监听信道。

① 若信道空闲，立即发送，否则转②。

② 若信道忙，继续监听，直到信道空闲后立即发送。

这种算法的优缺点与前一种正好相反，但是，多个站同时都在监听信道时必然会发生冲突。

（3）P- 坚持型监听算法。这种算法汲取了以上两种算法的优点，但较为复杂，可描述如下：

① 若信道空闲，以概率 P 发送，以概率（$1-P$）延迟一个时间单位。一个时间单位等于网

络传输时延 τ。

② 若信道忙，继续监听直到信道空闲，转①。

③ 如果发送延迟一个时间单位 τ，则重复①。

ALOHA 算法中网络负载和信道利用率的关系曲线如图 3-10 所示。可以看出，网络负载值小的监听算法对信道的利用率有利，但是引入了较大的发送时延。

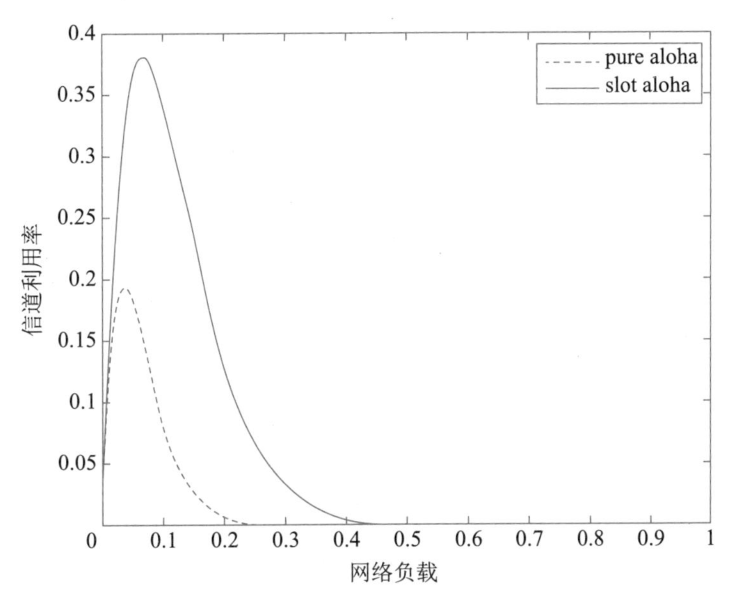

图 3-10　ALOHA 算法中网络负载和信道利用率的关系曲线

2. 冲突检测原理

载波监听只能减小冲突的概率，不能避免。若帧比较长或两个帧发生冲突还继续发送，会浪费网络带宽。为改进带宽的利用率，发送站应采取边发边听的冲突检测方法。具体方法如下：

（1）发送期间同时接收，并把接收的数据与站中存储的数据进行比较。

（2）若比较结果一致，说明没有冲突，重复（1）。

（3）若比较结果不一致，说明发生了冲突，立即停止发送，并发送一个简短的干扰（Jamming）信号，使所有站都停止发送。

（4）发送 Jamming 信号后，等待一段随机长的时间，重新监听，再试着发送。

带冲突检测的监听算法把浪费带宽的时间减少到检测冲突的时间。对局域网来说，这个时间是很短的。在图 3-11 中画出了基带系统中检测冲突需要的最长时间。这个时间发生在网

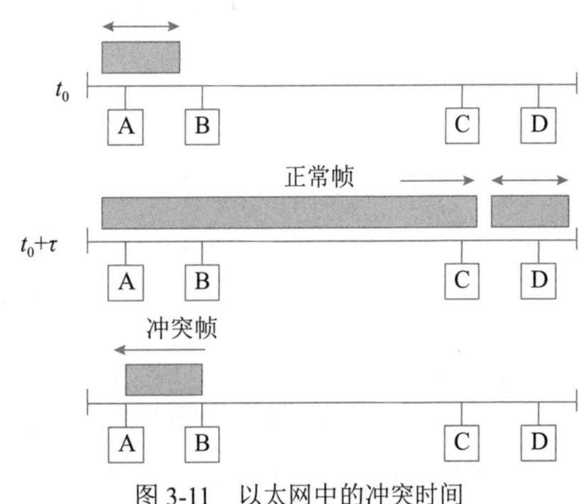

图 3-11　以太网中的冲突时间

络中相距最远的两个站（A和D）之间。在t_0时刻，A开始发送。假设经过一段时间τ（网络最大传播时延）后,D开始发送。D立即就会检测到冲突，并能很快停止。但A仍然感觉不到冲突，并继续发送。再经过一段时间τ，A才会收到冲突信号，从而停止发送。可见，在基带系统中检测冲突的最长时间是网络传播延迟的2倍，把这个时间叫作冲突窗口。

与冲突窗口相关的参数是最小帧长。设想图3-11中的A站发送的帧较短，在2τ时间内已经发送完毕，这样A站在整个发送期间将检测不到冲突。为了避免这种情况，网络标准中根据设计的数据速率和最大网段长度规定了最小帧长$L_{\min}$。

$$L_{\min} = 2R \times d / v$$

其中，R是网络数据速率，d为最大段长，v是信号传播速度。有了最小帧长的限制，发送站必须对较短的帧增加填充位，使其等于最小帧长。接收站对收到的帧检查长度，小于最小帧长的帧被认为是冲突碎片而丢弃。

3. 二进制指数后退算法

前面提到，检测到冲突发送干扰信号时后退一段时间重新发送。后退时间的多少对网络的稳定工作有很大影响。特别是在负载很重的情况下，为避免很多站连续发生冲突，需要设计有效的后退算法。按照二进制指数后退算法，后退时延的取值范围与重发次数n形成二进制指数关系。即第一次试发送时n的值为0，每冲突一次n的值加1，并按下式计算后退时延。

$$\begin{cases} \xi = \text{random}[0, 2^n] \\ t_\xi = \xi\tau \end{cases}$$

其中，第一式是在区间$[0,2^n]$中取一均匀分布的随机整数ξ，第二式是计算出随机后退时延。为避免无限制地重发，要对重发次数n进行限制，这种情况往往是信道故障引起的。通常当n增加到某一最大值（例如16）时，停止发送，并向上层协议报告发送错误。

事实上，后退次数的多少往往与负载大小有关，二进制指数后退算法的优点正是把后退时延的平均取值与负载的大小联系了起来。

4. CSMA/CD协议的实现

对于基带和宽带总线，CSMA/CD的实现基本是相同的，但也有一些差别。差别在于：一是载波监听的实现。对于基带系统，是检测电压脉冲序列。对于宽带系统，监听站接收RF载波以判断信道是否空闲。二是冲突检测的实现。对于基带系统，是把直流电压加到信号上来检测冲突的；对于宽带系统，有几种检测冲突的方法：方法一是把接收的数据与发送的数据逐位比较。另一种方法用于分裂配置，由端头检查是否有破坏的数据，这种数据与正常数据的频率不同。

对于双绞线星形网，冲突检测的方法更简单（如图3-12所示）。Hub监视输入端的活动，若有两处以上的输入端出现信号，则认为发生冲突，并立即产生一个“冲突出现”的特殊信号CP，向所有输出端广播。图3-12（a）是无冲突的情况。在图3-12（b）中连接A站的

IHub 检测到冲突，CP 信号被向上传到了 HHub，并广播到所有的站。图 3-12（c）表示的是三方冲突。

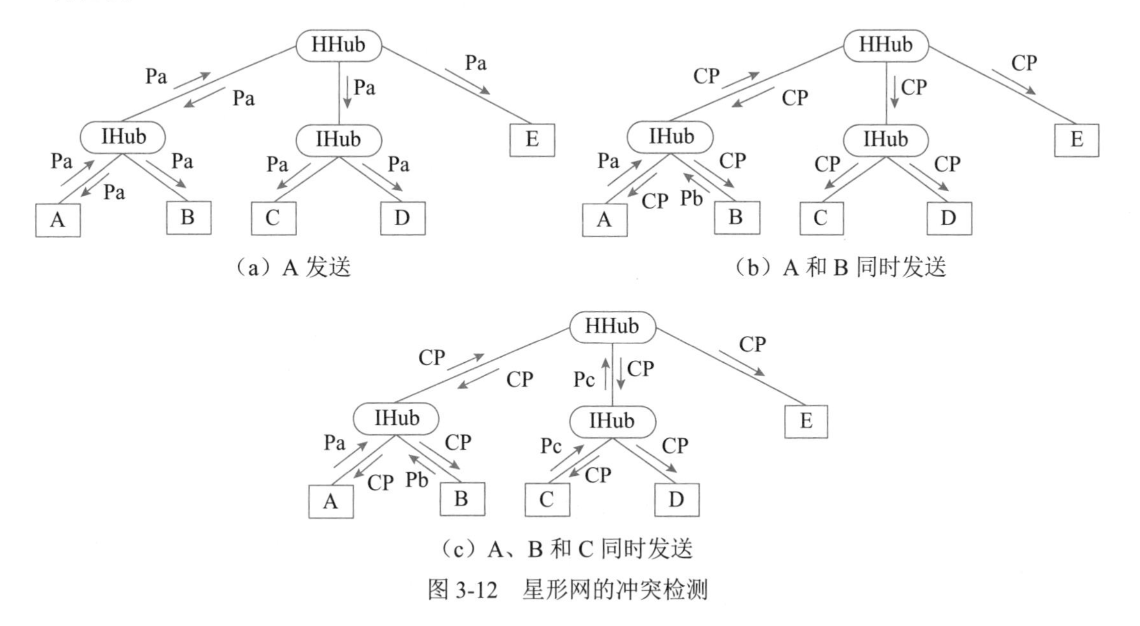

（a）A 发送

（b）A 和 B 同时发送

（c）A、B 和 C 同时发送

图 3-12　星形网的冲突检测

3.3.2　CSMA/CD协议的性能分析

下面分析传播延迟和数据速率对网络性能的影响。

吞吐率是单位时间内实际传送的位数。假设网上的站都有数据要发送，没有竞争冲突，各站轮流发送数据，则传送一个长度为 L 的帧的周期为 t_p+t_f，如图 3-13 所示。可得最大吞吐率为

$$T=\frac{L}{t_p+t_f}=\frac{L}{d/v+L/R}$$

其中，d 表示网段长度，v 为信号在铜线中的传播速度（光速的 65% ～ 77%），R 为网络提供的数据速率，或者称为网络容量。

同时可得出网络利用率为

$$E=\frac{T}{R}=\frac{L/R}{d/v+L/R}=\frac{t_f}{t_p+t_f}$$

利用 $a=t_p/t_f$ 得

$$E=\frac{1}{a+1}$$

这里假定是全双工信道，MAC 子层不作应答，而由 LLC 子层进行捎带应答。得出的结论是：a（或者 Rd 的乘积）越大，信道利用率越低。表 3-6 列出了 LAN 中 a 值的典型情况。可以看出，对于大的高速网络，利用率是很低的。所以在跨度大的城域网中，同时传送的不只是一个帧，这样才可以提高网络效率。

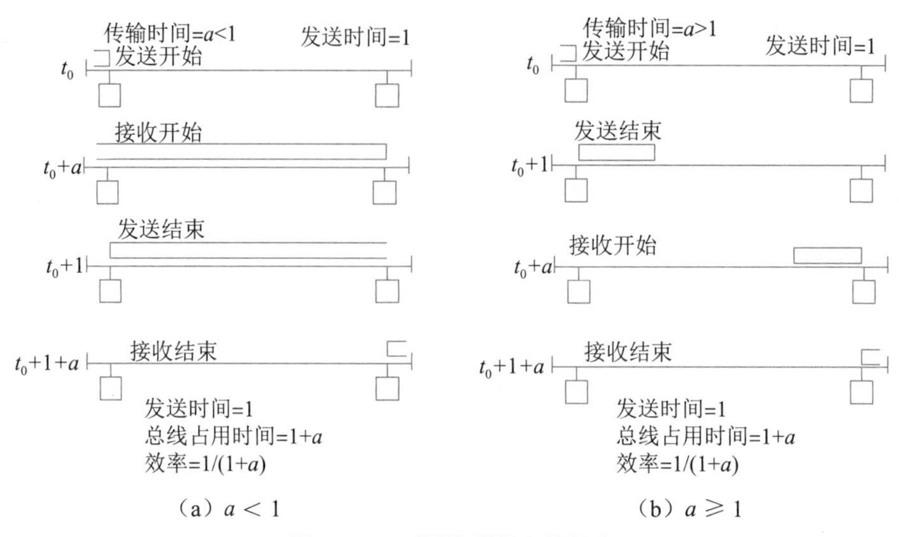

（a）$a<1$　　（b）$a \geqslant 1$

图 3-13　*a* 对网络利用率的影响

表 3-6　*a* 值和网络利用率

数据速率（Mb/s）	帧长（位）	网络跨度（km）	*a*	1/(1+*a*)
1	100	1	0.05	0.95
1	1000	10	0.05	0.95
1	100	10	0.5	0.67
10	100	1	0.5	0.67
10	1000	1	0.05	0.95
10	1000	10	0.5	0.67
10	10 000	10	0.05	0.95
100	35 000	200	2.8	0.26
100	1000	50	25	0.04

3.3.3 MAC和PHY规范

1. MAC 帧格式

802.3 的帧格式如图 3-14 所示。

字节数	7	1	2或6	2或6	2	0~1500	0~46	4
	前导字段	帧起始符	目标地址	源地址	长度	数据	填充	校验和

图 3-14　802.3 的帧格式

每个帧以 7 个字节的前导字段开头，每个字节的值为 10101010，这种模式的编码产生 10MHz、持续 9.6μs 的方波，作为接收器的同步信号。帧起始符代码为 10101011，标志着一个帧的开始。

帧内的源地址和目标地址可以是 6 或 2 字节长，10Mb/s 的基带网使用 6 字节地址。目标地址最高位为 0 时表示普通地址，为 1 时表示组地址，向一组站发送称为组播（Multicast）。全 1 的目标地址是广播地址，所有站都接收这种帧。次最高位（第 46 位）用于区分局部或全局地址。局部地址仅在本地网络中有效，全局地址由 IEEE 指定。

长度字段说明数据字段的长度。数据字段可以为 0，这时帧中不包含上层协议的数据。为了保证帧发送期间能检测到冲突，802.3 规定最小帧为 64 字节。这个帧长是指从目标地址到校验和的长度。由于前导字段和帧起始符是在物理层加上的，所以不包括在帧长中，也不参加帧校验。如果帧的长度不足 64 字节，要加入字节的填充位使之等于最小帧长度。

早期的 802.3 帧格式与 DIX 以太网不同，DIX 以太网用类型字段指示封装的上层协议，而 IEEE 802.3 为了通过 LLC 实现向上复用，用长度字段取代类型字段。实际上，这两种格式可以并存，两个字节可表示的数字值范围是 0 ～ 65 535，长度字段的最大值是 1500，因此 1501 ～ 65 535 之间的值都可以用来标识协议类型。这个字段的 1536 ～ 65 535（0x0600 ～ 0xFFFF）之间的值都被保留作为类型值，而 0 ～ 1500 则被用作长度的值。许多高层协议（例如 TCP/IP、IPX、DECnet 4）使用 DIX 以太网帧格式，而 IEEE 802.3/LLC 应用在 Apple Talk-2 和 NetBIOS 中。IEEE 802.3x 工作组为支持全双工操作开发了流量控制算法使得帧格式出现一些变化，新的 MAC 协议使用类型字段来区分 MAC 控制帧和其他类型的帧。

2. CSMA/CD 协议的实现

IEEE 802.3 采用 CSMA/CD 协议，这个协议的载波监听、冲突检测、冲突强化和二进制指数后退等功能都由硬件实现。这些硬件逻辑电路包含在网卡中。网卡上的主要器件是以太网数据链路控制器（Ethernet Data Link Controller，EDLC）。这个器件中有两套独立的系统，分别用于发送和接收，它的主要功能如图 3-15 所示。

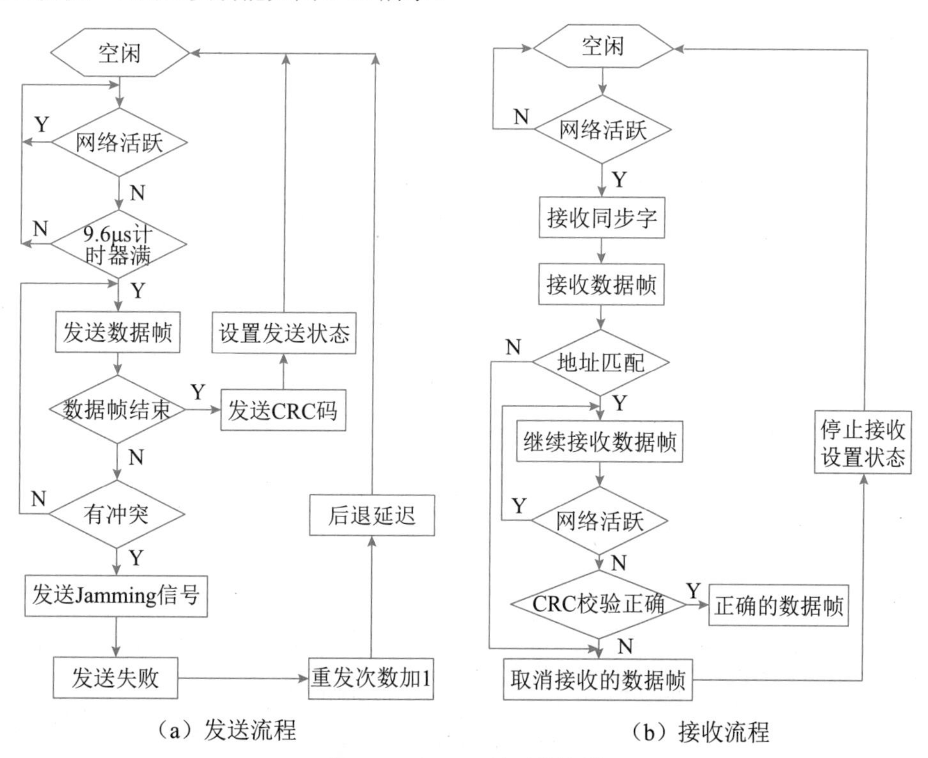

图 3-15 EDLC 的工作流程

IEEE 802.3 使用 1- 坚持型监听算法，因为这个算法可及时抢占信道，减少空闲期，同时实现也较简单。在监听到网络由活动变成安静后，并不能立即开始发送，还要等待一个最小帧间隔时间，只有在此期间网络持续平静，才能开始试发送。最小帧间隔时间规定为 9.6μs。

在发送过程中继续监听。若检测到冲突，发送 8 个十六进制数的序列 55555555，这就是协议规定的阻塞信号。接收站要对收到的帧进行校验。除 CRC 校验之外还要检查帧的长度。短于最小长度的帧被认为是冲突碎片而丢弃，帧长与数据长度不一致的帧以及长度不是整数字节的帧也被丢弃。另外，网卡上还有物理层的部分设备，例如 Manchester 编码器与译码器，存储网卡地址的 ROM，与传输介质连接的收发器，以及与主机总线的接口电路等。

3. 物理层规范

802.3 最初的标准规定了 6 种物理层传输介质，这些传输介质的主要参数如表 3-7 所示。

表 3-7　802.3 的传输介质

属性	Ethernet	10Base 5	10Base 2	1Base 5	10Base-T	10Broad 36	10Base-F
拓扑结构	总线	总线	总线	星形	星形	总线	星形
数据速率（Mb/s）	10	10	10	1	10	10	10
信号类型	基带曼码	基带曼码	基带曼码	基带曼码	基带曼码	宽带 DPSK	基带曼码
最大段长（m）	500	500	185	250	100	3600	500 或 2000
传输介质	粗同轴电缆	粗同轴电缆	细同轴电缆	UTP	UTP	CATV 电缆	光纤

由表 3-7 可知，Ethernet 规范与 10Base 5 相同。这里的 10 表示数据速率为 10Mb/s，Base 表示基带，5 表示最大段长为 500m。其他几种标准的命名方法类似。

10Base 5 采用特性阻抗为 50Ω 的粗同轴电缆。这种网络的收发器不在网卡上，而是直接与电缆相连，称为外收发器，如图 3-16 所示。若通信距离较远，可以用中继器（repeater）把两个网络段连接在一起。10Base 2 标准可组成一种廉价网络，收发器包含在工作站内的网卡上，使用 T 型连接器和 BNC 接头直接与电缆相连，如图 3-17 所示。由于数据速率相同，10Base 2 网段和 10Base 5 网段可用中继器混合连接。

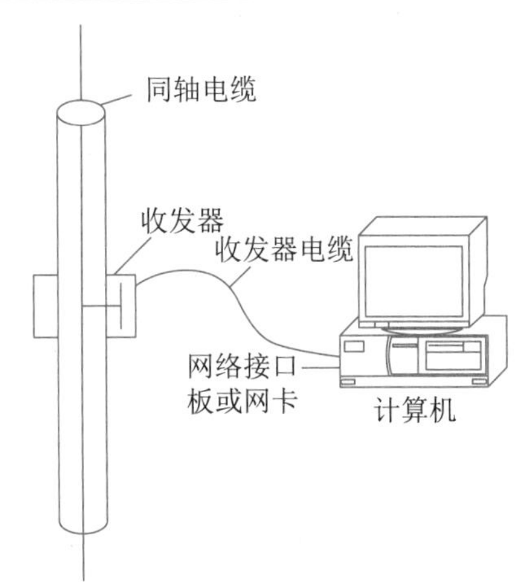

图 3-16　10Base 5 的收发器

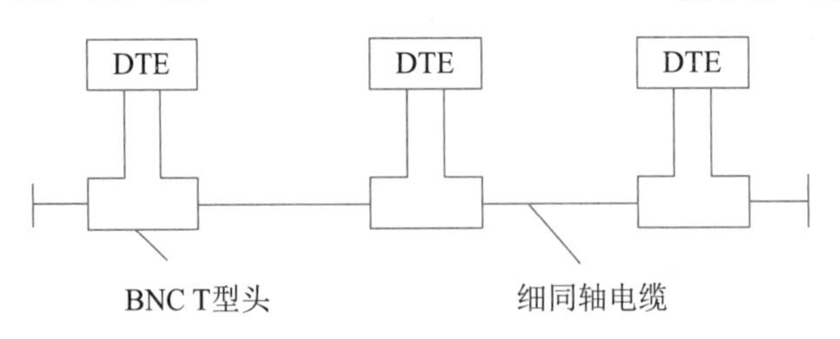

图 3-17　10Base 2 的配置

3.3.4　交换式以太网

在重负载下，以太网的吞吐率大大下降，实际通信速率比网络提供的带宽低得多，使用交换技术可改善这种情况，下面简述这种技术的基本原理。交换式以太网的核心部件是交换机，它有一个高速底板（工作速率为 1Gb/s）。底板上有 4 ～ 32 个插槽，每个插槽可连接一块插入卡，卡上有 1 ～ 8 个连接器用于连接带有 10Base-T 网卡的主机，如图 3-18 所示。

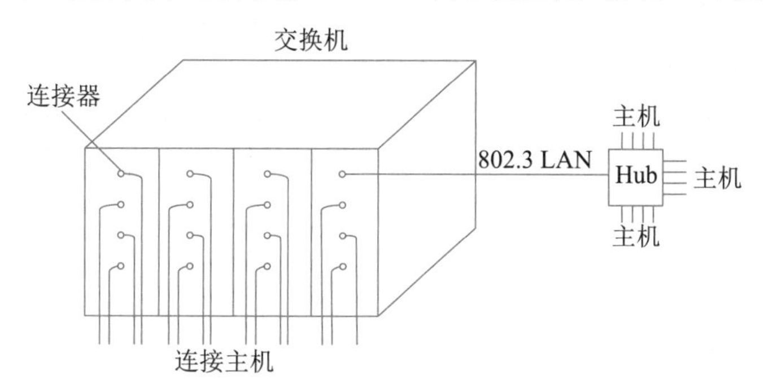

图 3-18　交换式以太网

连接器接收主机发来的帧。插入卡判断目标地址，如果目标站是同一卡上的主机，则把帧转发到相应的连接器端口，否则就转发给高速底板。底板根据专用的协议进一步转发，送达目标站。

当同一插入卡上有两个以上的站发送帧时发生冲突。分解冲突的方法取决于插入卡的逻辑结构。一种方法是同一卡上的所有端口连接在一起形成一个冲突域，卡上的冲突分解方法与通常的 CSMA/CD 协议一样处理。这样，一个卡上同时只能有一个站发送，但整个交换机中有多个插入卡，因而有多个站可同时发送。对整个网络的带宽提高的倍数等于插入卡的数量。

另一种方法是把来自主机的输入由卡上的存储器缓冲，这种设计允许卡上同时有多个端口发送帧。对于存储的帧的处理方法仍然是适时转发，这样就不存在冲突。这种技术可以把标准以太网的带宽提高一到两个数量级。进一步扩展联网范围的方法是把 10Base-T 的 Hub 连接在交换机上。这样的交换机相当于网桥，它提供 10Base-T LAN 之间的互连，并根据目标地址进行帧转发。

3.3.5　高速以太网

1. 快速以太网

1995 年 100Mb/s 的快速以太网标准 IEEE 802.3u 正式颁布，这是基于 10Base-T 和 10Base-F 技术，在基本布线系统不变的情况下开发的高速局域网标准。快速以太网使用的传输介质如表 3-8 所示，其中多模光纤的芯线直径为 62.5μm，包层直径为 125μm；单模光纤的芯线直径为 8μm，包层直径也是 125μm。

表 3-8　快速以太网物理层规范

标　准	传输介质	特性阻抗	最大段长
100Base-TX	两对 5 类 UTP	100Ω	100m
	两对 STP	150Ω	

（续表）

标　准	传输介质	特性阻抗	最大段长
100Base-FX	一对多模光纤 MMF	62.5/125μm	2km
	一对单模光纤 SMF	8/125μm	40km
100Base-T4	四对3类UTP	100Ω	100m
100Base-T2	两对3类UTP	100Ω	100m

快速以太网使用的集线器可以是共享型或交换型，也可以通过堆叠多个集线器来扩大端口数量。互相连接的集线器起到了中继的作用，扩大了网络的跨距。快速以太网使用的中继器分为两类，如图3-19所示，其中，Ⅰ类中继器中包含了编码/译码功能，它的延迟比Ⅱ类中继器大。

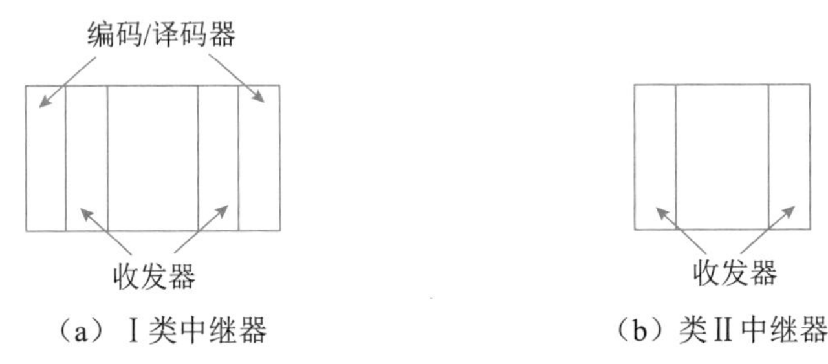

（a）Ⅰ类中继器　　（b）类Ⅱ中继器

图3-19　Ⅰ类和Ⅱ类中继器

与10Mb/s以太网一样，快速以太网也要考虑冲突时槽和最小帧长问题。快速以太网的数据速率提高了10倍，而最小帧长没有变，所以冲突时槽缩小为5.12μs，有

$$\text{slot} = 2S / 0.7C + 2t_{\text{phy}}$$

S表示网络的跨距，$0.7C$是0.7倍光速，t_{phy}是工作站物理层时延（进出站共产生2倍时延）。

按照上式，可得到计算快速以太网跨距的公式

$$S = 0.35C(L_{\min} / R - 2t_{\text{phy}})$$

按照这个公式，结合表3-8中关于段长的规定，可以得到图3-20所示的各种连接方式。

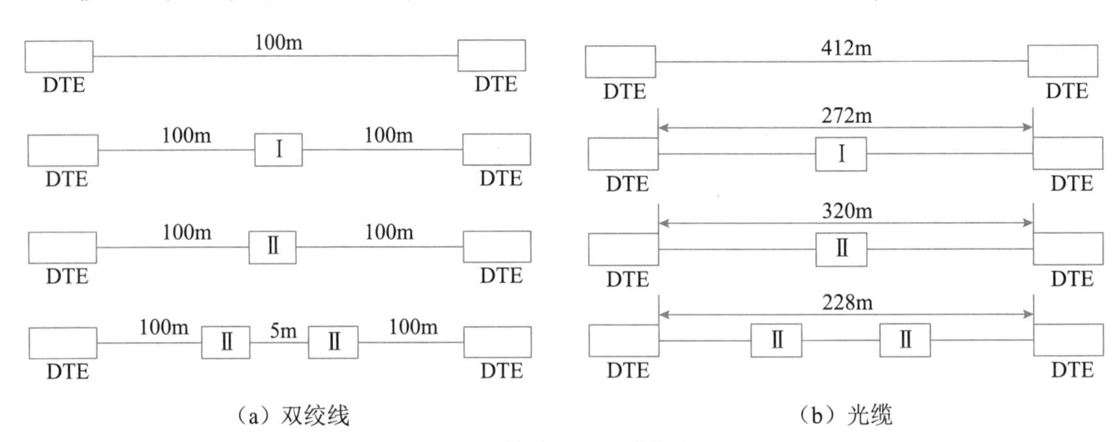

（a）双绞线　　（b）光缆

图3-20　快速以太网系统跨距

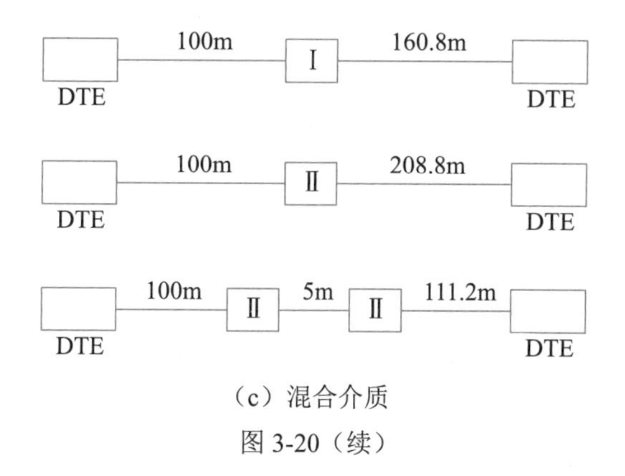

（c）混合介质

图 3-20（续）

在 IEEE 802.3u 的补充条款中说明了 10Mb/s 和 100Mb/s 兼容的自动协商功能。当系统加电后网卡就开始发送快速链路脉冲（Fast Link Pulse，FLP），这是 33 位二进制脉冲串，前 17 位为同步信号，后 16 位表示自动协商的最佳工作模式信息。原来的 10Mb/s 网卡发出的是正常链路脉冲（Normal Link Pulse，NLP），自适应网卡能识别这种脉冲，从而决定适当的发送速率。

2. 千兆以太网

1000Mb/s 以太网的传输速率更快，作为主干网提供无阻塞的数据传输服务。1996 年 3 月，IEEE 成立了 802.3z 工作组，开始制定 1000Mb/s 以太网标准。后来又成立了有 100 多家公司参加的千兆以太网联盟（Gibabit Ethernet Alliance，GEA），支持 IEEE 802.3z 工作组的各项活动。1998 年 6 月公布的 IEEE 802.3z 和 1999 年 6 月公布的 IEEE 802.3ab 已经成为千兆以太网的正式标准。它们规定了 4 种传输介质，如表 3-9 所示。

表 3-9　千兆以太网标准

标　准	名　称	电　缆	最大段长	特　点
IEEE 802.3z	1000Base-SX	光纤（短波 770 ～ 860nm）	550m	多模光纤（50，62.5μm）
	1000Base-LX	光纤（长波 1270 ～ 1355nm）	5000m	单模（10μm）或多模光纤（50，62.5μm）
	1000Base-CX	两对 STP	25m	屏蔽双绞线，同一房间内的设备之间
IEEE 802.3ab	1000Base-T	四对 UTP	100m	5 类无屏蔽双绞线，8B/10B 编码

实现千兆数据速率需要采用新的数据处理技术。首先是最小帧长需要扩展，以便在半双工的情况下增加跨距。另外，IEEE 802.3z 还定义了一种帧突发（Frame Bursting）方式，使得一个站可以连续发送多个帧。最后，物理层编码也采用了与 10Mb/s 不同的编码方法，即 4B/5B 或 8B/9B 编码法。

3. 万兆以太网

2002 年 6 月，IEEE 802.3ae 标准发布，支持 10Gb/s 的传输速率，规定的几种传输介质如表 3-10 所示。传统以太网采用 CSMA/CD 协议，即带冲突检测的载波监听多路访问技术。与千兆以太网一样，万兆以太网基本应用于点到点线路，不再共享带宽，没有冲突检测，载波监听和多路访问技术也不再重要。千兆以太网和万兆以太网采用与传统以太网同样的帧结构。

表 3-10　IEEE 802.3ae 万兆以太网标准

名　称	电　缆	最大段长	特　点
10GBase-S（Short）	50μm 的多模光纤	300m	850nm 串行
	62.5μm 的多模光纤	65m	
10GBase-L（Long）	单模光纤	10km	1310nm 串行
10GBase-E（Extended）	单模光纤	40km	1550nm 串行
10GBase-LX4	单模光纤	10km	1310nm 串行 4×2.5Gb/s 波分多路复用（WDM）
	50μm 的多模光纤	300m	
	62.5μm 的多模光纤	300m	

3.3.6　虚拟局域网

虚拟局域网（Virtual Local Area Network，VLAN）是根据管理功能、组织机构或应用类型对交换局域网进行分段而形成的逻辑网络。虚拟局域网与物理局域网具有同样的属性，然而其中的工作站可以不属于同一个物理网段。任何交换端口都可以分配给某个 VLAN，属于同一个 VLAN 的所有端口构成一个广播域。每一个 VLAN 都是一个逻辑网络，发往 VLAN 之外的分组必须通过路由器进行转发。图 3-21 为一个 VLAN 设计的实例，其中为每个部门定义了一个 VLAN，3 个 VLAN 分布在不同位置的 3 台交换机上。

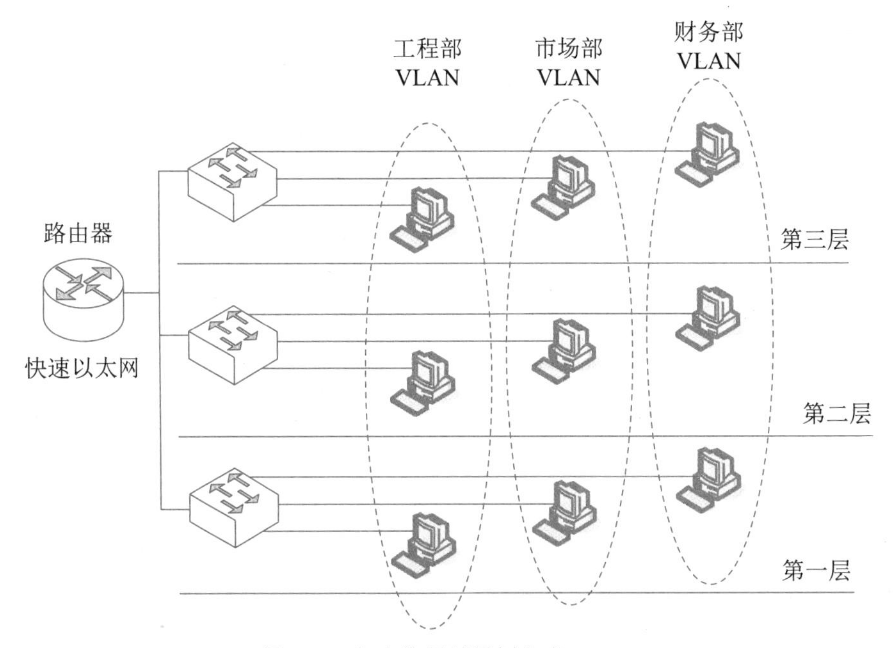

图 3-21　把交换局域网划分成 VLAN

在交换机上实现 VLAN，可以采用静态的或动态的方法。

（1）静态分配 VLAN。为交换机的各个端口指定所属的 VLAN。这种基于端口的划分方法是把各个端口固定地分配给不同的 VLAN，任何连接到交换机的设备都属于接入端口所在的 VLAN。

（2）动态分配 VLAN。动态 VLAN 通过网络管理软件包来创建，可以根据设备的 MAC 地址、网络层协议、网络层地址、IP 广播域或管理策略来划分 VLAN。根据 MAC 地址划分 VLAN 的方法应用最多，一般交换机都支持这种方法。无论一台设备连接到交换网络的什么地方，接入交换机根据设备的 MAC 地址就可以确定该设备的 VLAN 成员身份。这种方法使得用户可以在交换网络中改变接入位置，仍能访问所属的 VLAN。但当用户数量很多时，对每个用户设备分配 VLAN 的工作量很大，会造成较大的管理负担。

把物理网络划分成 VLAN 的好处如下：

（1）控制网络流量。一个 VLAN 内部的通信（包括广播通信）不会转发到其他 VLAN 中去，从而有助于控制广播风暴，减小冲突域，提高网络带宽的利用率。

（2）提高网络的安全性。可以通过配置 VLAN 之间的路由来提供广播过滤、安全和流量控制等功能。不同 VLAN 之间的通信受到限制，提高了企业网络的安全性。

（3）灵活的网络管理。VLAN 机制使得工作组可以突破地理位置的限制而根据管理功能来划分。如果根据 MAC 地址划分 VLAN，用户可以在任何地方接入交换网络，实现移动办公。

在划分成 VLAN 的交换网络中，交换机端口之间的连接分为两种：接入链路连接（Access-Link Connection）和中继链路连接（Trunk-Link Connection）。接入链路只能连接具有标准以太网卡的设备，也只能传送属于单个 VLAN 的数据包。任何连接到接入链路的设备都属于同一个广播域，这意味着，如果有 10 个用户连接到一个集线器，而集线器被插入到交换机的接入链路端口，则这 10 个用户都属于该端口规定的 VLAN。

中继链路是在一条物理连接上生成多个逻辑连接，每个逻辑连接属于一个 VLAN。在进入中继端口时，交换机在数据包中加入 VLAN 标记。这样，在中继链路另一端的交换机就不仅要根据目标地址，而且要根据数据包所属的 VLAN 进行转发决策。在图 3-22 中用不同的颜色表示不同 VLAN 的帧，这些帧共享同一条中继链路。

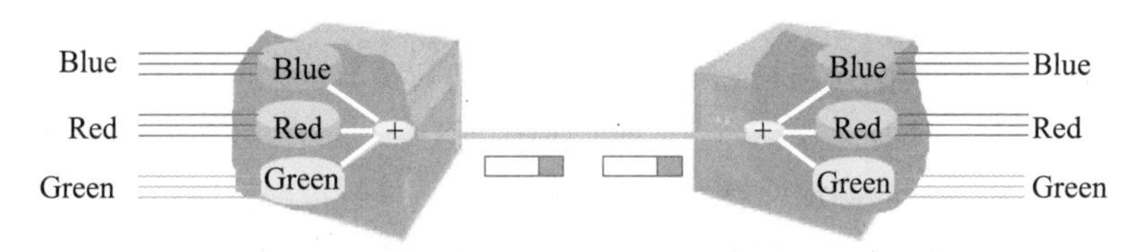

图 3-22　接入链路和中继链路

为了与接入链路设备兼容，在数据包进入接入链路连接的设备时，交换机要删除 VLAN 标记，恢复原来的帧结构。添加和删除 VLAN 标记的过程是由交换机中的专用硬件自动实现的，处理速度很快，不会引入太大的延迟。从用户角度看，数据源产生标准的以太帧，目标接收的也是标准的以太帧，VLAN 标记对用户是透明的。

IEEE 802.1q 定义了 VLAN 帧标记的格式，在原来的以太帧中增加了 4 个字节的标记（Tag）字段，如图 3-23 所示。其中，标记控制信息 TCI 包含 Priority、CFI 和 VID 3 个部分，各个字段的含义如表3-11所示。

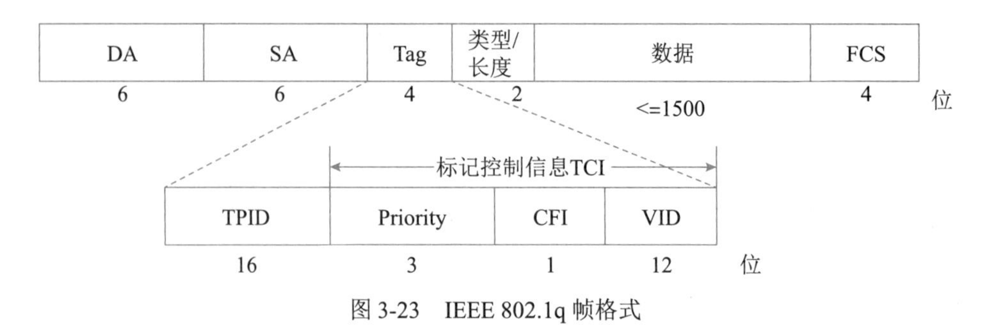

图3-23 IEEE 802.1q帧格式

表3-11 IEEE 802.1q帧标记

字 段	长度/位	意 义
TPID	16	标记协议标识符（Tag Protocol Identifier），设定为0x8100，表示该帧包含802.1q标记
Priority	3	提供8个优先级（由802.1q定义）。当有多个帧等待发送时，按优先级发送数据包
CFI	1	规范格式指示（Canonical Format Indicator），0表示以太网，1表示FDDI和令牌环网。这一位在以太网与FDDI和令牌环网交换数据帧时使用
VID	12	VLAN标识符（0～4095），其中VID 0用于识别优先级，VID 4095保留未用，所以最多可配置4094个VLAN

3.4 局域网互连

局域网通过网桥互连。IEEE 802标准中有两种关于网桥的规范：一种是IEEE 802.1d标准中定义的透明网桥；另一种是IEEE 802.5标准中定义的源路由网桥。本节首先介绍网桥协议的体系结构，然后分别介绍两种IEEE 802网桥的原理。

3.4.1 网桥协议的体系结构

在IEEE 802体系结构中，站地址是由MAC子层协议说明的，网桥在MAC子层起中继作用。图3-24表示了由一个网桥连接两个LAN的情况，这两个LAN运行相同的MAC和LLC协议。当MAC帧的目标地址和源地址属于不同的LAN时，该帧被网桥捕获、暂时缓冲，然后传送到另一个LAN。当两个站之间有通信时，两个站中的对等LLC实体之间就有对话，但是网桥不需要知道LLC地址，只是传输MAC帧。

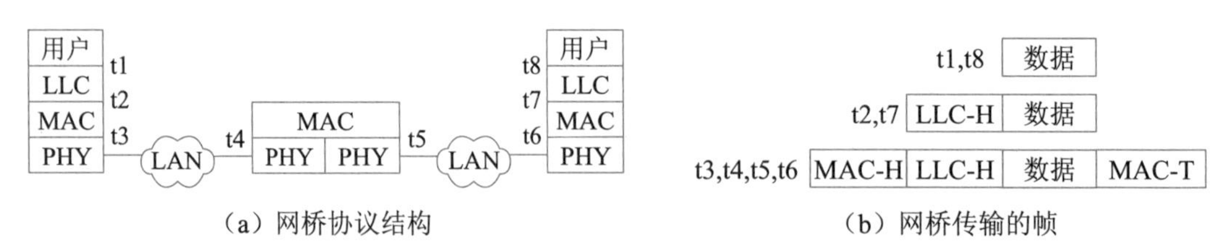

（a）网桥协议结构 （b）网桥传输的帧

图3-24 用网桥连接两个LAN

图 3-24（b）表示网桥传输的数据帧。数据由 LLC 用户提供，LLC 实体对用户数据附加上帧头后传送给本地的 MAC 实体，MAC 实体再加上 MAC 帧头和帧尾，从而形成 MAC 帧。由于 MAC 帧头中包含了目标站地址，所以网桥可以识别 MAC 帧的传输方向。网桥并不剥掉 MAC 帧头和帧尾，它只是把 MAC 帧完整地传送到目标 LAN。当 MAC 帧到达目标 LAN 后才可能被目标站捕获。

MAC 中继桥的概念并不限于用一个网桥连接两个邻近的 LAN。如果两个 LAN 相距较远，可以用两个网桥分别连接一个 LAN，两个网桥之间再用通信线路相连。图 3-25 表示两个网桥之间用点对点链路连接的情况，当一个网桥捕获了目标地址为远端 LAN 的帧时，就加上链路层（例如 HDLC）的帧头和帧尾，并把它发送到远端的另一个网桥，目标网桥剥掉链路层字段使其恢复为原来的 MAC 帧，这样，MAC 帧最后可到达目标站。

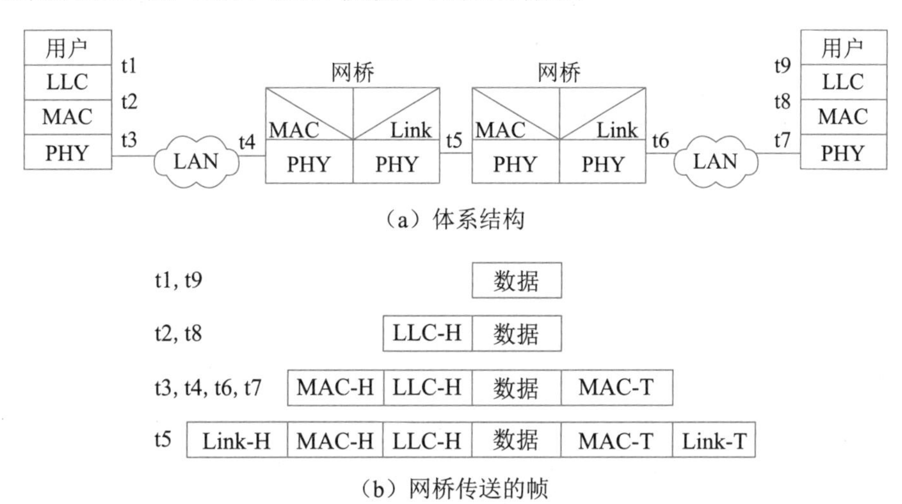

图 3-25　远程网桥通过点对点链路相连

两个远程网桥之间的通信设施也可以是其他网络，例如广域分组交换网，如图 3-26 所示。在这种情况下，网桥仍起 MAC 帧中继的作用，但结构更复杂。假定两个网桥之间是通过 X.25 虚电路连接，并且两个端系统之间建立了直接的逻辑关系，没有其他 LLC 实体，这样，X.25 分组层工作于 802 LLC 层之下。为了使 MAC 帧能完整地在两个端系统之间传送，源端网桥接收到 MAC 帧后，要给它附加上 X.25 分组头和 X.25 数据链路层的帧头和帧尾，然后发送给直接相连的 DCE。这种 X.25 数据链路帧在广域网中传播，到达目标网桥并剥掉 X.25 字段，恢复为原来的 MAC 帧，然后发送给目标站。

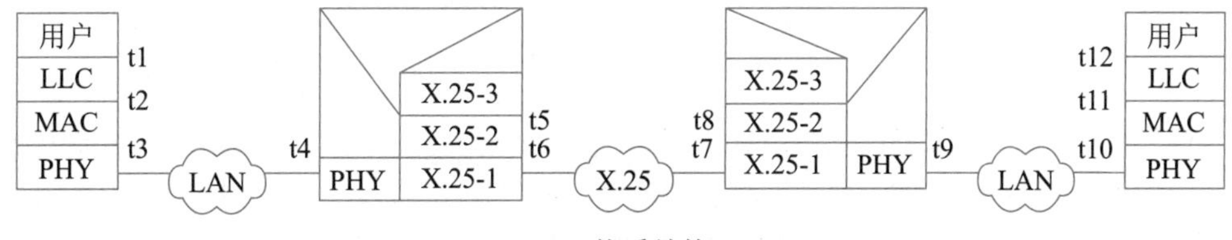

（a）体系结构

图 3-26　两个网桥通过 X.25 网络相连

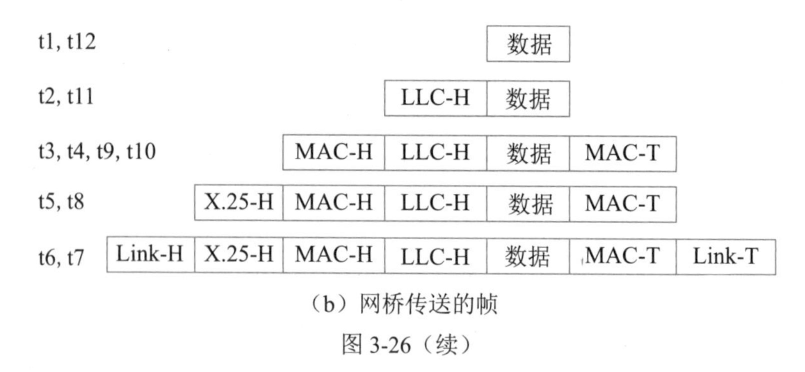

（b）网桥传送的帧

图 3-26（续）

在简单的情况下（例如一个网桥连接两个 LAN），网桥的工作只是根据 MAC 地址决定是否转发帧，但在更复杂的情况下，网桥必须具有路由选择的功能。例如，在图 3-27 中，假定站 1 给站 6 发送一个帧，这个帧同时被网桥 101 和 102 捕获，而这两个网桥直接相连的 LAN 都不含目标站。这时网桥必须做出决定是否转发这个帧，使其最后能到达站 6。显然，网桥 102 应该做这个工作，把收到的帧转发到 LAN C，然后再经网桥 104 转发到目标站。可见，网桥要有做出路由决策的能力，特别是当一个网桥连接两个以上的网络时，不仅要决定是否转发，还要决定转发到哪个端口上去。

网桥的路由选择算法可能很复杂。在图 3-28 中，网桥 105 直接连接 LAN A 和 LAN E，从而构成了从 LAN A 到 LAN E 之间的冗余通路。如果站 1 向站 5 发送一个帧，该帧既可以经网桥 101 和网桥 103 到达站 5，也可以只经过网桥 105 直接到达站 5。在实际通信过程中，可以根据网络的交通情况决定传输路线。另外，当网络配置改变时，网桥的路由选择算法也应随之改变。考虑这些因素后，网桥的路由选择功能就与网络层的路由选择功能类似了。在最复杂的情况下，所有网络层的路由技术在网桥中都能用得上。

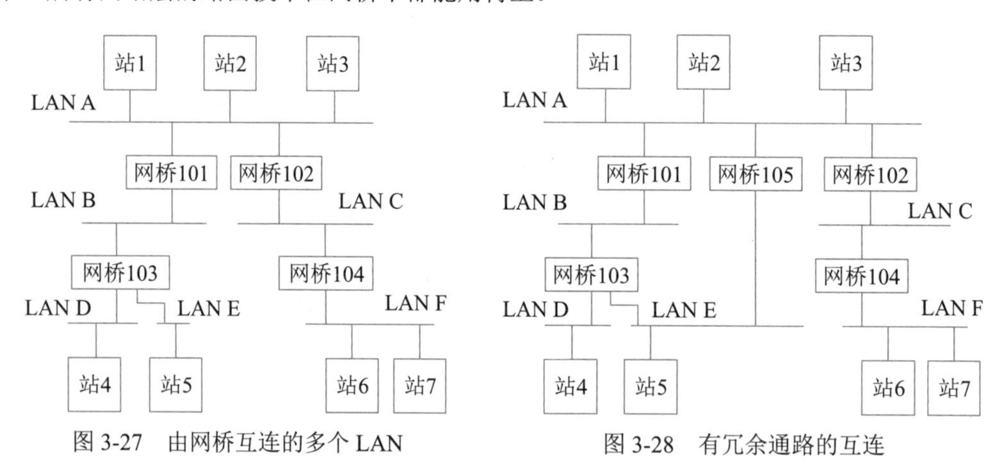

图 3-27 由网桥互连的多个 LAN　　　图 3-28 有冗余通路的互连

为了给网桥的路由选择提供支持，MAC 层地址最好分为两部分：网络地址部分（标识因特网中唯一的 LAN）和站地址部分（标识某 LAN 中唯一的工作站）。IEEE 802.5 标准建议：16 位的 MAC 地址应分成 7 位的 LAN 编号和 8 位的工作站编号，而 48 位的 MAC 地址应分成 14 位的 LAN 编号和 32 位的工作站编号，其余位用于区分组地址 / 单地址以及局部地址 / 全局地址。

在网桥中使用的路由选择技术可以是固定路由技术。像网络层使用的那样，每个网桥中存储一张固定路由表，网桥根据目标站地址查表选取转发的方向，选取的原则可以是某种既定的最短通路算法。当然，在网络配置改变时，路由表要重新计算。

固定式路由策略适合小型和配置稳定的互连网络。除此之外，IEEE 802 委员会开发了两种路由策略规范：IEEE 802.1d 标准是基于生成树算法的，可实现透明网桥；伴随 IEEE 802.5 标准的是源路由网桥规范。下面分别介绍这两种网桥标准。

3.4.2 生成树网桥

生成树（Spanning Tree）网桥是一种完全透明的网桥，这种网桥插入电缆后就可以自动完成路由选择的功能，无须用户装入路由表或设置参数，网桥的功能是自己学习获得的。以下从帧转发、地址学习和环路分解 3 个方面讲述这种网桥的工作原理。

1. 帧转发

网桥为了能够决定是否转发一个帧，必须为每个转发端口保存一个转发数据库，数据库中保存着必须通过该端口转发的所有站的地址。可以通过图 3-27 说明这种转发机制。图 3-27 中的网桥 102 把所有互联网中的站分为两类，分别对应它的两个端口：在 LAN A、B、D 和 E 上的站在网桥 102 的 LAN A 端口一边，这些站的地址列在一个数据库中；在 LAN C 和 F 中的站在网桥 102 的 LAN C 端口一边，这些站的地址列在另一个数据库中。当网桥收到一个帧时，就可以根据目标地址和这两个数据库的内容决定是否把它从一个端口转发到另一个端口。一般情况下，假定网桥从端口 X 收到一个 MAC 帧，则它按以下算法进行路由决策（如图 3-29 所示）：

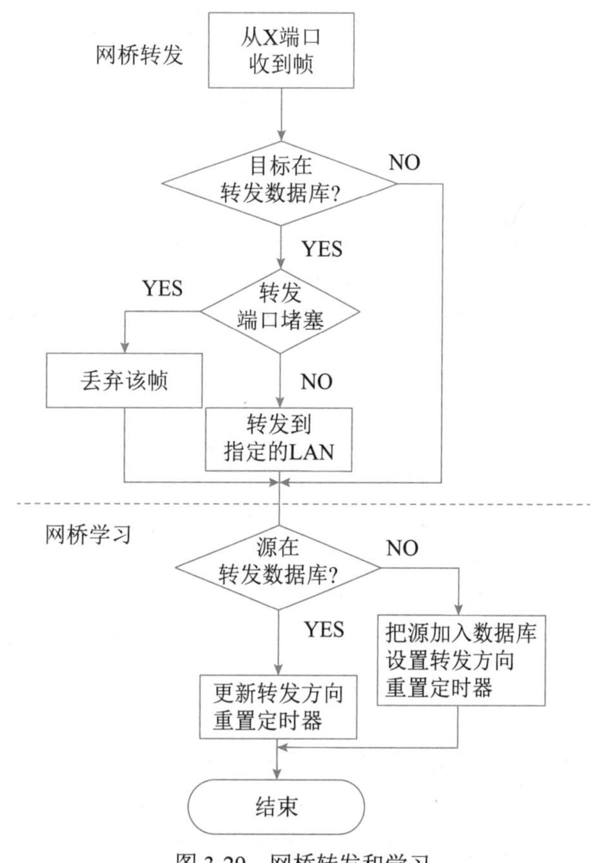

图 3-29 网桥转发和学习

（1）查找除 X 端口之外的其他转发数据库。

（2）如果没有发现目标地址，则丢弃帧。

（3）如果在某个端口 Y 的转发数据库中发现目标地址，并且 Y 端口没有阻塞（阻塞的原因下面讲述），则把收到的 MAC 帧从 Y 端口发送出去；若 Y 端口阻塞，则丢弃该帧。

2. 地址学习

以上转发方案假定网桥已经装入了转发数据库。如果采用静态路由策略，转发信息可以预先装入网桥。然而，还有一种更有效的自动学习机制，可以使网桥从无到有地自行决定每一个站的转发方向。获取转发信息的一种简单方案利用了 MAC 帧中的源地址字段，下面简述这种学习机制。

如果一个 MAC 帧从某个端口到达网桥，显然它的源工作站处于网桥的入口 LAN 一边，从帧的源地址字段可以知道该站的地址，于是网桥据此更新相应端口的转发数据库。为了应对网络拓扑结构的改变，转发数据库的每一数据项（站地址）都配备一个定时器。当一个新的数据项加入数据库时，定时器复位；如果定时器超时，则数据项被删除，从而相应传播方向的信息失效。每当接收到一个 MAC 帧时，网桥就取出源地址字段并查看该地址是否在数据库中，如果已在数据库中，则对应的定时器复位，在方向改变时可能还要更新该数据项；如果地址不在数据库中，则生成一个新的数据项并置位其定时器。

以上讨论假定在数据库中直接存储站地址。如果采用两级地址结构（LAN 编号 . 站编号），则数据库中只需存储 LAN 地址部分就可以了，这样可以节省网桥的存储空间。

3. 环路分解——生成树算法

以上讨论的学习算法适用于因特网络为树状拓扑结构的情况，即网络中没有环路，任意两个站之间只有唯一通路，当因特网络中出现环路时这种方法就失效了。下面通过图 3-30 说明问题是怎样产生的。假设在时刻 t_0，站 A 向站 B 发送了一个帧。每一个网桥都捕获了这个帧并且在各自的数据库中把站 A 地址记录在 LAN X 一边，随之把该帧发往 LAN Y。在稍后某个时刻 t_1 或 t_2（可能不相等），网桥 a 和 b 又收到了源地址为 A、目标地址为 B 的 MAC 帧，但这一次是从 LAN Y 的方向传来的，这时两个网桥又要更新各自的转发数据库，把站 A 的地址记在 LAN Y 一边。

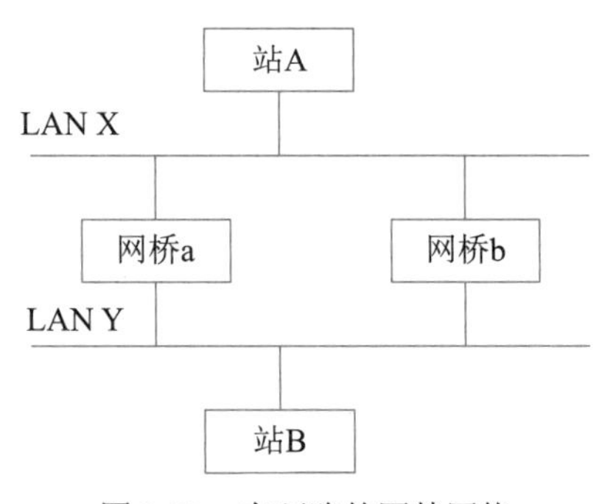

图 3-30 有环路的因特网络

可见，由环路引起的循环转发破坏了网桥的数据库，使得网桥无法获得正确的转发信息。克服这个问题的思路就是要设法消除环路，从而避免出现互相转发的情况。幸好，图论中有一种提取连通图生成树的简单算法，可以用于因特网络消除其中的环路。在因特网络中，每一个 LAN 对应于连通图的一个顶点，而每一个网桥对应于连通图的一个边。删去连通图的一个边等价于移去一个网桥，凡是构成回路的网桥都可以逐个移去，最后得到的生成树不含回路，但又不改变网络的连通性。需要一种算法，使得各个网桥之间通过交换信息自动阻塞一些传输端口，从而破坏所有的环路并推导出因特网络的生成树。这种算法应该是动态的，即当网络拓扑结构改变时，网桥能觉察到这种变化，并随即导出新的生成树。假定：

（1）每一个网桥有唯一的 MAC 地址和唯一的优先级，地址和优先级构成网桥的标识符。

（2）有一个特殊的地址用于标识所有网桥。

（3）网桥的每一个端口有唯一的标识符，该标识符只在网桥内部有效。

另外，要建立以下概念：

- 根桥：即作为生成树树根的网桥，例如可选择地址值最小的网桥作为根桥。
- 通路费用：为网桥的每一个端口指定一个通路费用，该费用表示通过那个端口向其连接的LAN传送一个帧的费用。两个站之间的通路可能要经过多个网桥，这些网桥的有关端口的费用相加就构成了两站之间通路的费用。
- 根通路：每一个网桥通向根桥的、费用最小的通路。
- 根端口：每一个网桥与根通路相连接的端口。
- 指定桥：每一个LAN有一个指定桥，这是在该LAN上提供最小费用根通路的网桥。
- 指定端口：每一个LAN的指定桥连接LAN的端口为指定端口。对于直接连接根桥的LAN，根桥就是指定桥，该LAN连接根桥的端口即为指定端口。

根据以上建立的概念，生成树算法可采用下面的步骤：

（1）确定一个根桥。

（2）确定其他网桥的根端口。

（3）对每一个 LAN 确定一个唯一的指定桥和指定端口，如果有两个以上网桥的根通路费用相同，则选择优先级最高的网桥作为指定桥；如果指定桥有多个端口连接 LAN，则选取标识符值最小的端口为指定端口。

按照以上算法，直接连接两个 LAN 的网桥中只能有一个作为指定桥，其他都删除掉。这就排除了两个 LAN 之间的任何环路。同理，也排除了多个 LAN 之间的环路，但保持了连通性。

为实现以上算法，网桥之间要交换网桥协议数据单元。IEEE 802.1d 定义了网桥协议数据单元 BPDU 的格式，如图 3-31 所示。

Protocol ID (2)	Version (1)	Type (1)	Flags (1)	RoodBID (8)	Root Path (4)
Sender BID (8)	Port ID (2)	M-Age (2)	Max Age (2)	HelloTime(2)	FD (2 Bytes)

图 3-31　网桥协议数据单元

在最初建立生成树时，最主要的信息如下：

（1）发出 BPDU 的网桥的标识符及其端口标识符。

（2）认为可作为根桥的网桥标识符。

（3）该网桥的根通路费用。

最初，每个网桥都声明自己是根桥并把以上信息广播给所有与它相连的 LAN。每一个 LAN 上只有一个地址值最小的标识符，该网桥可坚持自己的声明，其他网桥则放弃，并根据收到的信息确定其根端口，重新计算根通路费用。当这种 BPDU 在整个互连网络中传播时，所有网桥可最终确定一个根桥，其他网桥据此计算自己的根端口和根通路。在同一个 LAN 上连接的各个网桥还需要根据各自的根通路费用确定唯一的指定桥和指定端口。显然，这个过程要求在网桥之间多次交换信息，自认为是根桥的那个网桥不断广播自己的声明。例如，在图 3-32（a）的网络中，通过交换 BPDU 导出生成树的过程简述如下。

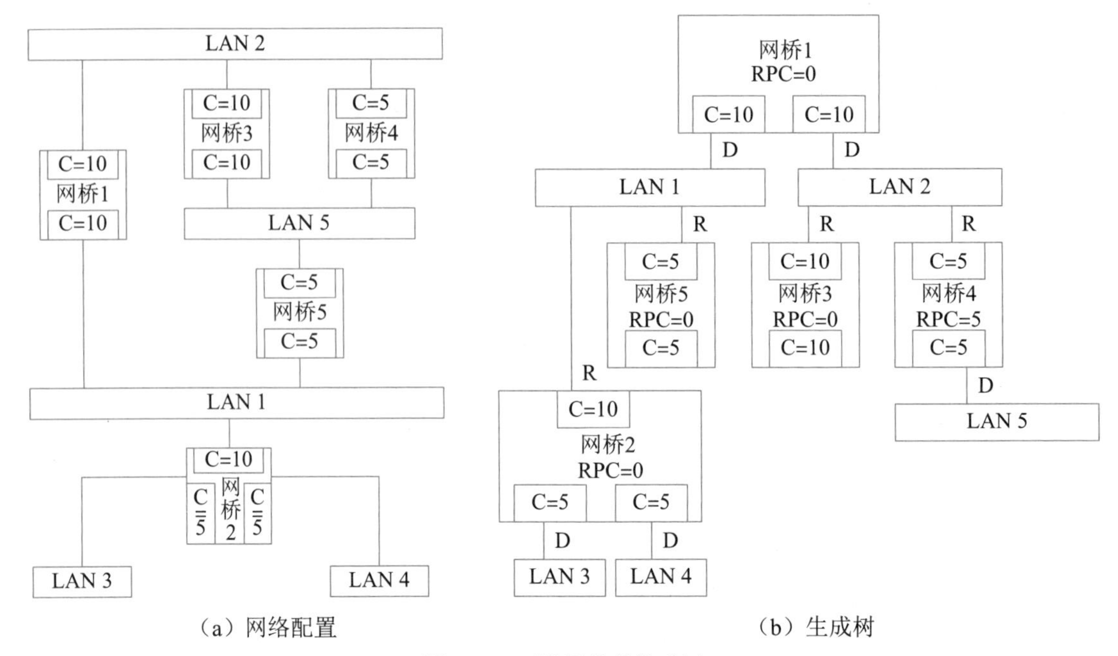

（a）网络配置　　（b）生成树

图 3-32　互连网络的生成树

（1）与 LAN 2 相连的 3 个网桥 1、3 和 4，选出网桥 1 为根桥，网桥 3 把它与 LAN 2 相连的端口确定为根端口（根通路费用为 10）。类似地，网桥 4 把它与 LAN 2 相连的端口确定为根端口（根通路费用为 5）。

（2）与 LAN 1 相连的 3 个网桥 1、2 和 5，也选出网桥 1 为根桥，网桥 2 和 5 相应地确定其根通路费用和根端口。

（3）与 LAN 5 相连的 3 个网桥，通过比较各自的根通路费用的优先级选出网桥 4 为指定网桥，其根端口为指定端口。

最后导出的生成树如图 3-32（b）所示。只有指定网桥的指定端口可转发信息，其他网桥的端口都必须阻塞起来。在生成树建立起来以后，网桥之间还必须周期地交换 BPDU，以适应网络拓扑、通路费用以及优先级改变的情况。

1998 年，IEEE 发表了 802.1w 标准，对原来的生成树协议进行了改进，定义了快速生成树协议（Rapid Spanning Tree Protocol，RSTP），用于加快生成树的收敛速度。最新的标准 IEEE 802.1d-2004 对 RSTP 进行了改进，并作废了原来的 STP 标准。原来的生成树协议一般需要 30 ～ 50s 才能响应网络拓扑的改变，而新的快速生成树协议缩短到 3 倍 Hello 时间（默认为 6s）。下面的例子说明了 RSTP 协议的操作过程。

图 3-33（a）是一个局域网互连的例子，这里用方框代表网桥，其中的数字代表网桥 ID，云块代表网段。根据选取规则，ID 最小的网桥 3 被选为根网桥，如图 3-33（b）所示。假定所有网段的传输费用为 1，则从网桥 4 到达根网桥的最短通路要经过网段 c，因而网桥 4 连接网段 c 的端口是根端口（RP），所有网桥选定的根端口如图 3-33（c）所示。下一步要为每个网段选择指定端口（DP）。从网段 e 到达根网桥的最短通路要通过网桥 92，所以网桥 92 连接网段 e 的

端口为指定端口，各个网段的指定端口如图 3-33（d）所示。图 3-33（e）表示用生成树算法计算出的所有端口的状态，如果一个活动端口既不是根端口，也不是指定端口，则它就被阻塞了。当连接网桥 24 和网段 c 的链路失效时，生成树算法重新计算最短通路，网桥 5 原来阻塞的端口变成了网段 f 的指定端口，如图 3-33（f）所示。

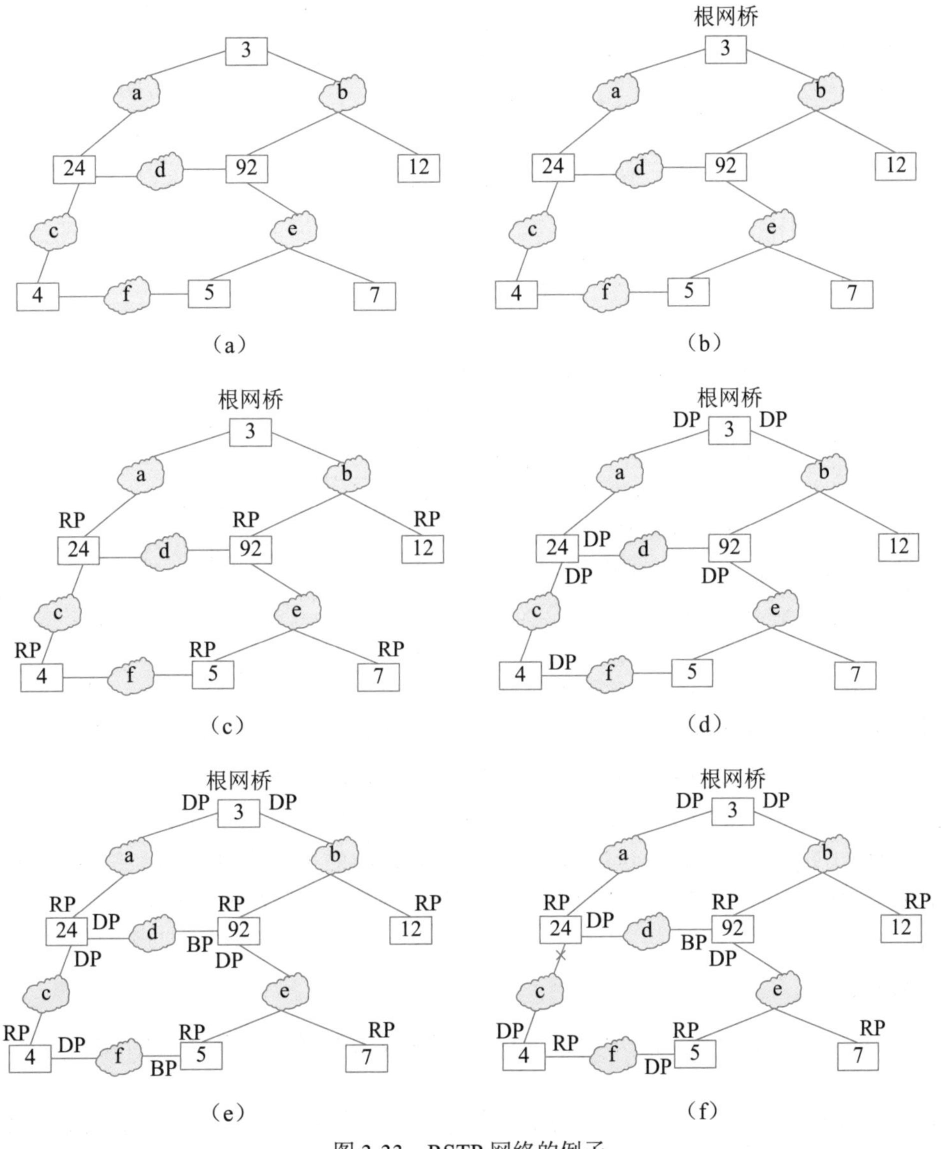

图 3-33 RSTP 网络的例子

按照 IEEE 802.1d 和 IEEE 802.1t 标准，网段的通信费用根据网络端口的数据速率确定，如表 3-12 所示。

表 3-12　给定数据速率接口的默认费用

数据速率	STP 费用（802.1d—1998）	STP 费用（802.1t—2001）
4Mb/s	250	5 00 000
10Mb/s	100	2 000 000
16Mb/s	62	1 250 000
100Mb/s	19	200 000
1Gb/s	4	20 000
2Gb/s	3	10 000
10Gb/s	2	2000

3.4.3　源路由网桥

生成树网桥的优点是易于安装，无须人工输入路由信息，但是这种网桥只利用了网络拓扑结构的一个子集，没有最好地利用带宽。所以，IEEE 802.5 标准中给出了另一种网桥路由策略——源路由网桥。源路由网桥的核心思想是由帧的发送者显式地指明路由信息。路由信息由网桥地址和 LAN 标识符的序列组成，包含在帧头中。每个收到帧的网桥根据帧头中的地址信息可以知道自己是否在转发路径中，并可以确定转发的方向。例如，在图 3-34 中，假设站 X 向站 Y 发送一个帧。该帧的旅行路线可以是 LAN 1、网桥 B1、LAN 3 和网桥 B3；也可以是 LAN 1、网桥 B2、LAN 4 和网桥 B4。如果源站 X 选择了第一条路径，并把这个路由信息放在帧头中，则网桥 B1 和 B3 都参与转发过程，反之，网桥 B2 和 B4 负责把该帧送到目标站 Y。

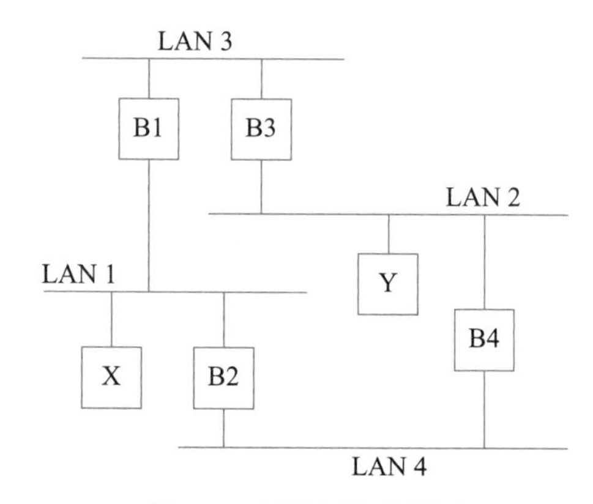

图 3-34　因特网络的例子

这种方法网桥无须保存路由表，只需记住地址标识符和所连接的 LAN 标识符，就能根据帧头中的信息做出路由决策。但发送帧的工作站须知道网络的拓扑结构，了解目标站位置，才能给出有效的路由信息。IEEE 802.5 标准中有各种路由指示和寻址模式来解决源站获取路由信息的问题。

1. 路由指示

按照 IEEE 802.5 的方案，帧头中必须有一个指示器表明路由选择的方式。路由指示有以下 4 种：

（1）空路由指示。不指示路由选择方式，所有网桥不转发，这种帧只能在同一 LAN 中传送。

（2）非广播指示。这种帧中包含了 LAN 标识符和网桥地址的序列。帧只能沿着预定路径到达目标站，目标站只收到该帧的一个副本，这种帧只能在已知路由情况下发送。

（3）全路广播指示。这种帧通过所有可能的路径到达所有的 LAN，在有些 LAN 上可能多次出现。所有网桥都向远离源端的方向转发这种帧，目标站会收到来自不同路径的多个副本。

（4）单路径广播指示。这种帧沿着以源节点为根的生成树向叶子节点传播，在所有 LAN 上出现一次并且只出现一次，目标站只收到一个副本。

全路广播帧不含路由信息，每一个转发这种帧的网桥都把自己的地址和输出 LAN 的标识符加在路由信息字段中。当帧到达目标站时就含有完整的路由信息了。为防止循环转发，网桥要检查路由信息字段，若该字段中有网桥连接的 LAN，则不会再把该帧转发到这个 LAN 上去。

单路径广播帧需要生成树的支持，只有在生成树中的网桥才参与这种帧的转发，因而只有一个副本到达目标站。与全路广播帧类似，这种帧的路由信息也是由沿路各网桥自动加上去的。

源站可以利用后两种帧发现目标站的地址。例如，源站向目标站发送一个全路广播帧，目标站以非广播帧响应并且对每一条路径来的副本都给出应答。这样源站就知道了到达目标站的各种路径，可选取一种作为路由信息。另外，源站也可以向目标站发送单路径广播帧，目标站以全路广播帧响应，这样源站也可知道到达目标站的所有路径。

2. 寻址模式

路由指示和 MAC 寻址模式有一定的关系。寻址模式有以下 3 种：

（1）单播地址：指明唯一的目标地址。

（2）组播地址：指明一组工作站的地址。

（3）广播地址：表示所有站。

当 MAC 帧的目标地址为以上 3 种寻址模式时，与 4 种路由指示结合可产生不同的接收效果，如表 3-13 所示。

表 3-13　不同寻址模式和路由指示组合的接收效果

寻址模式	路由指示			
	空路由	非广播	全路广播	单路径广播
单播地址	同一 LAN 上的目标站	不在同一 LAN 上的目标站	在任何 LAN 上的目标站	在任何 LAN 上的目标站
组播地址	同一 LAN 上的一组站	因特网中指定路径上的一组站	因特网中的一组站	因特网中的一组站
广播地址	同一 LAN 上的所有站	因特网中指定路径上的所有站	因特网中的所有站	因特网中的所有站

从表 3-13 可以看出，若不说明路由信息，则帧只能在源站所在的 LAN 内传播；若说明路由信息，则帧可沿预定路径到达沿路各站。在全路广播和单路径广播这两种广播方式中，因特网中的任何站都会收到帧。但若是用于探询到达目标站的路径，则只有目标给予响应才能实现。全路广播方式可能产生大量的重复帧，从而引起所谓的“帧爆炸”问题。单路径广播产生的重复帧少很多，但需要生成树的支持。

第 4 章　无线通信网

随着无线通信技术的发展，无线接入已成为终端用户最主要的接入方式。据中国互联网络信息中心（CNNIC）发布的《中国互联网络发展状况统计报告（2022）》，我国上网用户中使用手机接入的用户占比 99.6%。非移动终端也主要通过无线局域网技术、蜂窝物联网技术等手段接入互联网。无线通信网络为终端用户移动、便携地接入互联网提供了重要的技术基础。本章将详述蜂窝移动通信系统、无线局域网以及无线个人网的体系结构和实用技术。

4.1　蜂窝移动通信系统

蜂窝移动通信系统是一种基于无线电技术的通信系统，它采用一定的频谱资源，通过将服务区域划分为一系列覆盖范围相互不重叠的“蜂窝”单元来提供无线通信服务。蜂窝移动通信系统的基本构成包括移动台、基站子系统和交换中心三部分。其中，移动台是用户的移动设备，如手机、平板电脑等；基站子系统包括基站、信道编码解码器和信道交换机等设备，用于接收移动台的信号、解码、编码和转发；交换中心则负责管理基站子系统之间的通信和用户之间的通信。

在蜂窝移动通信系统中，每个基站覆盖一个“蜂窝”区域，多个蜂窝组成一个蜂窝群，多个蜂窝群则构成整个通信服务区域。移动台在不断移动中会自动地切换到相邻基站的服务覆盖范围内，从而实现无缝的通信服务。

蜂窝移动通信系统的主要特点是其频道重复使用率高，可以提高频谱资源的利用率。此外，它还具有高可靠性、高保密性、低干扰等特点，广泛应用于现代移动通信领域，如 2G、3G、4G、5G 等通信标准中都采用了蜂窝移动通信系统的基本原理。

4.1.1　传统的蜂窝移动通信系统

1. 第一代蜂窝移动电话系统

1978 年，美国贝尔实验室开发了高级移动电话系统（Advanced Mobile Phone System，AMPS），这是第一个具有随时随地通信能力的大容量移动通信系统。AMPS 采用模拟制式的频分双工（Frequency Division Duplex，FDD）技术，用一对频率分别提供上行和下行信道。AMPS 采用蜂窝技术解决了公用移动通信系统所面临的大容量要求与频谱资源限制的矛盾。到了 1980 年中期，欧洲和日本都建立了第一代蜂窝移动电话系统。

2. 第二代移动通信系统

第二代移动通信系统是数字蜂窝电话，在世界不同的地方采用了不同的数字调制方式。我国最初采用欧洲电信的全球移动通信系统（Global System for Mobile，GSM）和美国高通公司

（Qualcomm）的码分多址（Code Division Multiple Access，CDMA）系统。

1）全球移动通信系统

GSM 工作在 900 ～ 1800MHz 频段，无线接口采用时分多路（TDMA）技术，提供话音和数据业务。GSM 有 124 对带宽为 200kHz 的单工信道（上行链路 890 ～ 915MHz，下行链路 935 ～ 960MHz），每一个信道采用 TDMA 方式可支持 8 个用户会话，在一个蜂窝小区中同时通话的用户数为 124×8=992。为同一用户指定的上行链路与下行链路之间相差 3 个时槽，这是因为终端设备不能同时发送和接收，需要留出一定时间在上下行信道之间进行切换。

2）码分多址

美国高通公司的第二代数字蜂窝移动通信系统工作在 800MHz 频段，采用码分多址技术提供话音和数据业务，因其频率利用率高，所以同样的频率可以提供更多的话音信道，而且通话质量和保密性也较好。

码分多址是一种扩频多址数字通信技术，通过独特的代码序列建立信道。在 CDMA 系统中，对不同的用户分配了不同的码片序列，使得彼此不会造成干扰。用户得到的码片序列由 +1 和 -1 组成，每个序列与本身进行点积得到 +1，与补码进行点积得到 -1，一个码片序列与不同的码片序列进行点积将得到 0（正交性）。例如，对用户 A 分配的码片系列为 C_{A1}（表示“1”），其补码为 C_{A0}（表示“0”）：

$C_{A1} = (-1,-1,-1,-1)$

$C_{A0} = (+1, +1,+1, +1)$

对用户 B 分配的码片序列为 C_{B1}（表示“1”），其补码为 C_{B0}（表示“0”）：

$C_{B1} = (+1,-1,+1,-1)$

$C_{B0} = (-1,+1,-1,+1)$

则计算点积如下：

$C_{A1} \cdot C_{A1} = (-1,-1,-1,-1) \cdot (-1,-1,-1,-1) /4= +1$

$C_{A1} \cdot C_{A0} = (-1,-1,-1,-1) \cdot (+1,+1,+1,+1) /4=-1$

$C_{A1} \cdot C_{B1} = (-1,-1,-1,-1) \cdot (+1,-1,+1,-1) /4=0$

$C_{A1} \cdot C_{B0} = (-1,-1,-1,-1) \cdot (-1,+1,-1,+1) /4=0$

3）第二代移动通信升级版 2.5G

2.5G 是比 2G 速度快，但又慢于 3G 的通信技术规范。2.5G 系统能够提供 3G 系统中才有的一些功能，例如分组交换业务，也能共享 2G 时代开发出来的 TDMA 或 CDMA 网络。常见的 2.5G 系统是通用分组无线业务（General Packet Radio Service，GPRS）。GPRS 分组网络重叠在 GSM 网络之上，利用 GSM 网络中未使用的 TDMA 信道为用户提供中等速度的移动数据业务。

GPRS 是基于分组交换的技术，也就是说多个用户可以共享带宽，适合于像 Web 浏览、E-mail 收发和即时消息那样的共享带宽的间歇性数据传输业务。通常，GPRS 系统是按交换的字节数计费，而不是按连接时间计费的。GPRS 系统支持 IP 协议和 PPP 协议。理论上的分组交换速度大约是 170kb/s，而实际速度只有 30 ～ 70kb/s。

对GPRS的射频部分进行改进的技术方案称为增强数据速率的GSM演进（Enhanced Data rates for GSM Evolution，EDGE）。EDGE又称为增强型GPRS（EGPRS），可以工作在已经部署GPRS的网络上，只需要对手机和基站设备做一些简单的升级即可。EDGE被认为是2.75G技术，采用8PSK的调制方式代替了GSM使用的高斯最小移位键控（GMSK）调制方式，使得一个码元可以表示3位信息。从理论上说，EDGE提供的数据速率是GSM系统的3倍。2003年，EDGE被引入北美的GSM网络，支持20～200kb/s的高速数据传输。

3. 第三代移动通信系统

1985年，ITU提出了对第三代移动通信标准的需求，1996年正式命名为IMT-2000（International Mobile Telecommunications-2000）。

1999年，ITU批准了5个IMT-2000的无线电接口，这5个标准如下：

- IMT-DS（Direct Spread）：即W-CDMA，属于频分双工模式，在日本和欧洲制定的UMTS系统中使用。
- IMT-MC（Multi-Carrier）：即CDMA-2000，属于频分双工模式，是第二代CDMA系统的继承者。
- IMT-TC（Time-Code）：这一标准是中国提出的TD-SCDMA，属于时分双工模式。
- IMT-SC（Single Carrier）：也称为EDGE，是一种2.75G技术。
- IMT-FT（Frequency Time）：也称为DECT。

2007年10月19日，ITU会议批准移动WiMAX作为第6个3G标准，称为IMT-2000 OFDMA TDD WMAN，即无线城域网技术。

第三代数字蜂窝通信系统提供第二代蜂窝通信系统提供的所有业务类型，并支持移动多媒体业务。在高速车辆行驶时支持144kb/s的数据速率，在步行和慢速移动环境下支持384kb/s的数据速率，在室内静止环境下支持2Mb/s的高速数据传输，并保证可靠的服务质量。

4.1.2 4G关键技术

第四代移动通信技术（4G）是基于全球范围内的无线通信标准LTE（Long Term Evolution）而发展起来的。相对于3G，4G在数据传输速度、网络容量、系统架构等方面有了更大的提升和改进，具备更高的数据传输速率和更可靠的网络连接，适合支持更多的应用场景。

最初候选的4G标准有3个，即UMB（Ultra Mobile Broadband）、LTE（Long Term Evolution）和WiMAX Ⅱ（IEEE 802.16m）。UMB（超级移动宽带）是由以高通公司为首的3GPP2组织推出的CDMA-2000的升级版EV-DO REV.C。UMB的最高下载速率可达到288Mb/s，最高上传速率可达到75Mb/s，支持的终端移动速率超过300km/h。LTE（长期演进）是沿着GSM—W-CDMA—HSPA—4G路线发展的技术，是由以欧洲电信为首的3GPP组织启动的新技术研发项目。和UMB一样，LTE也采用了OFDM/OFDMA作为物理层的核心技术。2006年12月批准的802.16m是向IMT-Advanced迈进的研究项目。为了达到4G的技术要求，IEEE802.16m的下行峰值速率在低速移动、热点覆盖条件下可以达到1Gb/s，在高速移动、广域覆盖条件下可以达到100Mb/s。

2008 年 11 月，高通公司宣布放弃 UMB 技术。鉴于 IEEE 802.16e 已跻身于 3G 标准行列，所以在向 4G 迈进的过程中就形成了 LTE-Advanced 与 IEEE 802.16m 竞争的格局，它们采用的关键技术有许多共同之处。

2013 年底，工信部正式向三大运营商发放了 4G 牌照，中国移动、中国电信和中国联通均获得 TD-LTE 牌照，中国移动获得了 130MHz 的频谱资源，远高于中国电信和中国联通的 40MHz。各家运营商得到的商用频段划分如下：

（1）中国移动：1880 ～ 1900MHz、2320 ～ 2370MHz、2575 ～ 2635MHz。

（2）中国联通：2300 ～ 2320MHz、2555 ～ 2575MHz。

（3）中国电信：2370 ～ 2390MHz、2635 ～ 2655MHz。

其实，对于 LTE 上、下行信道的划分可以使用时分多路（TDD）技术，也可以使用频分多路（FDD）技术，欧洲运营商大多倾向于 FDD-LTE。中国移动受限于 3G 时代的 TD-SCDMA 网络，最初就明确要建设 TDD-LTE 网络，而中国联通和中国电信则建设了 FDD-LTE 网络。

4G 的关键技术包括 OFDMA（Orthogonal Frequency Division Multiple Access）、MIMO（Multiple Input Multiple Output）、软件无线电（Software Defined Radio，SDR）技术、VoIP（Voice over Internet Protocol）技术等。具体如下：

- OFDMA 技术：OFDMA 技术是 4G 中的一种多址技术，通过将无线信道分成多个子信道来实现多用户之间的并行传输，提高了频谱利用率和数据传输速率。
- MIMO 技术：MIMO 技术是 4G 中的一种天线技术，通过使用多个天线来发送和接收数据，可以显著提高无线信道的容量和数据传输速率。
- 码本分集技术：码本分集技术是 4G 中的一种编码技术，通过在发送数据时添加纠错码来提高数据的可靠性，减少误码率，从而提高数据传输速率和通信质量。
- 软件无线电技术：软件无线电技术是 4G 中的一种基础技术，通过软件定义无线电设备的信号处理、调制解调、信道估计等功能，可以实现高度灵活的无线通信系统，提高了系统的可扩展性和适应性。
- VoIP 技术：VoIP 技术是 4G 中的一种语音通信技术，通过将语音数据转换成数字信号进行传输，实现了语音和数据在同一网络上的传输，提高了通信效率和资源利用率。
- 安全加密技术：4G 中的安全加密技术主要包括身份认证、数据加密、安全传输等，通过使用密码学算法等技术保障数据的安全性和用户的隐私。

这些关键技术的应用使 4G 在无线通信领域实现了突破性的发展，提高了移动通信的传输速率、通信质量和可靠性，为移动互联网的发展提供了坚实的基础。

1. OFDMA

OFDMA 是一种基于正交频分多址技术的多用户调制技术，用于提高频谱利用效率和系统容量。OFDMA 技术将一段连续的频谱分成许多个子载波，并将每个子载波划分为不同的子信道，使得多个用户可以同时通过不同的子信道进行通信，避免了频率资源浪费和频谱争用问题。OFDMA 技术的主要特点包括：

- 高频谱效率：OFDMA技术可以将一个频段分成多个子载波，每个子载波都可以独立地传输数据，提高了频谱利用率。

- 低功率消耗：由于OFDMA技术使用了正交频分多址技术，降低了同频干扰，因此可以通过降低传输功率来实现能耗的降低。
- 抗干扰能力强：OFDMA技术可以采用频率、时间和空间上的多重保护技术，以提高系统的抗干扰能力。
- 支持多用户：OFDMA技术可以将一个频段分成多个子载波，使得多个用户可以同时通过不同的子信道进行通信，提高了系统容量。

OFDMA 技术在 4G 通信系统中得到了广泛的应用。LTE 系统采用了 OFDMA 技术作为下行链路的多用户调制技术，以提高系统容量和频谱利用率。同时，WiMAX 系统也采用了 OFDMA 技术作为其物理层的多用户调制技术。

2. MIMO

MIMO（多输入多输出）是 4G 无线通信技术中的一个关键技术，用于提高通信系统的容量和可靠性。MIMO 技术利用多个天线同时传输和接收信号，增加了信道的自由度，能够显著提高频谱利用率和信道容量，提高数据传输的可靠性和覆盖范围。MIMO 技术主要有两种形式：空时编码（Space Time Coding，STC）和空间复用（Spatial Multiplexing，SM）。

空时编码是指在发送端将多个数据流分别编码成多个符号，通过多个天线同时发送，接收端则利用接收到的符号进行解码，从而提高信道的可靠性和传输速率。

空间复用是指利用多个天线同时发送不同的数据流，接收端通过接收到的多个数据流进行解码，从而提高频谱利用率和传输速率。

3. 软件定义无线电

软件定义无线电（SDR）技术允许无线电设备中的硬件和软件分离，通过软件可编程的方式实现无线电通信。这种技术可以大大提高通信系统的灵活性和可靠性，同时也可以降低通信系统的成本和维护难度。在 4G 中，SDR 技术主要用于实现基站设备和终端设备的软件定义，使它们能够在不同频段和协议之间进行无缝切换，并支持不同的通信服务，如数据、语音和视频等。软件定义无线电技术可以实现以下关键功能：

- 多模式支持：由于4G支持多种制式，采用软件定义无线电技术可以方便地实现多模式支持，使得设备具备更加广泛的应用范围。
- 多天线技术：软件定义无线电技术可以实现对多天线技术的支持，从而可以提高通信系统的传输速率和容量。
- 动态频谱接入技术：软件定义无线电技术可以实现对动态频谱接入技术的支持，使得设备可以更加灵活地使用频率资源。
- 自适应调制技术：软件定义无线电技术可以实现对自适应调制技术的支持，从而可以根据不同的信道条件选择最合适的调制方式，提高通信系统的传输效率。

软件定义无线电技术的出现使得通信设备具备更加灵活、便捷的特点，对 4G 通信系统的发展起到了积极的推动作用。

4. VoIP

VoIP 技术是 4G 中的一种语音通信技术，通过将语音数据转换成数字信号进行传输，实现了语音和数据在同一网络上的传输，提高了通信效率和资源利用率。

在 4G 网络中，VoIP 技术的应用主要通过 IMS（IP Multimedia Subsystem）系统实现。IMS 系统将传统的电路交换和数据交换网络相互独立地组合到一起，实现了一种完全基于 IP 网络的多媒体应用平台。VoIP 技术通过 IMS 系统实现了语音信号的数字化和封装，使其能够在 IP 网络中进行传输。

VoIP 技术的优点在于能够大幅降低通话费用、提高语音质量、提供更多的增值业务和更加便利的使用方式。例如，通过 VoIP 技术，用户可以使用视频通话、在线会议、传真、语音信箱等多种功能。此外，VoIP 技术还可以支持多种网络接入方式，包括 3G、4G、Wi-Fi、有线网络等。

4.1.3 5G关键技术

5G 是具有高速率、低时延和大连接特点的新一代宽带移动通信技术，是实现人机物互联的网络基础设施。作为新一代移动通信技术，其网络架构、无线技术、应用场景都有了巨大的改变，有大量技术被整合在其中。与 4G 相比，5G 可以提供小于 1ms 的端到端时延以及 99.9999% 的可靠性，极大地丰富了网络应用场景。5G 的关键技术包括：超密集异构无线网络、大规模多输入多输出、毫米波通信、软件定义网络和网络功能虚拟化等。

1. 超密集异构无线网络

异构网络（Heterogeneous Network，HetNet）是面向未来的创新移动宽带网络架构，由不同大小、类型小区构成，包括宏小区（Macrocell）、微小区（Microcell）、微微小区（Picocell）、毫微微小区（Femtocell）。在宏蜂窝覆盖范围内部署低功率节点，通过“多样化的设备形态、差异化的覆盖方案、多频段组网方式”等实现分层立体网络。在 5G 时代，移动通信网络将是一种基于宏基站、微站与室分分层实现信号覆盖的集 Wi-Fi（无线连接）、5G、LTE（长期演进）等多种网络制式于一身的多元化超密集异构网络。

2. 大规模多输入多输出

大规模多输入多输出（Massive MIMO）技术已经应用在 4G 中。2010 年，贝尔实验室提出了大规模的 MIMO，研究极端情况下的多用户多输入输出技术，每个基站在多小区的情况下放置无限数量的天线。大规模 MIMO 技术可以由一些并不昂贵的低功耗的天线组件来实现，为实现在高频段上进行移动通信提供了广阔的前景，它可以成倍提升无线频谱效率，增强网络覆盖和系统容量，帮助运营商最大限度利用已有站址和频谱资源。

3. 毫米波通信

毫米波是指由 3GPP（第三代合作伙伴计划）频率规划的 FR2 频段（24.25 ～ 52.6 GHz）。根据香农公式：C=B×log2 (1+S/N)，其中 B 表示通信带宽，S/N 表示信噪比，C 表示信道信息传送速率的上限，也就是信道容量。 从公式可以直观地看到，信道容量与通信带宽成正比，毫米波频段能提供更大的带宽，而挖掘更大的传输带宽对提升无线通信容量至关重要，超高的通信带宽可助力5G通信实现10 Gbit/s的高速宽带通信。毫米波在5G的多种无线接入技术叠加型移动通信网络中具备两个优势：基于毫米波小基站可以增强高速环境下移动通信的使用体验；基于毫米波的移动通信回程极大地提高叠加型网络的组网灵活性。

4. 软件定义网络

软件定义网络（Software Defined Network，SDN）是互联网发展的一种新技术。5G不仅仅是无线网络的变化，移动网络的其他部分也会发生巨大的本质变化。传统互联网将控制平面与数据平面集合在一起，在设备内部设有封闭式的接口，使得网络封闭，开放性、扩展性差。SDN的引入改变了传统网络的这些缺陷，驱动CT（通信技术）/ IT（互联网技术）业务深度融合。SDN控制下的网络将变得更加简单，网络的灵活性、可管理性和可扩展性大幅提升，并且可以使系统内设备达到简化的效果，便于统一管理、快速部署与维护，是网络低成本建设、高效率运营的主要策略。

5. 网络功能虚拟化

移动数据业务不断涌现，物联网业务大规模、爆发式增长，对网络的智能化和灵活化提出了更高的标准。随着云计算的深入发展和网元功能的逐步简化、硬件通用化，网络功能虚拟化（Network Functions Virtualization，NFV）应运而生，它可以快速完成系统功能的迭代及新业务的上线。设备云化后，软件和硬件彻底解耦，各式各样的通信设备可以工作在统一的硬件平台上，借助软件形成网络功能，大幅降低网络的建设投资和维护成本。正是基于这些灵活的技术，5G的多场景应用成为了现实。

4.2 无线局域网

4.2.1 WLAN的基本概念

无线局域网（Wireless Local Area Networks，WLAN）已成为工作场所、家庭、商场、机场等各种室内外环境最常用的网络接入技术。虽然在20世纪90年代初出现了许多无线局域网的技术和标准，但IEEE 802.11标准体系显然成为当今WLAN标准的胜出者。如表4-1所示，IEEE 802.11标准体系包含众多子标准，其中802.11b、802.11g、802.11n、802.11ac、802.11ax等主要针对70米范围内的短距离应用场景，而且802.11n、802.11ac、802.11ax分别被重新命名为Wi-Fi 4、Wi-Fi 5、Wi-Fi 6。而802.11af、802.11ah主要针对1千米以内的物联网、传感网等中长距离应用场景。

多数802.11标准规定设备在两个不同的频率范围内工作：2.4～2.485 GHz（简称2.4GHz）和5.1～5.8 GHz（简称5GHz）。在5GHz下，对于给定的功率电平，802.11局域网具有更短的传输距离，并且可能会有更多的多径传播。802.11n、802.11ac和802.11ax标准使用多输入多输出技术（MIMO）。802.11ac和802.11ax基站可以同时向多个站进行传输，并使用“智能”天线自适应地形成波束，以在接收器的方向上进行目标传输，从而减少干扰，并增加在给定数据速率下达到的距离。目前正在研制的标准是802.11be（Wi-Fi 7），预计发布时间为2024年。

表 4-1 IEEE 802.11 标准

名称	发布时间	工作频段	覆盖距离	最大数据速率
802.11	1997 年	2.4GHz ISM 频段	30 米	2Mb/s
802.11b	1999 年	2.4GHz ISM 频段	30 米	11Mb/s
802.11a	1999 年	5GHz U-NII 频段	30 米	54Mb/s
802.11g	2003 年	2.4GHz ISM 频段	30 米	54Mb/s
802.11n（Wi-Fi 4）	2009 年	2.4GHz，5GHz	70 米	600Mb/s
802.11ac（Wi-Fi 5）	2013 年	5GHz U-NII 频段	70 米	3.47Gb/s
802.11af	2014 年	54 ～ 790MHz	1 千米	35 ～ 560Mb/s
802.11ah	2017 年	900MHz	1 千米	347Mb/s
802.11ax（Wi-Fi 6）	2020 年	2.4GHz，5GHz	70 米	14Gb/s
802.11be（Wi-Fi 7）	预计 2024 年	2.4GHz，5GHz，6GHz	70 米	30Gb/s

IEEE 802.11 定义了两种无线网络拓扑结构，一种是基础设施网络（Infrastructure Networking），另一种是特殊网络（Ad Hoc Networking），如图 4-1 所示。在基础设施网络中，无线终端通过接入点（Access Point，AP）访问骨干网设备。接入点如同一个网桥，它负责在 802.11 和 802.3MAC 协议之间进行转换。一个接入点覆盖的区域叫作一个基本服务区（Basic Service Area，BSA），接入点控制的所有终端组成一个基本服务集（Basic Service Set，BSS）。把多个基本服务集互相连接就形成了分布式系统（Distributed System，DS）。DS 支持的所有服务叫作扩展服务集（Extended Service Set，ESS），它由两个以上 BSS 组成，如图 4-2 所示。

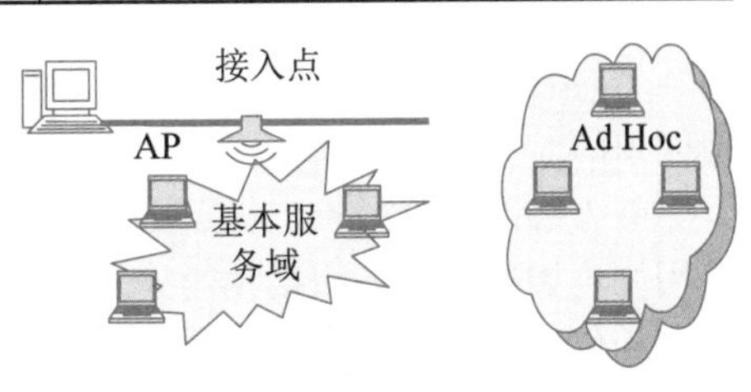

图 4-1 IEEE 802.11 定义的网络拓扑结构

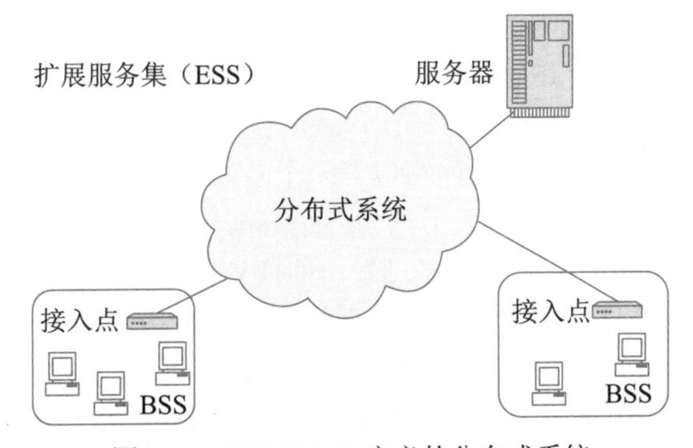

图 4-2 IEEE 802.11 定义的分布式系统

Ad Hoc 网络是一种点对点连接，不需要有线网络和接入点的支持，终端设备之间通过无线网卡可以直接通信。这种拓扑结构适合在移动情况下快速部署网络。802.11 支持单跳的 Ad Hoc 网络，当一个无线终端接入时，首先寻找来自 AP 或其他终端的信标信号，如果找到了信标，则AP或其他终端就宣布新的终端加入了网络；如果没有检测到信标，该终端就自行宣布存在于网络之中。还有一种多跳的Ad Hoc网络，无线终端用接力的方法与相距很远的终端进行对等通信，后面将详细介绍这种技术。

4.2.2 WLAN通信技术

无线网可以按照使用的通信技术分类。现有的无线网主要使用3种通信技术：红外线、扩展频谱和窄带微波技术。

1. 红外线通信

红外线（Infrared Ray，IR）通信技术可以用来建立WLAN。IR通信相对于无线电微波通信有一些重要的优点。首先红外线频谱是无限的，因此有可能提供极高的数据速率。其次红外线频谱在世界范围内都不受管制，而有些微波频谱则需要申请许可证。

另外，红外线与可见光一样，可以被浅色的物体漫反射，这样就可以用天花板反射来覆盖整间房间。红外线不会穿透墙壁或其他的不透明物体，因此IR通信不易入侵，安装在大楼各个房间内的红外线网络可以互不干扰地工作。

红外线网络的另一个优点是它的设备相对简单而且便宜。红外线数据的传输技术基本上是采用强度调制，红外线接收器只需检测光信号的强弱，而大多数微波接收器则要检测信号的频率或相位。

红外线网络也存在一些缺点。室内环境可能因阳光或照明而产生相当强的光线，这将成为红外接收器的噪音，使得必须用更高能量的发送器，并限制了通信范围。很大的传输能量会消耗过多的电能，并对眼睛造成不良影响。

IR通信分为3种技术：

（1）定向红外光束。定向红外光束可以用于点对点链路。在这种通信方式中，传输的范围取决于发射的强度与光束集中的程度。定向光束IR链路可以长达几千米，因而可以连接几座大楼的网络，每幢大楼的路由器或网桥在视距范围内通过IR收发器互相连接。点对点IR链路的室内应用是建立令牌环网，各个IR收发器连接形成回路，每个收发器支持一个终端或由集线器连接的一组终端，集线器充当网桥功能。

（2）全方向广播红外线。全向广播网络包含一个基站，典型情况下基站置于天花板上，它看得见LAN中的所有终端。基站上的发射器向各个方向广播信号，所有终端的IR收发器都用定位光束瞄准天花板上的基站，可以接收基站发出的信号，或向基站发送信号。

（3）漫反射红外线。在这种配置中，所有的发射器都集中瞄准天花板上的一点。红外线射到天花板上后被全方位地漫反射回来，并被房间内所有的接收器接收。

漫反射WLAN采用线性编码的基带传输模式。基带脉冲调制技术一般分为脉冲幅度调制（PAM）、脉冲位置调制（PPM）和脉冲宽度调制（PDM）。顾名思义，在这3种调制方式中，信息分别包含在脉冲信号的幅度、位置和持续时间里。由于无线信道受距离的影响导致脉冲幅度变化很大，所以很少使用PAM，而PPM和PDM则成为较好的候选技术。

图4-3所示为PPM技术的一种应用。数据1和0都用3个窄脉冲表示，但是1被编码在位的起始位置，而0被编码在中间位置。使用窄脉冲有利于减少发送的功率，但是增加了带宽。

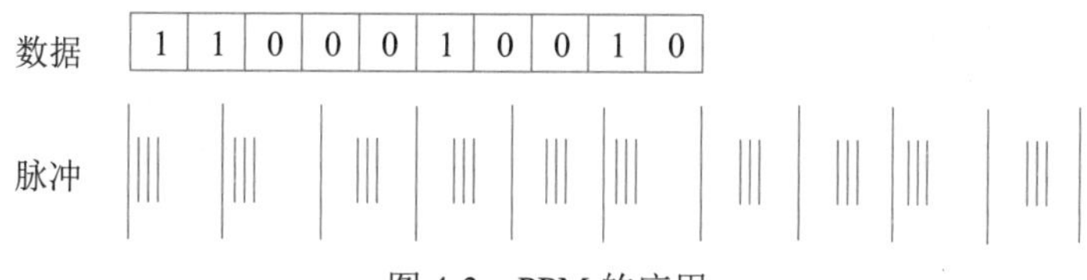

图 4-3　PPM 的应用

IEEE 802.11 规定采用 PPM 技术作为漫反射 IR 介质的物理层标准，使用的波长为 850 ～ 950nm，数据速率分为 1Mb/s 和 2Mb/s 两种。在 1Mb/s 的方案中采用 16PPM，即脉冲信号占用 16 个位置之一，一个脉冲信号表示 4 位信息，如图 4-4（a）所示。802.11 标准规定脉冲宽度为 250ns，则 16×250=4μs，可见 4μs 发送 4 位，即数据速率为 1Mb/s。对于 2Mb/s 的网络，则规定用 4 个位置来表示 2 位信息，如图 4-4（b）所示。

→ 0000	0000000000000001
→ 0001	0000000000000010
→ 0010	0000000000000100
⋮	⋮
→ 1101	0010000000000000
→ 1110	0100000000000000
→ 1111	1000000000000000

（a）1Mb/s的PPM编码

→ 00	0001
→ 01	0010
→ 10	0100
→ 11	1000

（b）2Mb/s的PPM编码

图 4-4　IEEE 802.11 规定的 PPM 调制技术

2. 扩展频谱通信

扩展频谱通信技术起源于军事通信网络，其主要想法是将信号散布到更宽的带宽上以减少发生阻塞和干扰的机会。早期的扩频方式是频率跳动扩展频谱（Frequency-Hopping Spread Spectrum，FHSS），更新的版本是直接序列扩展频谱（Direct Sequence Spread Spectrum，DSSS），这两种技术在 IEEE 802.11 定义的 WLAN 中都有应用。

图 4-5 表示了各种扩展频谱系统的共同特点。输入数据首先进入信道编码器，产生一个接近某中央频谱的较窄带宽的模拟信号，再用一个伪随机序列对这个信号进行调制。调制的结果是大大扩宽了信号的带宽，即扩展了频谱。在接收端，使用同样的伪随机序列来恢复原来的信号，最后再进入信道解码器来恢复数据。

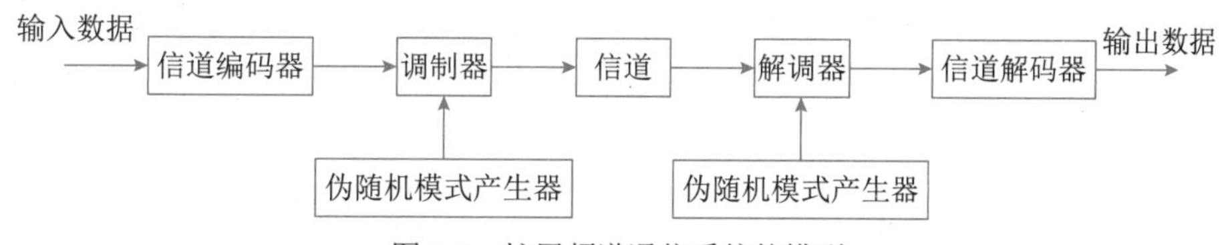

图 4-5　扩展频谱通信系统的模型

伪随机序列由一个使用初值（称为种子 Seed）的算法产生。算法是确定的，因此产生的数字序列并不是统计随机的。但如果算法设计得好，得到的序列还是能够通过各种随机性测试，这就是它被叫作伪随机序列的原因。重要的是，除非用户知道算法与种子，否则预测序列是不可能的。因此，只有与发送器共享一个伪随机序列的接收器才能成功地对信号进行解码。

1）频率跳动扩频

在这种扩频方案中，信号按照看似随机的无线电频谱发送，每一个分组都采用不同的频率传输。在所谓的快跳频系统中，每一跳只传送很短的分组。在军事上使用的快跳频系统中，传输一位信息要用到很多位。接收器与发送器同步跳动，因而可以正确地接收信息。监听的入侵者只能收到一些无法理解的信号，干扰信号也只能破坏一部分传输的信息。图 4-6 是用跳频模式传输分组的例子。10 个分组分别用 f_3、f_4、f_6、f_2、f_1、f_4、f_8、f_2、f_9、f_3 共 9 个不同的频点发送。

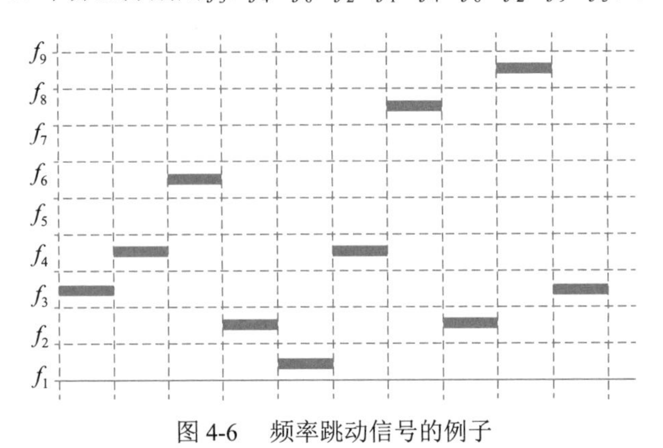

图 4-6　频率跳动信号的例子

在定义无线局域网的 IEEE 802.11 标准中，每一跳的最长时间规定为 400ms，分组的最大长度为 30ms。如果一个分组受到窄带干扰的破坏，可以在 400ms 后的下一跳以不同的频率重新发送。与分组的最大长度相比，400ms 是一个合理的延迟。802.11 标准还规定，FHSS 使用的频点间隔为 1MHz，如果一个频点由于信号衰落而传输出错，400ms 后以不同频率重发的数据将会成功地传送。这就体现了 FHSS 通信方式抗干扰和抗信号衰落的优点。

2）*直接序列扩频*

在这种扩频方案中，信号源中的每一位用称为码片的 N 个位来传输，这个变换过程在扩展器中进行。然后把所有的码片用传统的数字调制器发送出去。在接收端，收到的码片解调后被送到一个相关器，自相关函数的尖峰用于检测发送的位。好的随机码相关函数具有非常高的尖峰 / 旁瓣比，如图 4-7 所示。数字系统的带宽与其所采用的脉冲信号的持续时间成反比。在 DSSS 系统中，由于发射的码片只占数据位的 $1/N$，所以 DSSS 信号的带宽是原来数据带宽的 N 倍。

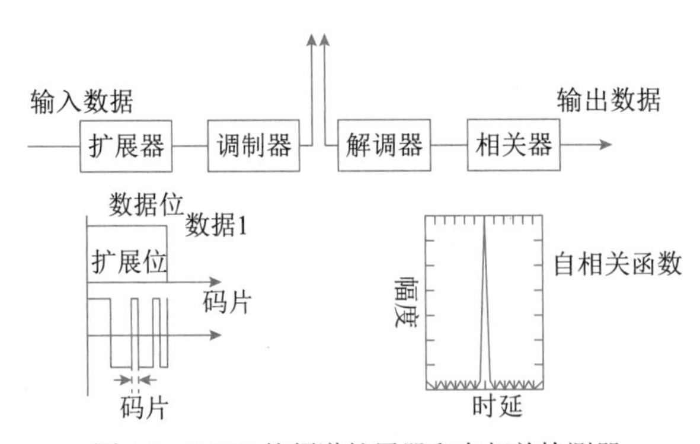

图 4-7　DSSS 的频谱扩展器和自相关检测器

图 4-8 所示的直接序列扩展频谱技术是将信息流和伪随机位流相异或。如果信息位是 1，它将把伪随机码置反后传输；如果信息位是 0，伪随机码不变，照原样传输。经过异或的码与原来的伪随机码有相同的频谱，所以它比原来的信息流有更宽的带宽。在本例中，每位输入数据被变成 4 位信号位。

输入数据	1	0	1	1	0	1	0	0
伪随机位	1001	0110	1001	0100	1010	1100	1011	0110
传输信号	0110	0110	0110	1011	1010	0011	1011	0110

接收信号	0110	0110	0110	1011	1010	0011	1011	0110
伪随机位	1001	0110	1001	0100	1010	1100	1011	0110
接收数据	1	0	1	1	0	1	0	0

图 4-8　直接序列扩展频谱的例子

世界各国都划出了一些无线频段，用于工业、科学研究和微波医疗方面。应用这些频段无须许可证，只要低于一定的发射功率（一般为 1W）即可自由使用。美国有 3 个 ISM 频段（902 ～ 928MHz、2400 ～ 2483.5MHz、5725 ～ 5850MHz），2.4GHz 为各国共同的 ISM 频段。频谱越高，潜在的带宽也越大。另外，还要考虑可能出现的干扰，有些设备（例如无线电话、无线麦克、业余电台等）的工作频率为 900MHz；还有些设备运行在 2.4GHz 上，典型的例子就是微波炉，它使用久了会泄露更多的射线。目前看来，在 5.8GHz 频带上还没有什么竞争。但是频谱越高，设备的价格就越贵。

3. 窄带微波通信

窄带微波（Narrowband Microwave）是指使用微波无线电频带（RF）进行数据传输，其带宽刚好能容纳传输信号。以前，所有的窄带微波无线网产品都需要申请许可证，现在已经出现了 ISM 频带内的窄带微波无线网产品。

（1）申请许可证的窄带 RF。用于声音、数据和视频传输的微波无线电频率需要通过许可证进行协调，以确保在同一地理区域中的各个系统之间不会相互干扰。在美国，由联邦通信委员会（FCC）来管理许可证。每个地理区域的半径为 17.5 英里，可以容纳 5 个许可证，每个许可证覆盖两个频率。Motorola 公司在 18GHz 的范围内拥有 600 个许可证，覆盖了 1200 个频带。

（2）免许可证的窄带 RF。1995 年，RadioLAN 成为第一个引进免许可证 ISM 窄带无线网的制造商。这一频谱可以用于低功率（≤ 0.5W）的窄带传输。RadioLAN 产品的数据速率为 10Mb/s，使用 5.8GHz 频带，有效覆盖范围为 150 ～ 300 英尺。

RadioLAN 是一种对等配置的网络。RadioLAN 的产品按照位置、干扰和信号强度等参数自动地选择一个终端作为动态主管，其作用类似于有线网中的集线器。当情况变化时，作为动态主管的实体也会自动改变。这个网络还包括动态中继功能，它允许每个终端像转发器一样工作，使得超越传输范围的终端也可以进行数据传输。

4.2.3 IEEE 802.11体系结构

802.11 WLAN 的协议栈如图 4-9 所示。MAC 层分为 MAC 子层和 MAC 管理子层。MAC 子层负责访问控制和分组拆装，MAC 管理子层负责 ESS 漫游、电源管理和登记过程中的关联管理。物理层分为物理层会聚协议（Physical Layer Convergence Protocol，PLCP）、物理介质相关（Physical Medium Dependent，PMD）子层和 PHY 管理子层。PLCP 主要进行载波监听和物理层分组的建立，PMD 用于传输信号的调制和编码，而 PHY 管理子层负责选择物理信道和调谐。另外，IEEE 802.11 还定义了站管理功能，用于协调物理层和 MAC 层之间的交互作用。

<table>
<tr><td rowspan="2">数据链路层</td><td>LLC</td><td>逻辑链路控制</td><td rowspan="4">站管理</td></tr>
<tr><td>MAC</td><td>媒体访问控制</td></tr>
<tr><td rowspan="2">物理层</td><td>PLCP</td><td rowspan="2">PHY管理</td></tr>
<tr><td>PMD</td></tr>
</table>

图 4-9 WLAN 的协议栈

1. 物理层

IEEE 802.11 定义了 3 种 PLCP 帧格式来对应 3 种不同的 PMD 子层通信技术。

（1）FHSS。对应于 FHSS 通信的 PLCP 帧格式如图 4-10 所示。SYNC 是 0 和 1 的序列，共 80 位，作为同步信号。SFD 的位模式为 0000110010111101，用作帧的起始符。PLW 代表帧长度，共 12 位，所以帧最大长度可以达到 4096 字节。PSF 是分组信令字段，用来标识不同的数据速率。起始数据速率为 1Mb/s，以 0.5Mb/s 的步长递增。PSF=0000 时代表数据速率为 1Mb/s，PSF 为其他数值时则在起始速率的基础上增加一定倍数的步长。例如 PSF=0010 时，则数据速率为 1Mb/s+0.5Mb/s×2=2Mb/s；PSF=1111 时，则数据速率为 1Mb/s+0.5Mb/s×15=8.5Mb/s。16 位的 CRC 是为了保护 PLCP 头部所加的，它能纠正 2 位错。MPDU 代表 MAC 协议数据单元。

SYNC（80）	SFD（16）	PLW（12）	PSF（4）	CRC（16）	MPDU（≤4096字节）

图 4-10 用于 FHSS 方式的 PLCP 帧

在 2.402 ～ 2.480GHz 的 ISM 频带中分布着 78 个 1MHz 的信道，PMD 层可以采用以下 3 种跳频模式之一，每种跳频模式在 26 个频点上跳跃：

（0，3，6，9，12，15，18，…，60，63，66，69，72，75）

（1，4，7，10，13，16，19，…，61，64，67，70，73，76）

（2，5，8，11，14，17，20，…，62，65，68，71，74，77）

具体采用哪一种跳频模式由 PHY 管理子层决定。3 种跳频点可以提供 3 个 BSS 在同一小区中共存。IEEE 802.11 还规定，跳跃速率为 2.5 跳 / 秒，推荐的发送功率为 100mW。

（2）DSSS。图 4-11 所示为采用 DSSS 通信时的 PLCP 帧格式，与前一种 PLCP 帧不同的字段解释如下：SFD 字段的位模式为 1111001110100000。Signal 字段表示数据速率，步长为 100kb/s，比 FHSS 精确 5 倍。例如 Signal 字段 =00001010 时，数据速率为 10×100kb/s=1Mb/s；Signal 字段 =00010100 时，数据速率为 20×100kb/s=2Mb/s。Service 字段保留未用。Length 字段指

MPDU 的长度，单位为 B。

SYNC（128）	SFD（16）	Signal（8）	Service（8）	Length（16）	FCS（8）	MPDU

图 4-11　用于 DSSS 方式的 PLCP 帧

图 4-12 所示为 IEEE 802.11 采用的直接序列扩频信号，每个数据位被编码为 11 位的 Barker 码，图中采用的序列为 [1，1，1，−1，−1，−1，1，−1，−1，1，−1]。码片速率为 11Mb/s，占用的带宽为 26MHz，数据速率为 1Mb/s 和 2Mb/s 时分别采用差分二进制相移键控（DBPSK）和差分四相相移键控（DQPSK），即一个码元分别代表 1 位或 2 位数据。

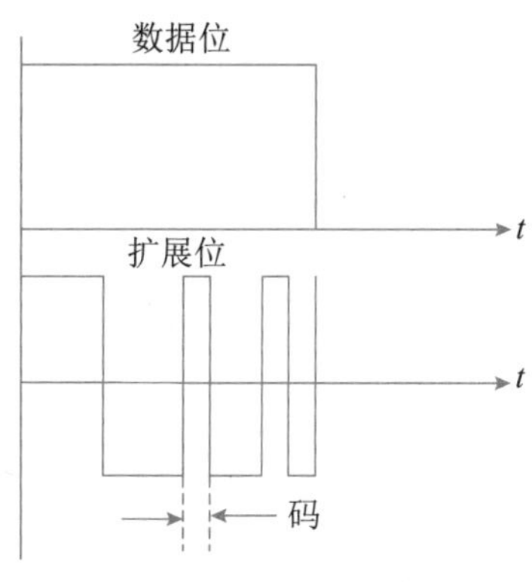

图 4-12　DSSS 的数据位和扩展位

ISM 的 2.4GHz 频段划分成 11 个互相覆盖的信道，其中心频率间隔为 5MHz，如图 4-13 所示。接入点 AP 可根据干扰信号的分布在 5 个频段中选择一个最有利的频段。推荐的发送功率为 1mW。

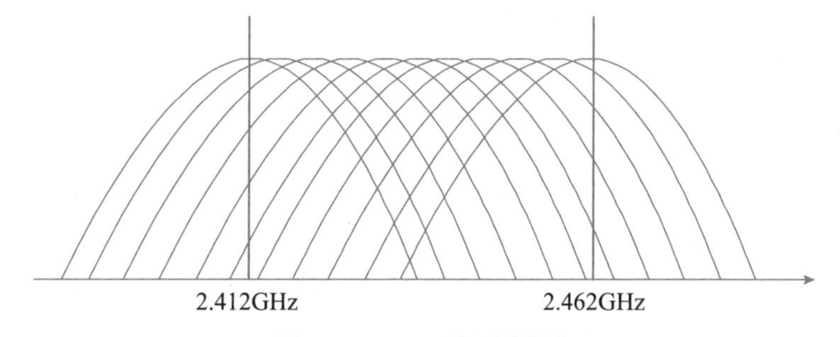

图 4-13　DSSS 的覆盖频段

（3）DFIR。图 4-14 所示为采用漫反射红外线（Diffused IR，DFIR）时的 PLCP 帧格式。DFIR 的 SYNC 比 FHSS 和 DSSS 的都短，因为采用光敏二极管检测信号不需要复杂的同步过程。Data rate 字段 =000，表示数据速率为 1Mb/s; Data rate 字段 =001，表示数据速率为 2Mb/s。DCLA 是直流电平调节字段，通过发送 32 个时隙的脉冲序列来确定接收信号的电平。MPDU 的长度不超过 2500 字节。

SYNC（57~73）	SFD（4）	Data rate（3）	DCLA（32）	Length（16）	FCS（16）	MPDU

图 4-14　用于 DFIR 方式的 PLCP 帧

2. MAC 子层

MAC 子层的功能是提供访问控制机制，它定义了 3 种访问控制机制：CSMA/CA 支持竞争访问，RTS/CTS 和点协调功能支持无竞争的访问。

1）CSMA/CA 协议

CSMA/CA 类似于 802.3 的 CSMA/CD 协议，这种访问控制机制叫作载波监听多路访问 / 冲突避免协议。在无线网中进行冲突检测是有困难的。例如，两个站由于距离过大或者中间障碍物的分隔从而检测不到冲突，但是位于它们之间的第3个站可能会检测到冲突，这就是所谓的隐蔽终端问题。采用冲突避免的办法可以解决隐蔽终端的问题。802.11 定义了一个帧间隔（Inter Frame Spacing，IFS）时间。另外，还有一个后退计数器，它的初始值是随机设置的，递减计数直到0。基本的操作过程如下：

（1）如果一个站有数据要发送并且监听到信道忙，则产生一个随机数设置自己的后退计数器并坚持监听。

（2）听到信道空闲后等待 IFS 时间，然后开始计数。最先计数完的站开始发送。

（3）其他站在听到有新的站开始发送后暂停计数，在新的站发送完成后再等待一个 IFS 时间继续计数，直到计数完成开始发送。

分析这个算法发现，两次 IFS 之间的间隔是各个站竞争发送的时间。这个算法对参与竞争的站是公平的，基本上是按先来先服务的顺序获得发送的机会。

2）分布式协调功能

802.11 MAC 层定义的分布式协调功能（Distributed Coordination Function，DCF）利用了 CSMA/CA 协议，在此基础上又定义了点协调功能（Point Coordination Function，PCF），如图 4-15 所示。DCF 是数据传输的基本方式，作用于信道竞争期。PCF 工作于非竞争期。两者总是交替出现，先由 DCF 竞争介质使用权，然后进入非竞争期，由 PCF 控制数据传输。

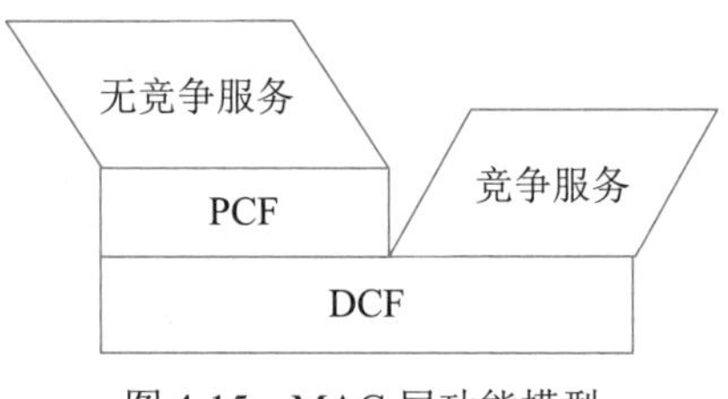

图 4-15　MAC 层功能模型

为了使各种 MAC 操作互相配合，IEEE 802.11 推荐使用 3 种帧间隔（IFS），以便提供基于优先级的访问控制。

- DIFS（分布式协调IFS）：最长的IFS，优先级最低，用于异步帧竞争访问的时延。
- PIFS（点协调IFS）：中等长度的IFS，优先级居中，在PCF操作中使用。
- SIFS（短IFS）：最短的IFS，优先级最高，用于需要立即响应的操作。

DIFS 用在前面介绍的 CSMA/CA 协议中，只要 MAC 层有数据要发送，就监听信道是否空闲。如果信道空闲，等待 DIFS 时段后开始发送；如果信道忙，就继续监听并采用前面介绍的后退算法等待，直到可以发送为止。

IEEE 802.11 还定义了带有应答帧（ACK）的 CSMA/CA。图 4-16 所示为 AP 和终端之间使用带有应答帧的 CSMA/CA 进行通信的例子。AP 收到一个数据帧后等待 SIFS 再发送一个应答帧（ACK）。由于 SIFS 比 DIFS 小得多，所以其他终端在 AP 的应答帧传送完成后才能开始新的竞争过程。

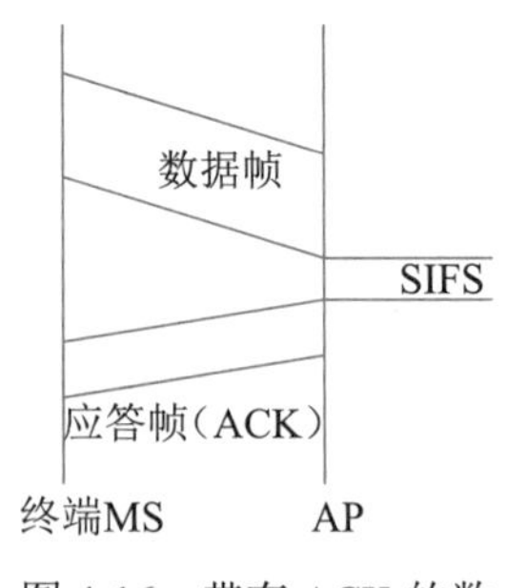

图 4-16　带有 ACK 的数据传输

SIFS 也用在 RTS/CTS 机制中，如图 4-17 所示。源终端先发送一个“请求发送”帧 RTS，其中包含源地址、目标地址和准备发送的数据帧的长度。目标终端收到 RTS 后等待一个 SIFS 时间，然后发送“允许发送”帧 CTS。源终端收到 CTS 后再等待 SIFS 时间，就可以发送数据帧了。目标终端收到数据帧后也等待 SIFS 时间，发回应答帧。其他终端发现 RTS/CTS 后就设置一个网络分配矢量（Network Allocation Vector，NAV）信号，该信号的存在说明信道忙，所有终端不得争用信道。

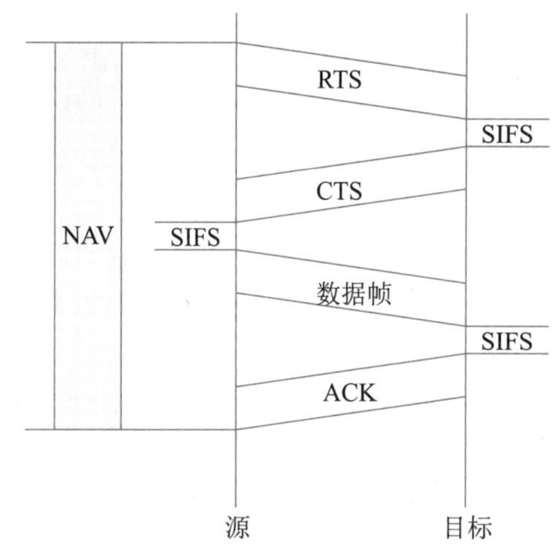

图 4-17　RTS/CTS 工作机制

3）点协调功能

PCF 是在 DCF 之上实现的一个可选功能。所谓点协调就是由 AP 集中轮询所有终端，为其提供无竞争的服务，这种机制适用于时间敏感的操作。在轮询过程中使用 PIFS 作为帧间隔时间。由于 PIFS 比 DIFS 小，所以点协调能够优先 CSMA/CA 获得信道，并把所有的异步帧都推后传送。

在极端情况下，点协调功能可以用连续轮询的方式排除所有的异步帧。为了防止这种情况的发生，IEEE 802.11 又定义了一个称为超级帧的时间间隔。在此时段的开始部分，由点协调功能向所有配置成轮询的终端发出轮询。随后在超级帧余下的时间允许异步帧竞争信道。

3. MAC 管理子层

MAC 管理子层的功能是实现登记过程、ESS 漫游、安全管理和电源管理等功能。WLAN 是开放系统，各站点共享传输介质，而且通信站具有移动性，因此，必须解决信息的同步、漫游、保密和节能问题。

1）登记过程

信标是一种管理帧，由 AP 定期发送，用于时间同步。信标还用来识别 AP 和网络，其中包含基站 ID、时间戳、睡眠模式和电源管理等信息。

为了得到 WLAN 提供的服务，终端在进入 WLAN 区域时，必须进行同步搜索以定位 AP，并获取相关信息。同步方式有主动扫描和被动扫描两种。所谓主动扫描，就是终端在预定的各个频道上连续扫描，发射探测请求帧，并等待各个 AP 的响应帧；收到各 AP 的响应帧后，终端将对各个帧中的相关部分进行比较，以确定最佳 AP。

终端获得同步的另一种方法是被动扫描。如果终端已在 BSS 区域，那么它可以收到各个

AP周期性发射的信标帧，因为帧中含有同步信息，所以终端在对各帧进行比较后，确定最佳AP。

终端定位了AP并获得了同步信息后就开始了认证过程，认证过程包括AP对终端身份的确认和共享密钥的认证等。

认证过程结束后就开始关联过程，关联过程包括终端和AP交换信息，在DS中建立终端和AP的映射关系，DS将根据该映射关系来实现相同BSS及不同BSS间的信息传送。关联过程结束后，终端就能够得到BSS提供的服务了。

2）移动方式

IEEE 802.11定义了3种移动方式：无转移方式是指终端是固定的，或者仅在BSA内部移动；BSS转移是指终端在同一个ESS内部的多个BSS之间移动；ESS转移是指从一个ESS移动到另一个ESS。

当终端开始漫游并逐渐远离AP时，它对AP的接收信号将变坏，这时终端启动扫描功能重新定位AP，一旦定位了新的AP，终端随即向新AP发送重新连接请求，新AP将该终端的重新连接请求通知分布式系统（DS），DS随即更改该终端与AP的映射关系，并通知原来的AP不再与该终端关联。然后，新AP向该终端发射重新连接响应。至此，完成漫游过程。如果终端没有收到重新连接响应，它将重启扫描功能，定位其他AP，重复上述过程，直到连接上新的AP。

3）安全管理

无线传输介质使得所有符合协议要求的无线系统均可在信号覆盖范围内收到传输中的数据包，为了达到和有线网络同等的安全性能，IEEE 802.11采取了认证和加密措施。

认证程序控制WLAN接入的能力，这一过程被所有无线终端用来建立合法的身份标志，如果AP和终端之间无法完成相互认证，那么它们就不能建立有效的连接。IEEE 802.11协议支持多个不同的认证过程，并且允许对认证方案进行扩充。

IEEE 802.11提供了有线等效保密（Wired Equivalent Privacy，WEP）技术，又称无线加密协议（Wireless Encryption Protocol）。WEP包括共享密钥认证和数据加密两个过程，前者使得没有正确密钥的用户无法访问网络，后者则要求所有数据都必须用密文传输。

认证过程采用了标准的询问/响应方式，AP运用共享密钥对128字节的随机序列进行加密后作为询问帧发给用户，用户将收到的询问帧解密后以明文形式响应；AP将收到的明文与原始随机序列进行比较，如果两者一致，则认证通过。有关WLAN的安全问题将在后文进一步论述。

4）电源管理

IEEE 802.11允许空闲站处于睡眠状态，在同步时钟的控制下周期性地唤醒处于睡眠态的空闲站，由AP发送的信标帧中的TIM（业务指示表）指示是否有数据暂存于AP，若有，则向AP发探询帧，并从AP接收数据，然后进入睡眠态；若无，则立即进入睡眠态。

4.2.4 移动Ad Hoc网络

IEEE 802.11标准定义的Ad Hoc网络是由无线移动节点组成的对等网，无须网络基础设施的支持，能够根据通信环境的变化实现动态重构，提供基于多跳无线连接的分组数据传输服务。在这种网络中，每一个节点既是主机，又是路由器，它们之间相互转发分组，形成一种自组织的 MANET（Mobile Ad-hoc Network）网络，如图 4-18 所示。

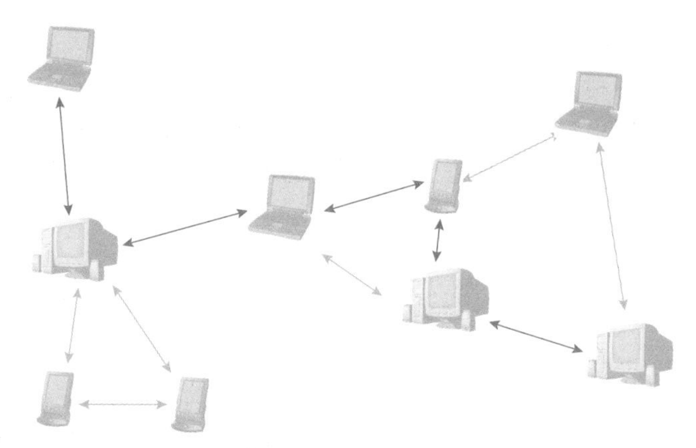

图 4-18　MANET 网络

Ad Hoc 是拉丁语，具有“即兴，临时”的意思。MANET 网络的部署非常便捷和灵活，因而在战场网络、传感器网络、灾难现场和车辆通信等方面有着广泛的应用。但是由于无线移动通信的特殊性，这种网络协议的研发具有巨大的挑战性。

与传统的有线网络相比，MANET 有以下特点：

- 网络拓扑结构是动态变化的，由于无线终端的频繁移动，可能导致节点之间的相互位置和连接关系难以维持稳定。
- 无线信道提供的带宽较小，而信号衰落和噪声干扰的影响却很大。由于各个终端信号覆盖范围的差别，或者地形地物的影响，还可能存在单向信道。
- 无线终端携带的电源能量有限，应采用最节能的工作方式，因而要尽量减小网络通信开销，并根据通信距离的变化随时调整发射功率。
- 由于无线链路的开放性，容易招致网络窃听、欺骗、拒绝服务等恶意攻击的威胁，所以需要特别的安全防护措施。

无线移动自组织网络中还有一种特殊的现象，就是隐蔽终端和暴露终端问题。如图 4-19 所示，如果节点 A 向节点 B 发送数据，则由于节点 C 检测不到节点 A 发出的载波信号，它若试图发送，就可能干扰节点 B 的接收。所以对节点 A 来说，节点 C 是隐蔽终端。另一方面，如果节点 B 要向节点 A 发送数据，它检测到节点 C 正在发送，就可能暂缓发送过程。但实际上节点 C 发出的载波不会影响节点 A 的接收，在这种情况下，节点 C 就是暴露终端。这些问题不仅会影响数据链路层的工作状态，也会对路由信息的及时交换以及网络重构过程造成不利的影响。

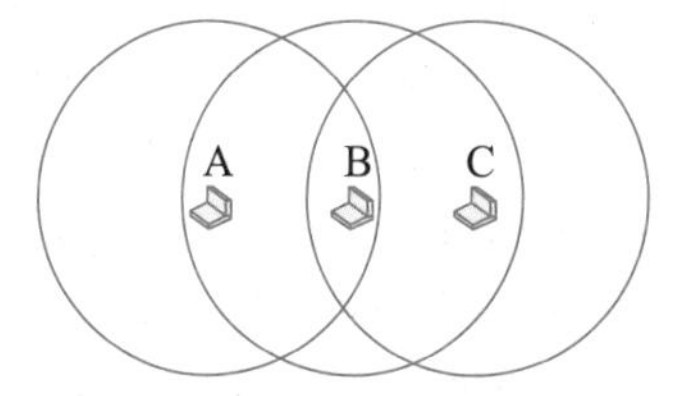

图 4-19　隐蔽终端和暴露终端

路由算法是 MANET 网络中重要的组成部分，由于上述特殊性，传统有线网络的路由协议不能直接应用于 MANET。IETF 于 1997 年成立了 MANET 工作组，其主要工作是开发和改进

MANET 路由规范，使其能够支持包含上百个路由器的自组织网络，并在此基础上开发支持其他功能的路由协议，例如支持节能、安全、组播、QoS 和 IPv6 的路由协议。MANET 工作组也负责对相关的协议和安全产品进行实际测试。

1. MANET 中的路由协议

目前，已经提出了各种 MANET 路由协议，用户可以根据采用的路由策略和适应的网络结构对其进行分类。根据路由策略可分为表驱动的路由协议和源路由协议；根据网络结构可分为扁平的路由协议、分层的路由协议和基于地理信息的路由协议。表驱动的路由协议和源路由协议都是扁平的路由协议。

1）扁平的路由协议

这一类路由协议的特点是参与路由过程的各个节点所起的作用都相同。根据设计原理，扁平的路由协议还可进一步划分为先验式（表驱动）路由和反应式（按需分配）路由，前者大部分是基于链路状态算法的，而后者主要是基于距离矢量算法的。

（1）先验式/表驱动路由。先验式（Proactive）路由是表驱动型协议，通过周期地交换路由信息，每个节点可以保存完整的网络拓扑结构图，因而可以主动确定网络布局。当节点需要传输数据时，这种协议可以很快地找到路由方向，适合于时间关键的应用。这种协议的缺点是，由于节点的移动性，路由表中的链路信息很快就会过时，链路的生命周期非常短，因而路由开销较大。先验式路由协议适合于节点移动性较小，而数据传输频繁的网络。

（2）反应式/按需分配路由。按需分配的路由协议提供了可伸缩的路由解决方案。其主要思想是，移动节点只是在需要通信时才发送路由请求分组，以此来减少路由开销。大多数按需分配的路由协议都有一个路由发现过程，这时需要把路由发现请求洪泛到整个网络中去，以发现到达目标的最佳路由，所以可能会引起一定的通信延迟。

2）分层的路由协议

在实际应用中出现了越来越大的 Ad Hoc 网络。有研究显示，在战场网络和灾难现场应用中，通信节点数可能超过 100 个，同时发送的源节点数可能超过 40 个，源和目标节点之间的跳步数可能超过 10 个。当网络规模扩大时，扁平的路由协议产生的路由开销迅速增大，先验式路由会由于周期性交换链路状态信息而消耗太多的带宽，即使是反应式路由，也会由于越来越长的数据通路需要频繁维护而产生过多的控制开销。在这种情况下，采用分层的方案是一种较好的选择。例如，集群头网关交换路由协议（Clusterhead Gateway Switch Routing Protocol，CGSR）把移动节点聚集成不同的集群（Cluster），每一个集群选出一个集群头。传送数据的节点只与所在的集群头通信，处于不同集群之间的网关节点负责集群头之间的数据交换。这个协议利用了类似于 DSDV 的距离矢量算法来交换路由信息。

3）基于地理信息的路由协议

如果参照 GPS 或其他固定坐标系统来确定移动节点的地理位置，则可以利用地理坐标信息来设计 Ad Hoc 路由协议，这使得搜索目标节点的过程更加直接、有效。这种协议要求所有的节点都必须及时地访问地理坐标系统。例如，地理寻址路由协议（Geographic Addressing and Routing，GeoCast）由 3 种部件构成：地理路由器、地理节点和地理主机。地理路由器

（GeoRouters）能够自动检测网络接口的类型，可以手工配置成分层的网络路由，其作用是服务于它所管理的多边形区域，负责把地理报文从发送器传送到接收器。在每一个子网中至少要有一个地理节点（GeoNodes），其作用是暂时存储进入的地理信息，并在预订的生命周期内将其组播到所在的子网中。每一个移动节点中都有一个称为地理主机（GeoHosts）的守护进程，其作用是把地理信息的可用性通知给所有的客户进程。主机利用这些地理信息进行数据传输。

2. DSDV 协议

目标排序的距离矢量（Destination-Sequenced Distance Vector，DSDV）协议是一种扁平式路由协议。它是由传统的 Bellman-Ford 算法改进的距离矢量协议，利用序列号机制解决了路由环路问题。DSDV 协议是由 Perkins 和 P.Bhagwat 于 1994 年提出的一种基于 Bellman-Ford 算法的表驱动路由方案，对后来的协议设计有很大影响。DSDV 的路由表如图 4-20 所示，表项中包含的各个字段的解释如下：

- Destination：目标节点的IP地址。
- Next Hop：转发地址。
- Hops/Metric：度量值通常以跳步计数。
- Sequence Number：序列号的形式为“主机名_NNN”，每个节点维护自己的序列号，从000开始，当节点发送新的路由公告时对其序列号加2，所以序列号通常是偶数。路由表中的序列号字段是由目标节点发送而来的，并且只能由目标节点改变，唯一的例外情况是，本地节点发现一条路由失效时将目标节点的序列号加1，使其成为奇数。
- Install Time：表示路由表项创建的时间，用于删除过期表项。每一个路由表项都有对应的生存时间，如果在生存时间内未被更新过，则该表项会被自动删除。
- Stable Data：指向一个包含路由稳定信息的列表，该表由目标地址、最近定制时间（Last Setting Time）和平均定制时间（Average Setting Time）3个字段组成。

Destination 目标地址	Next Hop 下一跳地址	Hops/ Metric 跳步数	Sequence Number 序列号	Install Time 安装时间	Stable Data 稳定数据

图 4-20 DSDV 路由表项

DSDV 节点周期性地广播路由公告，但是在出现新链路或者老链路断开时立即触发路由公告。路由公告有两种形式：一种是广播全部路由表项，称为完全更新，这种方法需要多个分组来传送路由信息，开销比较大；另一种是只发送最近改变了的路由表项，叫作递增式更新，这种方法可以把路由信息包含在一个分组中发送，产生的开销比较小。

当一个节点接收到邻居节点发送的路由公告时，根据下列规则进行路由更新：对应于某个目标的路由表项，如果收到的序列号比路由表中已有的序列号更大，则更新现有的路由表项；如果收到的序列号和现有的序列号相同，但度量值更小，也要更新现有的路由表项；否则放弃收到的路由更新公告，维持现有的路由表项不变。

这种机制可以排除路由环路现象。这是因为如果以目标节点为根，建立一棵到达各个源节点的最小生成树，由于序列号是由目标节点改变并发出的，当序列号沿着各个树枝向下传播时，上游节点中的序列号总是不小于当前节点中的序列号，而下游节点中的序列号总是不大于当前节点中的序列号。

DSDV 要解决的另外一个问题是路由波动。如图 4-21 所示，假设节点 A 先收到了从邻居节点 B 发来的路由更新报文 <D 5 D_100>，其含义是 B 到达 D 的距离是 5，D 的序列号是 100，则 A 更新了它的路由表项，并且立即发布了路由更新公告。但很快 A 又收到了从邻居节点 C 发来的路由更新报文 <D 4 D_100>，其中的序列号相同，但距离更小，所以 A 又要更新路由表项，并且又要发布路由更新公告。当许多节点毫无规律地发布路由更新公告时，这种波动现象就会出现，会产生很大的路由开销。

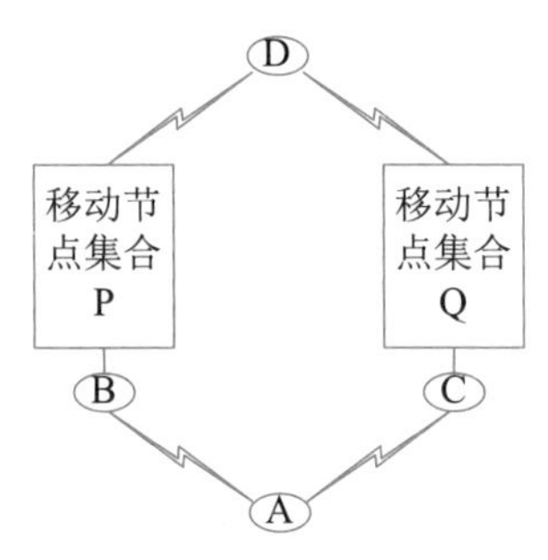

图 4-21 路由波动的例子

为了解决这个问题，DSDV 采用平均定制时间（Average Setting Time，AST）来决定发布路由公告的时间间隔，AST 表示对应目标节点更新路由的平均时间间隔，而最近定制时间（Last Setting Time，LST）则是最近一次更新路由的时间间隔。第 n 次的平均定制时间是最近定制时间与前 $n-1$ 次的平均定制时间的加权平均值，即

$$\mathrm{AST}_n = \frac{2\mathrm{LST} + \mathrm{AST}_{n-1}}{3}$$

显然，越是最近的定制时间对平均定制时间的贡献越大。为了减少路由波动，节点可以等待两倍的 AST_n 时间再发送路由公告。

下面举例说明 DSDV 协议的操作情况。假设有如图 4-22 所示的网络，3 个移动节点建立了无线连接，则各个节点的路由表如该图所示。

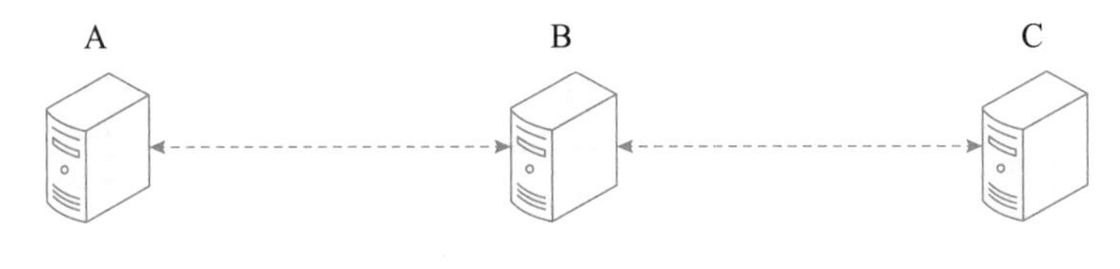

目标	下一跳	度量值	序列号
A	A	0	A_450
B	B	1	B_100
C	B	2	C_552

目标	下一跳	度量值	序列号
A	A	1	A_450
B	B	0	B_100
C	C	1	C_552

目标	下一跳	度量值	序列号
A	B	2	A_450
B	B	1	B_100
C	C	0	C_552

图 4-22 网络拓扑和路由表

如果节点 B 修改了它的序列号，并发送路由公告，则节点 A 和节点 C 中相应的路由表项就要修改，如图 4-23 所示。

如果网络中出现了新的移动节点 D，则节点 D 广播它的序列号，节点 C 就要更新它的路由表，如图 4-24 所示。

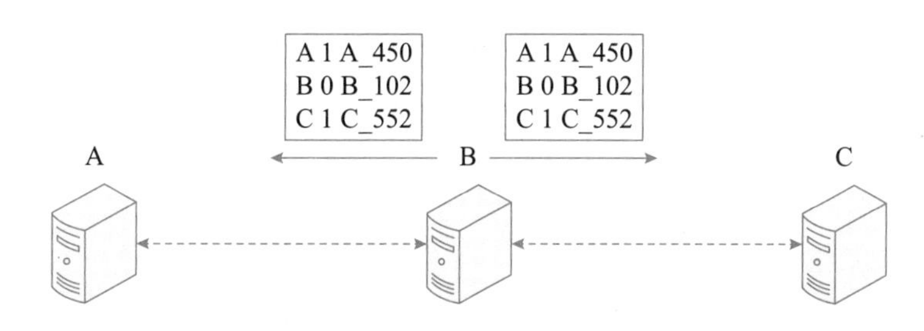

目标	下一跳	度量值	序列号
A	A	0	A_450
B	B	1	B_102
C	B	2	C_552

目标	下一跳	度量值	序列号
A	A	1	A_450
B	B	0	B_102
C	C	1	C_552

目标	下一跳	度量值	序列号
A	B	2	A_450
B	B	1	B_102
C	C	0	C_552

图 4-23　序列号的更新

目标	下一跳	度量值	序列号
A	A	0	A_450
B	B	1	B_102
C	B	2	C_552

目标	下一跳	度量值	序列号
A	A	1	A_450
B	B	0	B_102
C	C	1	C_552

目标	下一跳	度量值	序列号
A	B	2	A_450
B	B	1	B_102
C	C	0	C_552
D	D	1	D_000

图 4-24　新节点出现

然后，节点 C 发布路由公告，第一轮迭代中节点 B 修改路由表，如图 4-25 所示。

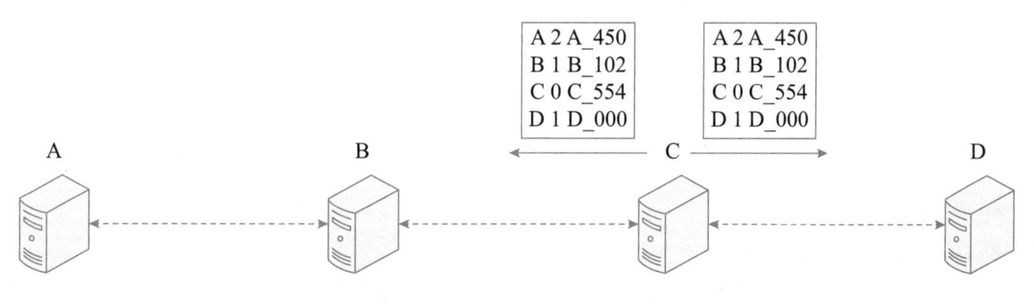

目标	下一跳	度量值	序列号
A	A	0	A_450
B	B	1	B_102
C	B	2	C_552

目标	下一跳	度量值	序列号
A	A	1	A_450
B	B	0	B_102
C	C	1	C_554
D	C	2	D_000

目标	下一跳	度量值	序列号
A	B	2	A_450
B	B	1	B_102
C	C	0	C_554
D	D	1	D_000

目标	下一跳	度量值	序列号
A	C	3	A_450
B	C	2	B_102
C	C	1	C_554
D	D	0	D_000

图 4-25　周期性发布路由更新公告

如果节点D移出节点C的覆盖范围，则节点C和节点D之间的无线连接就断开了，节点C一旦检测到这种情况，立即触发路由更新过程，如图4-26所示。

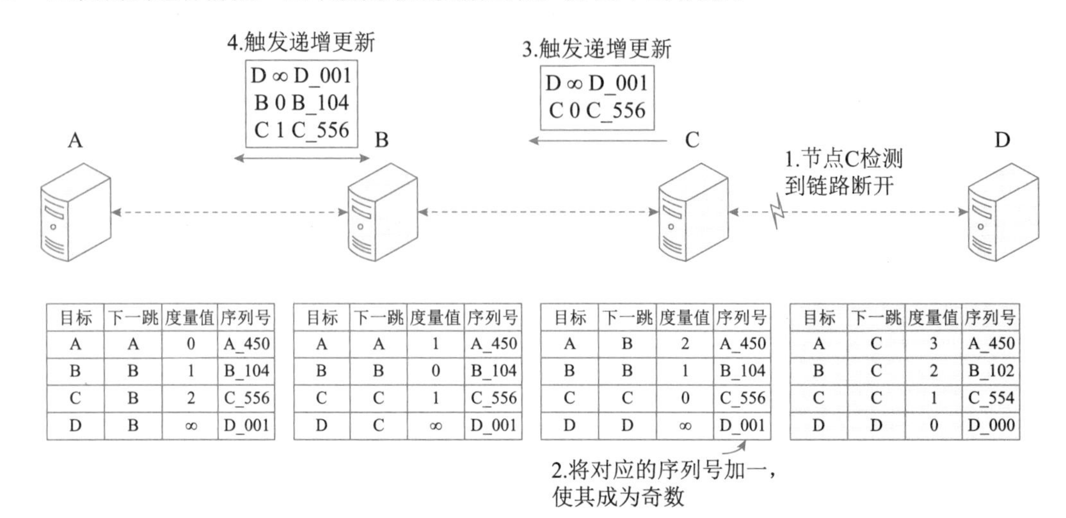

目标	下一跳	度量值	序列号
A	A	0	A_450
B	B	1	B_104
C	B	2	C_556
D	B	∞	D_001

目标	下一跳	度量值	序列号
A	A	1	A_450
B	B	0	B_104
C	C	1	C_556
D	C	∞	D_001

目标	下一跳	度量值	序列号
A	B	2	A_450
B	B	1	B_104
C	C	0	C_556
D	D	∞	D_001

目标	下一跳	度量值	序列号
A	C	3	A_450
B	C	2	B_102
C	C	1	C_554
D	D	0	D_000

图4-26　连接断开时触发路由更新

3. AODV 协议

按需分配的距离矢量（Ad-hoc On-demand Distance Vector，AODV）协议也是一种扁平式路由协议，但是采用了反应式路由策略。这是一种距离矢量协议，利用类似于DSDV的序列号机制解决了路由环路问题，但它只是在需要传送信息时才发送路由请求，从而减少了路由开销。AODV适合于快速变化的Ad Hoc网络环境，用于路由信息交换的处理时间和存储器开销较小。RFC 3561（2003）定义了AODV的协议规范。

AODV采用了类似于DSDV的序列号机制，用于排除一般距离矢量协议可能引起的路由环路问题。AODV的路由表项由下列字段组成：

- 目标IP地址；
- 目标子网掩码；
- 目标序列号；
- 下一跳IP地址；
- 路由表项的生命周期；
- 度量值/跳步数；
- 网络接口；
- 其他的状态和路由标志。

AODV是一种按需分配的路由协议，当一个节点需要发现到达某个目标节点的路由时就广播路由请求（Route Request，RREQ）报文，这种报文的格式如图4-27所示。

当一个节点接收到RREQ请求时，如果它就是请求的目标，或者知道到达目标的路由并且其中的目标序列号大于RREQ中的目标序列号，则要响应这个请求，向发送RREQ的节点返回（单播）一个路由应答（Route Reply，RREP）报文。如果收到RREQ报文的节点不知道该目标

类型	J	R	G	D	U	保留	跳步数
RREQ ID							
目标IP地址							
目标序列号							
源IP地址							
源序列号							

类型　置为1，表示RREQ
J　Join标志，用于组播
R　Repair标志，用于组播
G　Gratuitous标志，带有G标志的报文必须转发到目标节点
D　Destination-only标志，只有目标才能响应这种请求
U　Unknown sequence number标志，表明目标序列号未知
跳步数　从原发方到处理该请求的节点的跳步数
RREQ ID　用于标识该报文的唯一序列号
目标IP地址　需要发现路由的目标地址
目标序列号　最近接收到的目标序列号
源IP地址　原发方的IP地址
源序列号　原发方的序列号

图 4-27　RREQ 报文

的路由，则它要重新广播 RREQ 请求，并且记录发送 RREQ 报文的节点 IP 地址及其广播序列号（RREQ ID）。如果收到的 RREQ 报文已经被处理过了，则丢弃该报文，不再进行转发。RREP 的格式如图 4-28 所示。

类型	R	A	保留	前缀长度	跳步数
RREQ ID					
目标IP地址					
目标序列号					
源IP地址					
生命周期					

类型　置为2，表示RREP
R　Repair标志，用于组播
A　Ack标志，表明该报文需要确认
前缀长度　如果非0，这5位定义了一个地址前缀的长度
跳步数　从原发方到目标节点的跳步数
目标IP地址　需要发现路由的目标地址
目标序列号　最近接收到的目标序列号
源IP地址　原发方的IP地址
生命周期　以微秒计数的生命周期

图 4-28　RREP 报文

当 RREP 报文中的前缀长度非 0 时，这 5 位定义了一个地址前缀的长度，该地址前缀与目标 IP 地址共同确定了一个子网。作为子网路由器，发送 RREP 报文的节点必须保存有关该子网的全部路由信息，而不仅是单个目标节点的路由信息。如果传送 RREP 报文的链路是不可靠的，或者是单向链路，则 RREP 中的 A 标志置 1，这种报文的接收者必须返回一个应答报文 RREP-ACK。

如果监控下一跳链路状态的节点发现链路中断，则设置该路由为无效，并发出路由错误（Route Error，RERR）报文，通知其他节点这个目标已经不可到达了。收到RERR报文的源节点如果还要继续通信，则需重新发现路由。RERR报文的格式如图4-29所示。

类型	N	保留	不可到达的目标数
不可到达的目标IP地址（1）			
不可到达的目标序列号（1）			
另外的不可到达的目标IP地址			
另外的不可到达的目标序列号			

类型　　置为3，表示RERR

N　　非删除标志，通知上游节点不得删除该路由，等待修复

图4-29　RERR报文

AODV协议也适用于组播网络。当一个节点希望加入组播组时，它就发送J标志置1的RREQ请求，其中的目标IP地址设置为组地址。接收到这种请求的节点如果是组播树成员，并且保存的目标序列号比RREQ中的目标序列号更大，则要回答一个RREP分组。在RREP返回源节点的过程中，转发该报文的节点要设置它们组播路由表中的指针。当源节点收到RREP报文时，它就选取序列号更大并且跳步数更小的路由。在路由发现过程结束后，源节点向其选择的下一跳节点单播一个组播活动（Multicast Activation，MACT）报文，其作用是激活选择的组播路由。没有收到MACT报文的节点则删除组播路由指针。如果一个还不是组播树成员的节点收到了MACT报文，也要跟踪RREP报告的最佳路由，并且向它的下一跳节点单播MACT，直到连接到了一个组播树的成员节点为止。

4.2.5　IEEE 802.11的安全特性

无线局域网需要解决两个主要问题：一是增强安全性，二是提高数据速率。前者对无线网来说比对有线网更加重要，也更难以解决。在无线局域网中可以采用下列安全措施。

1. SSID访问控制

在无线局域网中，可以对各个无线接入点（AP）设置不同的SSID（Service Set Identifier），它是由最多32个字符组成的字符串。一般的无线路由器都提供“允许SSID广播”功能，被广播出去的SSID会出现在用户搜索到的可用网络列表中。值得注意的是，同一厂商生产的无线路由器（或AP）都使用了相同的SSID，为了保护自己的网络不被非法接入，应修改成个性化的SSID名字。当然，也可以禁用SSID广播，这样，无线网络仍然可以使用，但是不会出现在其他人搜索到的可用网络列表中。

2. 物理地址过滤

另外一种访问控制方法是MAC地址过滤。每个无线网卡都有唯一的MAC地址，可以在无线路由器中维护一组允许访问的MAC地址列表，用于实现物理地址过滤功能。这个方案要求无线路由器中的MAC地址列表必须经常更新，用户数量多时维护工作量很大。更重要的是，MAC地址可以伪造，所以这是级别比较低的认证功能。

3. 有线等效保密

有线等效保密（Wired Equivalent Privacy，WEP）是 IEEE 802.11 标准的一部分，其设计目的是提供与有线局域网等价的机密性。WEP 使用 RC4 协议进行加密，并使用 CRC-32 校验保证数据的正确性。

RC4 是一种流加密技术，其加密过程是对同样长度的密钥流与报文进行“异或”运算，从而计算出密文。为了安全，要求密钥流不能重复使用。在 WEP 中使用了每次都不同的初始向量（Initialization Vector，IV）与用户指定的固定字符串来生成变化的密钥流。

最初的 WEP 标准使用 24 位的初始向量，加上 40 位的字符串，构成 64 位的 WEP 密钥。后来美国政府放宽了出口密钥长度的限制，允许使用 104 位的字符串，加上 24 位的初始向量，构成 128 位的 WEP 密钥。通常的情况是，用户指定 26 个十六进制数的字符串（4×26 =104 位），再加上系统给出的 24 位 IV，就构成了 128 位的 WEP 密钥。然而 24 位的 IV 并没有长到足以保证不会出现重复。事实上，只要网络足够忙，在很短的时间内就会耗尽可用的 IV 而使其出现重复，这样 WEP 密钥也就重复了。

密钥长度还不是 WEP 安全性的主要缺陷，破解较长的密钥当然需要捕获较多的数据包，但是某些主动式攻击可以激发足够多的流量。WEP 还有其他缺陷，包括 IV 雷同的可能性以及编造的数据包等，对这些攻击采用长一点的密钥根本没有用。

WEP 虽然有这些漏洞，但也足以阻止非专业人士的窥探了。

4. WPA

Wi-Fi（Wireless Fidelity）是无线通信技术的商标，由 Wi-Fi 联盟（Wi-Fi Alliance）所持有，使用在经过认证的 IEEE 802.11 产品上，其目的是改善基于 IEEE 802.11 标准的网络产品之间的兼容性。

无线网络中的安全问题从暴露到最终解决经历了相当长的时间。在这期间，Wi-Fi 联盟的厂商们迫不及待地以 802.11i 草案的一个子集为蓝图制定了称为 WPA（Wi-Fi Protected Access）的安全认证方案，以便在市场上及时推出新的无线网络产品。

在 WPA 的设计中包含了认证、加密和数据完整性校验 3 个组成部分。首先，WPA 使用了 802.1x 协议对用户的 MAC 地址进行认证。其次，WEP 增大了密钥和初始向量的长度，以 128 位的密钥和 48 位的初始向量（IV）用于 RC4 加密。WPA 还采用了可以动态改变密钥的临时密钥完整性协议（Temporal Key Integrity Protocol，TKIP），通过更频繁地变换密钥来降低安全风险。最后，WPA 强化了数据完整性保护。WEP 使用的循环冗余校验方法具有先天性缺陷，在不知道 WEP 密钥的情况下，如果要篡改分组和对应的 CRC 也是可能的。WPA 使用报文完整性编码来检测伪造的数据包，并且在报文认证码中包含帧计数器，还可以防止重放攻击。

在 IEEE 802.11i 标准发布后，Wi-Fi 联盟就按照新的安全标准对无线产品进行了认证，并且把这种认证方案称为 WPA2。

5. IEEE 802.11i

2004 年 6 月正式生效的 IEEE 802.11i 标准是对 WEP 的改进，为 WLAN 提供了新的安全技术。IEEE 802.11i 标准包含以下 3 个方面的安全部件：

- 临时密钥完整性协议（TKIP）是一个短期的解决方案，仍然使用RC4加密方法，但是弥补了WEP的安全缺陷。TKIP把密钥交换过程中分解出来的组临时密钥（GTK）作为基础密钥，为每个报文生成一个新的加密密钥，通过这种方式改进了数据报文的完整性和可信任性。TKIP可用于老的802.11设备，但是需要升级原来的驱动程序。
- 重新制定了新的加密协议，称为CBC-MAC协议的计时器模式（Counter Mode with CBC-MAC Protocol，CCMP）。这是基于高级加密标准（Advanced Encryption Standard，AES）的加密方法。AES是一种对称的块加密技术，使用128位的密钥，提供比RC4更强的加密性能。由于AES算法要求的计算强度比RC4大，所以需要新的硬件支持。有的驱动器采用软件实现CCMP。
- 无论使用TKIP还是CCMP进行加密，身份认证都是必要的。802.1x是一种基于端口的身份认证协议。当无线工作站与AP关联后，是否可以使用AP的服务要取决于802.1x的认证结果。如果认证通过，则AP为无线工作站打开一个逻辑端口。这种认证方案要求无线工作站安装802.1x客户端软件，无线访问点要内嵌802.1x认证代理，同时它还可以作为Radius客户端，将用户认证信息转发给Radius服务器。

可扩展的认证协议（Extensible Authentication Protocol，EAP）是一种专门用于认证的传输协议，而不是认证方法本身。或者说，EAP 是一种认证框架，用于支持多种认证方法。EAP 直接运行在数据链路层，例如 PPP 或 IEEE 802 网络，而不需要 IP 支持。一些常用的认证机制简述如下：

- EAP-MD5。要求传送用户名和口令字，并用MD5进行加密，这种方法类似于PPP的CHAP协议，由于不能抗拒字典攻击，也不能提供相互认证和密钥导出机制，因而在无线网中很少采用。
- Lightweight EAP（LEAP）。轻量级EAP，要求把用户名和口令字发送给Radius认证服务器，这是Cisco公司的专利协议，被认为不是很安全。
- EAP-TLS。利用传输层安全协议（TLS）来传送认证报文，用户和服务器都需要X.509证书，这种方法可以提供双向认证（RFC 2716）。

此外，802.11i 还提供了一种任选的加密方案 WARP（Wireless Robust Authentication Protocol）。WARP 原来是为 802.11i 制定的基于 AES 的加密协议，但是由于知识产权的纠纷，后来就被 CCMP 代替了。支持 WARP 是任选的，但是支持 CCMP 是强制的。

802.11i 还实现了一种动态密钥交换和管理体制。用户通过认证后从认证服务器得到一个主密钥（Master Key，MK）。然后经过一系列的推导过程，用户与 AP 之间会生成一对组瞬时密钥（Group Transient Key，GTK），用于组播和广播通信。实际通信过程中的数据加密密钥则是根据每包一密（Per-Packet Key Construction）的方案由 GTK 生成的新密钥。

对于小型办公室和家庭应用，可以使用预共享密钥（Pre-Shared Key，PSK）的方案，这样就可以省去 802.1x 认证和密钥交换过程了。256 位的 PSK 由给定的口令字生成，用作上述密钥管理体制中的主密钥（MK）。整个网络可以共享同一个 PSK，也可以每个用户专用一个 PSK，这样更安全。

4.3 无线个人网

IEEE 802.15 工作组负责制定无线个人网（Wireless Personal Area Network，WPAN）的技术规范。这是一种小范围的无线通信系统，覆盖半径仅 10m 左右，可用来代替计算机、手机、PDA、数码相机等智能设备的通信电缆，或者构成无线传感器网络和智能家庭网络等。WPAN 并不是一种与无线局域网（WLAN）竞争的技术，WLAN 可替代有线局域网，而 WPAN 无须基础网络连接的支持，只能提供少量小型设备之间的低速率连接。

IEEE 802.15 工作组划分成 4 个任务组，分别制定适合不同应用环境的技术标准。

802.15.1 采用了蓝牙技术规范，这是最早实现的面向低速率应用的 WPAN 标准，主要开发工作由蓝牙专业组（SIG）负责。

802.15.2 对蓝牙网络与 802.11b 网络之间的共存提出了建议。这两种网络都采用了免许可证的 2.4GHz 频段，它们之间会产生通信干扰，要在共享环境中协同工作，必须采用 802.15.2 提出的交替无线介质访问（AWMA）和分组通信仲裁（PTA）方案。

802.15.3 把目标瞄准了低复杂性、低价格、低功耗的消费类电子设备，为其提供至少 20Mb/s 的高速无线连接。2003 年 8 月批准的 IEEE 802.15.3 采用 64-QAM 调制，数据速率高达 55 Mb/s，适合于在短时间内传送大量的多媒体文件。

在人手可及的范围内，多个电子设备可以组成一个无线 Ad Hoc 网络，802.15 把这种网络叫作 Piconet，通常翻译为微微网。802.15.3 给出的 Piconet 网络模型如图 4-30 所示。这种网络的特点是各个电子设备（DEV）可以独立地互相通信，其中一个设备可以作为通信控制的协调器（Piconet Coordinator，PNC），负责网络定时和向 DEV 发放令牌（beacon），获得令牌的 DEV 才可以发送通信请求。PNC 还具有管理 QoS 需求和调节电源功耗的功能。802.15.3 定义了微微网的介质访问控制协议和物理层技术规范，适合于多媒体文件传输的需求。

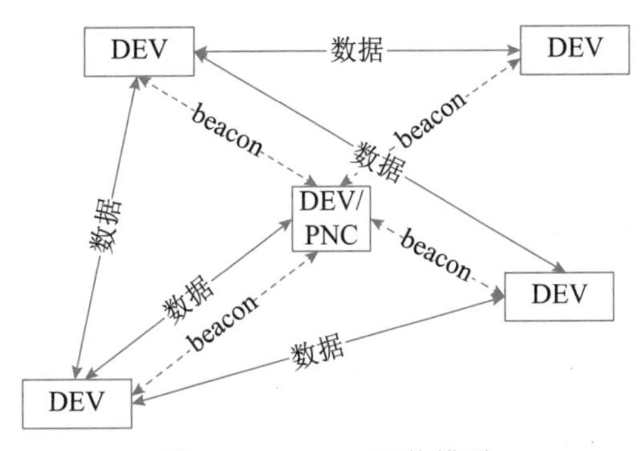

图 4-30 Piconet 网络模型

802.15.4 瞄准了速率更低、距离更近的无线个人网。802.15.4 标准适合于固定的、手持的或移动的电子设备，这些设备的特点是使用电池供电，电池寿命可以长达几年时间，通信速率可以低至 9.6kb/s，从而实现低成本的无线通信。802.15.4 标准的研发工作主要由 ZigBee 联盟负责。所谓 ZigBee 是指蜜蜂跳的“之”字形舞蹈，蜜蜂用跳舞来传递信息，告诉同伴蜜源的位置。“ZigBee”形象地表达了通过网络节点互相传递，将信息从一个节点传输到远处另外一个节点的通信方式。

下面就目前应用较多的IEEE 802.15.1和IEEE 802.15.4两个标准展开讨论。

4.3.1 蓝牙技术

公元10世纪时的丹麦国王Harald Blatand Gormsson（958—986/987）被称为蓝牙王，传说是因为他爱吃蓝草莓，牙齿变成了蓝色。他就是海盗家庭出身的哈拉尔德，他的主要成就是统一了丹麦、挪威和瑞典。

1998年5月，爱立信、IBM、Intel、东芝和诺基亚5家公司联合推出了一种近距离无线数据通信技术，其目的为实现不同工业领域之间的协调工作，例如可以实现计算机、无线手机和汽车电话之间的数据传输。行业组织人员用哈拉尔德国王的外号来命名这项新技术，取其“统一”的含义，这样就诞生了“蓝牙”（Bluetooth）这一极具表现力的名字。后来成立的蓝牙技术专业组（SIG）负责技术开发和通信协议的制定，2001年，蓝牙1.1版本被正式列为IEEE 802.15.1标准。同年，加盟蓝牙SIG的成员公司超过2000家。

1. 核心系统体系结构

根据IEEE 802.15.1-2005版描述的MAC和PHY技术规范，蓝牙核心系统的体系结构如图4-31所示。最下面的Radio层相当于OSI的物理层，其中的RF模块采用2.4GHz的ISM频段实现跳频通信（FHSS），信号速率为1Mb/s，数据速率为1Mb/s。

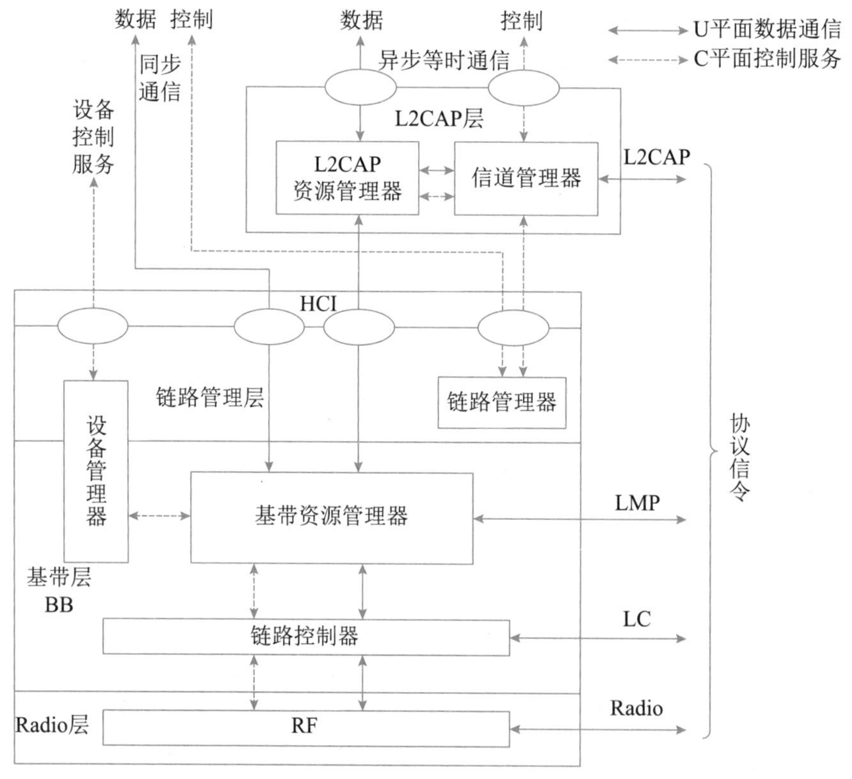

图4-31 蓝牙核心系统体系结构

在多个设备共享同一物理信道时，各个设备必须由一个公共时钟同步，并调整到同样的跳频模式。提供同步参照点的设备叫作主设备，其他设备则是从设备。以这种方式取得同步的一组设备构成一个微微网，这是蓝牙技术的基本组网模式。

微微网中的设备采用的具体跳频模式由设备地址字段指明的算法和主设备的时钟共同决定。基本的跳频模式包含由伪随机序列控制的 79 个频率。通过排除干扰频率的自适应技术可以改进通信效率，并实现与其他 ISM 频段设备的共存。

物理信道被划分为时槽，数据被封装成分组，每个分组占用一个时槽。如果情况允许，一系列连续的时槽可以分配给单个分组使用。在一对收发设备之间可以用时分多路（TTD）方式实现全双工通信。

物理信道之上是各种链路和信道层及其有关的协议。以物理信道为基础，向上依次形成的信道层次为物理链路、逻辑传输、逻辑链路和 L2CAP（Logical Link Control and Adaptation Protocol）信道，如图 4-32 所示。

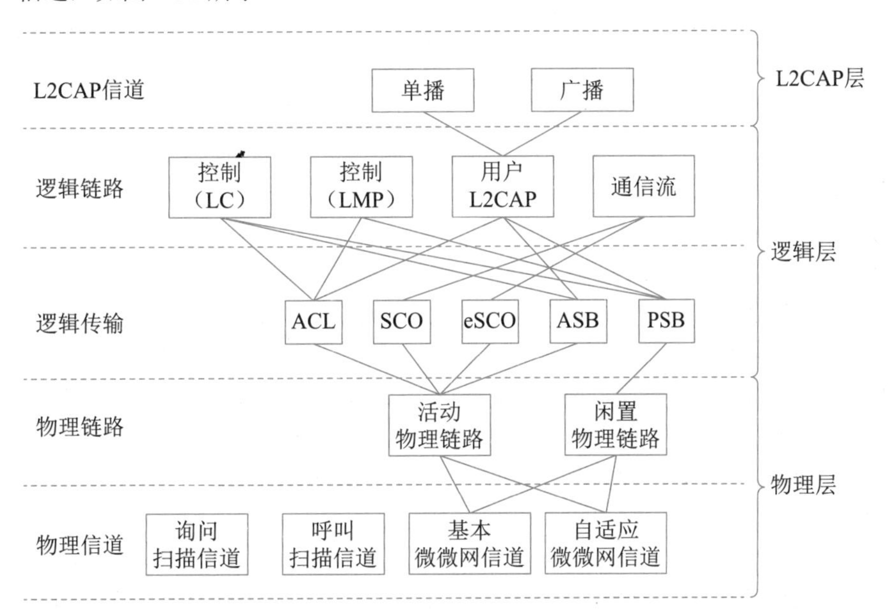

图 4-32　传输体系结构实体及其层次

在物理信道的基础上，可以在一个从设备和主设备之间生成物理链路。一条物理链路可以支持多条逻辑链路，只有逻辑链路才可以进行单播同步通信、异步等时通信或者广播通信，不同的逻辑链路用于支持不同的应用需求。逻辑链路的特性由与其相关联的逻辑传输决定。所谓的逻辑传输实际上是逻辑链路传输特性的形式表现，不同的逻辑传输在流量控制、应答和重传机制、序列号编码以及调度行为等方面有所区别，用于支持不同类型的逻辑链路。异步面向连接的逻辑传输（ACL）用来传送管理信令，而同步面向连接（SCO）的逻辑传输用于传送 64kb/s 的 PCM 话音。具有其他特性的逻辑传输用来支持各种单播的和广播的、可靠的和不可靠的、分组的和不分组的数据流。

基带层和物理层的控制协议叫作链路管理协议（Link Manager Protocol，LMP），用于控制设备的运行，并提供底层设施（PHY 和 BB）的管理服务。每个处于活动状态的设备都具有一个默认的 ACL 用于支持 LMP 信令的传送。默认的 ACL 是当设备加入微微网时就产生的，需要时可以动态生成一条逻辑传输来传送同步数据流。

逻辑链路控制和自适应协议 L2CAP 是对应用和服务的抽象，其功能是对应用数据进行分段和重装配，并实现逻辑链路的复用。提交给 L2CAP 的应用数据可以在任何支持 L2CAP 的逻辑链路上传输。

核心系统只包含 4 个低层功能及其有关的协议。最下面的 3 层通常被组合成一个子系统，构成了蓝牙控制器，而上面的 L2CAP 以及更高层的服务都运行在主机中。蓝牙控制器与高层之间的接口叫作主机控制器接口（Host Controller Interface，HCI）。

设备之间的互操作通过核心系统协议实现，主要的协议有 RF（Radio Frequency）协议、链路控制协议（Link Control Protocol，LCP）、链路管理协议（LMP）和 L2CAP 协议。

核心系统通过服务访问点（SAP）提供服务，如图 4-31 中的椭圆所示。所有的服务分为 3 类：

- 设备控制服务：改变设备的运行方式。
- 传输控制服务：生成、修改和释放通信载体（信道和链路）。
- 数据服务：把数据提交给通信载体来传输。

主机和控制器通过 HCI 通信。通常，控制器的数据缓冲能力比主机小，因而 L2CAP 在把协议数据单元提交给控制器使其传送给对等设备时要完成简单的资源管理功能，包括对 L2CAP 服务数据单元（SDU）和协议数据单元（PDU）分段，以便适合控制器的缓冲区管理，并保证需要的服务质量（QoS）。

基带层协议提供了基本的 ARQ 功能，然而 L2CAP 还可以提供任选的差错检测和重传功能，这对于要求低误码率的应用是必要的补充。L2CAP 的任选特性还包括基于窗口的流量控制功能，用于接收设备的缓冲区管理。这些任选特性在某些应用场景中对于保障 QoS 是必需的。

2. 核心功能模块

图 4-31 中表示的核心功能模块如下：

（1）信道管理器：负责生成、管理和释放用于传输应用数据流的 L2CAP 信道。信道管理器利用 L2CAP 协议与远方的对等设备交互作用，生成 L2CAP 信道，并将其端点连接到适当的实体。信道管理器还与本地的链路管理器（LM）交互作用，必要时生成新的逻辑链路，并配置这些逻辑链路，以提供需要的 QoS 服务。

（2）L2CAP 资源管理器：把 L2CAP 协议数据单元分段，并按照一定的顺序提交给基带层，而且还要进行信道调度，以保证一定 QoS 的 L2CAP 信道不会被物理信道（由于资源耗尽）所拒绝。这个功能是必要的，因为体系结构模型并不保证控制器具有无限的缓冲区，也不保证 HCI 管道具有无限的带宽。L2CAP 资源管理器的另一个功能是实现通信策略控制，避免与邻居的 QoS 设置发生冲突。

（3）设备管理器：负责控制设备的一般行为。这些功能与数据传输无关，例如发现临近的设备是否出现，以便连接到其他设备，或者控制本地设备的状态，使其可以与其他的设备建立连接。设备管理器可以向本地的基带资源管理器请求传输介质，以便实现自己的功能。设备管理器也要根据 HCI 命令控制本地设备的行为，并管理本地设备的名字以及设备中存储的链路密钥。

（4）链路管理器：负责生成、修改和释放逻辑链路及其相关的逻辑传输，并修改设备之间的物理链路参数。本地 LM 模块通过与远程设备的 LM 进行 LMP 通信来实现自己的功能。LMP 协议可以根据请求生成新的逻辑链路和逻辑传输，并对链路的传输属性进行配置，例如可以实现逻辑传输的加密、调整物理链路的发送强度以便节约能源、改变逻辑链路的 QoS 配置等。

（5）基带资源管理器：负责对物理层的访问。它有两个主要功能：其一是调度功能，即对发出访问请求的各方实体分配物理信道的访问时段；其二是与这些实体协商包含 QoS 承诺的访问合同。访问合同和调度功能涉及的因素很多，包括实现数据交换的各种正常行为，逻辑传输的特性的设置，轮询覆盖范围内的设备，建立连接，设备的可发现、可连接状态管理，以及在自动跳频模式下获取未经使用的载波等。

在某些情况下，逻辑链路调度的结果可能是改变了目前使用的物理链路，例如在由多个微微网构成的散射网（Scatternet）中，使用轮询或呼叫过程扫描可用的物理信道时都可能出现这种情况。当物理信道的时槽错位时，资源管理器要把原来物理信道的时槽与新物理信道的时槽重新对准。

（6）链路控制器：负责根据数据负载和物理信道、逻辑传输和逻辑链路的参数对分组进行编码和译码。链路控制器还执行 LCP 信令，实现流量控制，以及应答和重传功能。LCP 信令的解释体现了与基带分组相关的逻辑传输特性，这个功能与资源管理器的调度有关。

（7）RF：这个模块用于发送和接收物理信道上的数据分组。BB 与 RF 模块之间的控制通路用来控制载波定时和频率选择。RF 模块把物理信道和 BB 上的数据流转换成需要的格式。

3. 数据传输结构

核心系统提供各种标准的传输载体，用于传送服务协议和应用数据。在图 4-33 中，圆角方框表示核心载体，而应用则画在图的左边。通信类型与核心载体的特性要进行匹配，以便实现最有效率的数据传输。

L2CAP 服务对于异步的（Asynchronous）和等时的（Isochronous）用户数据提供面向帧的传输。面向连接的 L2CAP 信道用于传输点对点单播数据。无连接的 L2CAP 信道用于广播数据。

L2CAP 信道的 QoS 设置定义了帧传送的限制条件，例如可以说明数据是等时的，因而必须在其有限的生命期内提交；或者指示数据是可靠的，必须无差错地提交。

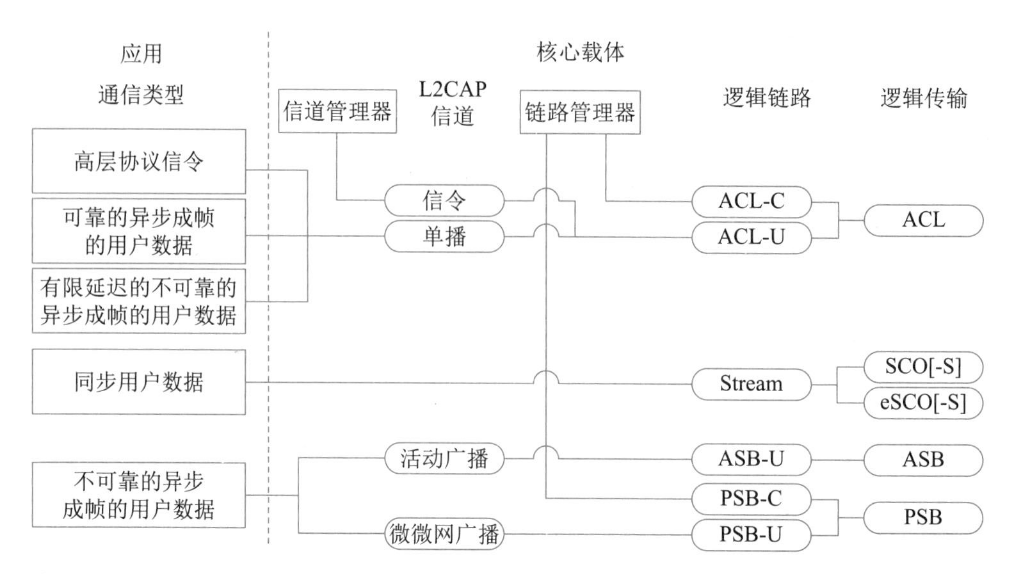

图 4-33　通信载体

如果应用不要求按帧提交数据，也许是因为帧结构被包含在数据流内，或者数据本身是纯流式的，这时不应使用 L2CAP 信道，而应直接使用 BB 逻辑链路来传送。非帧的流式数据使用 SCO 逻辑传输。

核心系统支持通过 SCO（SCO-S）或扩展的 SCO（eSCO-S）直接传输等时的和固定速率的应用数据。这种逻辑链路保留了物理信道的带宽，提供了由微微网时钟锁定的固定速率。数据的分组大小、传输的时间间隔，这些参数都是在信道建立时协商好的。eSCO 链路可以更灵活地选择数据速率，而且通过有限的重传提供了更大的可靠性。

应用从 BB 层选择最适当的逻辑链路类型来传输它的数据流。通常，应用通过成帧的 L2CAP 单播信道向远处的对等实体传输 C 平面信息。如果应用数据是可变速率的，则只能把数据组织成帧通过 L2CAP 信道传送。

RF 信道通常是不可靠的。为了克服这个缺陷，系统提供了多种级别的可靠性措施。BB 分组头使用了纠错编码，并且配合头校验和来发现残余差错。某些 BB 分组类型对负载也进行纠错编码，还有的 BB 分组类型使用循环冗余校验码来发现错误。

在 ACL 逻辑传输中实现了 ARQ 协议，通过自动请求重发来纠正错误。对于延迟敏感的分组，不能成功发送时立即丢弃。eSCO 链路通过有限次数的重传方案来改进可靠性。L2CAP 提供了附加的差错控制功能，用于检测偶然出现的差错，这对于某些应用是有用的。

4.3.2　ZigBee技术

ZigBee 是基于 IEEE 802.15.4 开发的一组关于组网、安全和应用软件的技术标准。IEEE 802.15.4 与 ZigBee 的角色分工如同 IEEE 802.11 与 Wi-Fi 的关系一样。IEEE 802.15.4 定义了低速

WPAN 的 MAC 和 PHY 标准，而 ZigBee 联盟则对网络层协议、安全标准和应用架构（Profile）进行了标准化，并制定了不同制造商产品之间的互操作性和一致性测试规范。

1. IEEE 802.15.4 标准

IEEE 802.15.4 定义的低速无线个人网（Low Rate-WPAN）包含两类设备，即全功能设备（Full- Function Device，FFD）和简单功能设备（Reduced-Function Device，RFD）。FFD 有 3 种工作模式，可以作为一般的设备、协调器（Coordinator）或 PAN 协调器；而 RFD 功能简单，只能作为设备使用，例如电灯开关、被动式红外传感器等，这些设备不需要发送大量的信息，通常接受某个 FFD 的控制。FFD 可以与 RFD 或其他 FFD 通信，而 RFD 只能与 FFD 通信，RFD 之间不能互相通信。

LR-WPAN 网络的拓扑结构如图 4-34 所示。在星形拓扑中，只有设备和 PAN 协调器之间才能通信，设备之间不能互相通信。当一个 FFD 被激活后，它就开始建立自己的网络，并成为该网络的 PAN 协调器。在无线信号可及的范围内，如果有多个星形网络，则各个星形网络用唯一的标识符互相区分，各自独立地工作，而与其他网络无关。

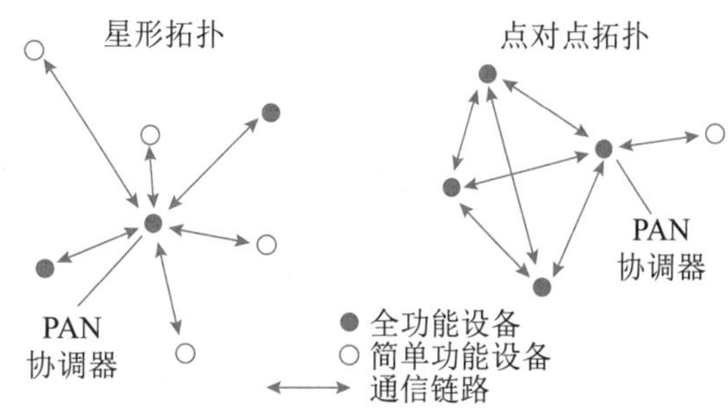

图 4-34　LR-WPAN 拓扑结构

通常的设备都与某种应用有关，可以作为通信的发起者或接受者。PAN 协调器也可以运行某些应用，但它的主要角色是发起或接受通信，并管理路由。PAN 协调器是 PAN 的控制器，其他设备都接受它的控制。PAN 协调器通常是插电工作的，而一般的设备都是用电池供电的。星形网络可用于家庭自动化、PC 机外设管理、玩具和游戏，以及个人健康护理等网络环境。

点对点网络与星形网络不同，这种网络中的所有设备之间都可以互相通信，只要处于信号覆盖范围之内。点对点拓扑可以构成更复杂的网络，工业控制和监控网络、无线传感器网络、库房管理和资产跟踪网络、智能农业网络和安全监控网络等都可以通过点对点拓扑来构建。点对点网络也可以构成自组织、自愈合的 Ad Hoc 网络。如果要构成多跳的路由网络，则需要高层协议的支持。

下面举一个点对点拓扑的例子，就是由点对点拓扑构建的簇集树（Cluster Tree）网络。这种网络中的大部分设备都是 FFD，少数 RFD 可以连接到树枝上成为叶子节点。任何一个 FFD 都可以作为协调器来提供网络中的同步和路由服务，然而只有一个协调器是 PAN 协调器。PAN 协调器比其他设备拥有更多的计算资源，它建立了网络中的第一个簇，并把自己的 PAN 标识通过信标帧广播给邻近的设备。如果有两个或多个 FFD 竞争 PAN 协调器，则需要高层协议对竞争过程进行仲裁。接受信标帧的候选设备可以请求加入 PAN 协调器建立的网络。如果得到 PAN 协调器的许可，则新设备就成为孩子设备，并将其加入的 PAN 协调器作为双亲设备添加到自己的邻居列表中。如果一个设备不能加入 PAN 协调器管理的网络，则它必须继续搜索其他的双亲设备。

单个簇是最简单的簇集树，大型网络可能由互相邻接的多个簇构成一个网状结构。网络中的第一个 PAN 协调器可以指导其他设备变成新簇的 PAN 协调器。当其他设备逐渐加入进来时，网状结构就形成了，如图 4-35 所示，图中的线条表示孩子和双亲关系，而不是通信流。多簇结构的优点是扩大了覆盖范围，缺点是增加了通信延迟。

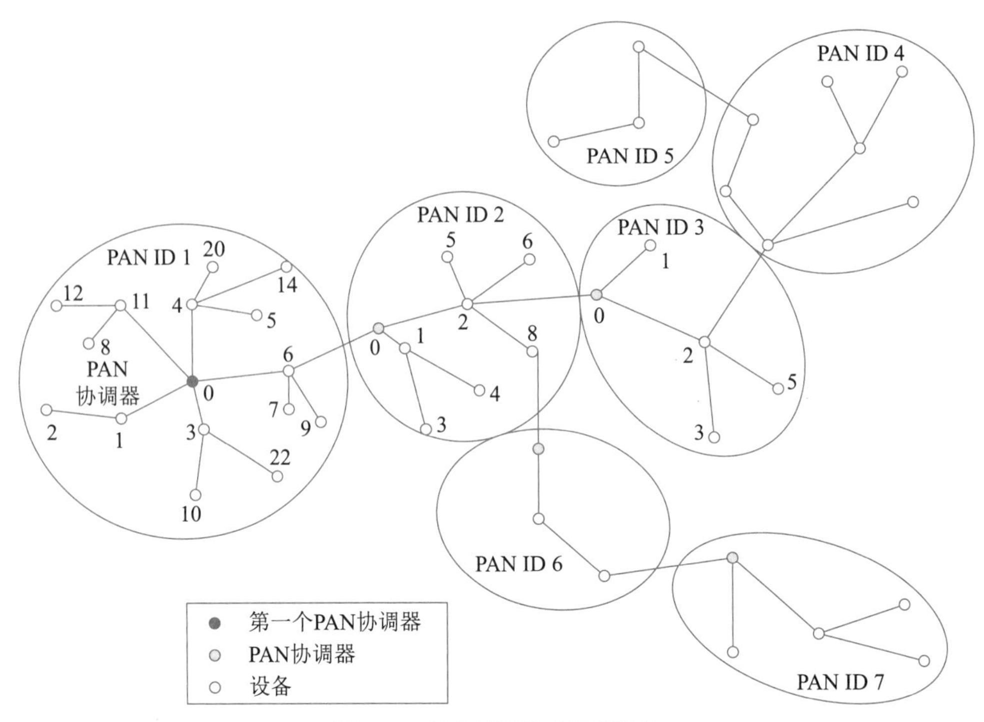

图 4-35 簇集树网络的网状结构

IEEE 802.15.4 的体系结构如图 4-36 所示，其中的深色部分是 IEEE 802.15.4 定义的 PHY 和 MAC 规范，浅色部分则归 ZigBee 联盟管理。物理层（PHY）包含 RF 收发器和底层管理功能，通过物理层管理实体服务访问点（PLME-SAP）和物理数据服务访问点（PD-SAP）向上层提供服务。

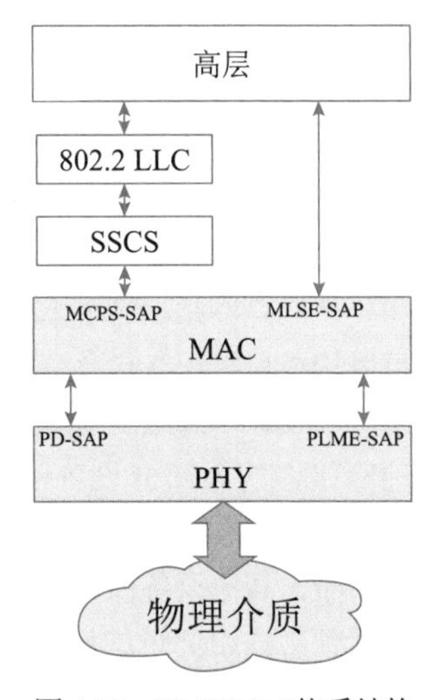

图 4-36 LR-WPAN 体系结构

IEEE 802.15.4-2006 标准定义的 4 种物理层如下：

- 868/915MHz：直接序列扩频（DSSS），二进制相移键控（BPSK）调制，数据速率为20b/s和40kb/s。
- 868/915MHz：直接序列扩频（DSSS），偏置正交相移键控（O-QPSK）调制，数据速率为100kb/s和250kb/s。
- 868/915MHz：并行序列扩频（PSSS），二进制相移键控（BPSK）调制和幅度键控（ASK）调制，数据速率为250kb/s。
- 2.450GHz：直接序列扩频（DSSS），偏置正交相移键控（O-QPSK）调制，数据速率为250kb/s。

其中，两个 868/915 MHz 标准（O-QPSK PHY 和 ASK PHY）是 2006 标准中新增加的。

MAC 子层提供 MAC 数据传输服务和 MAC 管理服务，通过 MAC 层管理实体服务访问点（MLME-SAP）和 MAC 公共部分子层服务访问点（MCPS-SAP）向上层提供服务。

MAC 子层提供两种信道访问方式，即基于竞争的访问和无竞争的访问。对于低延迟的应用或者要求特别带宽的应用，PAN 协调器要为其分配保障时槽（Guaranteed Time Slots，GTS），在保障时槽内可以进行无竞争的访问。

基于竞争的访问方式应用了 CSMA/CA 后退算法，而且划分为不分时槽的和分时槽的两个不同版本。不分时槽的 CSMA/CA 协议应用在未启用令牌的网络中，当一个设备要发送数据帧或 MAC 命令时，按以下流程执行：

① 等待一段随机时间；

② 如果信道闲，则随机后退一段时间，然后开始发送，否则转③；

③ 如果信道忙，则转①。

在启用令牌的网络中必须使用 CSMA/CA 协议的分时槽版本，这个算法与前一算法的竞争过程基本一样，区别是后退时间要与令牌控制的时槽对准。当设备要发送数据帧时，首先定位到下一个后退时槽的界限，然后按以下流程执行：

① 等待一段随机数量的时槽；

② 如果信道闲，则在下一个时槽开始时立即发送，否则转③；

③ 如果信道忙，则转①。

MAC 数据帧和 PHY 分组的结构如图 4-37 所示，对其中各个字段的解释如下。

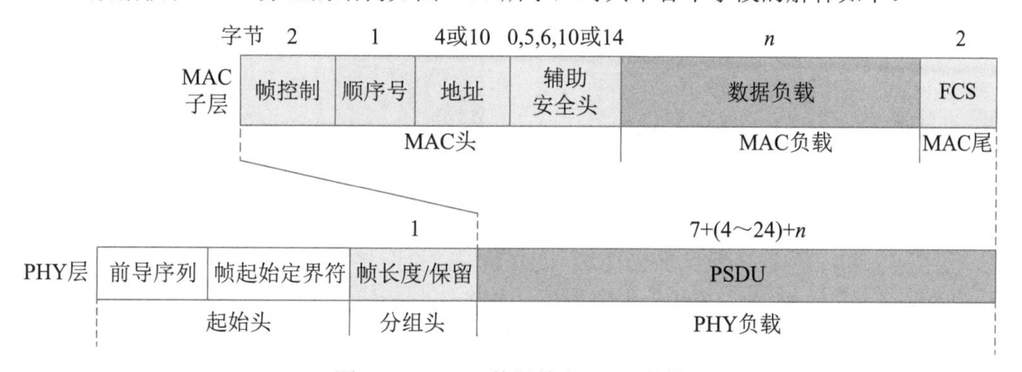

图 4-37　MAC 数据帧和 PHY 分组

- 帧控制：说明帧类型（000表示令牌帧、001表示数据帧、010表示应答帧、011表示MAC命令帧）、是否最后一帧、是否需要应答，地址模式，以及压缩的PAN标识等。
- 顺序号：数据帧的顺序号用于与应答帧匹配。
- 地址：可以使用16位的短地址或64位的长地址。
- 辅助安全头：说明了加密、认证和防止重放攻击的算法，以及PAN安全数据库中存放的密钥，该字段为可变长。
- FCS：16位的CRC校验码。
- 前导序列：用于信号同步，根据调制方式的不同可采用不同的符号和长度。
- 帧起始定界符：指示同步符号的结束和分组数据的开始，根据调制方式的不同，其长度和模式也不同。
- 帧长度：说明PSDU的总字节数。

2. ZigBee 网络

ZigBee 联盟由 Ember、Emerson、Freescale 等 12 家半导体器件和控制设备制造商发起，加盟的公司有 300 多家，其主要任务如下：

（1）定义 ZigBee 的网络层、安全层和应用层标准。

（2）提供互操作性和一致性测试规范。

（3）促进 ZigBee 品牌的全球化市场保证。

（4）管理 ZigBee 技术的演变。

图 4-38 所示为 ZigBee 联盟指导委员会定义的 ZigBee 技术规范（2005），描述了 ZigBee 网络的基础结构和可利用的服务。图 4-38 下面两块是 IEEE 802.15.4 定义的 MAC 和 PHY 标准，上面是 ZigBee 联盟定义的网络层和应用层，其中的应用对象由网络开发商定义。开发商可提供多种应用对象，以满足不同的应用需求。ZigBee 网络层（NWK）提供了建立多跳网络的路由功能。APL 层包含了应用支持子层（APS）和 ZigBee 设备对象（ZDO），以及各种可能的应用。ZDO 的作用是提供全面的设备管理，APS 的功能是对 ZDO 和各种应用提供服务。

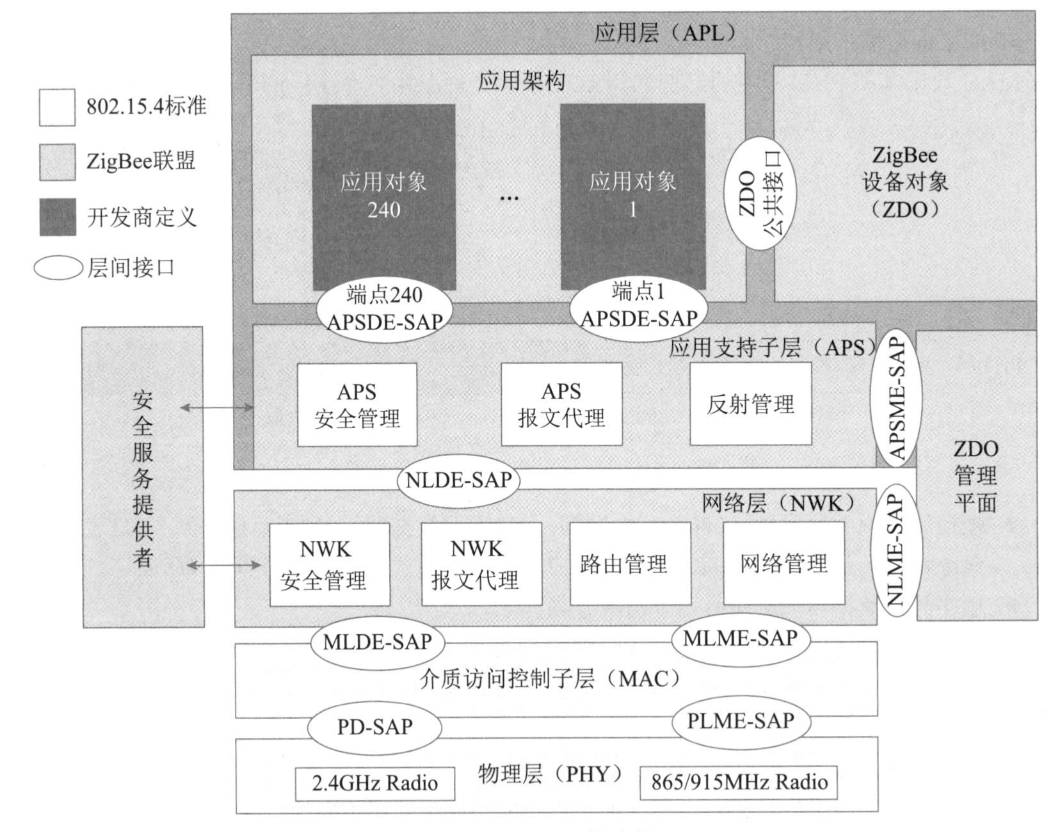

图 4-38 ZigBee 协议栈

ZigBee 的安全机制分散在 MAC、NWK 和 APS 层，分别对 MAC 帧、NWK 帧和应用数据进行安全保护。APS 子层还提供建立和维护安全关系的服务。ZigBee 设备对象（ZDO）管理安全策略和设备的安全配置。

ZigBee 的网络层和 MAC 层都使用高级加密标准（AES），以及结合了加密和认证功能的 CCM* 分组加密算法。分组加密也称块加密（Block Cipher），其操作方式是将明文按照分组算法划分为 128 位的区块，对各个区块分别进行加密，整个密文形成一个密码块链。

ZigBee 协调器管理网络的路由功能，其路由表如图 4-39 所示。

目标地址	状态	下一跳地址
……………	…	……………
……………	…	……………

图 4-39　路由表

其中的地址字段采用 16 位的短地址，3 位状态位指示的状态如下：

（1）0x0：活动。

（2）0x1：正在发现。

（3）0x2：发现失败。

（4）0x3：不活动。

（5）0x4 ～ 0x7：保留。

ZigBee 采用的路由算法是按需分配的距离矢量协议（AODV）。当 NWK 数据实体要发送数据分组时，如果路由表中不存在有效的路由表项，则首先要进行路由发现，并对找到的各个路由计算通路费用。

假设长度为 L 的通路 P 由一系列设备 $[D_1,D_2,\cdots,D_L]$ 组成，如果用 $[D_i,D_{i+1}]$ 表示两个设备之间的链路，则通路费用可计算如下：

$$C\{P\}=\sum_{i=1}^{L-1}C\{[D_i,D_{i+1}]\}$$

其中，$C\{[D_i,D_{i+1}]\}$ 表示链路费用。链路 l 的费用 $C\{l\}$ 用下面的函数计算：

$$C\{l\}=\begin{cases}7\\ \min\left(7,round\left(\dfrac{1}{p_l^4}\right)\right)\end{cases}$$

其中，p_l 表示在链路 l 上可进行分组提交的概率。

可见，链路的费用与链路上可提交分组的概率的 4 次方成反比，一条通路的费用的值位于区间 0 ～ 7 中。

第 5 章 网络互连

网络接入一般是指将现有网络与互联网连接，以便使用互联网服务。多个网络互相连接组成范围更大的网络叫做互联网（Internet）。由于各种网络使用的技术不同，所以要实现网络之间的互联互通还要解决一些新的问题。例如，各种网络可能有不同的寻址方案、分组长度、超时控制、差错恢复方法、路由选择技术以及用户访问控制协议等。另外，各种网络提供的服务也可能不同，有的是面向连接的，有的是无连接的。网络互连技术就是要在不改变原来的网络体系结构的前提下，把一些异构型的网络互相连接构成统一的通信系统，实现更大范围的资源共享。本章首先概括介绍网络互连和网络接入的基本原理和关键技术，最后介绍 Internet 协议及其提供的网络服务。

5.1 广域网技术

广域网是通信公司建立和运营的网络，覆盖的地理范围大，可以跨越国界，到达世界上任何地方。最早出现的也是普及面最广的通信网是公共交换电话网，后来出现了各种公用数据网。这些网络在因特网中都起着重要作用，本节主要讲述广域网技术。

5.1.1 公用交换电话网

公共交换电话网（Public Switched Telephone Network，PSTN）是为了话音通信而建立的网络，从 20 世纪 60 年代开始又被用于数据传输。随着技术和需求的发展，各种专用的计算机网络和公用数据网已能够提供更好的服务质量和更多样的通信业务，采用 PSTN 拨号的联网方式已基本被淘汰。

1. 电话系统的结构

电话系统是一个高度冗余的分级网络。图 5-1 所示为一个简化了的电话网。用户电话机通过一对铜线连接到最近（1 ～ 10km）的端局，这一部分线路叫作“用户回路”，只能传送模拟信号。端局、长途局、中继局间的干线是传输数字信号的光纤，因此在发送端和接收端需进行数模转换，通常由调制解调器完成。通常，电话公司提供话音信道带宽是 4kHz。

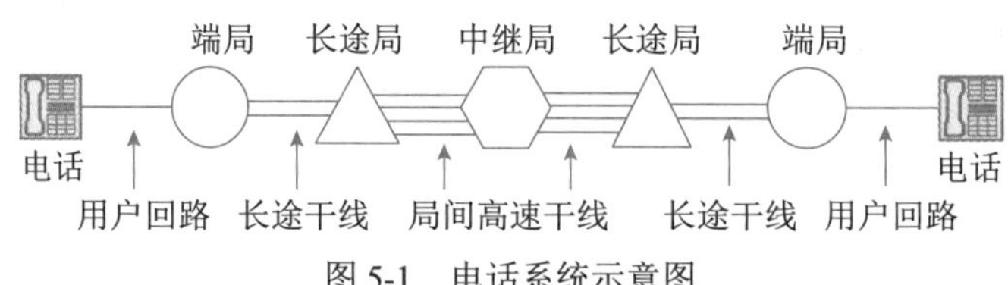

图 5-1 电话系统示意图

公用电话网由本地网和长途网组成。本地网覆盖市内电话、市郊电话以及周围城镇和农村的电话用户，形成属于同一长途区号的局部公共网络。长途网提供各个本地网之间的长话业务，包括国际和国内的长途电话服务。我国的固定电话网采用 4 级汇接辐射式结构。最高一级有 8 个大区中心局，包括北京、上海、广州、南京、沈阳、西安、武汉和成都。这些中心局互相连接，形成网状结构。第二级共有 22 个省中心局，包括各个省会城市。第三级共有 300 多个地区中心局。第四级是县中心局。大区中心局之间都有直达线路，以下各级汇接至上一级中心局，并辅助一定数量的直达线路，形成如图 5-2 所示的 4 级汇接辐射式长话网。

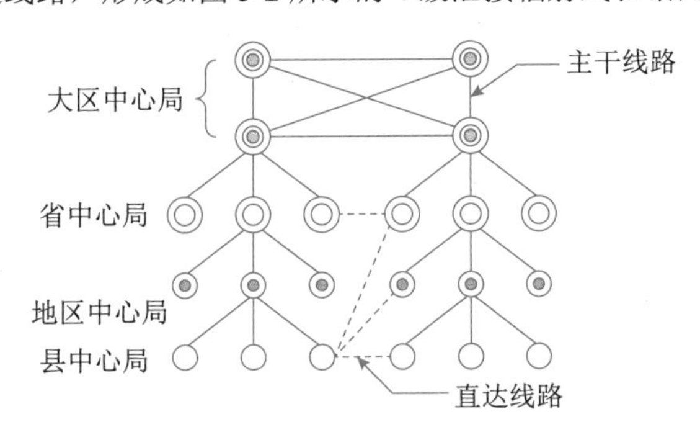

图 5-2　4 级汇接辐射式长话结构示意图

2. 调制解调器

调制解调器（Modulation and Demodulation，Modem）的功能是把计算机产生的数字脉冲转换为已调制的模拟信号或者将模拟信号变成计算机能接收的数字脉冲。现代的高速 Modem 采用格码调制（Trellis Coded Modulation，TCM）技术。这种技术在编码过程中插入一个冗余位进行纠错，从而减小了误码率。按照 CCITT 的 V.32 建议，调制器的输入数据流被分成 4 位的位组，4 位组经过卷积编码产生了第 5 个冗余校验位。使用格码调制技术的 V.32 Modem 可以在公共交换网上实现 9600b/s 的高速传输。

1996 年出现了 56kb/s 的 Modem，并于 1998 年形成了 ITU 的 V.90 建议。这种 Modem 采用非对称的工作方式，上行信道数据速率为 28.8kb/s 或 33.6kb/s，下行信道数据速率可以达到 56kb/s。这种技术的出现适应了通过电话线实现准高速连接 Internet 的需求，成为当时因特网用户首选的连网技术。

5.1.2　X.25公共数据网

1. X.25 的分层

公共数据网是在一个国家或全世界范围内提供公共电信服务的数据通信网。CCITT 于 1974 年提出了访问分组交换网的协议标准，即 X.25 建议，后来又进行了多次修订。这个标准分为 3 个协议层，即物理层、链路层和分组层，分别对应于 ISO/OSI 参考模型的低三层。

物理层规定用户终端与网络之间的物理接口，这一层协议采用 X.21 或 X.21bis 建议。链路层提供可靠的数据传输功能，这一层的标准叫作 LAP-B（Link Access Procedure-Balanced），它是 HDLC 的子集。分组层提供外部虚电路服务，这一层协议是 X.25 建议的核心，特别称为 X.25 PLP（Packet Layer Protocol）协议。图 5-3 给出了这 3 层之间的关系。

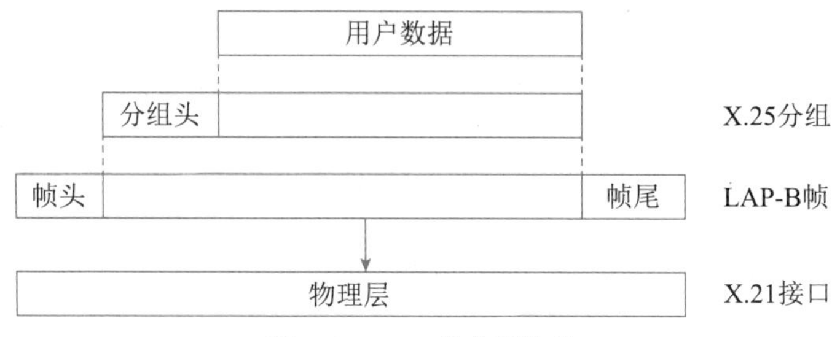

图 5-3 X.25 的分层结构

2. X.25 PLP 协议

X.25 的分组层提供两种虚电路服务：交换虚电路（Switched Virtual Circuit，SVC）和永久虚电路（Permanent Virtual Circuit，PVC）。交换虚电路是动态建立的虚电路，包含呼叫建立、数据传送和呼叫清除等过程。永久虚电路是网络指定的固定虚电路，像专用线一样，无须建立和清除连接，可直接传送数据。

无论是交换虚电路还是永久虚电路，都是由几条“虚拟”连接共享一条物理信道。一对分组交换机之间至少有一条物理链路，几条虚电路可以共享该物理链路。每一条虚电路由相邻节点之间的一对缓冲区实现，这些缓冲区被分配了不同的虚电路代号以示区别。建立虚电路的过程就是在沿线各节点上分配缓冲区和虚电路代号的过程。

图 5-4 是一个简单的例子，用来说明虚电路是如何实现的。图中有 A、B、C、D、E 和 F 共 6 个分组交换机。假定每个交换机可以支持 4 条虚电路，所以需要 4 对缓冲区。图 5-4 建立了 6 条虚电路，其中一条是“③ 1-BCD-2”，它从 B 节点开始，经过 C 节点，到达 D 节点连接的主机。根据图上的表示，对于 B 节点连接的主机来说，给它分配的是 1 号虚电路；对于 D 节点上的主机来说，它连接的是 2 号虚电路。可见，连接在同一虚电路上的一对主机看到的虚电路号不一样。

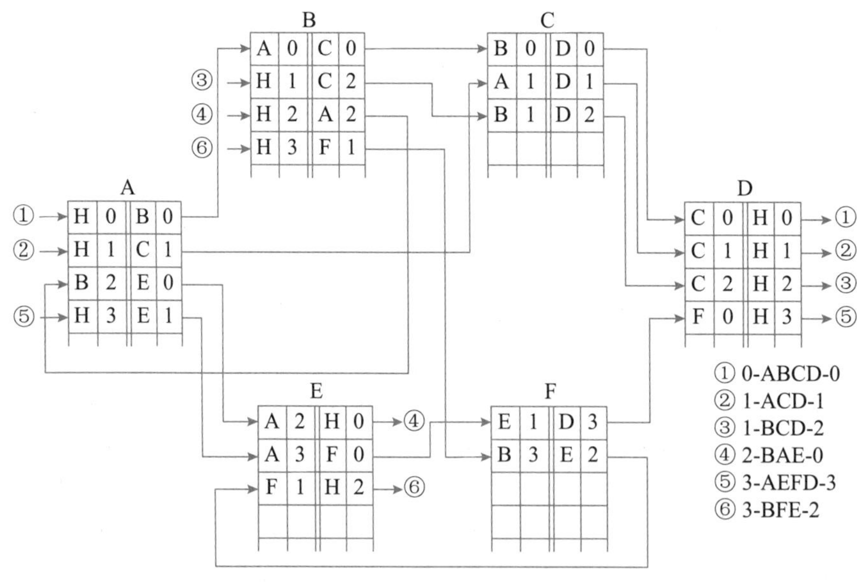

图 5-4 虚电路表的例子

图 5-5 为建立和释放虚电路连接的两次握手过程。双方通过 Call Request 等 4 个分组建立连接，完成数据传送后，通过 Clear Request 等 4 个分组释放虚电路。

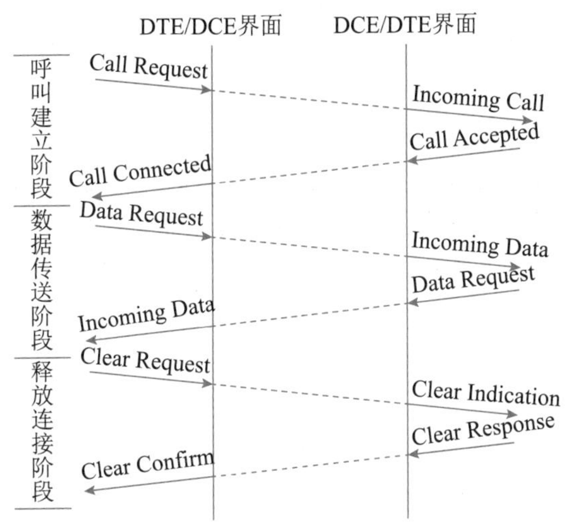

图 5-5　X.25 虚电路的建立和释放

X.25 PLP 层使用的各种分组的格式大同小异，如图 5-6 所示。

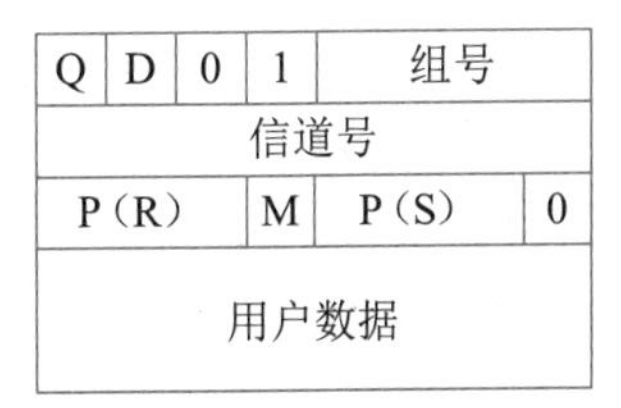

（a）数据分组，3位顺序号

Q	D	1	0	组号
信道号				
P（S）				0
P（R）				M
用户数据				

（b）数据分组，7位顺序号

Q	D	0	1	组号
信道号				
P（R）		分组类型		1

（c）控制分组，3 位顺序号

Q	D	1	0	组号
信道号				
分组类型				1
P（R）				M

（d）控制分组，7 位顺序号

Q	D	×	×	组号
信道号				
分组类型				1
主呼方地址长度			被呼方地址长度	
主呼方地址				
被呼方地址				
0 0	特别业务长度			
特别业务				
少量用户数据				

（e）Call Request 分组

图 5-6　X.25 分组格式

PLP 协议把用户数据分成一定大小的块（一般为 128 字节），再加上 24 位或 32 位的分组头组成数据分组。分组头中第 3 个字节的最低位用来区分数据分组和其他的控制分组。数据分组的这一位为 0，其他分组的这一位为 1。分组头中包含 12 位的虚电路号，这 12 位划分为组号和信道号。P（R）和 P（S）字段分别表示接收和发送顺序号，用于支持流量控制和差错控制，这两个字段可以是 3 位或 7 位长。在分组头的第一个字节中有两位用来区分两种不同的格式：3 位顺序号格式对应 01，7 位顺序号格式对应 10。Q 位在标准中没有定义，可由上层软件使用，用来区分不同的数据。M 位和 D 位用在分组排序中。

5.1.3 ISDN和ATM

随着技术的进步，新的通信业务不断涌现，新的通信网络也应运而生。为了开发一种通用的电信网络，实现全方位的通信服务，电信工程师们提出了综合业务数字网（Integrated Service Digital Network，ISDN）。

1. 综合业务数字网

ISDN 分为窄带 ISDN（Narrowband Integrated Service Digital Network，N-ISDN）和宽带 ISDN（Broadband Integrated Service Digital Network，B-ISDN）。N-ISDN 是 20 世纪 70 年代开发的网络技术，开发它的目的是以数字系统代替模拟电话系统，把音频、视频和数据业务放在一个网络上统一传输。为了提供不同的服务，ISDN 需要复杂的信令系统来控制各种信息的流动，同时按照用户使用的实际速率进行收费，这与电话系统根据连接时间收费是不同的。

1）ISDN 用户接口

ISDN 系统主要提供两种用户接口：基本速率 2B+D 和基群速率 30B+D。B 信道是 64kb/s 的话音或数据信道，而 D 信道是 16kb/s 或 64kb/s 的信令信道。对于家庭用户，通信公司在用户住所安装一个第一类网络终端设备 NT1。用户可以在连接 NT1 的总线上最多挂接 8 台设备共享 2B+D 的 144kb/s 信道，如图 5-7（a）所示。NT1 的另一端通过长达数千米的双绞线连接到 ISDN 交换局。通常家庭连网使用这种方式。

大型商业用户则要通过第二类网络终端设备 NT2 连接 ISDN，如图 5-7（b）所示。这种接入方式可以提供 30B+D（接近 2.048Mb/s）的接口速率，甚至更高。所谓 NT2，就是一台专用小交换机（Private Branch eXchange，PBX），它结合了数字数据交换和模拟电话交换的功能，可以将数据和话音混合传输，与 ISDN 交换局的交换机功能差不多，只是规模小一些。

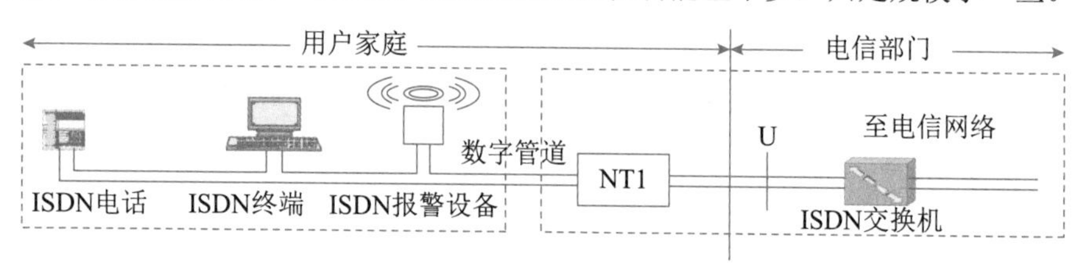

（a）基本速率接口

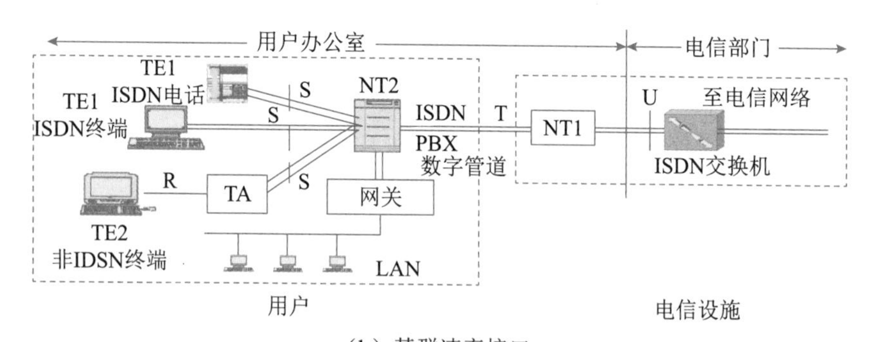

（b）基群速率接口

图 5-7 ISDN 用户接口

用户设备分为两种类型：1 型终端设备（TE1）符合 ISDN 接口标准，可通过数字管道直接连接 ISDN，例如数字电话、数字传真机等；2 型终端设备（TE2）是非标准的用户设备，必须通过终端适配器（TA）才能连接 ISDN。通常的 PC 就是 TE2 设备，需要插入一个 ISDN 适配卡才能接入 ISDN。

2）B-ISDN 体系结构

窄带 ISDN 的缺点是数据速率太低，不适合视频信息等需要高带宽的应用，它仍然是一种基于电路交换网的技术。20 世纪 80 年代，ITU-T 成立了专门的研究组织，开发宽带 ISDN 技术，后来在 I.321 建议中提出了 B-ISDN 体系结构和基于分组交换的 ATM 技术，如图 5-8 所示。

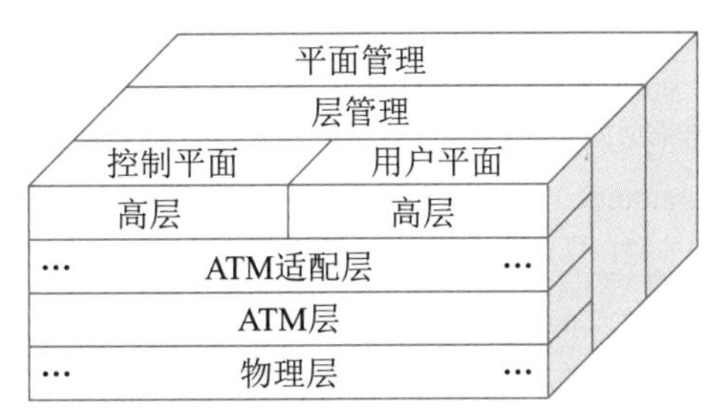

图 5-8 B-ISDN 参考模型

用户平面提供与用户数据传送有关的流量控制和差错检测功能。控制平面主要用于连接和信令信息的管理。管理平面支持网络管理和维护功能。每一个平面划分为相对独立的协议层，共有 4 个层次，各层又根据需要分为若干子层，其功能如表 5-1 所示。

表 5-1 B-ISDN 各层的功能

层次	子层	功能	与 OSI 的对应关系
高层		对用户数据的控制	高层
ATM 适配层	汇聚子层	为高层数据提供统一接口	第四层
	拆装子层	分割和合并用户数据	
ATM 层		虚通路和虚信道的管理 信元头的组装和拆分 信元的多路复用 流量控制	第三层
物理层	传输汇聚子层	信元校验和速率控制 数据帧的组装和拆分	第二层
	物理介质子层	位定时 物理网络接入	第一层

B-ISDN 的关键技术是异步传输模式，采用 5 类双绞线或光纤传输，数据速率可达 155Mb/s，可以传输无压缩的高清晰度电视（HTV）。这种高速网络有广泛的应用领域和广阔的发展前景。

3）同步传输和异步传输

电路交换网络按照时分多路的原理将信息从一个节点传送到另外一个节点，这种技术叫作同步传输模式（Synchronous Transfer Mode，STM），即根据要求的数据速率为每一个逻辑信道分配一个或几个时槽。在连接存在期间，时槽是固定分配的；当连接释放时，时槽就被分配给其他连接。例如，在 T_1 载波中，每一话路可以在 T_1 帧中占用一个时槽，每个时槽包含8位，如图5-9所示。

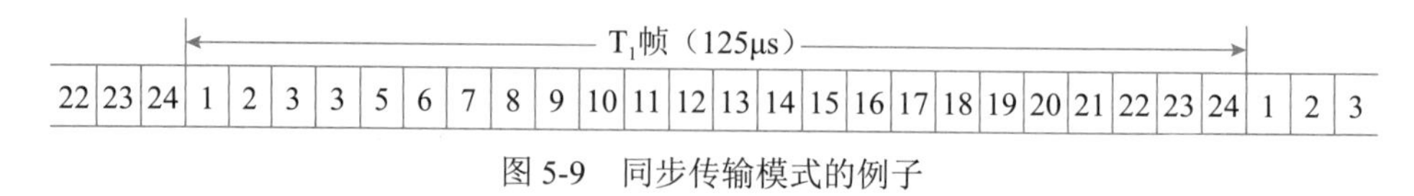

图5-9　同步传输模式的例子

异步传输模式（Asynchronous Transfer Mode，ATM）与前一种分配时槽的方法不同。它把用户数据组织成53字节长的信元（cell），从各种数据源随机到达的信元没有预定的顺序，而且信元之间可以有间隙，信元只要准备好就可以进入信道。在没有数据时，向信道发送空信元，或者发送OAM（Operation And Maintenance）信元，如图5-10所示。图中的信元排列是不固定的，这就是它的异步性，也叫作统计时分复用。所以，ATM就是以信元为传输单位的统计时分复用技术。

图5-10　异步传输模式的例子

信元不仅是传输的信息单位，而且也是交换的信息单位。在ATM交换机中，根据已经建立的逻辑连接，把信元从入端链路交换到出端链路，如图5-11所示。由于信元是53字节的固定长度，所以可以高速地进行处理和交换，这正是ATM区别于一般的分组交换的特点，也是它的优点。

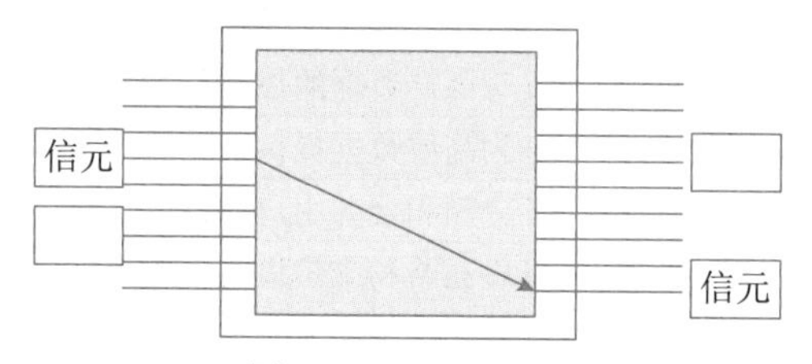

图5-11　ATM交换

ATM的典型数据速率为150Mb/s。通过计算，150M/8/53=360 000，即每秒钟每个信道上有36万个信元来到，所以每个信元的处理周期仅为2.7μs。商用ATM交换机可以连接16～1024个逻辑信道，于是每个周期中要处理16～1024个信元。短的、固定长度的信元为使用硬件进行高速交换创造了条件。

由于ATM是面向连接的，所以ATM交换机在高速交换中要尽量减少信元的丢失，同时保证同一虚电路上的信元顺序不能改变。这是ATM交换机设计中要解决的关键问题。

2. ATM

1）虚电路

ATM的网络层以虚电路提供面向连接的服务。ATM支持两级连接，即虚通路（Virtual

Path）和虚信道（Virtual Channel）。虚信道相当于 X.25 的虚电路，一组虚信道捆绑在一起形成虚通路，这样的两级连接提供了更好的调度性能。

ATM 虚电路具有下列特点：

（1）ATM 是面向连接的（提供面向连接的服务，内部操作也是面向连接的），在源和目标之间建立虚电路（即虚信道）。

（2）ATM 不提供应答，因为光纤通信是可靠的，只有很少的错误可以留给高层处理。

（3）由于 ATM 的目的是实现实时通信（例如话音和视频），所以偶然的错误信元不必重传。

虚电路中传送的协议数据单元叫作 ATM 信元。ATM 信元包含 5 个字节的信元头和 48 个字节的数据。信元头的结构如图 5-12 所示。可以看出，在 UNI 接口和 NNI 接口上的信元是不一样的。

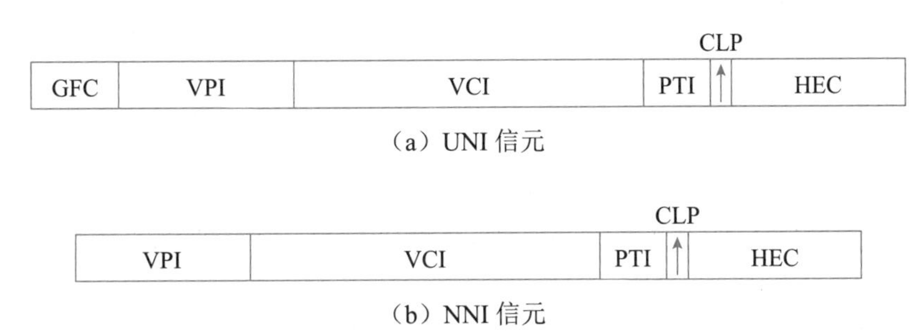

图 5-12　ATM 的信元头结构

下面分别介绍各个字段的含义：

- GFC（General Flow Control）：4位，主机和网络之间的信元才有这个字段，可用于主机和网络之间的流控或优先级控制，经过第一个交换机时被重写为VPI的一部分。这个字段不会传送到目标主机。
- VPI（虚通路标识符）：有8位（UNI）或12位（NNI）之分。
- VCI（虚信道标识符）：16位，理论上每个主机都有256个虚通路，每个虚通路包含65 536个虚信道。实际上，部分虚信道用于控制功能（例如建立虚电路），并不传送用户数据。
- PTI（Payload Type）：负载类型（3位），表5-2说明了这3位的含义，其中的0型或1型信元是用户提供的，用于区分不同的用户信息，而拥塞信息是网络提供的。

表 5-2　负载类型

PTI 值	含义	PTI 值	含义
000	用户数据，无拥塞，0 型信元	100	相邻交换机之间的维护信息
001	用户数据，无拥塞，1 型信元	101	源和目标交换机之间的维护信息
010	用户数据，有拥塞，0 型信元	110	源管理信元
011	用户数据，有拥塞，1 型信元	111	保留

- CLP（Cell Loss Priority）：这一位用于区分信息的优先级，如果出现拥塞，交换机优先丢弃CLP被设置为1的信元。
- HEC（Header Error Check）：8位的头校验和，将信元位形成的多项式乘以2^8，然后除以x^8+x^2+x+1，就形成了8位的CRC校验和。

2）ATM 高层

这是与业务相关的高层。ATM 4.0 规定的用户业务分为 4 类，如表 5-3 所示。

表 5-3　高层协议

服务类	CBR	RT-VBR	NRT-VBR	ABR	UBR
保证带宽	√	√	√	任选	×
实时通信	√	√	×	×	×
突发通信	×	×	√	√	√
拥塞反馈	×	×	×	√	×

这 4 类业务介绍如下：

（1）CBR（Constant Bit Rate）。固定比特率业务，用于模拟铜线和光纤信道，没有错误检查，没有流控，也没有其他处理。这种业务使得当前的电话系统可以平滑地转换到 B-ISDN，也适合于交互式话音和视频流。

（2）VBR（Variable Bit Rate）。可变比特率业务，又分为以下两类：

- 实时性（RT-VBR）：例如交互式压缩视频信号（MPEG）就属于这一类业务，其特点是传输速率变化很大，但是信元的到达模式不应有任何抖动，即对信元的延迟和延迟变化要加强控制。
- 非实时性（NRT-VBR）：这一类通信要求按时提交，但一定程度的抖动是允许的，例如多媒体电子邮件就属于这一类业务。由于多媒体电子邮件在显示之前已经存入了接收者的磁盘，所以信元的延迟抖动在显示之前已经被排除了。

（3）ABR（Available Bit Rate）。有效比特率业务，用于突发式通信。如果一个公司通过租用线路连接它的各个办公室，就可以使用这一类业务。公司可以选择足够的线路容量来处理峰值负载，但是经常会有大量的线路容量空闲；或者公司选择的线路容量只能够处理最小的负载，在负载大时会经受拥塞的困扰。例如，平时线路保证 5Mb/s，峰值时可能会达到10Mb/s。

（4）UBR（Unspecified Bit Rate）。不定比特率通信，可用于传送 IP 分组。因为 IP 协议不保证提交，如果发生拥塞，信元可以被丢弃。文件传输、电子邮件和 USENET 新闻是这类业务潜在的应用领域。

3）ATM 适配层

ATM 适配层（ATM Adaptation Layer，AAL）负责处理高层来的信息，发送方把高层来的数据分割成 48 字节长的 ATM 负载，接收方把 ATM 信元的有效负载重新组装成用户数据包。ATM 适配层分为以下两个子层：

- 汇聚子层（Convergence Sublayer，CS），提供标准的接口。
- SAR（Segmentation and Reassembly）子层，对数据进行分段和重装配。

这两个子层与相邻层的关系如图 5-13 所示。

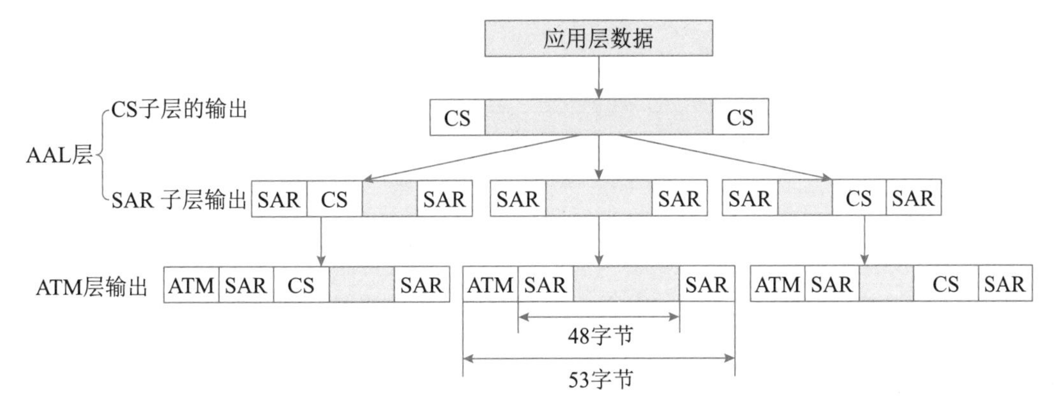

图 5-13　AAL 层与相邻层的关系

AAL 又分为 4 种类型，对应于 A 类、B 类、C 类、D 类 4 种业务（如表 5-4 所示），这 4 种业务是定义 AAL 层时的目标业务。

表 5-4　高层协议

服务类型	A 类	B 类	C 类	D 类
端到端定时	要求		不要求	
比特率	恒定	可变		
连接模式	面向连接			无连接

- AAL1：对应于A类业务。CS子层检测丢失和误插入的信元，平滑进来的数据，提供固定速率的输出，并且进行分段。SAR子层加上信元顺序号和及其检查和，以及奇偶效验位等。
- AAL2：对应于B类业务。用于传输面向连接的实时数据流。无错误检测，只检查顺序。
- AAL3/4：对应于C/D类业务。原来ITU-T有两个不同的协议分别用于C类和D类业务，后来合并为一个协议。该协议用于面向连接的和无连接的服务，对信元错误和丢失敏感，但是与时间无关。
- AAL5：对应于C/D类业务。这是计算机行业提出的协议。与AAL3/4的不同之处在于CS子层加长了检查和字段，减少了SAR子层，只有分段和重组功能，因而效率更高。图5-14表示AAL5的两个子层的功能，其中的PAD为填充字段，使其成为48字节的整数倍；UU字段供高层用户使用，例如作为顺序号或多路复用，AAL层不用；Len字段代表有效负载的长度；CRC字段为32位校验和，对高层数据提供保护。AAL5多用在局域网中，实现ATM局域网仿真（LANE）。

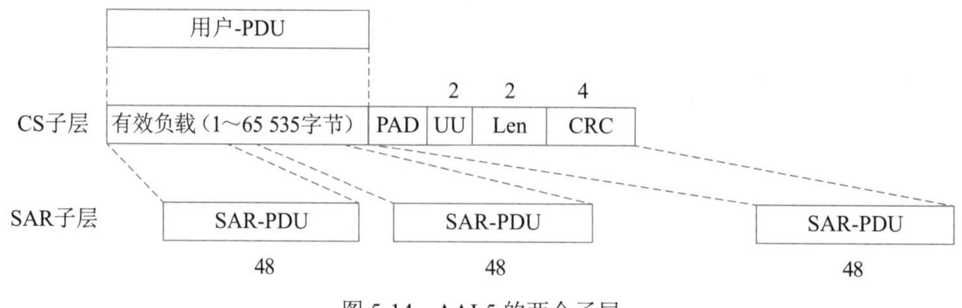

图 5-14　AAL5 的两个子层

5.1.4　帧中继网

帧中继最初是作为 ISDN 的一种承载业务而定义的。按照 ISDN 的体系结构，用户与网络的接口分成两个平面，其目的是把信令和用户数据分开，如图 5-15 所示。控制平面在用户和网络之间建立和释放逻辑连接，而用户平面在两个端系统之间传送数据。

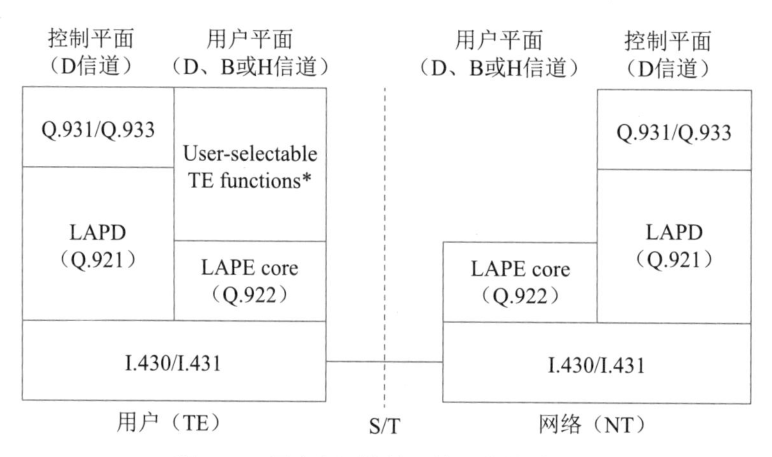

图 5-15　用户与网络接口协议的体系结构

帧中继在第二层建立虚电路，用帧方式承载数据业务，因而第三层就被简化掉了。同时，FR 的帧层也比 HDLC 操作简单，只做检错，不再重传，没有滑动窗口式的流控，只有拥塞控制。

1. 帧中继业务

帧中继网络提供虚电路业务。虚电路是端到端的连接，不同的数据链路连接标识符（Data Link Connection Identifier，DLCI）代表不同的虚电路。在用户—网络接口（UNI）上的 DLCI 用于区分用户建立的不同虚电路，在网络—网络接口（NNI）上的 DLCI 用于区分网络之间的不同虚电路。DLCI 的作用范围仅限于本地的链路段，如图 5-16 所示。

虚电路分为永久虚电路（PVC）和交换虚电路（SVC）。PVC 是在两个端用户之间建立的固定逻辑连接，为用户提供约定的服务。帧中继交换设备根据预先配置的 DLCI 表把数据帧从一段链路交换到另外一段链路，最终传送到接收的用户。SVC 是使用 ISDN 信令协议 Q.931 临时建立的逻辑连接，它要以呼叫的形式通过信令来建立和释放。有的帧中继网络只提供 PVC 业务，而不提供 SVC 业务。

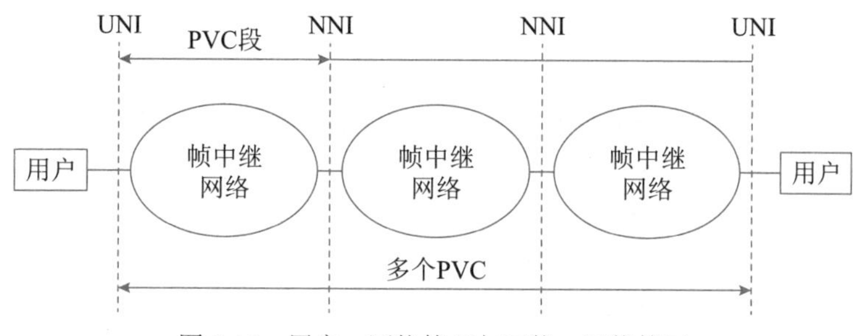

图 5-16　用户—网络接口与网络—网络接口

2. 帧中继协议

与 HDLC 一样，帧中继采用帧作为传输的基本单位。帧中继协议叫作 LAP-D（Q.921），它比 LAP-B 简单，省去了控制字段，帧格式如图 5-17 所示。

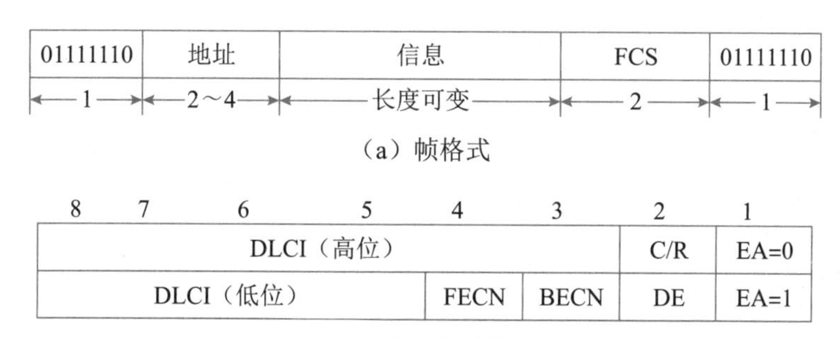

图 5-17　帧中继的帧格式

从图 5-17（a）看出，帧头和帧尾都是一个字节的帧标志字段，编码为 01111110，与 HDLC 一样。信息字段长度可变，1600 字节是默认的最大长度。帧校验序列也与 HDLC 相同。地址字段的格式如图 5-17（b）所示，其中各参数的含义如下：

- EA：地址扩展位，该位为0时表示地址向后扩展一个字节，为1时表示最后一个字节。
- C/R：命令/响应位，协议本身不使用这个位，用户可以用这个位区分不同的帧。
- FECN：向前拥塞位，若网络设备置该位为1，则表示在帧的传送方向上出现了拥塞，该帧到达接收端后，接收方可据此调整发送方的数据速率。
- BECN：向后拥塞位，若网络设备置该位为1，则表示在与帧传送相反的方向上出现了拥塞，该帧到达发送端后，发送方可据此调整发送数据速率。
- DE：优先丢弃位，当网络发生拥塞时，DE为1的帧被优先丢弃。
- DC：该位仅在地址字段为3或4字节时使用。一般情况下DC为0，若DC为1，则表示最后一个字节的3～8位不再解释为DLCI的低位，而被数据链路核心控制使用。
- DLCI：数据链路连接标识符，在3种不同的地址格式中分别是10位、16位和23位。它们的取值范围和用途各不相同，有的虚电路传送数据，有的虚电路传送信令，还有的用于强化链路层管理。

3. 帧中继的应用

帧中继原来是作为ISDN的承载业务而定义的，后来许多组织看到了这种协议在广域连网中的巨大优势，所以对帧中继技术进行了广泛的研究。帧中继远程连网的主要优点如下：

- 基于分组（帧）交换的透明传输，可提供面向连接的服务。
- 帧长可变，长度可达1600～4096字节，可以承载各种局域网的数据帧。
- 可以达到很高的数据速率，2～45 Mb/s。
- 既可以按需要提供带宽，也可以应对突发的数据传输。
- 没有流控和重传机制，开销很少。

帧中继协议在第二层实现，没有定义专门的物理层接口，可以用X.21、V.35、G.703或G.704接口协议。用户在UNI接口上可以连接976条PVC（DLCI=16 ～ 991）。在帧中继之上不仅可以承载IP数据报，而且其他的协议（例如LLC、SNAP、IPX、ARP和RARP等）甚至远程网桥协议都可以在帧中继上透明地传输。

建立专用的广域网可以租用专线，也可以租用PVC。帧中继相对于租用专线也有许多优点，具体如下：

- 由于使用了虚电路，减少了用户设备的端口数。特别是对于星形拓扑结构（一个主机连接多个终端）来说，这个优点很重要。对于网状拓扑结构，如果有N台机器相连，利用帧中继可以提供$N(N-1)/2$条虚拟连接，而不是$N(N-1)$个端口。
- 提供备份线路成为运营商的责任，而不需要端用户处理。备份连接成为对用户透明的交换功能。
- 采用CIR+EIR的形式可以提供很高的峰值速率，同时在正常情况下使用较低的CIR，可以实现经济的数据传输。
- 利用帧中继可以建立全国范围的虚拟专用网，既简化了路由又增加了安全性。
- 使用帧中继通过一点连接到Internet，既经济又安全。

帧中继的缺点如下：

- 不适合对延迟敏感的应用（例如声音、视频）。
- 不保证可靠的提交。
- 数据的丢失与否依赖于运营商对虚电路的配置。

5.2 IP协议

Internet是今天使用最广泛的网络。因特网中的主要协议是TCP和IP。IP协议是Internet中的网络层协议，本节介绍IP协议的数据单元的格式和基本操作。

5.2.1 IPv4协议数据单元

IP协议的数据格式如图5-18所示，其中的字段解释如下。

<table>
<tr><td>版本号</td><td>IHL</td><td>服务类型</td><td colspan="4">总长度</td></tr>
<tr><td colspan="3">标识符</td><td></td><td>D</td><td>M</td><td>段偏置值</td></tr>
<tr><td colspan="2">生存期</td><td>协议</td><td colspan="4">头校验和</td></tr>
<tr><td colspan="7">源地址</td></tr>
<tr><td colspan="7">目标地址</td></tr>
<tr><td colspan="7">任选数据+补丁</td></tr>
<tr><td colspan="7">用户数据</td></tr>
</table>

图 5-18　IP 协议的数据格式

- 版本号：协议的版本号，不同版本的协议格式或语义可能不同，现在常用的是IPv4，正在逐渐过渡到IPv6。
- IHL：IP头长度，以32位字计数，最小为5，即20个字节。
- 服务类型：用于区分不同的可靠性、优先级、延迟和吞吐率的参数。
- 总长度：包含IP头在内的数据单元的总长度（字节数）。
- 标识符：唯一标识数据报的标识符。
- 标志：包括3个标志，一个是M标志，用于分段和重装配；另一个是禁止分段标志，如果认为目标站不具备重装配能力，则可使这个标志置位，这样如果数据报要经过一个最大分组长度较小的网络，就会被丢弃，因而最好使用源路由以避免这种灾难发生；第3个标志当前没有启用。
- 段偏置值：指明该段处于原来数据报中的位置。
- 生存期：用经过的路由器个数表示。
- 协议：上层协议（TCP或UDP）。
- 头校验和：对IP头的校验序列。在数据报传输过程中IP头中的某些字段可能改变（例如生存期，以及与分段有关的字段），所以校验和要在每一个经过的路由器中进行校验和重新计算。校验和是对IP头中的所有16位字进行1的补码相加得到的，计算时假定校验和字段本身为0。
- 源地址：给网络和主机地址分别分配若干位，例如7和24、14和16、21和8等。
- 目标地址：同上。
- 任选数据：可变长，包含发送者想要发送的任何数据。
- 补丁：补齐32位的边界。
- 用户数据：以字节为单位的用户数据，和IP头加在一起的长度不超过65 535字节。

5.2.2　IPv4地址

IPv4 网络地址采用“网络 · 主机”的形式，其中，网络部分是网络的地址编码，主机部分是网络中一个主机的地址编码。IPv4 地址的格式如图 5-19 所示。

类别前缀	字段	
0	网络地址	主机地址
10	网络地址	主机地址
110	网络地址	主机地址
1110	组播地址	
11110	保留	

A　1.0.0.0～127.255.255.255
B　128.0.0.0～191.255.255.255
C　192.0.0.0～223.255.255.255
D　224.0.0.0～239.255.255.255
E　240.0.0.0～255.255.255.255

图5-19　IPv4地址的格式

IPv4地址分为A、B、C、D、E共5类。其中，A、B、C类可用于标识主机的地址，用于点到点的单播（Unicast）通信；D类地址是组播（Multicast）地址，用于点到多点的通信；E类保留作为研究之用。IPv4地址的编码规定，“主机”部分全为“0”表示本地网络地址，全为“1”表示广播地址。据此，可使用公式 $M=2^n-2$ 计算出每个网络中的地址数量。

IPv4地址使用“点分十进制”表示，即把整个地址划分为4个字节，每个字节用一个十进制数表示，中间用圆点分隔。根据IPv4地址的第一个字节就可判断其地址类别。

一种更灵活的寻址方案引入了子网的概念，即把主机地址部分再划分为子网地址和主机地址，形成了三级寻址结构。这种三级寻址方式需要子网掩码的支持，如图5-20所示。

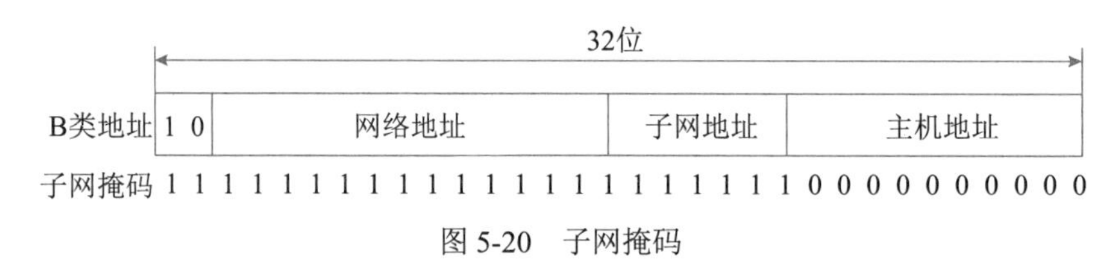

图5-20　子网掩码

子网地址对网络外部是透明的。当IP分组到达目标网络后，网络边界路由器把32位的IPv4地址与子网掩码进行逻辑“与”运算，从而得到子网地址，并据此转发到适当的子网中。图5-21所示为B类网络地址被划分为两个子网的情况。

	网络地址 / 子网地址 / 主机地址
子网掩码	11111111.11111111.11110000.00000000
130.47.16.254	10000010.00101111.**0001**0000.11111110
130.47.17.01	10000010.00101111.**0001**0001.00000001
131.47.64.254	10000010.00101111.**0100**0000.11111110
131.47.65.01	10000010.00101111.**0100**0001.00000001

图5-21　IPv4地址与子网掩码

虽然子网掩码是对网络编址的有益补充，但是还存在着一些缺陷。例如，一个组织有几个包含25台左右计算机的子网，又有一些只包含几台计算机的较小的子网。在这种情况下，如果将一个C类地址分成6个子网，每个子网可以包含30台计算机，大的子网基本上利用了全部地址，但是小的子网却浪费了许多地址。为了解决这个问题，避免任何可能的地址浪费，就出现了可变长子网掩码（Variable Length Subnetwork Mask，VLSM）的编址方案。这样，可以在 IPv4 地址后面加上“/ 位数”来表示子网掩码中“1”的个数。例如，202.117.125.0/27 的前 27 位表示网络号和子网号，即子网掩码为 27 位长，主机地址为 5 位长。图 5-22 所示为一个子网划分的方案，这样的编址方法可以充分利用地址资源，特别是在网络地址紧缺的情况下尤其重要。

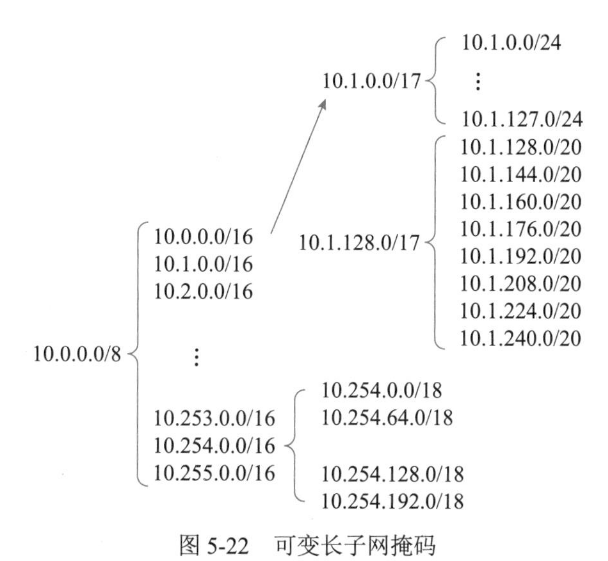

图 5-22　可变长子网掩码

5.2.3　IPv4协议的操作

下面分别讨论 IP 协议的主要操作。

1. 数据报生存期

如果使用了动态路由选择算法，或者允许在数据报旅行期间改变路由决策，则有可能造成回路。最坏的情况是数据报在因特网中无休止地巡回，不能到达目的地，并浪费大量的网络资源。

解决这个问题的办法是规定数据报有一定的生存期，生存期的长短以它经过的路由器的多少计数。每经过一个路由器，计数器加 1，计数器超过一定的计数值，数据报就被丢弃。当然，也可以用一个全局的时钟记录数据报的生存期，在这种方案下，生成数据报的时间被记录在报头中，每个路由器查看这个记录，决定是继续转发还是丢弃它。

2. 分段和重装配

每个网络可能规定了不同的最大分组长度。当分组在因特网中传送时，可能要进入一个最大分组长度较小的网络，这时需要对它进行分段，这又引出了新的问题——在哪里对它进行重装配。一种办法是在目的地重装配，但这样只会把数据报越分越小，即使后续子网允许较大的分组通过，但由于途中的短报文无法装配，从而使通信效率下降。

另外一种办法是允许中间的路由器进行重装配，这种方法也有缺点。首先是路由器必须提供重装配缓冲区，并且要设法避免重装配死锁；其次是由一个数据报分出的小段都必须经过同一个出口路由器才能再行组装，这就排除了使用动态路由选择算法的可能性。

现在，关于分段和重装配问题的讨论还在继续，已经提出了各种各样的方案。下面介绍在DoD（美国国防部）和ISO的IP协议中使用的方法，这个方法有效地解决了以上提出的部分问题。

IPv4协议使用了4个字段处理分段和重装配问题。一个是报文ID字段，它唯一地标识了某个站某一个协议层发出的数据。在DoD的IP协议中，ID字段由源站和目标站地址、产生数据的协议层标识符以及该协议层提供的顺序号组成。第二个字段是数据长度，即字节数。第三个字段是偏置值，即分段在原来数据报中的位置，以8个字节（64位）的倍数计数。最后是M标志，表示是否为最后一个分段。

当一个站发出数据报时对长度字段的赋值等于整个数据字段的长度，偏置值为0，M标志置False（用0表示）。如果一个IP模块要对该报文分段，则按以下步骤进行：

（1）对数据块的分段必须在64位的边界上划分，因而除最后一段外，其他段长都是64位的整数倍。

（2）对得到的每一分段都加上原来数据报的IP头，组成短报文。

（3）每一个短报文的长度字段置为它包含的字节数。

（4）第一个短报文的偏置值置为0，其他短报文的偏置值为它前边所有报文长度之和（字节数）除以8。

（5）最后一个报文的M标志置为0（False），其他报文的M标志置为1（True）。

表5-5所示为一个分段的例子。

表5-5 数据报分段的例子

	长度	偏置值	M标志
原来的数据报	475	0	0
第一个分段	240	0	1
第二个分段	235	30	0

重装配的IP模块必须有足够大的缓冲区。整个重装配序列以偏置值为0的分段开始，以M标志为0的分段结束，全部由同一ID的报文组成。

在数据报服务中可能出现一个或多个分段不能到达重装配点的情况。为此，采用两种对策应对这种意外。一种是在重装配点设置一个本地时钟，当第一个分段到达时把时钟置为重装配周期值，然后递减，如果在时钟值减到零时还没等齐所有的分段，则放弃重装配。另外一种对策与前面提到的数据报生存期有关，目标站的重装配功能在等待的过程中继续计算已到达的分段的生存期，一旦超过生存期，就不再进行重装配，丢弃已到达的分段。显然，这种计算生存期的办法必须有全局时钟的支持。

3. 差错控制和流控

无连接的网络操作不保证数据报的成功提交，当路由器丢弃一个数据报时，要尽可能地向源点返回一些信息。源点的IP实体可以根据收到的出错信息改变发送策略或者把情况报告上层协议。丢弃数据报的原因可能是超过生存期、网络拥塞和 FCS 校验出错等。在最后一种情况下可能无法返回出错信息，因为源地址字段已不可辨认了。

路由器或接收站可以采用某种流控机制来限制发送速率。对于无连接的数据报服务，可采用的流控机制是很有限的。最好的办法也许是向其他站或路由器发送专门的流控分组，使其改变发送速率。

5.2.4　ICMPv4协议

ICMP（Internet Control Message Protocol）与 IP 协议同属于网络层，用于传送有关通信问题的消息，例如数据报不能到达目标站，路由器没有足够的缓存空间，或者路由器向发送主机提供最短通路信息等。ICMP 报文封装在 IP 数据报中传送，因而不保证可靠的提交。ICMP 报文有 11 种之多，报文格式如图 5-23 所示。其中的类型字段表示 ICMP 报文的类型，代码字段可表示报文的少量参数，当参数较多时写入 32 位的参数字段，ICMP 报文携带的信息包含在可变长的信息字段中，校验和字段是关于整个 ICMP 报文的校验和。

<table>
<tr><td>类型</td><td>代码</td><td>校验和</td></tr>
<tr><td colspan="3">参数</td></tr>
<tr><td colspan="3">信息（可变长）</td></tr>
</table>

图 5-23　ICMP 报文格式

下面简要解释 ICMP 各类报文的含义：

- 目标不可到达（类型3）：如果路由器判断出不能把IP数据报送达目标主机，则向源主机返回这种报文。另一种情况是目标主机找不到有关的用户协议或上层服务访问点，也会返回这种报文。出现这种情况的原因可能是IP头中的字段不正确；或者是数据报中说明的源路由无效；也可能是路由器必须把数据报分段，但IP头中的D标志已置位。
- 超时（类型11）：路由器发现IP数据报的生存期已超时，或者目标主机在一定时间内无法完成重装配，则向源端返回这种报文。
- 源抑制（类型4）：这种报文提供了一种流量控制的初等方式。如果路由器或目标主机缓冲资源耗尽而必须丢弃数据报，则每丢弃一个数据报就向源主机发回一个源抑制报文，这时源主机必须减小发送速度。另外一种情况是系统的缓冲区已用完，并预感到行将发生拥塞，则发出源抑制报文。但是与前一种情况不同，涉及的数据报尚能提交给目标主机。
- 参数问题（类型12）：如果路由器或主机判断出IP头中的字段或语义出错，则返回这种报文，报文头中包含一个指向出错字段的指针。
- 路由重定向（类型5）：路由器向直接相连的主机发出这种报文，告诉主机一个更短的路径。例如，路由器R1收到本地网络上主机发来的数据报，R1检查它的路由表，发现要把数据报发往网络X，必须先转发给路由器R2，而R2又与源主机在同一网络中，于是R1向源主机发出路由重定向报文，把R2的地址告诉它。
- 回声（请求/响应，类型8/0）：用于测试两个节点之间的通信线路是否畅通。收到回声请求的节点必须发出回声响应报文。该报文中的标识符和序列号用于匹配请求和响应报文。当连续发出回声请求时，序列号连续递增。常用的PING工具就是这样工作的。
- 时间戳（请求/响应，类型13/14）：用于测试两个节点之间的通信延迟时间。请求方发出本地的发送时间，响应方返回自己的接收时间和发送时间。这种应答过程如果结合强制路由的数据报实现，则可以测量出指定线路上的通信延迟。
- 地址掩码（请求/响应，类型17/18）：主机可以利用这种报文获得它所在的LAN的子网掩码。首先主机广播地址掩码请求报文，同一LAN上的路由器以地址掩码响应报文回答，告诉请求方需要的子网掩码。了解子网掩码可以判断出数据报的目标节点与源节点是否在同一LAN中。

5.2.5 IPv6协议

基于 IPv4 的因特网已运行多年，随着网络应用的普及和扩展，IPv4 协议逐渐暴露出一些缺陷，主要问题如下：
- 网络地址短缺：IPv4地址为32位，只能提供大约43亿个地址，同时，IPv4的编址方案造成了很多地址“空洞”，浪费很大。另一方面，智能终端设备的出现对网络地址的需求呈指数级增加，加剧了IP地址的紧缺，虽然采用了诸如VLSM、CIDR和NAT等辅助技术，但是并不能解决根本问题。
- 路由速度慢：随着网络规模的扩大导致路由表的规模增大，而IPv4多达13个字段的头部使得路由器处理的信息量剧增，从而造成路由处理速度越来越慢。因此，设法简化路由处理、消除瓶颈成为提高网络传输速度的关键。
- 缺乏安全功能：IPv4没有提供安全功能，阻碍了互联网在电子商务等信息敏感领域的应用。
- 不支持新的业务模式：IPv4不支持许多新的业务模式，例如，语音、视频等实时信息传输需要QoS支持，P2P应用还需要端到端的QoS支持，移动通信需要灵活的接入控制，也需要更多的IP地址等。这些新业务的出现对互联网的应用提出了一些难以解决的问题，需要对现行的IP协议做出根本性的变革。

针对 IPv4 面临的问题，IETF 在 1992 年 7 月发出通知，征集对下一代 IP 协议（IPng）的建议。在对多个建议筛选的基础上，IETF 于 1995 年 1 月发表了 RFC 1752（The Recommendation of the IP Next Generation Protocol），阐述了对下一代 IP 的需求，定义了新的协议数据单元，这是 IPv6 研究中的里程碑事件。随后的一些 RFC 文档给出了 IPv6 协议的补充定义，关于 IPv6 的各种研究成果都包含在 1998 年 12 月发表的 RFC 2460 文档中。

5.2.6 IPv6分组格式

IPv6 协议数据单元的格式如图 5-24（a）所示，整个 IPv6 分组由一个固定头部和若干个扩展头部以及上层协议的负载组成。扩展头部是任选的，转发路由器只处理与其有关的部分，这样就简化了路由器的转发操作，加快了路由处理的速度。IPv6 的固定头部如图 5-24（b）所示，其中的各个字段解释如下。

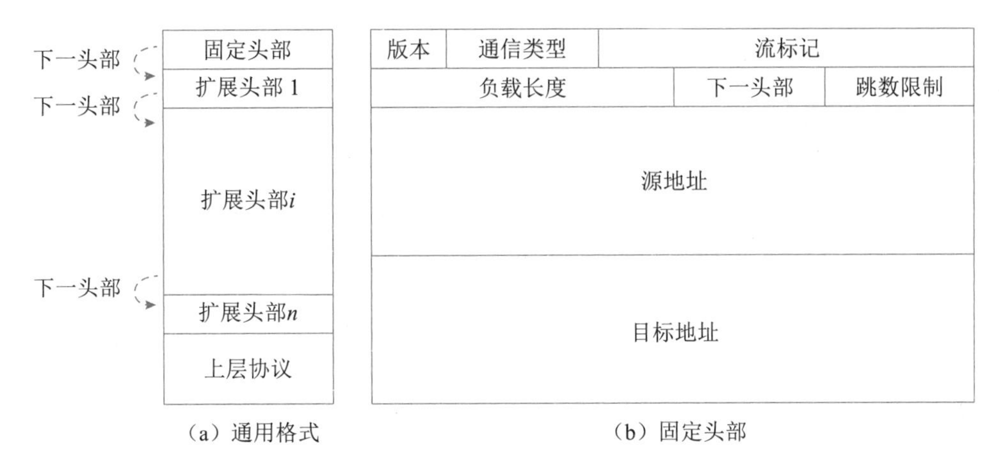

图 5-24　IPv6 协议数据单元的格式

- 版本（4位）：用0110指示IP第六版。
- 通信类型（8位）：这个字段用于区分不同的IP分组，相当于IPv4中的服务类型字段，通信类型的详细定义还在研究和实验之中。
- 流标记（20位）：原发主机用该字段来标识某些需要特别处理的分组，例如特别的服务质量或者实时数据传输等，流标记的详细定义还在研究和实验之中。
- 负载长度（16位）：表示除了IPv6固定头部40个字节之外的负载长度，扩展头包含在负载长度之中。
- 下一头部（8位）：指明下一个头部的类型，可能是IPv6的扩展头部，也可能是高层协议的头部。
- 跳数限制（8位）：用于检测路由循环，每个转发路由器对这个字段减1，如果变成0，分组被丢弃。
- 源地址（128位）：发送节点的地址。
- 目标地址（128位）：接收节点的地址。

IPv6 有 6 种扩展头部，如表 5-6 所示。这 6 种扩展头部都是任选的。扩展头部的作用是保留 IPv4 某些字段的功能，但只是由特定的网络设备来检查处理，而不是每个设备都要处理。

表 5-6　IPv6 的扩展头部

<table>
<tr><th>头部名称</th><th colspan="2">解释</th></tr>
<tr><td rowspan="2">逐跳选项（Hop-by-Hop Option）</td><td rowspan="2">这些信息由沿途各个路由器处理</td><td>特大净负荷 Jumbograms</td></tr>
<tr><td>路由器警戒 Router Alert</td></tr>
<tr><td>目标选项（Destination Option）</td><td colspan="2">选项中的信息由目标节点检查处理</td></tr>
<tr><td>路由选择（Routing）</td><td colspan="2">给出一个路由器地址列表组成，类似于 IPv4 的松散源路由和路由记录</td></tr>
<tr><td>分段（Fragmentation）</td><td colspan="2">处理数据报的分段问题</td></tr>
<tr><td>认证（Authentication）</td><td colspan="2">由接收者进行身份认证</td></tr>
<tr><td>封装安全负荷（Encrypted Security Payload）</td><td colspan="2">对分组内容进行加密的有关信息</td></tr>
</table>

扩展头部的第一个字节是下一头部（Next Header）选择符，如图5-25（a）所示，其值指明了下一个头部的类型，例如60表示目标选项，43表示源路由，44表示分段，51表示认证，50表示封装安全负荷等，59表示没有下一个头部了。由于逐跳选项没有指定相应的编码，所以它如果出现要放在所有扩展头部的最前面，在IPv6头部的“下一头部”字段中用0来指示逐跳选项的存在。扩展头部的第二个字节表示头部扩展长度（Hdr Ext Len），以8个字节计数，其值不包含扩展头部的前8个字节。也就是说，如果扩展头部只有8个字节，则该字段为0。

逐跳选项是可变长字段，任选部分（Options）被编码成类型-长度-值（TLV）的形式，如图5-25（b）所示。类型（Type）为一个字节长，其中前两位指示对于不认识的头部如何处理，其编码如下。

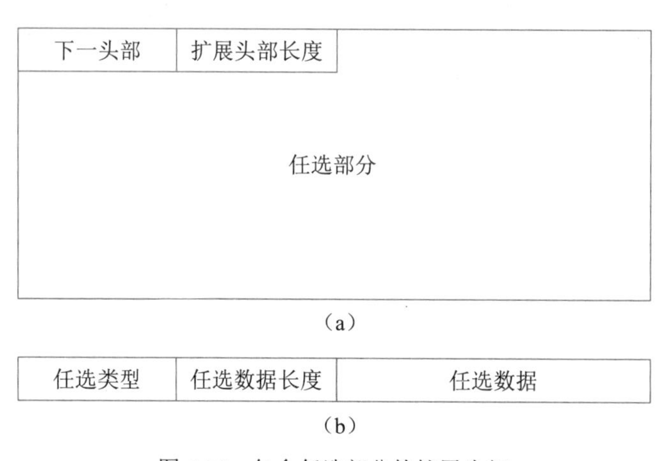

图5-25 包含任选部分的扩展头部

- 00：跳过该任选项，继续处理其他头部。
- 01：丢弃分组。
- 10：丢弃分组，并向源节点发送ICMPv6参数问题报文。
- 11：处理方法同前，但是对于组播地址不发送ICMP报文（防止出错的组播分组引起大量ICMP报文）。

长度（Length）是8位无符号整数，表示任选数据部分包含的字节数。值（Value）是相应类型的任选数据。

逐跳选项包含了通路上每个路由器都必须处理的信息，目前只定义了两个选项。“特大净负荷”选项适用于传送大于64KB的特大分组，以便有效地利用传输介质的容量传送大量的视频数据。“路由器警戒”选项（RFC 2711）用于区分数据报封装的组播监听发现（MLD）报文、资源预约（RSVP）报文以及主动网络（Active Network）报文等，这些协议可以利用这个字段实现特定的功能。

目标选项包含由目标主机处理的信息，例如预留缓冲区等。目标选项的报文格式与逐跳选项相同。

路由选择扩展头的格式如图5-26所示，其中的路由类型字段是一个8位的标识符，最初只定义了一种类型 0，用于表示松散源路由。未用段表示在分组传送过程中尚未使用的路由段数量，这个字段在分组传送过程中逐渐减少，到达目标端时应为 0。路由类型 0 的分组格式表示在图 5-26 中，在第一个字之后保留一个字，其初始值为 0，到达接收端时被忽略。接下来就是 *n* 个 IPv6 地址，指示通路中要经过的路由器。

下一头部	扩展头部长度	路由类型=0	未用段
保留的一个字			
IPv6地址 1			
⋮			
IPv6地址*n*			

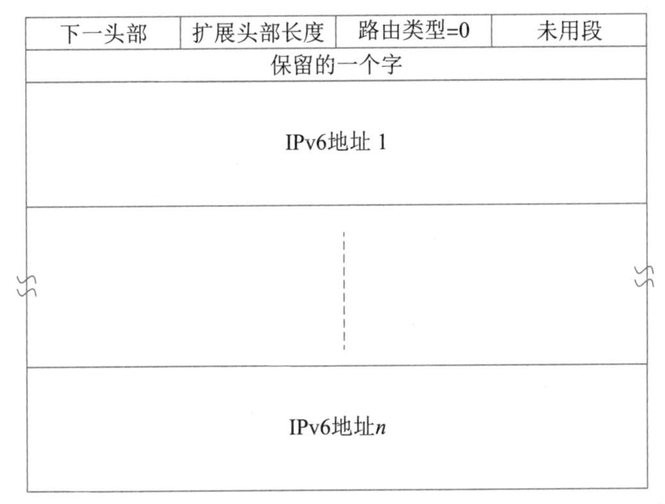

图 5-26　路由头部

分段扩展头表示在图 5-27 中，其中包含了 13 位的段偏置值（编号），是否为最后一个分段的标志 M，以及数据报标识符，这些都与 IPv4 的规定相同。与 IPv4 不同的是，在 IPv6 中只能由原发节点进行分段，中间路由器不能分段，这样就简化了路由过程中的分段处理。

下一头部	保留	段偏置值	保留	M
标　识　符				

图 5-27　分段头部

关于认证和封装安全负荷的详细介绍已经超出了本书的范围，要进一步研究的读者可参考有关 IPSec 的资料。

如果一个 IPv6 分组包含多个扩展头，建议采用下面的封装顺序：

（1）IPv6 头部。

（2）逐跳选项头。

（3）目标选项头（IPv6 头部目标地址字段中指明的第一个目标节点要处理的信息，以及路由选择头中列出的后续目标节点要处理的信息）。

（4）路由选择头。

（5）分段头。

（6）认证头。

（7）封装安全负荷头。

（8）目标选项头（最后的目标节点要处理的信息）。

（9）上层协议头部。

5.2.7 IPv6地址

IPv6地址扩展到128位。2^{128}这个数字大于阿伏加德罗常数，足够为地球上的每个分子分配一个IP地址。这样大的地址空间满足为地球表面上每平方米分配7×10^{23}个IP地址的需求，换句话说，这个地址空间可能永远用不完。

IPv6地址采用冒号分隔的十六进制数表示，例如下面是一个IPv6地址：

8000:0000:0000:0000:0123:4567:89AB:CDEF

为了便于书写，规定了一些简化写法。首先，冒号分隔的每个字段前面的0可以省去，例如0123可以简写为123；其次，一个或多个连续的全0字段可以用一对冒号代替。例如，以上地址可简写为：

8000::123:4567:89AB:CDEF

另外，IPv4地址仍然保留十进制表示法，只需要在前面加上一对冒号，就成为IPv6地址，称为IPv4兼容地址（IPv4 Compatible Address），例如：

::192.168.10.1

1. 格式前缀

IPv6地址的格式前缀（Format Prefix，FP）用于表示地址类型或子网地址，用类似于IPv4 CIDR的方法可表示为“IPv6地址/前缀长度”的形式。例如，60位的地址前缀12AB00000000CD3有下列几种合法的表示形式：

12AB:0000:0000:CD30:0000:0000:0000:0000/60

12AB::CD30:0:0:0:0/60

12AB:0:0:CD30::/60

下面的表示形式是不合法的：

12AB:0:0:CD3/60（在16位的字段中可以省掉前面的0，但不能省掉后面的0）

12AB::CD30/60（这种表示可展开为12AB:0000:0000:0000:0000:0000:0000:CD30）

12AB::CD3/60（这种表示可展开为12AB:0000:0000:0000:0000:0000:0000:0CD3）

一般来说，节点地址与其子网前缀组合起来可采用紧缩形式表示，例如节点地址：

12AB:0:0:CD30:123:4567:89AB:CDEF

若其子网号为12AB:0:0:CD30::/60，则等价的写法是12AB:0:0:CD30:123:4567:89AB:CDEF/60。

2. 地址分类

IPv6地址是一个或一组接口的标识符。IPv6地址被分配到接口，而不是分配给节点。IPv6地址有3种类型。

1）单播地址

单播（Unicast）地址是单个网络接口的标识符。对于有多个接口的节点，其中任何一个单播地址都可以用作该节点的标识符。但是为了满足负载平衡的需要，在RFC 2373中规定，只要在实现中多个接口看起来形同一个接口就允许这些接口使用同一地址。IPv6 的单播地址是用一定长度的格式前缀汇聚的地址，类似于 IPv4 中的 CIDR 地址。在单播地址中有下列两种特殊地址：

- 不确定地址：地址0:0:0:0:0:0:0:0称为不确定地址，不能分配给任何节点。不确定地址可以在初始化主机时使用，在主机未取得地址之前，它发送的IPv6分组中的源地址字段可以使用这个地址。这种地址不能用作目标地址，也不能用在IPv6路由头中。
- 回环地址：地址0:0:0:0:0:0:0:1称为回环地址，节点用这种地址向自身发送IPv6分组。这种地址不能分配给任何物理接口。

2）任意播地址

任意播（Anycast）地址表示一组接口（可属于不同节点）的标识符。发往任意播地址的分组被送给该地址标识的接口之一，通常是路由距离最近的接口。对 IPv6 任意播地址存在下列限制：

- 任意播地址不能用作源地址，而只能作为目标地址。
- 任意播地址不能指定给IPv6主机，只能指定给IPv6路由器。

3）组播地址

组播（Multicast）地址是一组接口（一般属于不同节点）的标识符，发往组播地址的分组被传送给该地址标识的所有接口。IPv6 中没有广播地址，它的功能已被组播地址所代替。

在 IPv6 地址中，任何全“0”和全“1”字段都是合法的，除非特别排除的之外。特别是前缀可以包含“0”值字段，也可以用“0”作为终结字段。一个接口可以被赋予任何类型的多个地址（单播、任意播、组播）或地址范围。

3. 地址类型初始分配

IPv6 地址的具体类型是由格式前缀来区分的，这些前缀的初始分配如表 5-7 所示。

表 5-7　IPv6 地址的初始分配

分配	前缀（二进制）	占地址空间的比例
保留	0000 0000	1/256
未分配	0000 000	11/256
为 NSAP 地址保留	0000 001	1/128
为 IPX 地址保留	0000 010	1/128
未分配	0000 011	1/128
未分配	0000 1	1/32
未分配	0001	1/16
可聚合全球单播地址	001	1/8
未分配	010	1/8
未分配	011	1/8
未分配	100	1/8

（续表）

分配	前缀（二进制）	占地址空间的比例
未分配	101	1/8
未分配	110	1/8
未分配	1110	1/16
未分配	1111 0	1/32
未分配	1111 10	1/64
未分配	1111 110	1/128
未分配	1111 1110 0	1/512
链路本地单播地址	1111 1110 10	1/1024
站点本地单播地址	1111 1110 11	1/1024
组播地址	1111 1111	1/256

地址空间的 15% 是初始分配的，其余 85% 的地址空间留作将来使用。这种分配方案支持可聚合地址、本地地址和组播地址的直接分配，并保留了 NSAP 和 IPX 的地址空间，其余的地址空间留给将来的扩展或者新的用途。单播地址和组播地址都是由地址的高阶字节值来区分的：FF（1111 1111）标识一个组播地址，其他值则标识一个单播地址，任意播地址取自单播地址空间，与单播地址在语法上无法区分。

4. 单播地址

IPv6 单播地址包括可聚合全球单播地址、链路本地单播地址、站点本地单播地址和其他特殊单播地址。

（1）可聚合全球单播地址：这种地址在全球范围内有效，相当于 IPv4 公用地址。全球地址的设计有助于构架一个基于层次的路由基础设施。可聚合全球单播地址结构如图 5-28 所示。

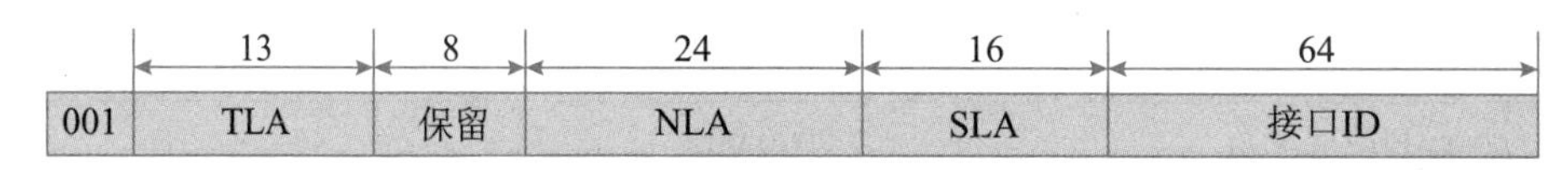

图 5-28　可聚合全球单播地址

可聚合全球单播地址的格式前缀为 001，随后的顶级聚合体（Top Level Aggregator，TLA）、下级聚合体（Next Level Aggregator，NLA）以及站点级聚合体（Site Level Aggregator，SLA）构成了自顶向下的 3 级路由层次结构，如图 5-29 所示。TLA 是远程服务供应商的骨干网接入点，TLA 向地区互联网注册机构 RIR（ARIN、RIPE-NCC、APNIC 等）申请 IPv6 地址块，TLA 之下就是商业地址分配范围。NLA 是一般的 ISP，它们把从 TLA 申请的地址分配给 SLA，各个站点级聚合体再为机构用户或个人用户分配地址。分层结构的最底层是主机接口，通常是在主机的 48 位 MAC 地址前面填充 0xFFFE 构成的接口 ID。

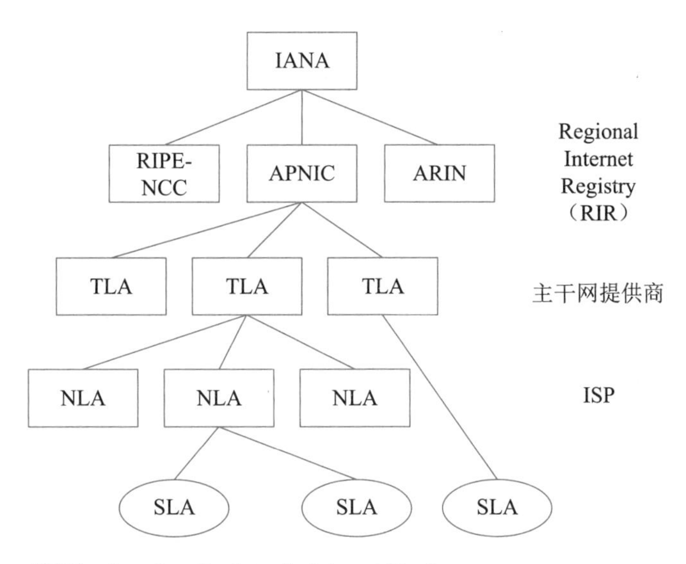

ARIN：American Registry for Internet Numbers；
RIPE-NCC：Resource IP Europeens - Network Coordination Center in Europe；
APNIC：Asia Pacific Network Information Center；

图 5-29　可聚合全球单播地址层次结构

（2）本地单播地址：这种地址的有效范围仅限于本地，又分为两类。

- 链路本地单播地址：其格式前缀为1111 1110 10，用于同一链路的相邻节点间的通信。链路本地单播地址相当于IPv4中的自动专用IP地址（APIPA），可用于邻居发现，并且总是自动配置的，包含链路本地单播地址的分组不会被路由器转发。
- 站点本地单播地址：其格式前缀为1111 1110 11，相当于IPv4中的私网地址。如果企业内部网没有连接到Internet上，则可以使用这种地址。站点本地单播地址不能被其他站点访问，包含这种地址的分组也不会被路由器转发到站点之外。

5. 组播地址

IPv6 组播可以将数据报传输给组内的所有成员。IPv6 组播地址的格式前缀为 1111 1111，此外还包括标志（Flags）、范围（Scope）和组 ID（Group ID）等字段，如图 5-30 所示。

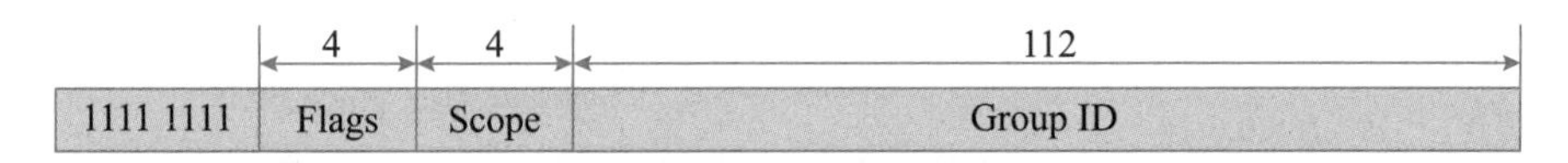

图 5-30　IPv6 组播地址

Flags 可表示为 000T，T=0 表示被 IANA 永久分配的组播地址；T=1 表示临时的组播地址。Scope 是组播范围字段，表 5-8 列出了在 RFC 2373 中定义的 Scope 的值。Group ID 标识了一个给定范围内的组播组。永久分配的组播组 ID 与范围字段无关，临时分配的组播组 ID 在特定的范围内有效。

表 5-8 Scope 字段值

值	范围
0	保留
1	节点本地范围
2	链路本地范围
5	站点本地范围
8	机构本地范围
E	全球范围
F	保留

6. 任意播地址

任意播地址仅用作目标地址，且只能分配给路由器。任意播地址是在单播地址空间中分配的。一个子网内的所有路由器接口都被分配了子网 - 路由器任意播地址。子网 - 路由器任意播地址必须在子网前缀中进行预定义。为构造一个子网 - 路由器任意播地址，子网前缀必须固定，其余位置全“0”，如图 5-31 所示。

图 5-31 子网 - 路由器任意播地址

如表 5-9 所示是 IPv4 与 IPv6 地址的比较。

表 5-9 IPv4 和 IPv6 地址比较

IPv4 地址	IPv6 地址
点分十进制表示	带冒号的十六进制表示，0 压缩
分为 A、B、C、D、E5 类	不分类
组播地址 224.0.0.0/4	组播地址 FF00::/8
广播地址（主机部分为全 1）	任意播（限于子网内部）
默认地址 0.0.0.0	不确定地址 ::
回环地址 127.0.0.1	回环地址 ::1
公共地址	可聚合全球单播地址 FP=001
私网地址 10.0.0.0/8; 172.16.0.0/12; 192.168.0.0/16	站点本地单播地址 FECO::/48
自动专用 IP 地址 169.254.0.0/16	链路本地单播地址 FE8O::/48

7. IPv6 的地址配置

IPv6 把自动 IP 地址配置作为标准功能，只要计算机连接上网络便可自动分配 IP 地址。这样做有两个优点：一是最终用户无须花精力进行地址设置；二是可以大大减轻网络管理者的负担。IPv6 有两种自动配置功能：一种是“全状态自动配置”；另一种是“无状态自动配置”。

在 IPv4 中，动态主机配置协议（DHCP）实现了 IP 地址的自动设置。IPv6 继承了 IPv4 的这种自动配置服务，并将其称为全状态自动配置（Stateful Auto-Configuration）。

在无状态自动配置（Stateless Auto-Configuration）过程中，主机通过两个阶段分别获得链路本地单播地址和可聚合全球单播地址。首先主机将其网卡 MAC 地址附加在链路本地单播地址前缀 1111111010 之后，产生一个链路本地单播地址，并发出一个 ICMPv6 邻居发现（Neighbor Discovery）请求，以验证其地址的唯一性。如果请求没有得到响应，则表明主机自我配置的链路本地单播地址是唯一的。否则，主机将使用一个随机产生的接口 ID 组成一个新的链路本地单播地址。获得链路本地单播地址后，主机以该地址为源地址，向本地链路中的所有路由器组播 ICMPv6 路由器请求（Router Solicitation）报文，路由器以一个包含可聚合全球单播地址前缀的路由器公告（Router Advertisement）报文响应。主机用从路由器得到的地址前缀加上自己的接口 ID，自动配置一个全球单播地址，这样就可以与 Internet 中的任何主机进行通信了。使用无状态自动配置，无须用户手工干预就可以改变主机的 IPv6 地址。

5.2.8　ICMPv6协议

ICMPv6 协议用于报告 IPv6 节点在数据包处理过程中出现的错误消息，并实现简单的网络诊断功能。ICMPv6 新增加的邻居发现功能代替了 ARP 协议的功能，所以在 IPv6 体系结构中已经没有 ARP 协议了。除了支持 IPv6 地址格式之外，ICMPv6 还为支持 IPv6 中的路由优化、IP 组播、移动 IP 等增加了一些新的报文类型，择其要者列举如下：

类型码	含义	RFC 文档
127	Reserved for expansion of ICMPv6 error messages	[RFC 4443]
130	Multicast Listener Query	[RFC 2710]
131	Multicast Listener Report	[RFC 2710]
132	Multicast Listener Done	[RFC 2710]
133	Router Solicitation	[RFC 4861]
134	Router Advertisement	[RFC 4861]
135	Neighbor Solicitation	[RFC 4861]
136	Neighbor Advertisement	[RFC 4861]
139	ICMP Node Information Query	[RFC 4620]
140	ICMP Node Information Response	[RFC 4620]
141	Inverse Neighbor Discovery Solicitation Message	[RFC 3122]
142	Inverse Neighbor Discovery Advertisement Message	[RFC 3122]
144	Home Agent Address Discovery Request Message	[RFC 3775]
145	Home Agent Address Discovery Reply Message	[RFC 3775]
146	Mobile Prefix Solicitation	[RFC 3775]
147	Mobile Prefix Advertisement	[RFC 3775]
148	Certification Path Solicitation Message	[RFC 3971]
149	Certification Path Advertisement Message	[RFC 3971]
151	Multicast Router Advertisement	[RFC 4286]
152	Multicast Router Solicitation	[RFC 4286]
153	Multicast Router Termination	[RFC 4286]

5.2.9 IPv6对IPv4的改进

与IPv4相比，IPv6有下列改进：

（1）寻址能力方面的扩展。IP地址增加到128位，并且能够支持多级地址层次；地址自动配置功能简化了网络地址的管理工作；在组播地址中增加了范围字段，改进了组播路由的可伸缩性；增加的任意播地址比IPv4中的广播地址更加实用。

（2）分组头格式得到简化。IPv4头中的很多字段被丢弃，IPv6头中字段的数量从12个降到了8个，中间路由器必须处理的字段从6个降到了4个，这样就简化了路由器的处理过程，提高了路由选择的效率。

（3）改进了对分组头部选项的支持。与IPv4不同，路由选项不再集成在分组头中，而是把扩展头作为任选项处理，仅在需要时才插入到IPv6头与负载之间。这种方式使得分组头的处理更灵活，也更流畅。以后如果需要，还可以很方便地定义新的扩展功能。

（4）提供了流标记能力。IPv6增加了流标记，可以按照发送端的要求对某些分组进行特别的处理，从而提供了特别的服务质量支持，简化了对多媒体信息的处理，可以更好地传送具有实时需求的应用数据。

5.2.10 IP地址与域名系统

网络用户希望用名字来标识主机，有意义的名字可以表示主机的账号、工作性质、所属的地域或组织等，从而便于记忆和使用。Internet的域名系统（Domain Name System，DNS）就是为这种需要而开发的。

DNS的逻辑结构是一个分层的域名树，Internet网络信息中心（Internet Network Information Center，InterNIC）管理着域名树的根，称为根域。根域没有名称，用句号“.”表示，这是域名空间的最高级别。在DNS的名称中，有时在末尾附加一个“.”，就是表示根域，但经常是省略的。DNS服务器可以自动补上结尾的句号，也可以处理结尾带句号的域名。

根域下面是顶级域（Top-Level Domains，TLD），分为国家顶级域（country code Top-Level Domain，ccTLD）和通用顶级域（generic Top-Level Domain，gTLD）。国家顶级域名包含243个国家和地区代码，例如cn代表中国，uk代表英国等。最初的通用顶级域有7个，如表5-10所示，这些顶级域名原来主要供美国使用，随着Internet的发展，com、org和net成为全世界通用的顶级域名，就是所谓的“国际域名”，而edu、gov和mil限于美国使用。

表5-10 通用顶级域名

域名	使用对象
com	商业机构等营利性组织
edu	教育机构、学术组织和国家科研中心等
gov	美国非军事性的政府机关
mil	美国的军事组织
net	网络信息中心（NIC）和网络操作中心（BIC）等
org	非营利性组织，例如技术支持小组、计算机用户小组等
int	国际组织

负责因特网域名注册的服务商（Internet Corporation for Assigned Names and Numbers，ICANN）在 2000 年 11 月决定，从 2001 年开始使用新的国际顶级域名，共有 7 个，即 biz（商业机构）、info（网络公司）、name（个人网站）、pro（医生和律师等职业人员）、aero（航空运输业专用）、coop（商业合作社专用）和 museum（博物馆专用），其中，前 4 个是非限制性域名，后 3 个限于专门的行业使用，受有关行业组织的管理。

2008 年 6 月，ICANN 在巴黎年会上通过了个性化域名方案，最早将于 2009 年开始出现以公司名字为结尾的域名，例如 ibm、hp 和 qq 等。可以认为，这些域名的所有者在某种意义上就是一个域名注册机构，以后将会有无穷多的国际域名。

顶级域下面是二级域，这是正式注册给组织和个人的唯一名称，例如 www.microsoft.com 中的 microsoft 就是微软注册的域名。

在二级域之下，组织机构还可以划分子域，使其各个分支部门都获得一个专用的名称标识，例如 www.sales.microsoft.com 中的 sales 是微软销售部门的子域名称。划分子域的工作可以一直延续下去，直到满足组织机构的管理需要为止。但是标准规定，一个域名的长度通常不超过 63 个字符，最多不能超过 255 个字符。

DNS 命名标准还规定，域名中只能使用 ASCII 字符集的有限子集，包括 26 个英文字母（不区分大小写）和 10 个数字，以及连字符“-”，并且连字符不能作为子域名的第一个和最后一个字母。后来的标准对字符集有所扩大。

各个子域由地区 NIC 管理。如图 5-32 所示是 CNNIC 规划的 cn 下第二级子域名和域名树系统。其中，ac 为中国科学院系统的机构，edu 为教育系统的院校和科研单位，go 为政府机关，co 为商业机构，or 为民间组织和协会，bj 为北京地区，sh 为上海地区，zj 为浙江地区等。

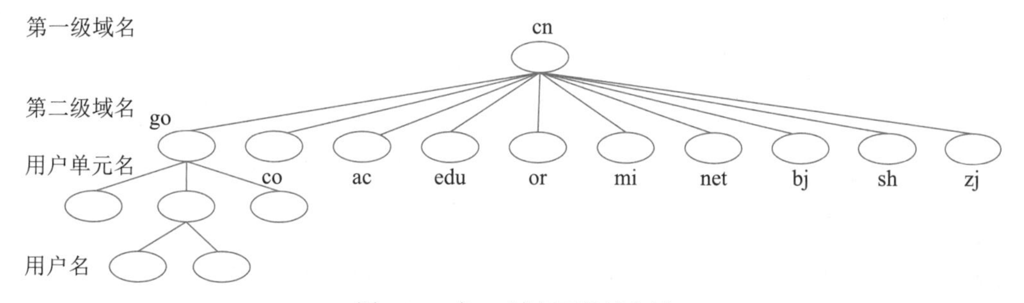

图 5-32　在 cn 域名下的域名树

域名到 IP 地址的变换由 DNS 服务器实现。一般子网中都有一个域名服务器，该服务器管理本地子网所连接的主机，也为外来的访问提供 DNS 服务。这种服务采用典型的客户端 / 服务器访问方式，即客户端程序把主机域名发送给服务器，服务器返回对应的 IP 地址。有时被询问的服务器不包含查询的主机记录，根据 DNS 协议，服务器会提供进一步查询的信息，也许是包括相近信息的另外一台 DNS 服务器的地址。

特别需要指出的是，域名与网络地址是两个不同的概念。虽然大多数连网的主机不仅有一个唯一的网络地址，还有一个域名，但是有的主机没有网络地址，只有域名。

5.3 从 IPv4 向 IPv6 的过渡

一种新的协议从诞生到广泛应用需要一个过程。在 IPv6 网络全球普遍部署之前，一些首先运行 IPv6 的网络希望能够与当前运行 IPv4 的互联网进行通信。为了这一目的，IETF 成立了专门的工作组 NGTRANS 来研究从 IPv4 向 IPv6 过渡的问题，提出了一系列的过渡技术和互连方案。这些技术各有特点，用于解决不同过渡时期、不同网络环境中的通信问题。

在过渡初期，互联网由运行 IPv4 的“海洋”和运行 IPv6 的“孤岛”组成。随着时间的推移，海洋会逐渐变小，孤岛将越来越多，最终 IPv6 会完全取代 IPv4。过渡初期要解决的问题可以分成两类：第一类是解决 IPv6 孤岛之间互相通信的问题；第二类是解决 IPv6 孤岛与 IPv4 海洋之间的通信问题。目前提出的过渡技术可以归纳为以下 3 种：

- 隧道技术：用于解决 IPv6 节点之间通过 IPv4 网络进行通信的问题。
- 协议翻译技术：使得纯 IPv6 节点与纯 IPv4 节点之间可以进行通信。
- 双协议栈技术：使得 IPv4 和 IPv6 可以共存于同一设备和同一网络中。

5.3.1 隧道技术

所谓隧道，就是把 IPv6 分组封装到 IPv4 分组中，通过 IPv4 网络进行转发的技术。这种隧道就像一条虚拟的 IPv6 链路一样，可以把 IPv6 分组从 IPv4 网络的一端传送到另一端，在传送期间对原始 IPv6 分组不做任何改变。在隧道两端进行封装和解封的网络节点可以是主机，也可以是路由器。根据隧道端节点的不同，可以分为下面 4 种不同的隧道：

- 主机到主机的隧道。
- 主机到路由器的隧道。
- 路由器到路由器的隧道。
- 路由器到主机的隧道。

建立隧道可以采用手工配置的方法，也可以采用自动配置的方法。手工配置的方法管理不方便，对大的网络更是如此，下面主要分析 IETF 提出的各种自动隧道技术。

1. 隧道中介技术

如图 5-33 所示是 IPv6 分组通过 IPv4 隧道传送的方法。隧道端点的 IPv4 地址由隧道封装节点中的配置信息确定。这种配置方式要求隧道端点必须运行双协议栈，两个端点之间不能使用 NAT 技术，因为 IPv4 地址必须是全局可路由的。

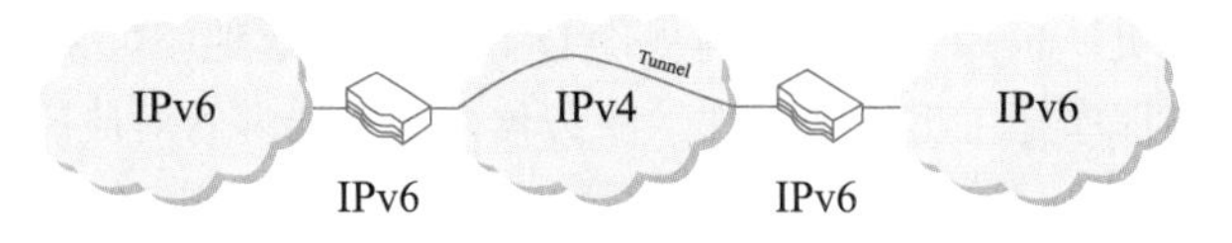

图 5-33 人工配置的隧道

对于 IPv4/IPv6 双栈主机，可以配置一条默认的隧道，以便把不能连接到任何 IPv6 路由器的分组发送出去。双栈边界路由器的 IPv4 地址必须是已知的，这是隧道端点的地址。这种默认隧道建立后，所有的 IPv6 目标地址都可以通过隧道传送。

对于小型的网络，人工配置隧道是容易的，但是对于大型网络，这个方法就很困难了。通过隧道中介（Tunnel Broker）技术可以解决这个难题。如图 5-34 所示是通过隧道服务器配置隧道端点的方法。隧道服务器是一种即插即用的 IPv6 技术，通过 IPv4 网络可以进行 IPv6 分组的传送。在客户机请求的前提下，来自隧道服务器的配置脚本被发送给客户机，客户机利用收到的配置数据来建立隧道端点，从而建立了一条通向 IPv6 网络的连接。这种技术要求客户机节点必须被配置成双协议栈，客户机的 IPv4 地址必须是全局地址，不能使用 NAT 进行地址转换。

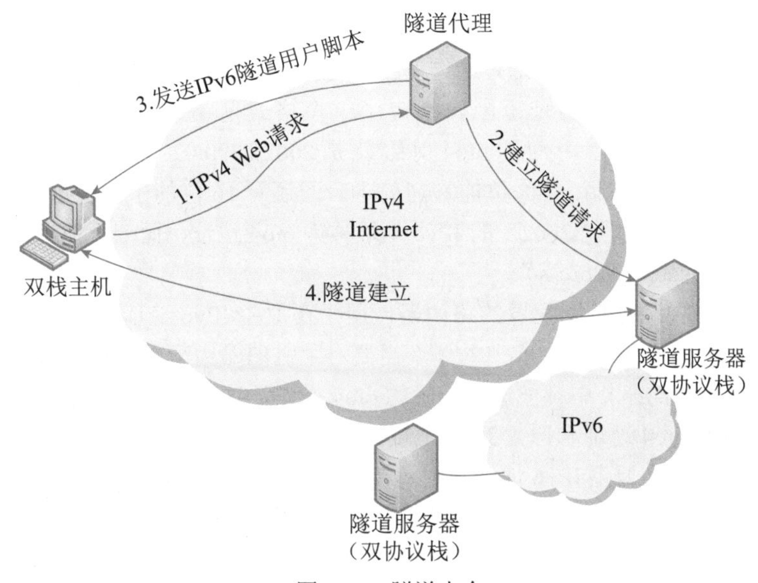

图 5-34　隧道中介

2. 自动隧道

两个双栈主机可以通过自动隧道在 IPv4 网络中进行通信。如图 5-35 所示是自动隧道的网络拓扑。实现自动隧道的节点必须采用 IPv4 兼容的 IPv6 地址。

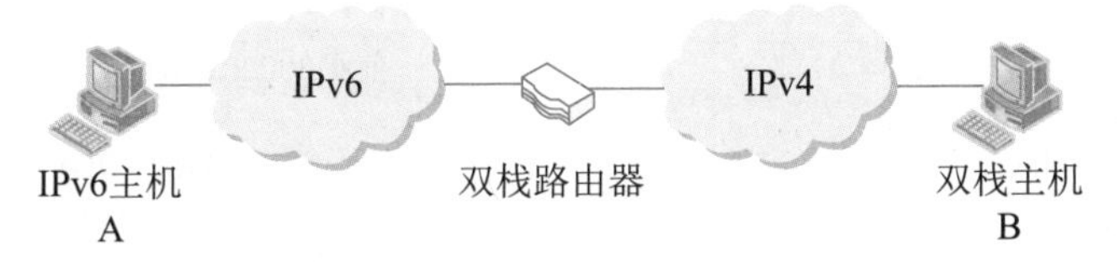

图 5-35　自动隧道

当分组进入双栈路由器时，如果目标地址是 IPv4 兼容的地址，分组就被重定向，并自动建立一条隧道。如果目标地址是当地的 IPv6 地址，则不会建立自动隧道。被传送的分组决定了隧道的端点，目标 IPv4 地址取自 IPv6 地址的低 32 位，源地址是发送分组的接口的 IPv4 地址。自动隧道不需要改变主机配置，缺点是对两个主机不透明，因为目标节点必须对收到的分组进行解封。

在图 5-35 中，地址分配如下：

从主机 A 到主机 B 的分组：源地址 =IPv6　　目标地址 =0::IPv4(B)

从路由器到主机 B 的隧道：源地址 =IPv4　　目标地址 =IPv4

从主机 B 到路由器的隧道：源地址 =IPv4　　目标地址 =IPv4

从主机 B 到主机 A 的分组：源地址 =0::IPv4(B)　　目标地址 =IPv6

实现自动隧道要根据不同的网络配置和不同的通信环境采用不同的具体技术，下面分别进行叙述。

3. 6to4 隧道

6to4 是一种支持 IPv6 站点通过 IPv4 网络进行通信的技术，这种技术不需要显式地建立隧道，可以使得一个原生的 IPv6 站点通过中继路由器连接到 IPv6 网络中。

IANA 在可聚合全球单播地址范围内指定了一个格式前缀 0x2002 来表示 6to4 地址。例如，全局 IPv4 地址 192.0.2.42 对应的 6to4 前缀就是 2002:c000:022a::/48，其中，c000:022a 是 192.0.2.42 的十六进制表示。除了 48 位前缀之外，后面还有 16 位的子网地址和 64 位的主机接口 ID。通常把带有 16 位前缀“2002”的 IPv6 地址称为 6to4 地址，而把不使用这个前缀的 IPv6 地址称为原生地址（Native Address）。

中继路由器是一种经过特别配置的路由器，用于在原生 IPv6 地址与 6to4 地址之间进行转换。6to4 技术都是在边界路由器中实现的，不需要对主机的路由配置做任何改变。地址选择方案应该保证在任何复杂的拓扑中都能进行正确的 6to4 操作，这意味着如果一个主机只有 6to4 地址，而另一个主机有 6to4 地址和原生 IPv6 地址，则两个主机必须用 6to4 地址进行通信。如果两个主机都有 6to4 地址和原生 IPv6 地址，则两者都要使用原生 IPv6 地址进行通信。

6to4 路由器应该配置双协议栈，应该具有全局 IPv4 地址，并能实现 6to4 地址转换。这种方法对 IPv4 路由表不增加任何选项，只是在 IPv6 路由表中引入了一个新的选项。

6to4 路由器应该向本地网络公告它的 6to4 前缀 2002:IPv4::/48，其中，IPv4 是路由器的全局 IPv4 地址。在本地 IPv6 网络中的 6to4 主机要使用这个前缀，可以用作自动的地址赋值，或用作 IPv6 路由，或用在 6over4 机制中。

用 6to4 技术连接的两个主机如图 5-36 所示。在 6to4 主机 A 发出的分组经过各个网络到达主机 B 的过程中，地址变化情况如图 5-37 所示，这些地址转换都是在 6to4 路由器中自动进行的。

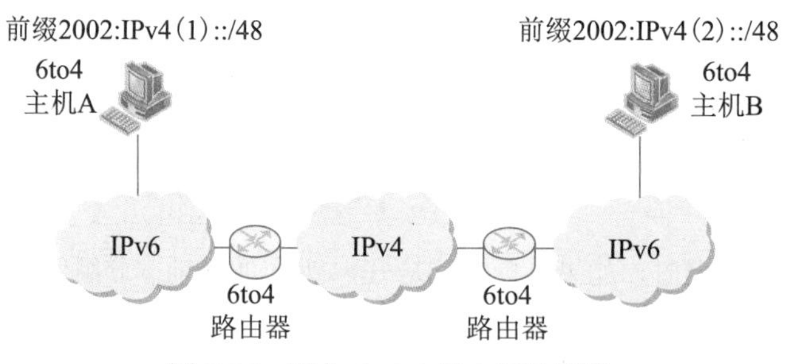

图 5-36　两个 6to4 主机之间的通信

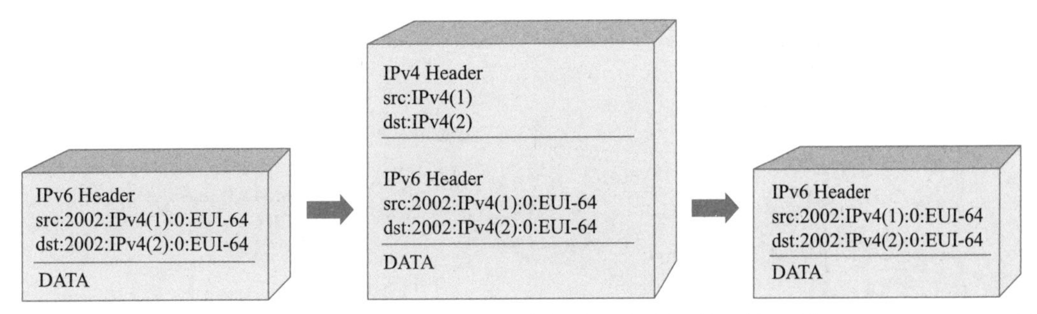

注：EUI-64（Extended Unique Identifier）是 IEEE 定义的 64 位标识符，前 24 位 OUI（Organizationally Unique Identifier）由机构向 IEEE 购买，后 40 位由机构自行分配

图 5-37　两个 6to4 主机通信时的分组头

6to4 技术也支持原生 IPv6 站点到 6to4 站点的通信，如图 5-38 所示，其通信过程如下：

- 原生IPv6主机A的地址为IPv6 (A)。
- 6to4中继路由器1向原生IPv6网络公告它的地址前缀2002::/16，这个地址前缀被保存在主机A的路由表中。
- 6to4中继路由器2对6to4网络公告它的地址前缀2002:IPv4(2)::/48，于是6to4主机B获得地址2002:IPv4(2)::EUI-64 (B)。
- 当主机A向主机B发送分组时，6to4中继路由器1对分组进行封装，即源地址=IPv4(1)，目标地址=IPv4(2)。
- 当分组到达6to4中继路由器2时分组被解封，并转发到主机B。

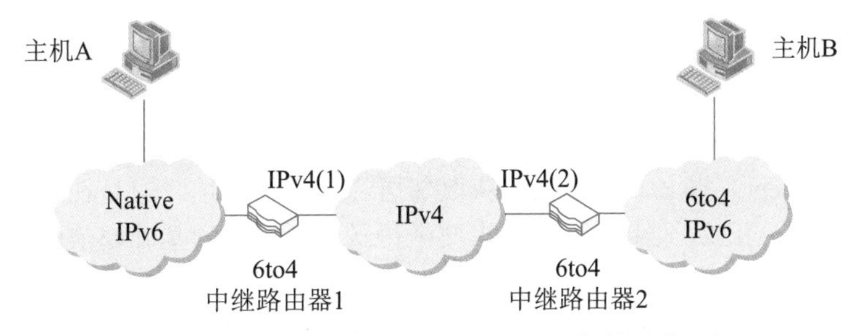

图 5-38　原生 IPv6 主机到 6to4 主机的通信

6to4 技术还可以支持 6to4 站点到原生 IPv6 站点的通信，如图 5-39 所示，通信过程如下：

- 主机A的地址为IPv6(A)。
- 主机B的地址为2002:IPv4(2)::EUI-64(B)。
- 6to4中继路由器2有一条到达6to4中继路由器3的默认路由，这个路由项可以是静态配置的，或是动态获得的。
- 当主机B向主机A发送分组时，6to4中继路由器2对分组进行封装，源地址=IPv4(2)，目标地址=IPv4(3)。
- 6to4中继路由器3对分组解封，并转发到主机A。

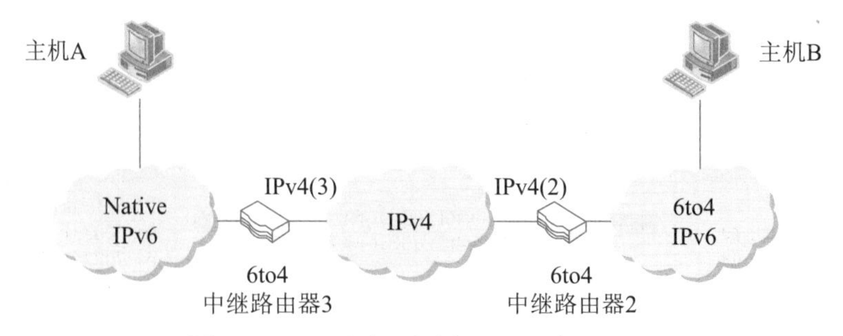

图5-39 6to4主机到原生IPv6主机的通信

6to4技术对于两个6to4网络之间的通信是很有效的，但是对于原生IPv6网络与6to4网络之间的通信效率不高。由于不需要改变主机的配置，只需在路由器中进行很少的配置，所以这种方法的主要优点是简单可行。

4. 6over4隧道

1）链路本地地址的自动生成

RFC 2529定义的6over4是一种由IPv4地址生成IPv6链路本地地址的方法。IPv4主机的接口标识符是在该接口的IPv4地址前面加32个“0”形成的64位标识符。IPv6链路本地地址的格式前缀为FE80::/64，在其后面加上64位的IPv4接口标识符就形成了完整的IPv6链路本地地址。例如，对于主机地址192.0.2.142，对应的IPv6链路本地地址为FE80::C000:028E（C000028E是192.0.2.142的十六进制表示）。这种由IPv4地址生成IPv6地址的方法就是本章前面提到的无状态自动配置方式。

2）组播地址映像

一个孤立在IPv4网络中的IPv6主机为了发现它的IPv6邻居（主机或路由器），通常采用的方法是组播ICMPv6邻居邀请（Neighbor Solicitation）报文，并期望接收到对方的邻居公告（Neighbor Advertisement）报文，以便从中获取邻居的链路层地址。但是在IPv4网络中，承载ICMPv6报文的IPv6分组必须封装在IPv4报文中传送，所以作为基础通信网络的IPv4网络必须配置组播功能。

RFC 2529规定，IPv6组播分组要封装在目标地址为239.192.x.y的IPv4分组中发送，其中x和y是IPv6组播地址的最后两个字节。值得注意的是，239.192.0.0/16是IPv4机构本地范围（Organization-Local Scope）内的组播地址块，所以实现6over4主机都要位于同一IPv4组播区域内。

3）邻居发现

IPv6邻居发现的过程如下：首先是IPv6主机组播ICMPv6邻居邀请报文，然后是收到对方的邻居公告报文，其中包含了64位的链路层地址。当链路层属于IPv4网络时，邻居公告报文返回的链路层地址形式如下：

类型	长度	0	0	w	x	y	z

以上每个字段的长度都是 8 比特，其中类型 =1 表示源链路层地址，类型 =2 表示目标链路层地址，长度 =1（以 8 个字节为单位），w.x.y.z 为 IPv4 地址。当 IPv6 主机获得了对方主机的 IPv4 地址后，就可以用无状态自动配置方式构造源和目标的链路本地地址，向对方发送 IPv6 分组了。当然，IPv6 分组还是要封装在 IPv4 分组中传送的。

采用 6over4 通信的 IPv6 主机不需要采用 IPv4 兼容的地址，也不需要手工配置隧道。按照这种方法传送 IPv6 分组，与底层链路配置无关。如果 IPv6 主机发现了同一 IPv4 子网内的 IPv6 路由器，那么还可以通过该路由器与其他 IPv6 子网中的主机进行通信，这时原来孤立的 IPv6 主机就变成全功能的 IPv6 主机了。

如图 5-40 所示是两个 6over4 主机进行通信的情况，发起通信的主机 A 利用 IPv6 的邻居发现机制来获取另外一个主机 B 的链路层地址，然后主机 B 发出的公告报文返回了自己的 IPv4 地址。通过无状态自动配置过程，主机 A 和主机 B 就建立了一条虚拟的 IPv6 连接，就可以进行 IPv6 通信了。

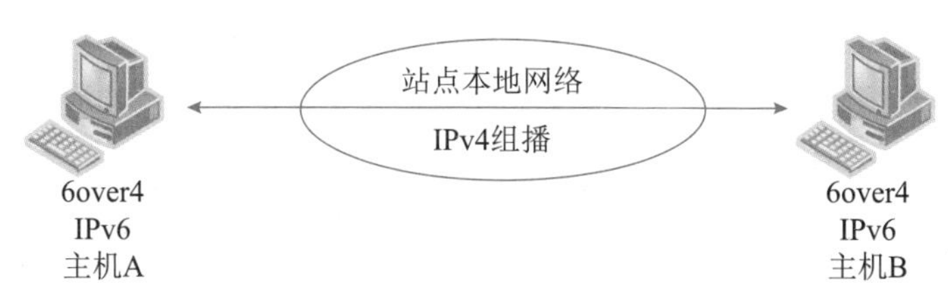

图 5-40　两个 IPv6 主机之间的 6over4 通信

6over4 依赖于 IPv4 组播功能，但是在很多 IPv4 网络环境中并不支持组播，所以 6over4 技术在实践中受到一定的限制，在有些操作系统中无法实现。另外一个限制条件是，IPv6 主机连接路由器的链路应该处于 IPv4 组播路由范围之内。

5. ISATAP

RFC 4214 定义了一种自动隧道技术——ISATAP（Intra-Site Automatic Tunneling Addressing Protocol），这种隧道可以穿透 NAT 设备，与私网之外的主机建立 IPv6 连接。

正如该协议的名字所暗示的那样，ISATAP 意味着通过 IPv4 地址自动生成 IPv6 站点本地地址或链路本地地址，IPv4 地址作为隧道的端点地址，把 IPv6 分组封装在 IPv4 分组中进行传送。

如图 5-41 所示是两个 ISATAP 主机通过本地网络进行通信的例子。假定主机 A 的格式前缀为 FE80::/48（链路本地地址），加上 64 位的接口标识符 ::0:5EFE:w.x.y.z（w.x.y.z 是主机 A 的 IPv4 单播地址），这样就构成了 IPv6 链路本地地址，就可以与同一子网内的其他 ISATAP 主机进行 IPv6 通信了。具体地说，主机 A 向主机 B 发送分组时采用的地址如下：

- 目标 IPv4 地址：192.168.41.30
- 源 IPv4 地址：10.40.1.29
- 目标 IPv6 地址：FE80::5EFE:192.168.41.30
- 源 IPv6 地址：FE80::5EFE:10.40.1.29

图 5-41　在 IPv4 网络中 ISATAP 主机之间的通信

如图 5-42 所示是两个 ISATAP 主机通过 Internet 进行通信的例子。在这种情况下，ISATAP 路由器要公告自己的地址前缀，以便与其连接的 ISATAP 主机可以自动配置自己的站点本地地址。站点本地地址的格式前缀为 FEC0::/48，加上 64 位的接口标识符 ::0:5EFE:w.x.y.z，就构成了主机 A 的站点本地地址。

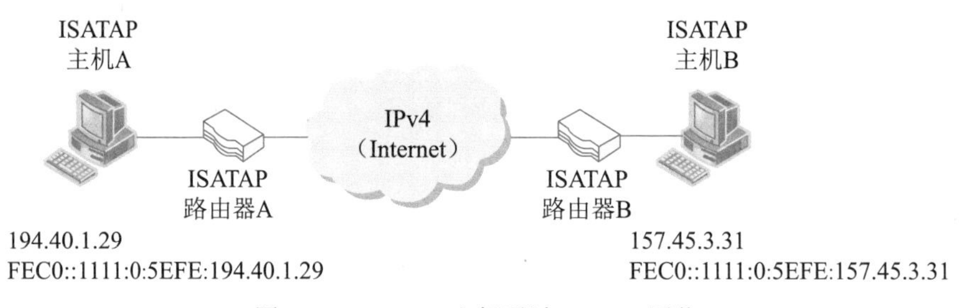

图 5-42　ISATAP 主机通过 Internet 通信

一般来说，ISATAP 地址有 64 位的格式前缀，FEC0::/64 表示站点本地地址，FE80::/64 表示链路本地地址。在格式前缀之后要加上修改的 EUI-64 地址（Modified EUI-64 Addresses），其形式为：24 位的 IANA OUI ＋ 40 位的扩展标识符。

如果 40 位扩展标识符的前 16 位是 0xFFFE，则后面是 24 位的制造商标识符，如图 5-43 所示。

24位 OUI	16位 0xFFFE	24位 制造商标识符
000000ug0000000001011110	1111111111111110	xxxxxxxx xxxxxxxx xxxxxxxx

图 5-43　40 位扩展标识符（1）

如果 40 位扩展标识符的前 8 位是 0xFE，则后面是 32 位的 IPv4 地址，如图 5-44 所示。

24位 OUI	8位 0xFE	32位 IPv4地址
000000ug0000000001011110	11111110	xxxxxxxx xxxxxxxx xxxxxxxx xxxxxxxx

图 5-44　40 位扩展标识符（2）

OUI 表示机构唯一标识符（Organizationally Unique Identifier），IANA 分配的 OUI 为 00-00-5E，如图 5-44 所示，其中的 u 位表示 universal/local，u=1 表示全球唯一的 IPv4 地址，u=0 表示

本地的 IPv4 地址；g 位是 individual/group 位，g=1 表示单播地址，g=0 表示组播地址。

5.3.2　协议翻译技术

协议翻译技术用于纯 IPv6 主机与纯 IPv4 主机之间的通信，已经提出的翻译方法有下面几种：

- SIIT：无状态的IP/ICMP翻译（Stateless IP/ICMP Translation）。
- NAT-PT：网络地址翻译-协议翻译（Network Address Translator-Protocol Translator）。
- SOCKS64：基于SOCKS的IPv6/IPv4机制（SOCKS-based IPv6/IPv4 Gateway Mechanism）。
- TRT：IPv6到IPv4的传输中继翻译器（IPv6-to-IPv4 Transport Relay Translator）。

这里只介绍前两种方法。

1.SIIT

首先介绍两种特殊的 IPv6 地址：

（1）IPv4 映射地址（IPv4-mapped）：一种内嵌 IPv4 地址的 IPv6 地址，可表示为 0:0:0:0:0:FFFF:w.x.y.z 或 ::FFFF:w.x.y.z 的形式，其中 w.x.y.z 是 IPv4 地址。这种地址用于仅支持 IPv4 的主机。

（2）IPv4 翻译地址（IPv4-translated）：一种内嵌 IPv4 地址的 IPv6 地址，可表示为 0:0:0:0:FFFF:0:w.x.y.z 或 ::FFFF:0:w.x.y.z 的形式，其中 w.x.y.z 是 IPv4 地址。这种地址可用于支持 IPv6 的主机。

RFC 2765 定义的 SIIT 类似于 IPv4 中的 NAT-PT 技术，但它并不是对 IPv6 主机动态地分配 IPv4 地址。SIIT 转换器规范描述了从 IPv6 到 IPv4 的协议转换机制，包括 IP 头的翻译方法以及 ICMP 报文的翻译方法等。当 IPv6 主机发出的分组到达 SIIT 转换器时，IPv6 分组头被翻译为 IPv4 分组头，分组的源地址采用 IPv4 翻译地址，目标地址采用 IPv4 映射地址，然后这个分组就可以在 IPv4 网络中传送了。

如图 5-45 所示是一个 IPv6 主机与 IPv4 主机进行 SIIT 通信的例子。图中的 SIIT 转换器负责提供临时的 IPv4 地址，以便 IPv6 主机构建自己的 IPv4 翻译地址（源地址），通信对方的目标地址则要使用 IPv4 映射地址，SIIT 转换器看到这种类型的分组则要进行分组头的翻译。

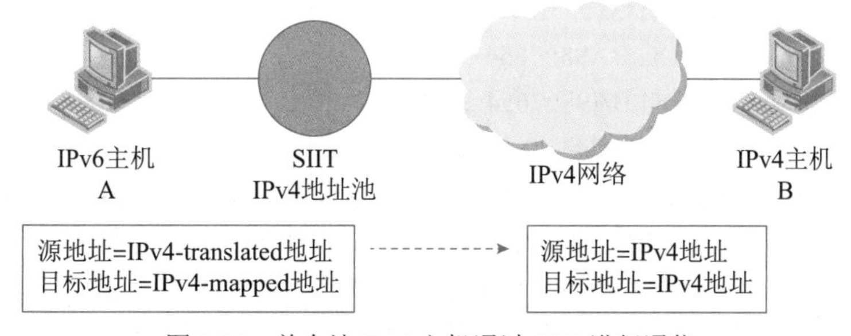

图 5-45　单个纯 IPv6 主机通过 SIIT 进行通信

如图 5-46 所示是双栈网络中的纯 IP 主机和通过 SIIT 与 IPv4 主机进行通信的例子。双栈网络中既包含 IPv6 主机，也包含 IPv4 主机。在这种情况下，SIIT 转换器可能收到纯 IPv6 主机发出的分组，也可能收到纯 IPv4 主机发出的分组，SIIT 转换器要适应两种主机的需要，要保证所有进出双栈网络的分组都是可路由的。

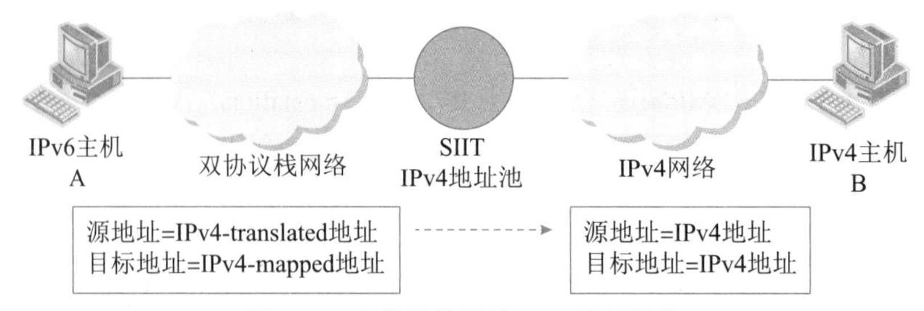

图 5-46 双栈网络通过 SIIT 进行通信

RFC 2765 没有说明 IPv6 节点如何获得临时的 IPv4 地址，也没有说明获得的 IPv4 地址怎样注册到 DNS 服务器中。也许可以对 DHCP 协议进行少许扩展，用于提供短期租赁的临时地址。SIIT 转换器只是尽可能地对 IP 头进行翻译，IPv6 头并不是与 IPv4 头中的每一项都能一一对应地进行翻译。因为两种协议在有些方面差别很大，例如 IPv4 头中的任选项部分，IPv6 的路由头、逐跳扩展头和目标选项头都无法准确地与另一个协议中的有关机制进行对应的翻译，可能要采用其他技术来解决这些问题，很难用同一模型来提供统一的解决方案。事实上，SIIT 与下面将要讲到的 NAT-PT 技术结合使用才能提供一种实用的解决方案。

2. NAT-PT

NAT-PT 是 RFC 2766 定义的协议翻译方法，用于纯 IPv6 主机与纯 IPv4 主机之间的通信。实现 NAT-PT 技术必须指定一个服务器作为 NAT-PT 网关，并且要准备一个 IPv4 地址块作为地址翻译之用，要为每个站点至少预留一个 IPv4 地址。

与 SIIT 不同，RFC 2766 定义的是有状态的翻译技术，即要记录和保持会话状态，按照会话状态参数对分组进行翻译，包括对 IP 地址及其相关的字段（例如 IP、TCP、UDP、ICMP 头校验和等）进行翻译。

NAT-PT 操作有 3 个变种：基本 NAT-PT、NAPT-PT 和双向 NAT-PT。

第 1 个变种是基本 NAT-PT，基本 NAT-PT 是单向的，这意味着只允许 IPv6 主机访问 IPv4 主机，如图 5-47 所示。假设各个主机使用的 IP 地址如下：

主机 A 的 IPv6 地址：FEDC:BA98::7654:3210

主机 B 的 IPv6 地址：FEDC:BA98::7654:3211

主机 C 的 IPv4 地址：132.146.243.30

如果主机 A 要与主机 C 通信，则主机 A 生成一个分组，源地址 = FEDC:BA98::7654:3210，目标地址 = 格式前缀 ::132.146.243.30，这个地址是 NAT-PT 网关根据主机 C 的地址生成的 IPv6 地址。NAT-PT 网关对这个分组采用与 SIIT 同样的方法进行 IP 分组头的翻译。

如果发出的分组不是发起会话的分组，则 NAT-PT 网关应该已经存储了有关会话的状态信息，包括指定的 IPv4 地址以及其他有关的翻译参数。如果这些状态不存在，则分组被丢弃。

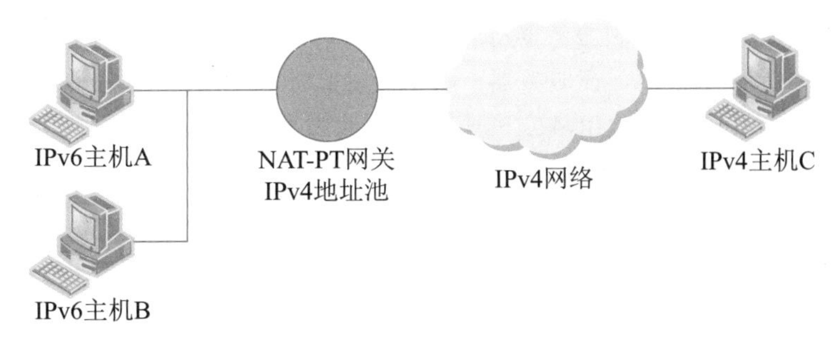

图 5-47　基本 NAT-PT

如果 IPv6 主机发出的是一个会话发起分组，则 NAT-PT 就从地址池中为其分配一个 IPv4 地址，并把分组翻译为 IPv4 分组。在会话持续期间，翻译参数被 NAT-PT 网关缓存起来，并维持 IPv6 到 IPv4 的映射。

NAT-PT 网关还要对返回的分组进行识别，要判断是否属于同一会话。NAT-PT 网关使用状态信息来翻译分组，产生的返回分组源地址 = 格式前缀 ::132.146.243.30，目标地址 = FEDC:BA98::7654:3210，这个分组可以在 IPv6 子网中进行路由。

第 2 个变种是 NAPT-PT，其中的 NAPT 表示网络地址 - 端口翻译，仍然是单向通信，但是扩展到了 TCP/UDP 端口的翻译，也包括 ICMP 询问标识符的翻译。这种技术可以实现 IPv6 主机的传输标识符到指定 IPv4 地址传输标识符的多路复用，即让一组 IPv6 主机共享同一 IPv4 地址。

第 3 个变种是双向 NAT-PT，这意味着双向通信，无论是 IPv6 主机还是 IPv4 主机，都可以向对方发起会话。当主机 C 要发起对主机 A 的会话时，因为它不能直接使用目标 IPv6 地址，这时要借助于 DNS-ALG（Application Level Gateway）来获取主机 A 的 IPv4 地址。假设主机 A 的域名为 www.A.com，则主机 C 首先向 IPv4 网络中的 DNS 服务器发出请求，要求对域名 www.A.com 进行解析。当请求到达 NAT-PT 网关后，网关将该请求转发给 IPv6 网络中的 DNS 服务器，这个过程包括了对报文地址类型的转换。IPv6 中的 DNS 服务器回应 NAT-PT 网关，说明该域名对应的 IPv6 地址为 FEDC:BA98::7654:3210。网关收到这个响应后在 IPv4 地址池中选择一个地址（例如 130.117.222.3）来替换 FEDC:BA98::7654:3210，并将该地址与 www.A.com 的对应关系告诉主机 C。于是，主机 C 知道了 www.A.com 对应的 IPv4 地址，就可以向主机 A 发送分组了。

协议翻译技术适用于 IPv6 孤岛与 IPv4 海洋之间的通信，这种技术要求一次会话中的双向数据包都在同一个路由器上完成转换，所以它只能适用于同一路由器连接的网络。这种技术的优点是不需要进行 IPv4 和 IPv6 终端的升级改造，只要求在 IPv4 和 IPv6 之间的网络转换设备上启用 NAT-PT 功能就可以了。但是在实现这种技术时，一些协议字段在转换时仍不能完全保持原有的含义，并且缺乏端到端的安全性。

5.3.3　双协议栈技术

双协议栈技术适用于同时实现了 IPv6 和 IPv4 两个协议栈的主机之间进行通信。在这种情况下，当主机发起通信时，DNS服务器将同时提供IPv6和IPv4两种地址，主机将根据具体情况使用适当的协议来建立通信。在服务器一边要同时监听IPv4和IPv6两种端口。这种技术要求每个主机要有一个IPv4地址，IPv4主机使用IPv6应用不存在任何问题。

双栈主机之间进行通信有下面两种方法：

- RFC 2767（2000）定义的BIS（Bump-In-the-Stack）。
- RFC 3338（2002）定义的BIA（Bump-In-the-API）。

1. BIS

在IPv4向IPv6过渡的初始阶段，网络中只有很少的IPv6应用。BIS是应用于IP安全域内的一种机制，适用于在开始过渡阶段利用现有的IPv4应用进行IPv6通信。

这种技术是在主机的TCP/IPv4模块与网卡驱动模块之间插入一些模块来实现IPv4与IPv6分组之间的转换，使得主机成为一个协议转换器。从外界看来，这样的主机就像是同时实现了IPv6和IPv4两个协议栈的主机一样，既可以与其他的IPv4主机通信，也可以与其他的IPv6主机通信，但这些通信都是基于现有的IPv4应用进行的。

BIS用3个模块来代替IPv6应用，这些模块是转换器、扩展名解析器和地址映射器，如图5-48所示。

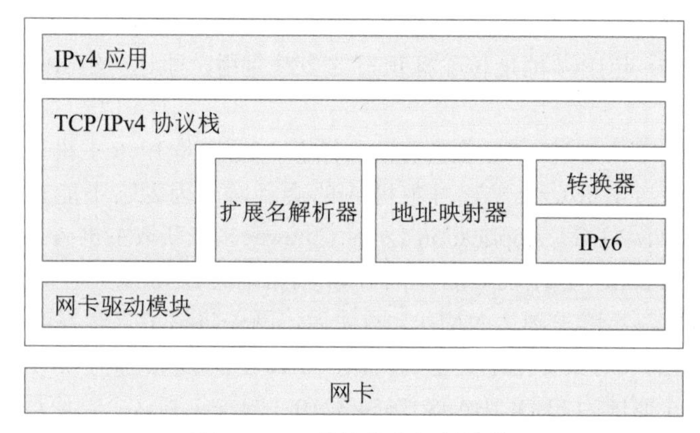

图5-48 双协议栈主机的结构

对3个模块的作用介绍如下：

转换器的作用是在IPv4地址与IPv6地址之间进行转换，转换的机制与SIIT定义的一样。当从IPv4应用接收到一个IPv4分组时，转换器把IPv4头转换为IPv6头，然后对IPv6分组进行分段（因为IPv6头比IPv4头长20个字节），并发送到IPv6网络中去。当接收到一个IPv6分组时，转换器进行相反的转换，但是不需要对生成的IPv4分组进行分段。

扩展名解析器对IPv4应用发出的请求返回一个“适当的”答案。应用通常向名字服务器发送请求，要求解析目标主机名的A记录。扩展名解析器根据这个请求生成另外一个查询请求，发往名字服务器，要求解析主机名的A记录和AAAA记录。如果A记录被解析，它向应用返回A记录，这时不需要进行地址转换。如果只有AAAA记录被解析，则它向地址映射器发出请求，要求为IPv6地址指定一个对应的IPv4地址，然后对指定的IPv4地址生成一个A记录，并将其返回给应用。

地址映射器维护一个 IPv4 地址池，同时维护一个由 IPv4 地址与 IPv6 地址对组成的表。当解析器或转换器要求为一个 IPv6 地址指定一个 IPv4 地址时，它从地址池中选择一个 IPv4 地址，并动态地注册一个新的表项。当出现下面两种情况时会启动注册过程：

（1）解析器只得到目标主机名的 AAAA 记录，并且表中不存在 IPv6 地址的映射表项。

（2）转换器接收到 IPv6 分组，并且表中不存在 IPv6 地址的映射表项。

在映射表初始化时，地址映射器注册它自己的一对 IPv4 地址与 IPv6 地址。

2. BIA

BIA 是在 IPv4 Socket 应用与 IPv6 Socket 应用之间进行翻译的技术。BIA 要求在 Socket 应用模块与 TCP/IP 模块之间插入 API 转换器，这样建立的双栈主机不需要在 IP 头之间进行翻译，使得转换过程得到简化。

当双栈主机中的 IPv4 应用要与另外一个 IPv6 主机进行通信时，API 转换器检测到 IPv4 应用中的 Socket API 功能，于是就启动 IPv6 Socket API 功能与目标 IPv6 主机进行通信。相反的通信过程是类似的。为了支持 IPv4 应用与目标 IPv6 主机进行通信，API 转换器中的名字解析器将从缓存中选择一个 IPv4 地址并赋予目标 IPv6 主机。如图 5-49 所示是安装 BIA 的双协议栈主机的体系结构。

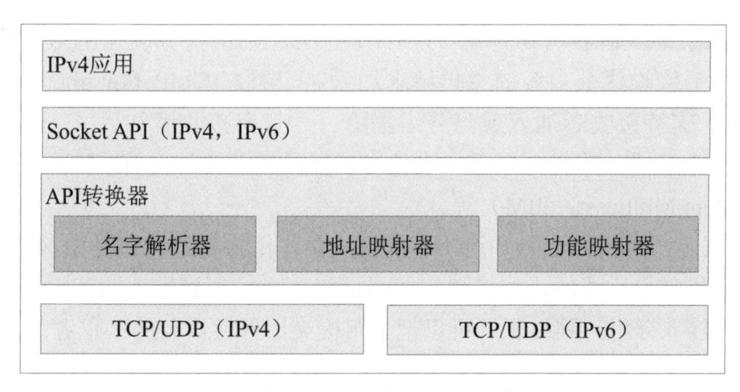

图 5-49　安装 BIA 的双协议栈主机的体系结构

图 5-49 中的 API 转换器由 3 个模块组成。功能映射器的作用是在 IPv4 Socket API 功能与 IPv6 Socket API 功能之间进行转换。当检测到来自 IPv4 应用的 IPv6 Socket API 功能时，它就解释这个功能调用，启动新的 IPv6 Socket API 功能，并以此来与目标 IPv6 主机进行通信。当从 IPv6 主机接收的数据中检测到 IPv6 Socket API 功能时做相反的解释和转换。

名字解析器的作用是在收到 IPv4 应用请求时给出适当的响应。当 IPv4 应用试图通过解析器来进行名字解析时，BIA 就截取这个功能调用，转向调用 IPv6 的等价功能，以便解析目标主机的 A 记录或 AAAA 记录。

地址映射器与 BIS 中的地址映射器相同。

5.4 IP组播技术

通常，一个IP地址代表一个主机，但D类IP地址指向网络中的一组主机。由一个源向一组主机发送信息的传输方式称为组播（Multicast）。现在，越来越多的多媒体网站利用IP组播技术提供公共服务，例如IPTV、网络会议、在线直播、远程教育、商业股票交易等。

5.4.1 组播模型概述

局域网中有一类MAC地址是组播地址，局域网又是广播式通信网络，在局域网中实现组播是轻而易举的事情。但是在互联网中实现组播却不是那么简单，这主要是基于下面的理由：

（1）不能用广播的方式向所有组成员发送分组，因为广播数据包只能在同一子网内传输，路由器会封锁本地子网的边界，禁止跨子网的广播通信。

（2）即使采用广播方式在同一子网中发送组播数据包，也会产生冗余的流量，浪费网络带宽，影响非组播成员之间的通信。

（3）如果采用单播方式向所有组播成员逐个发送分组，也会产生多余的分组，特别是在接近源站的链路上要多次传送仅仅是目标地址不同的多个分组。

组播技术克服了上述方法的缺点。每一个组播组被指定了一个D类地址作为组标识符。组播源利用组地址作为目标地址来发送分组，组播成员向网络发出通知，声明它期望加入的组的地址。例如，如果某个内容与组地址239.1.1.1有关，则组播源发送的数据报的目标地址就是239.1.1.1，而期望接收这个内容的主机请求加入这个组。IGMP（Internet Group Management Protocol）协议用于支持接收者加入或离开组播组。一旦有接收者加入了一个组，就要为这个组在网络中构建一个组播分布树。用于生成和维护组播树的协议有许多种，例如独立组播协议（Protocol Independent Multicast，PIM）等。

在IP组播模式下，组播源无须知道所有的组成员，组播树的构建是由接收者驱动的，是由最接近接收者的网络节点完成的，这样建立的组播树可以扩展到很大的范围。有人形容IP组播模型是：你在一端注入分组，网络正好可以把分组提交给任何需要的接收者。

组播成员可以来自不同的物理网络。组播技术的有效性在于：在把一个组播分组提交给所有组播成员时，只有与该组有关的中间节点可以复制分组，在通往各个组成员的网络链路上只传送分组一个副本。所以利用组播技术可以提高网络传输的效率，减少主干网拥塞的可能性。实现IP组播的前提是组播源和组成员之间的下层网络必须支持组播，包括下面的支持功能：

- 主机的TCP/IP实现支持IP组播。
- 主机的网络接口支持组播。
- 需要一个组管理协议（IGMP协议），使得主机能够自由地加入或离开组播组。
- IP地址分配策略能够将第三层组播地址映射到第二层MAC地址。
- 主机中的应用软件应支持IP组播功能。
- 所有介于组播源和组成员之间的中间节点都支持组播路由协议。

IP组播技术已经得到了软/硬件厂商的广泛支持，现在生产的以太网卡、路由器、智能手机、平板等都支持 IP 组播功能。对于网络中不支持 IP 组播的老式路由器可以采用 IP 隧道技术作为过渡的方案。

5.4.2　组播地址

1. IP 组播地址的分类

IPv4 的 D 类地址是组播地址，用作一个组的标识符，其地址范围是 224.0.0.0 ～ 239.255.255.255。按照约定，D 类地址被划分为 3 类：

- 224.0.0.0～224.0.0.255：保留地址，用于路由协议或其他下层拓扑发现协议以及维护管理协议等，例如224.0.0.1代表本地子网中的所有主机，224.0.0.2代表本地子网中的所有路由器，224.0.0.5代表所有OSPF路由器，224.0.0.9代表所有RIP 2路由器，224.0.0.12代表所有DHCP服务器或中继代理，224.0.0.13代表所有支持PIM的路由器等。
- 224.0.1.0～238.255.255.255：用于全球范围的组播地址分配，可以把这个范围的D类地址动态地分配给一个组播组，当一个组播会话停止时，其地址被收回，以后还可以分配给新出现的组播组。
- 239.0.0.0～239.255.255.255：在管理权限范围内使用的组播地址，限制了组播的范围，可以在本地子网中作为组播地址使用。

2. 以太网组播地址

通常有两种组播地址：一种是 IP 组播地址，另一种是以太网组播地址。IP 组播地址在互联网中标识一个组，把 IP 组播数据报封装到以太帧中时要把 IP 组播地址映像到以太网的 MAC 地址，其映像方式是把 IP 地址的低 23 位复制到 MAC 地址的低 23 位，如图 5-50 所示。

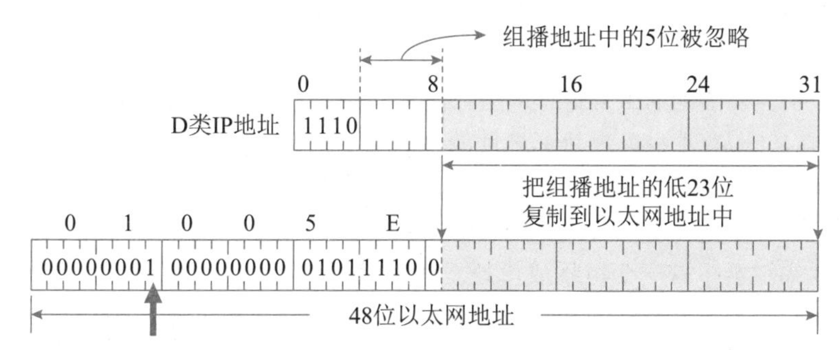

图 5-50　组播地址与 MAC 地址的映像

为了避免使用 ARP 协议进行地址分解，IANA 保留了一个以太网地址块 0x0100.5E00.0000 用于映像 IP 组播地址，所以 MAC 组播地址的范围是 0x0100.5E00.0000 ～ 0x0100.5E7F.FFFF，其中第 1 个字节的最低位是 I/G（Individual/Group），应设置为“1”，以表示以太网组播。

按照这种地址映像方式，IP 地址的 5 位被忽略，造成了 32 个不同的组播地址对应于同一个 MAC 地址，因而产生地址重叠现象。例如，考虑表 5-11 所示的两个 D 类地址，由于最后的 23 位是相同的，所以会被映像为同一个 MAC 地址 0x0100.5E1A.0A05。

表 5-11 组播地址重叠的例子

十进制表示	二进制表示	十六进制表示
224.26.10.5	11100000.00011010.00001010.00000101	0x E0.1A.0A.05
236.154.10.5	11101100.10011010.00001010.00000101	0x EC.9A.0A.05

虽然从数学上说，可能有 32 个 IP 组播地址会产生重叠，但是在现实中却是很少发生的。即使不幸出现了地址重叠情况，其影响就是有的站收到了不期望接收的组播分组，这比所有站都收到了组播分组的情况要好得多。在设计组播系统时要尽量避免多个 IP 组播地址对应同一个 MAC 地址的情况出现，同时，用户在收到组播以太帧时，要通过软件检查 IP 源地址字段，以确定是否为期望接收的组播源的地址。

5.4.3 因特网组管理协议

IGMP 是在 IPv4 环境中提供组管理的协议，参加组播的主机和路由器利用 IGMP 交换组播成员资格信息，以支持主机加入或离开组播组。在 IPv6 环境中，组管理协议已经合并到 ICMPv6 协议中，不再需要单独的组管理协议。

参加组播的主机要使本地 LAN 中的所有主机和路由器都知道它是某个组的成员。在 IGMPv3 中引入了主机过滤能力，主机可以利用这种方式通知网络，它期望接收某些特殊的源发送的分组（INCLUDE 模式），或者它期望接收除某些特殊的源之外的所有其他源发出的分组（EXCLUDE 模式）。为了加入一个组，主机要发送成员资格报告报文，其中的组播地址字段包含了它要加入的组地址，封装这个 IGMP 报文的 IP 数据报的目标地址字段也使用同样的组地址。于是，这个组的所有成员主机都会接收到这个分组，从而都知道了新加入的组成员。本地 LAN 中的路由器必须监听所有的 IP 组播地址，以便接收所有组成员的报告报文。

为了维护一个当前活动的组播地址列表，组播路由器要周期性地发送 IGMP 通用询问报文，封装在以 224.0.0.1（所有主机）为目标地址的 IP 数据报中。仍然希望保持一个或多个组成员身份的主机必须读取这种数据报，并且对其保持成员身份的组回答一个报告报文。

在以上描述的过程中，组播路由器无须知道组播组中的每一个主机的地址，对于一个组播组，它只需要知道至少有一个组播成员处于活动状态就可以了，因而，接收到询问报文的每个组成员可以设置一个具有随机时延的计时器，任何主机在了解到本组中已经有其他主机声明了成员身份后将不再做出响应。如果没有看到其他主机的报告，并且计时器已经超时，则这个主机要发出一个报告报文。利用这种机制，每个组只有一个成员对组播路由器的询问返回报告报文。

当主机要离开一个组时，它向所有路由器（224.0.0.2）发送一个组离开报告，其中的记录类型为 EXCLUDE，源地址列表为空，其含义是该组所有的组播源都被排除。图 5-51 表示主机要离开组 239.1.1.1。当一个路由器收到这样的报告时，它要确定该组是否还有其他成员存在，这时可以利用组和源专用的询问报文。

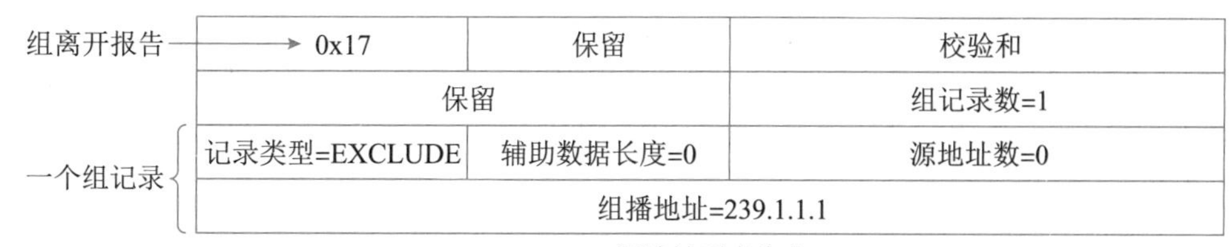

图 5-51　组离开报告

一个支持组播的主机可能不是任何组的成员，也可能已经加入了某个组，成为该组的成员。当主机加入了一个组后，它可能处于活动状态，或处于闲置状态，这两个状态之间的区别为是否运行该组的报告延迟计时器。主机的状态转换如图 5-52 所示。

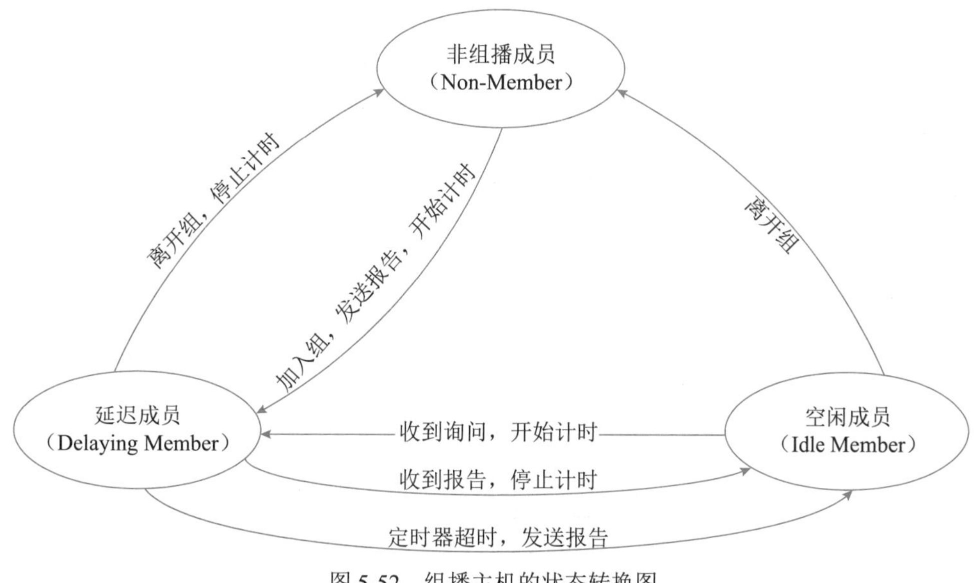

图 5-52　组播主机的状态转换图

5.5　TCP 和 UDP 协议

在 TCP/IP 协议簇中有两个传输协议，即传输控制协议（Transmission Control Protocol，TCP）和用户数据报协议（User Datagram Protocol，UDP）。TCP 是面向连接的，而 UDP 是无连接的。本节详细讨论 TCP 协议的控制机制，并简要介绍 UDP 协议的特点。

5.5.1　TCP服务

TCP 协议提供面向连接的、可靠的传输服务，适用于各种可靠的或不可靠的网络。TCP 用户送来的是字节流形式的数据，这些数据缓存在 TCP 实体的发送缓冲区中。一般情况下，TCP 实体自主地决定如何把字节流分段，组成 TPDU 发送出去。在接收端，也是由 TCP 实体决定何时把积累在接收缓冲区中的字节流提交给用户。分段的大小和提交的频率是由具体的实现根据性能和开销权衡决定的，TCP 规范中没有定义。显然，即使两个 TCP 实体的实现不同，也可以互操作。

另外，TCP 也允许用户把字节流分成报文，用推进（PUSH）命令指出报文的界限。发送端 TCP 实体把 PUSH 标志之前的所有未发数据组成 TPDU 立即发送出去，接收端 TCP 实体同样根据 PUSH 标志决定提交的界限。

5.5.2 TCP协议

TCP 只有一种类型的 PDU，叫作 TCP 段，段头（也叫 TCP 头或传输头）的格式如图 5-53 所示，其中的字段如下。

<table>
<tr><td colspan="8">源端口</td><td>目标端口</td></tr>
<tr><td colspan="9">发送顺序号</td></tr>
<tr><td colspan="9">接收顺序号</td></tr>
<tr><td>偏置值</td><td>保留</td><td>URG</td><td>ACK</td><td>PSH</td><td>RST</td><td>SYN</td><td>FIN</td><td>窗口</td></tr>
<tr><td colspan="8">校验和</td><td>紧急指针</td></tr>
<tr><td colspan="9">任选项+补丁</td></tr>
<tr><td colspan="9">用户数据</td></tr>
</table>

图 5-53 TCP 传输头格式

（1）源端口（16 位）：说明源服务访问点。

（2）目标端口（16 位）：表示目标服务访问点。

（3）发送顺序号（32 位）：本段中第一个数据字节的顺序号。

（4）接收顺序号（32 位）：捎带接收的顺序号，指明接收方期望接收的下一个数据字节的顺序号。

（5）偏置值（4 位）：传输头中 32 位字的个数。因为传输头有任选部分，长度不固定，所以需要偏置值。

（6）保留字段（6 位）：未用，所有实现必须把这个字段置全 0。

（7）标志字段（6 位）：表示各种控制信息。其中：

- URG：紧急指针有效。
- ACK：接收顺序号有效。
- PSH：推进功能有效。
- RST：连接复位为初始状态，通常用于连接故障后的恢复。
- SYN：对顺序号同步，用于连接的建立。
- FIN：数据发送完，连接可以释放。

（8）窗口（16 位）：为流控分配的信息量。

（9）校验和（16 位）：段中所有 16 位字按模 $2^{16}-1$ 相加的和，然后取 1 的补码。

（10）紧急指针（16 位）：从发送顺序号开始的偏置值，指向字节流中的一个位置，此位置之前的数据是紧急数据。

（11）任选项（长度可变）：目前只有一个任选项，即建立连接时指定的最大段长。

（12）补丁：补齐 32 位字边界。

下面对某些字段做进一步解释。端口编号用于标识 TCP 用户，即上层协议，一些经常使用的上层协议都有固定的端口号，例如 Telnet（远程终端协议）、FTP（文件传输协议）或 SMTP（简单邮件传输协议）等，这些公用端口号可以在 RFC（Request For Comment）中查到，任何实现都应该按规定保留这些公用端口编号，除此之外的其他端口编号由具体实现分配。

前面提到，TCP 是对字节流进行传送，因而发送顺序号和接收顺序号都是指字节流中的某个字节的顺序号，而不是指整个段的顺序号。例如，某个段的发送顺序号为 1000，其中包含 500 个数据字节，则段中第一个字节的顺序号为 1000，按照逻辑顺序，下一个段必然从第 1500 个数据字节处开始，其发送顺序号应为 1500。为了提高带宽的利用率，TCP 采用积累接收的机制。例如，从 A 到 B 传送了 4 个段，每段包含 20 个数据字节，这 4 个段的接收顺序号分别为 30、50、70 和 90。在第 4 次传送结束后，B 向 A 发回一个 ACK 标志置位的段，其中的接收顺序号为 110（即 90+20），一次接收了 4 次发送的所有字节，表示从起始字节到 109 字节都已正确接收。

同步标志 SYN 用于连接建立阶段。TCP 用三次握手过程建立连接，首先是发起方发送一个 SYN 标志置位的段，其中的发送顺序号为某个值 X，称为初始顺序号（Initial Sequence Number，ISN），接收方以 SYN 和 ACK 标志置位的段响应，其中的接收顺序号应为 X+1（表示期望从第 X+1 个字节处开始接收数据），发送顺序号为某个值 Y（接收端指定的 ISN）。这个段到达发起端后，发起端以 ACK 标志置位、应答顺序号为 Y+1 的段回答，连接就正式建立了。可见，所谓初始顺序号就是收发双方对连接的标识，也与字节流的位置有关。因而对发送顺序号更准确的解释应该是：当 SYN 未置位时，表示本段中第一个数据字节的顺序号；当 SYN 置位时，它是初始顺序号（ISN），而段中第一个数据字节的顺序号应为 ISN+1，正好与接收方期望接收的数据字节的位置对应，如图 5-54 所示。

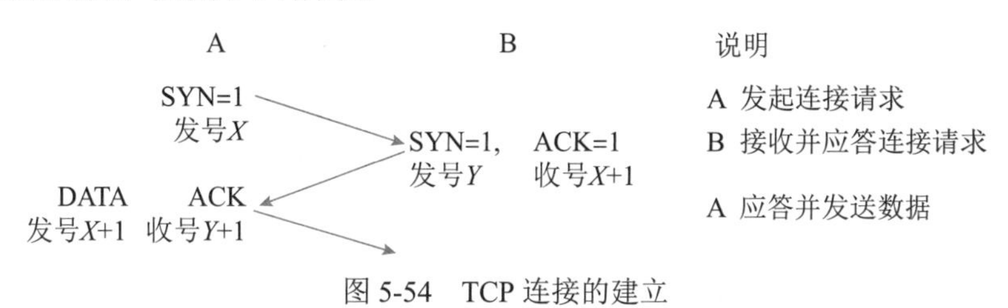

图 5-54　TCP 连接的建立

所谓紧急数据，是指 TCP 用户认为很重要的数据，例如键盘中断等控制信号。当 TCP 段中的 URG 标志置位时，紧急指针表示距离发送顺序号的偏置值，在这个字节之前的数据都是紧急数据。紧急数据由上层用户使用，TCP 只是尽快地把它提交给上层协议。

窗口字段表示从应答顺序号开始的数据字节数，即接收端期望接收的字节数，发送端根据这个数字扩大自己的窗口。窗口字段、发送顺序号和应答顺序号共同实现滑动窗口协议。

源地址		
目标地址		
0	协议	段长
传输头		
用户数据		

图 5-55　TCP 校验和的校验范围

校验和的校验范围包括整个 TCP 段和伪段头（Pseudo-header），如图 5-55 所示，伪段头是 IP 头的一部分。伪段头和 TCP 段一起处理有一个好处，如果IP把TCP段提交给错误的主机，TCP实体可根据伪段头中的源地址和目标地址字段检查出错误。

由于TCP是和IP配合工作的，所以有些用户参数由TCP直接传送给IP层处理，这些参数包含在IP头中，例如优先级、延迟时间、吞吐率、可靠性和安全级别等。TCP头和IP头合在一起，代表了传送一个数据单元的开销，共40个字节。

图5-56所示为TCP的连接状态图。事实上，在TCP协议的运行过程中，有多个连接处于不同的状态。

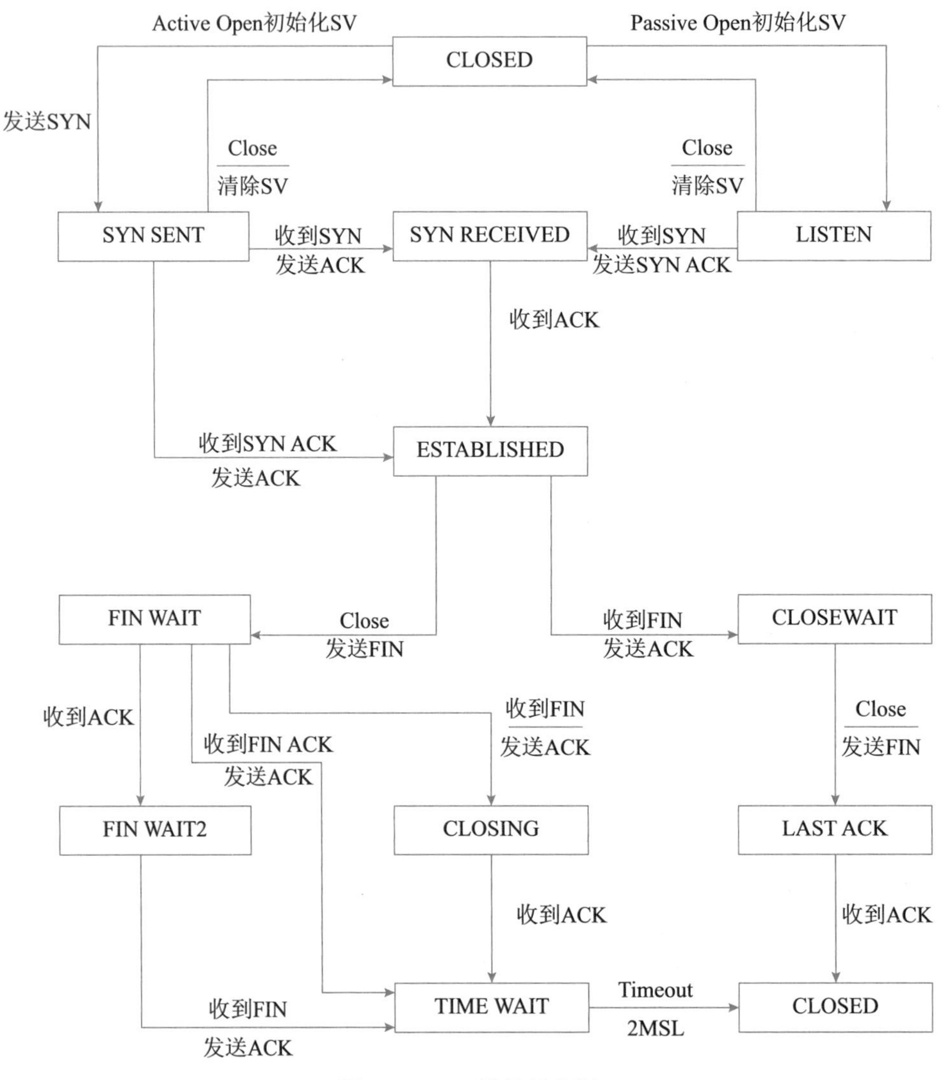

图5-56 TCP连接状态图

5.5.3 UDP协议

UDP也是常用的传输层协议，它对应用层提供无连接的传输服务，虽然这种服务是不可靠的、不保证顺序的提交，但这并没有减少它的使用价值。相反，由于协议开销少而在很多场合相当实用，特别是在网络管理方面，大多使用UDP协议。

UDP运行在IP协议层之上，由于它不提供连接，所以只是在IP协议之上加上端口寻址功能，这个功能表现在UDP头上，如图5-57所示。

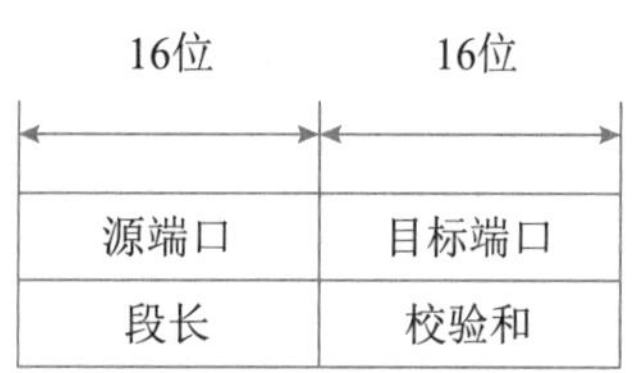

图5-57 UDP头

UDP头包含源端口号和目标端口号。段长指整个UDP段的长度，包括头部和数据部分。校验和与TCP相同，但是任选的，如果不使用校验和，则这个字段置0。由于IP的校验和只作用于IP头，并不包括数据部分，所以当UDP的校验和字段为0时，实际上对用户数据不进行校验。

5.5.4 端口地址

Internet地址分为3级，可表示为“网络地址・主机地址・端口地址”的形式。其中，网络地址和主机地址就是IPv4地址；端口地址就是TCP或UDP地址，用于表示上层进程的服务访问点。TCP/IP网络中的大多数公共应用进程都有专用的端口号，这些端口号是由IANA（Internet Assigned Numbers Authority）指定的，其值小于1024，而用户进程的端口号一般大于1024。表5-12中列出了主要的专用端口号，许多网络操作系统保护这些端口号，限制用户进程使用。

表5-12 固定分配的专用端口号

端口号	描述	端口号	描述
1	TCP Port Service Multiplexer（TCPMUX）	79	Finger
5	Remote Job Entry（RJE），远程作业	80	HTTP超文本传输协议
7	ECHO，回声	103	X.400 Standard，电子邮件标准
18	Message Send Protocol（MSP），报文发送协议	108	SNA Gateway Access Server
20	FTP-Data，文件传输协议	109	POP2
21	FTP-Control，文件传输协议	110	POP3
22	SSH Remote Login Protocol，远程登录	115	Simple File Transfer Protocol（SFTP）
23	Telnet，远程登录	118	SQL Services
25	Simple Mail Transfer Protocol（SMTP）	119	Newsgroup（NNTP）
29	MSG ICP	137	NetBIOS Name Service
37	Time	139	NetBIOS Datagram Service
42	Host Name Server（Nameserv），主机名字服务	143	Interim Mail Access Protocol（IMAP）
43	WhoIs	150	NetBIOS Session Service
49	Login Host Protocol（Login）	156	SQL Server
53	Domain Name System（DNS），域名系统	161	SNMP，简单网络管理协议
69	Trivial File Transfer Protocol（TFTP）	179	Border Gateway Protocol（BGP），边界网关协议
70	Gopher Services	190	Gateway Access Control Protocol（GACP）

（续表）

端口号	描述	端口号	描述
194	Internet Relay Chat（IRC）	458	Apple QuickTime
197	Directory Location Service（DLS）	546	DHCP Client，动态主机配置协议，客户端
389	Lightweight Directory Access Protocol（LDAP）	547	DHCP Server，动态主机配置协议，服务器端
396	Novell Netware over IP	563	SNEWS
443	HTTPS	569	MSN
444	Simple Network Paging Protocol（SNPP）	1080	Socks
445	Microsoft-DS		

5.6 路由协议与路由器技术

在 Internet 中数据能够到达目的主机，是由路由器中运行相应的路由协议，即执行复杂的路由算法，相互之间交换路由信息，形成路由表，然后再根据路由表为数据包选择最佳的到达目的网络的路径的。本节介绍路由协议和路由器中其他的相关技术。

5.6.1 路由协议的分类

自治系统是由同构型的网关连接的因特网，这样的系统往往是由一个网络管理中心控制的。根据路由协议运行在自治系统的内部和外部，可以分为内部网关协议和外部网关协议两种。运行在一个自治系统内部的路由协议称为内部网关协议（Interior Gateway Protocol，IGP）；运行在不同自治系统之间的路由协议称为外部网关协议（Exterior Gateway Protocol，EGP）。内部网关协议和外部网关协议的示意图如图 5-58 所示。

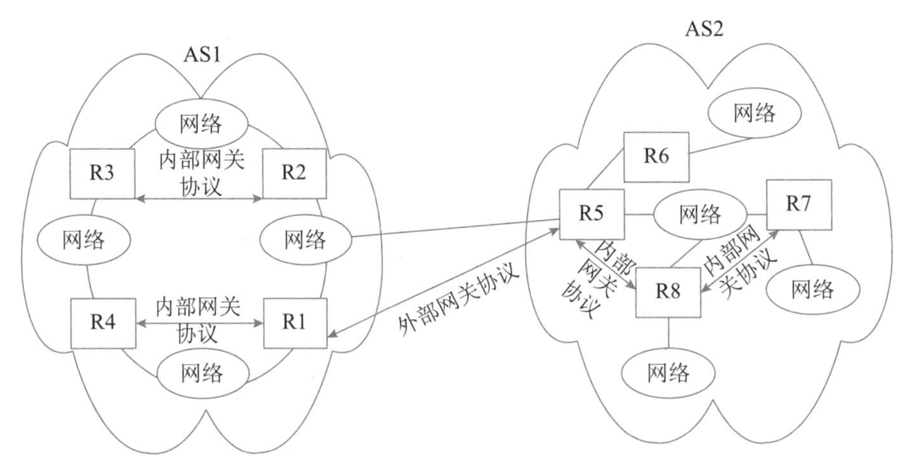

图 5-58 内部网关协议和外部网关协议

内部网关协议有路由信息协议（Routing Information Protocol，RIP）、开放最短路径优先协议（Open Shortest Path First，OSPF）、中间系统到中间系统的协议（Intermediate System to Intermediate System，IS-IS）、内部网关路由协议（Interior Gateway Routing Protocol，IGRP）和增强的 IGRP 协议（Enhanced IGRP，EIGRP）等，最后两种是思科公司的专利协议。

外部网关协议有 EGP 和 BGP 协议两种，其中 EGP 协议已被 BGP 协议取代。

5.6.2　内部网关协议

1. 路由信息协议

RIP 的原型最早出现在 UNIX Berkley 4.3BSD 中，它采用 Bellman-Ford 的距离矢量路由算法，用于在 ARPANET 中计算最佳路由，现在的 RIP 作为内部网关协议运行在基于 TCP/IP 的网络中。RIP 适用于小型网络，因为它允许的跳步数不超过 15 步。

1）RIPv1

RIP 分为两个版本。RIPv1（RFC 1058，1988）是早期的路由协议，现在仍然广泛使用。RIPv1 使用本地广播地址 255.255.255.255 发布路由信息，默认的路由更新周期为 30s，持有时间（Hold-Down Time）为 180s。也就是说，RIP 路由器每 30s 向所有邻居发送一次路由更新报文，如果在 180s 之内没有从某个邻居接收到路由更新报文，则认为该邻居已经不存在了。这时如果从其他邻居收到了有关同一目标的路由更新报文，则用新的路由信息替换已失效的路由表项，否则，对应的路由表项被删除。

RIP 以跳步计数（Hop Count）来度量路由费用，显然这不是最好的度量标准。例如，若有两条到达同一目标的连接，一条是经过两跳的 10M 以太网连接，另一条是经过一跳的 64k WAN 连接，则 RIP 会选取 WAN 连接作为最佳路由。在 RIP 协议中，15 跳是最大跳数，16 跳是不可到达网络，经过 16 跳的任何分组将被路由器丢弃。

RIPv1 是有类别的协议（Classful Protocol），这意味着配置 RIPv1 时必须使用 A、B 或 C 类 IP 地址和子网掩码，例如不能把子网掩码 255.255.255.0 用于 B 类网络 172.16.0.0。

对于同一目标，RIP 路由表项中最多可以有 6 条等费用的通路，虽然默认是 4 条。RIP 可以实现等费用通路的负载均衡（Equal-Cost Load Balancing），这种机制提供了链路冗余功能，以应对可能出现的连接失效，但是 RIP 不支持不等费用通路的负载均衡，这种功能出现在后来的 IGRP 和 EIGRP 中。

2）RIPv2

RIPv2 是增强了的 RIP 协议，定义在 RFC 1721 和 RFC 1722（1994）中。RIPv2 基本上还是一个距离矢量路由协议，但是有 3 个方面的改进。首先，它使用组播而不是广播来传播路由更新报文，并且采用了触发更新（Triggered Update）机制来加速路由收敛，即出现路由变化时立即向邻居发送路由更新报文，而不必等待更新周期到达。其次，RIPv2 是一个无类别的协议（Classless Protocol），可以使用可变长子网掩码（VLSM），也支持无类别域间路由（CIDR），这些功能使得网络的设计更具伸缩性。再次，RIPv2 支持认证，使用经过散列的口令字来限制路由更新信息的传播。其他方面的特性与第一版相同，例如以跳步计数来度量路由费用，允许的最大跳步数为 15 等。

3）路由收敛和水平分割

距离矢量算法要求相邻的路由器之间周期性地交换路由表，并通过逐步交换把路由信息扩散到网络中所有的路由器。这种逐步交换过程如果不加以限制，将会形成路由环路（Routing Loops），使得各个路由器无法就网络的可到达性取得一致。

例如，在图5-59中，路由器R1、R2、R3的路由表已经收敛，每个路由表的后两项是通过交换路由信息学习到的。如果在某一时刻，网络10.4.0.0发生故障，R3检测到故障，并通过接口S0把故障通知给R2。然而，如果R2在收到R3的故障通知前将其路由表发送到R3，则R3会认为通过R2可以访问10.4.0.0，并据此将路由表中的第二条记录修改为（10.4.0.0，S0，2）。这样一来，路由器R1、R2、R3都认为通过其他的路由器存在一条通往10.4.0.0的路径，结果导致目标地址为10.4.0.0的数据包在3个路由器之间来回传递，从而形成路由环路。

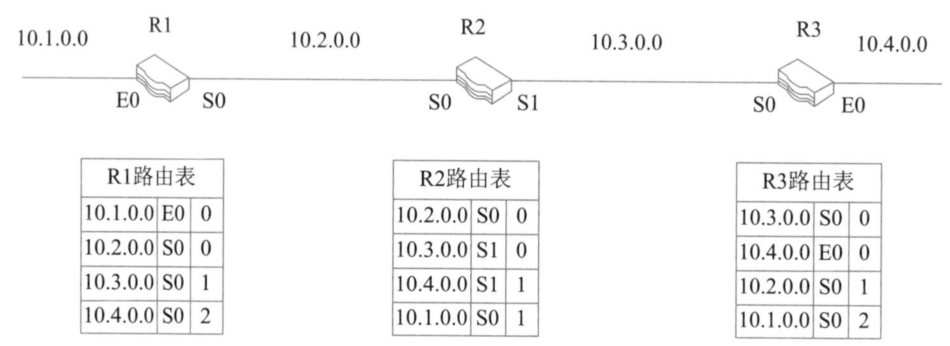

R1路由表		
10.1.0.0	E0	0
10.2.0.0	S0	0
10.3.0.0	S0	1
10.4.0.0	S0	2

R2路由表		
10.2.0.0	S0	0
10.3.0.0	S1	0
10.4.0.0	S1	1
10.1.0.0	S0	1

R3路由表		
10.3.0.0	S0	0
10.4.0.0	E0	0
10.2.0.0	S0	1
10.1.0.0	S0	2

图5-59　路由表的内容

解决路由环路问题可以采用水平分割法（Split Horizon）。这种方法规定，路由器必须有选择地将路由表中的信息发送给邻居，而不是发送整个路由表。具体地说，一条路由信息不会被发送给该信息的来源。这里对图5-59中R2的路由表项加上一些注释，如图5-60所示，可以看出，每一条路由信息都不会通过其来源接口向外发送，这样就可以避免环路的产生。

R2路由表			
10.2.0.0	S0	0	不发送给R1
10.3.0.0	S1	0	不发送给R3
10.4.0.0	S1	1	不发送给R3
10.1.0.0	S0	1	不发送给R1

图5-60　路由信息选择发送

简单的水平分割方案是：不能把从邻居学习到的路由发送给那个邻居。带有反向毒化的水平分割方案（Split Horizon with Poisoned Reverse）是：把从邻居学习到的路由费用设置为无限大，并立即发送给那个邻居。采用反向毒化的水平分割方案更安全一些，它可以立即中断环路。相反，简单的水平分割方案则必须等待一个更新周期才能中断环路的形成。

另外，前面提到的触发更新技术也能加快路由收敛，如果触发更新足够及时，即路由器R3在接收R2的更新报文之前把网络10.4.0.0的故障告诉R2，则也可以防止环路的形成。

4）RIP报文格式

RIPv2报文封装在UDP数据报中发送，占用端口号520，报文格式如图5-61所示。报文包含4个字节的报头，然后是若干个路由记录。RIP报文最多可携带25个路由记录，每个路由记录20个字节。

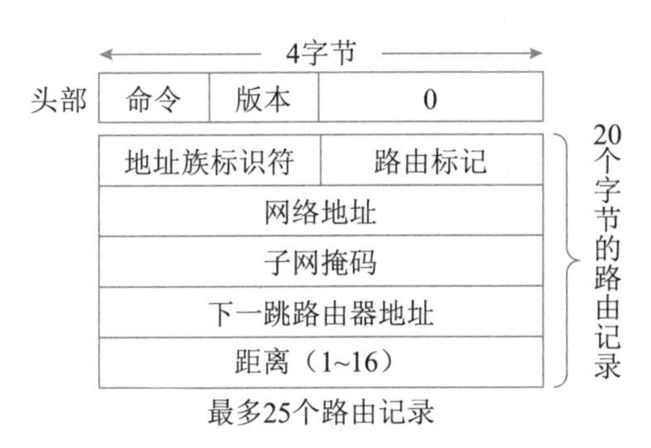

图 5-61　RIPv2 报文格式

其中各个字段的解释如下：

- 命令：用于区分请求和响应报文。
- 版本：可以是RIP第一版或第二版，两种版本报文格式相同。
- 地址族标识符：对于IP协议，该字段为2。
- 路由标记：用于区别内部或外部路由，用16位的AS编号来区分从其他自治系统学习到的路由。
- 网络地址：表示目标IP地址。
- 子网掩码：对于RIPv2，该字段是对应网络地址的子网掩码；对于RIPv1，该字段是0，因为RIPv1默认使用A、B、C类地址的子网掩码。
- 下一跳路由器地址：表示下一跳的地址。
- 距离：表示到达目标的跳步数。

IPv6 单播路由协议与 IPv4 类似，有些是在原有协议基础上进行了简单的扩展，有些则完全是新的版本。

2. RIPng

下一代 RIP 协议（RIPng）是对原来的 RIPv2 的扩展。大多数 RIP 的概念都可以用于 RIPng。为了在 IPv6 网络中应用，RIPng 对原有的 RIP 协议进行了以下修改：

- UDP端口号：使用UDP的521端口发送和接收路由信息。
- 组播地址：使用FF02::9作为链路本地范围内的RIPng路由器组播地址。
- 路由前缀：使用128位的IPv6地址作为路由前缀。
- 下一跳地址：使用128位的IPv6地址。

3. OSPF 协议

OSPF（RFC 2328，1998）是一种链路状态协议，用于在自治系统内部的路由器之间交换路由信息。OSPF 具有支持大型网络、占用网络资源少、路由收敛快等优点，在目前的网络配置中占有很重要的地位。

距离矢量协议发布自己的路由表，交换的路由信息量很大。链路状态协议与之不同，它是从各个路由器收集链路状态信息，构造网络拓扑结构图，使用 Dijkstra 的最短通路优先算法

（Shortest Path First，SPF）计算到达各个目标的最佳路由。

链路状态协议与距离矢量协议发布路由信息的方式也不同，距离矢量协议是周期性地发布路由信息，而链路状态协议是在网络拓扑发生变化时才发布路由信息，而且 OSPF 采用 TCP 连接发送报文，每个报文都要求应答，因而通信更加可靠。

为了适应大型网络配置的需要，OSPF 协议引入了“分层路由”的概念。如果网络规模很大，则路由器要学习的路由信息很多，对网络资源的消耗很大，所以典型的链路状态协议都把网络划分成较小的区域（Area），从而限制了路由信息传播的范围。每个区域就如同一个独立的网络，区域内的路由器只保存该区域的链路状态信息，使得路由器的链路状态数据库可以保持合理的大小，路由计算的时间和报文数量都不会太大。OSPF 主干网负责在各个区域之间传播路由信息。

如图 5-62 所示的网络拓扑中，OSPF 网络划分成 3 个区域，其中，路由器 R2、R3 和 R4 组成的区域 0 为骨干区域，骨干区域的拓扑结构对所有的跨区域的路由器都是可见的，区域 1 和区域 2 为非骨干区域，区域 1 和区域 2 需要通过区域 0 交换路由信息。R1、R3 和 R5 为 IR 路由器，R2、R4 为 ABR 路由器，R6 为 ASBR 路由器，R2、R3 和 R4 为骨干路由器。

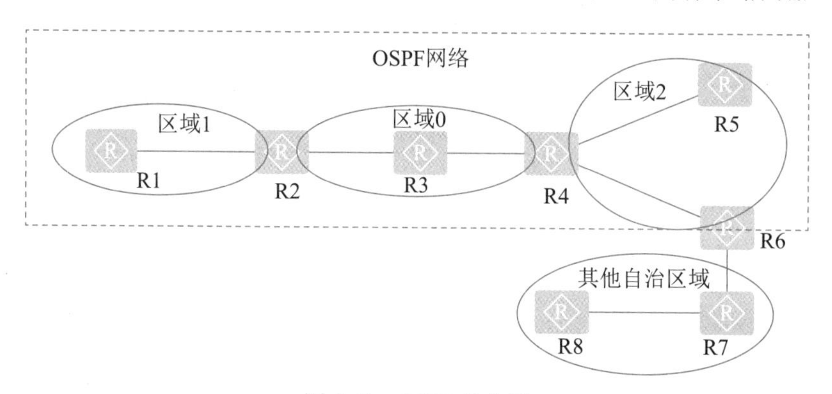

图 5-62 OSPF 的分区

1）OSPF 区域

每个 OSPF 区域被指定了一个 32 位的区域标识符，可以用点分十进制表示，例如主干区域的标识符可表示为 0.0.0.0。OSPF 的区域分为普通区域和特殊区域两大类，普通区域分为骨干区域和标准区域，而特殊区域可分为末节区域、完全末节区域、非完全末节区域、完全非完全末节区域，不同类型的区域对由自治系统外部传入的路由信息的处理方式不同。

- 骨干区域（主干区域）：骨干区域是连接各个区域的传输网络，其他区域都通过骨干区域交换路由信息。
- 标准区域：标准区域可以接收任何链路更新信息和路由汇总信息。
- 末节区域（Stub 区域）：对于处于AS边界的非骨干区域，可以通过配置为 Stub 区域不接收本地自治系统以外的路由信息，即无法接收 Type-4 和 Type-5 的 LSA，减少网络中的 LSA（链路状态公告），同时也使该区域内的 IR 路由器无法学习到外部路由信息，故对自治系统以外的目标默认下一跳为该区域的 ABR。
- 完全末节区域（Totally Stub 区域）：在 Stub 区域的基础上，继续减少网络中的 LSA，只保留本区域的 Type-1 和 Type-2 以及ABR下发的 Type-3 的缺省 LSA，不再接收域间路由信息，即 Type-3 的 LSA 无法在该区域泛洪，发送到本地区域外的报文默认下一跳为该区域的 ABR。

- 非完全末节区域（NSSA 区域）：如果一个 Stub 区域有引入 AS 外部路由的特殊需求时，可以将这个区域配置为 NSSA 区域，使用 Type-7 LSA 描述引入的外部路由信息。
- 完全非完全末节区域（Totally NSSA 区域）：在 NSSA 区域的基础上，不再接收 Type-3 LSA，保留 NSSA 区域的其他特性。

2）OSPF 网络类型

网络的物理连接和拓扑结构不同，交换路由信息的方式就不同。OSPF 将路由器连接的物理网络划分为 4 种类型：

- 点对点网络（P2P）：当数据链路层协议是 PPP/HDLC 时，OSPF 网络类型默认为 P2P，在这种网络中，两个路由器不需要进行 DR、BDR、DRother 选举，可以直接建立邻接关系，交换路由信息。
- 广播多址网络：以太网或者其他具有共享介质的局域网都属于这种网络。在这种网络中，需要进行 DR、BDR、DRother 选举，一条路由信息可以广播给所有的路由器。
- 非广播多址网络（Non-Broadcast Multi-Access，NBMA）：例如，X.25分组交换网就属于这种网络，在这种网络中可以通过组播方式发布路由信息。
- 点到多点网络（P2MP）：可以把非广播网络当作多条点对点网络来使用，从而把一条路由信息发送到不同的目标。

如果两个路由器都通过各自的接口连接到一个共同的网络上，则它们是邻居（Neighboring）关系。路由器通过 OSPF 的 Hello 协议来发现邻居。路由器可以在其邻居中选择需要交换链路状态信息的路由器，与之建立邻接关系（Adjacency）。另外，并不是每一对邻居都需要交换路由信息，因此不是每一对邻居都要建立邻接关系。在一个广播网络或 NBMA 网络中要选一个指定路由器（Designated Router，DR），其他的路由器都与 DR 建立邻接关系，把自己掌握的链路状态信息提交给 DR，由 DR 代表这个网络向外界发布。可以看出，DR 的存在减少了邻接关系的数量，从而也减少了向外发布的路由信息量。

3）OSPF 路由器

在多区域网络中，OSPF 路由器可以按不同的功能划分为以下 4 种：

- 内部路由器（IR）：所有接口在同一区域内的路由器，只维护一个链路状态数据库。
- 骨干路由器：至少有一个接口属于骨干区域的路由器，所有的 ABR 和位于骨干区域的 IR 都是骨干路由器。
- 区域边界路由器（ABR）：用于连接多个区域，且在骨干区域有活动接口。ABR 将所连接区域的最优路由转换为 Type-3 LSA 泛洪到相邻的其他区域，也会将骨干区域内的 Type-3 LSA 泛洪到非骨干区域，但是不会将非骨干区域的 Type-3 LSA 泛洪到骨干区域。
- 自治系统边界路由器（ASBR）：至少拥有一个连接外部自治系统接口的路由器，负责将外部非 OSPF 网络的路由信息传入 OSPF 网络。

4）链路状态公告

OSPF 路由器之间通过链路状态公告（Link State Advertisement，LSA）交换网络拓扑信息。LSA 中包含连接的接口、链路的度量值（Metric）等信息。常见的几种 LSA 详见表 5-13。

表 5-13　OSPF 的常见 LSA 类型

类型	名称	发布者	传播范围	描述
Type-1	路由器 LSA	任意 OSPF 路由器	发布者所属区域内	描述设备的链路状态和开销
Type-2	网络 LSA	DR	发布者所属区域内	描述本网段的链路状态
Type-3	网络汇总 LSA	ABR	骨干及相邻区域（Totally Stub 和 Totally NSSA 除外）	描述区域内某个网段的路由信息
Type-4	ASBR 汇总 LSA	ABR	骨干及相邻区域	描述本区域到其他区域的 ASBR 的路由
Type-5	外部 LSA	ASBR	除特殊区域以外的其他区	自治系统之外的路由信息
Type-7	NSSA LSA	连接到 NSSA 的 ASBR	NSSA 区域	描述到 AS 外部的路由

5）OSPF 报文

表 5-14 列出了 OSPF 的 5 种报文，这些报文通过 TCP 连接传送。OSPF 路由器启动后以固定的时间间隔以组播方式发送 Hello 报文，组播地址为 224.0.0.5。在 NBMA 网络中每 30 秒发送一次，其他网络中每 10 秒发送一次，用于发现和维护邻居关系，还用于选出区域内的指定路由器（DR）和备份指定路由器（BDR）。

表 5-14　OSPF 的 5 种报文类型

类型	报文类型	功能描述
1	Hello 报文	用于发现和维护 OSPF 邻居关系
2	DD（DataBase Description，数据库描述）报文	描述本地 LSDB（链路状态数据库）的摘要信息，用于两台设备进行数据库同步
3	LSR（Link-State Request，链路状态请求）报文	用于向邻居路由器请求 LSA
4	LSU（Link-State Update，链路状态更新）报文	用于向邻居路由器发送 LSA
5	LSAck（Link-State Acknowledgement，链路状态确认）报文	对收到的 LSA 进行确认

在正常情况下，区域内的路由器与本区域的 DR 和 BDR 通过互相发送 DD 报文交换链路状态摘要信息，路由器把收到的链路状态摘要信息与自己的链路状态数据库进行比较，如果发现接收到了不在本地数据库中的链路信息，则向其邻居发送链路状态请求（LSR）报文，要求传送有关该链路的完整更新信息。接收到 LSR 的路由器用链路状态更新（LSU）报文响应，其中包含了有关的链路状态公告（LSA）。LSAck 用于对 LSU 进行确认。

OSPF 报文格式如图 5-63 所示，对报文头的各个字段解释如下：

- 版本：代表 OSPF 版本号，v2 用于 IPv4，v3 用于 IPv6。

- 类型：当前报文类型，如表 5-14 所示。
- 分组长度：整个 OSPF 报文的长度。
- 路由器 ID：利用路由器环路接口（Loopback）的 IP 地址作为路由器的标识，如果没有环路接口 IP 地址，则选择最大的接口 IP 地址作为路由器标识。
- 区域 ID：在多区域网络中，每一个区域指定一个区域 ID。
- 认证类型：OSPF 支持接口认证和区域认证。

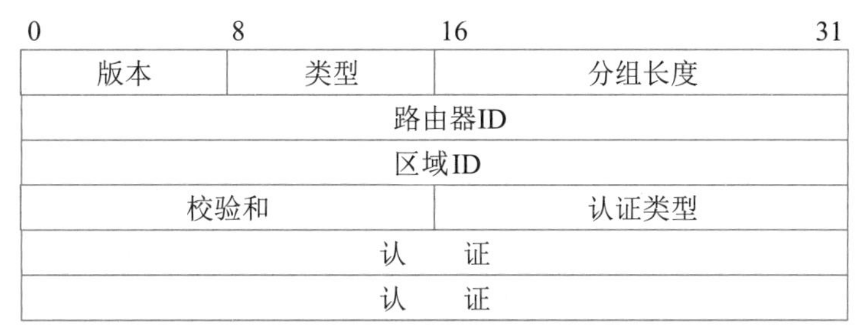

（a）OSPF 报文头

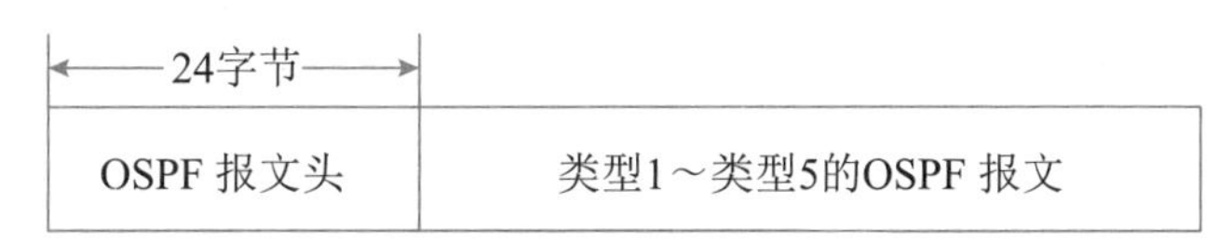

（b）OSPF 报文

图 5-63　OSPF 报文格式

6）OSPFv3

RFC 2740 定义了 OSPFv3，用于支持 IPv6。OSPFv3 与 OSPFv2 的主要区别如下：

（1）修改了 LSA 的种类和格式，使其支持发布 IPv6 路由信息。

（2）修改了部分协议流程。主要的修改包括用 Router-ID 来标识邻居，使用链路本地地址来发现邻居等，使得网络拓扑本身独立于网络协议，以便于将来扩展。

（3）进一步理顺了拓扑与路由的关系。OSPFv3 在 LSA 中将拓扑与路由信息相分离，在一、二类 LSA 中不再携带路由信息，而只是单纯的拓扑描述信息，另外增加了八、九类 LSA，结合原有的三、五、七类 LSA 来发布路由前缀信息。

（4）提高了协议适应性。通过引入 LSA 扩散范围的概念进一步明确了对未知 LSA 的处理流程，使得协议可以在不识别 LSA 的情况下根据需要做出恰当处理，提高了协议的可扩展性。

7）OSPF 的优缺点

链路状态协议的优点如下：

（1）链路状态协议使用了分层的网络结构，减小了 LSA 的传播范围，同时也减小了网络拓扑变化时影响所有路由器的可能性。与之相反，距离矢量网络是扁平结构，网络某一部分出现的变化会影响网络中的所有路由器。这种情况在链路状态网络中不会出现，例如在 OSPF 协议中，一个分区内部的拓扑变化不会影响其他分区。

（2）链路状态协议使用组播来共享路由信息，并且发布的是增量式的更新消息。一旦所有的链路状态路由器开始工作并了解了网络拓扑结构之后，只是在网络拓扑出现变化时才发出更新报文，这使得网络带宽的利用和资源消耗更有效。

（3）链路状态协议支持无类别的路由和路由汇总功能，可以使用 VLSM 和 CIDR 技术。路由汇总使得发布的路由信息更少。一条汇总路由失效，意味着其中的所有子网都失效了，如果只是其中的部分链路失效，则不会影响汇总路由的状态，也不会影响网络中的很多路由器。路由汇总还使得链路状态数据库减小，从而减少了运行 SPF 算法和更新路由表需要的 CPU 周期，也减少了路由器中的存储需求。

（4）使用 SPF 算法不会在路由表中出现环路，而这是距离矢量协议难以处理的问题。

链路状态协议也有一个明显的缺点，它比距离矢量协议对 CPU 和存储器的要求更高。链路状态协议需要维护更多的存储表，例如邻居表、路由表和链路状态数据库等。当网络中出现变化时，路由器要更新链路状态数据库，运行 SPF 算法，建立最小生成树，并重建路由表，这需要耗费很多 CPU 周期来完成诸如计算新的路由度量、与当前的路由表项进行比较等操作。如果在链路状态网络中出现了一条连续翻转（Flapping）的路由，特别是以 10 ～ 15s 的周期连续翻转时，这种情况将是灾难性的，会使许多路由器的 CPU 因不堪重负而崩溃。

5.6.3 外部网关协议

早期的外部网关协议叫作 EGP，现在的外部网关协议叫作 BGP（Border Gateway Protocol）。现在，BGP4 已经广泛地应用于不同 ISP 的网络之间，成为事实上的 Internet 外部路由协议标准。

BGP4 是一种动态路由发现协议，支持无类别域间路由（CIDR）。BGP 的主要功能是控制路由策略，例如是否愿意转发过路的分组等。BGP 的 4 种报文及其功能如表 5-15 所示，这些报文通过 TCP（179 端口）连接传送。

表 5-15 BGP 的 4 种报文

报文类型	功能描述
打开（Open）	建立邻居关系
更新（Update）	发送新的路由信息
保持活动状态（Keepalive）	对 Open 的应答 / 周期性地确认邻居关系
通告（Notification）	报告检测到的错误

传统的 BGP4 只能管理 IPv4 的路由信息，对于使用其他网络层协议（如 IPv6 等）的应用，在跨自治系统传播时会受到一定的限制。为了提供对多种网络层协议的支持，IETF 发布的 RFC 2858 文档对 BGP4 进行了多协议扩展，形成了 BGP4+。

为了实现对 IPv6 协议的支持，BGP4+ 必须将 IPv6 网络层协议的信息反映到 NLRI（Network Layer Reachable Information）及 Next_Hop 属性中。为此，在 BGP4+ 中引入了下面两个 NLRI 属性：

- MP_REACH_NLRI：多协议可到达NLRI，用于发布可到达路由及下一跳信息。
- MP_UNREACH_NLRI：多协议不可达NLRI，用于撤销不可达路由。

BGP4+ 中的 Next_Hop 属性用 IPv6 地址来表示，可以是 IPv6 全球单播地址或者下一跳的链路本地地址。BGP4 原有的消息机制和路由机制没有改变。

5.6.4　路由器技术

因特网面临的另外一个问题是 IP 地址短缺问题。解决这个问题有所谓长期的和短期的两种解决方案。长期的解决方案就是使用具有更大地址空间的 IPv6 协议，短期的解决方案有网络地址翻译（Network Address Translators，NAT）和无类别域间路由（Classless Inter Domain Routing，CIDR）技术等，这些技术都是在现有的 IPv4 路由器中实现的。

1. NAT 技术

NAT 技术主要解决 IP 地址短缺问题，最初提出的建议是在子网内部使用局部地址，而在子网外部使用少量的全局地址，通过路由器进行内部和外部地址的转换，来实现子网中只有少数计算机与外部通信的需要，可以让这些计算机共享少量的全局 IP 地址。后来根据这种技术又开发出一些其他应用，下面讲述两种最主要的应用。

第一种应用是动态地址翻译（Dynamic Address Translation）。为此首先引入存根域的概念。所谓存根域（Stub Domain），就是内部网络的抽象，这样的网络只处理源和目标都在子网内部的通信。任何时候存根域内只有一部分主机要与外界通信，甚至还有许多主机可能从不与外界通信，所以整个存根域只需共享少量的全局 IP 地址。存根域有一个边界路由器，由它来处理域内主机与外部网络的通信。在此做以下假定：

- m：需要翻译的内部地址数。
- n：可用的全局地址数（NAT地址）。

当 m:n 翻译满足条件（$m \geqslant 1$ 且 $m \geqslant n$）时，可以把一个大的地址空间映像到一个小的地址空间。所有 NAT 地址放在一个缓冲区中，并在存根域的边界路由器中建立一个局部地址和全局地址的动态映像表，如图 5-64 所示。

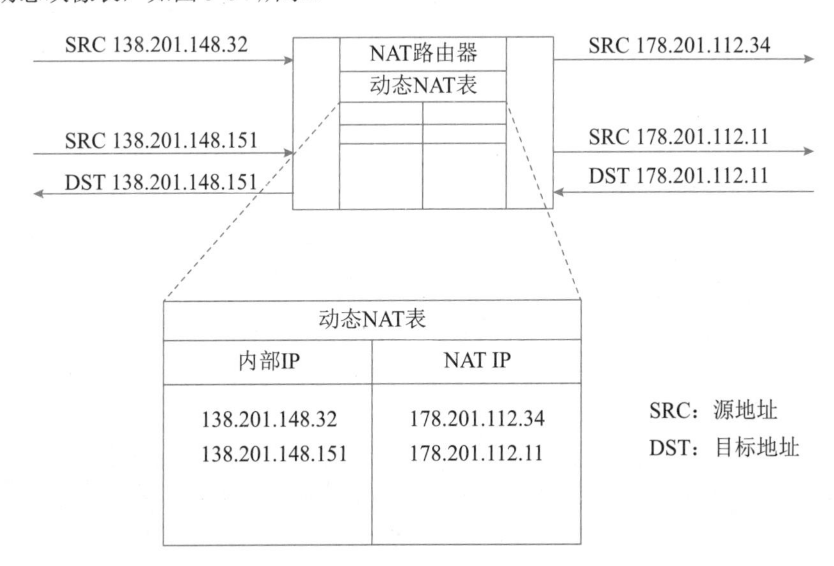

图 5-64　动态地址翻译

这个图显示的是把所有 B 类网络 138.201.148.0 中的 IP 地址翻译成 C 类网络 178.201.112.0 中的 IP 地址。这种 NAT 地址重用有以下特点：

- 只要缓冲区中存在尚未使用的C类地址，任何从内向外的连接请求都可以得到响应，并且在边界路由器的动态NAT表中为之建立一个映像表项。
- 如果内部主机的映像存在，可以利用它建立连接。
- 从外部访问内部主机是有条件的，即动态NAT表中必须存在该主机的映像。

动态地址翻译的好处是节约了全局 IP 地址，而且不需要改变子网内部的任何配置，只需在边界路由器中设置一个动态地址变换表就可以工作了。

另外一种特殊的 NAT 应用是 *m*:1 翻译，这种技术也叫作伪装（Masquerading），因为用一个路由器的 IP 地址可以把子网中所有主机的 IP 地址都隐藏起来。如果子网中有多个主机同时都要通信，那么还要对端口号进行翻译，所以这种技术经常被称为网络地址和端口翻译（Network Address Port Translation，NAPT）。在很多 NAPT 实现中专门保留一部分端口号给伪装使用，叫作伪装端口号。图 5-65 中的 NAT 路由器中有一个伪装表，通过这个表对端口号进行翻译，从而隐藏了内部网络 138.201.0.0 中的所有主机。

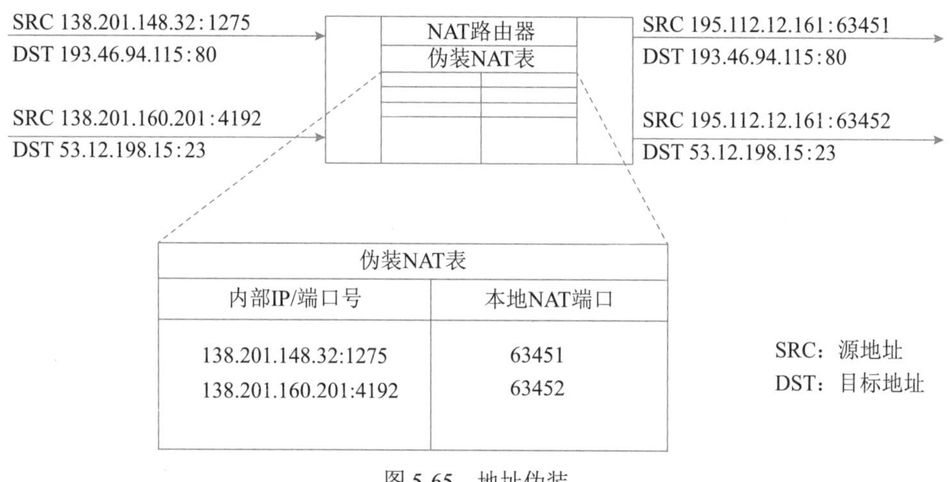

图 5-65 地址伪装

可以看出，这种方法有以下特点：

- 出口分组的源地址被路由器的外部IP地址所代替，出口分组的源端口号被一个未使用的伪装端口号所代替。
- 如果进来的分组的目标地址是本地路由器的IP地址，而目标端口号是路由器的伪装端口号，则NAT路由器就检查该分组是否为当前的一个伪装会话，并试图通过伪装表对IP地址和端口号进行翻译。

伪装技术可以作为一种安全手段使用，借以限制外部网络对内部主机的访问。另外，还可以用这种技术实现虚拟主机和虚拟路由，以便达到负载均衡和提高可靠性的目的。

2. CIDR 技术

CIDR 技术可以解决路由缩放问题。路由缩放问题有两层含义：其一是对于大多数中等规模的组织没有适合的地址空间，这样的组织一般拥有几千台主机，C 类网络太小，只有 254 个地址，B 类网络太大，有超过 65 000 个地址，A 类网络就更不用说了，况且 A 类和 B 类地址快要分配完了；其二是路由表增长太快，如果所有的 C 类网络号都在路由表中占一行，这样的路由表太大了，其查找速度将无法达到令人满意的程度。CIDR 技术可以把若干个 C 类网络分配给一个用户，并且在路由表中只占一行，这是一种将大块的地址空间合并为少量路由信息的策略。

为了说明 CIDR 的原理，假定网络服务提供商 RA 有一个由 2048 个 C 类网络组成的地址块，网络号为 192.24.0.0 ～ 192.31.255.0，这种地址块叫作超网（Supernet）。对于这个地址块的路由信息，可以用网络号 192.24.0.0 和地址掩码 255.248.0.0 来表示，简写为 192.24.0.0/13。

再假定 RA 连接以下 6 个用户：

- 用户 C1：最多需要 2048 个地址，即 8 个 C 类网络。
- 用户 C2：最多需要 4096 个地址，即 16 个 C类网络。
- 用户 C3：最多需要 1024 个地址，即 4个 C 类网络。
- 用户 C4：最多需要 1024 个地址，即 4 个 C 类网络。
- 用户 C5：最多需要 512 个地址，即 2 个 C 类网络。
- 用户 C6：最多需要 512 个地址，即 2 个 C 类网络。

假定 RA 对 6 个用户的地址分配如下：

- C1：分配192.24.0～192.24.7。这个网络块可以用超网路由192.24.0.0和掩码255.255.248.0表示，简写为 192.24.0.0/21。
- C2：分配192.24.16～192.24.31。这个网络块可以用超网路由192.24.16.0和掩码255.255.240.0表示，简写为 192.24.16.0/20。
- C3：分配192.24.8～192.24.11。这个网络块可以用超网路由192.24.8.0和掩码255.255.252.0表示，简写为 192.24.8.0/22。
- C4：分配192.24.12～192.24.15。这个网络块可以用超网路由192.24.12.0和掩码255.255.252.0表示，简写为 192.24.12.0/22。
- C5：分配192.24.32～192.24.33。这个网络块可以用超网路由192.24.32.0和掩码255.255.254.0表示，简写为 192.24.32.0/23。
- C6：分配192.24.34～192.24.35。这个网络块可以用超网路由192.24.34.0和掩码255.255.254.0表示，简写为 192.24.34.0/23。

还假定 C4 和 C5 是多宿主网络（Multi-homed Network），除了 RA 之外还与网络服务提供商 RB 连接。RB 也拥有 2048 个 C 类网络号，为 192.32.0.0 ～ 192.39.255.0，这个超网可以用网络号 192.32.0.0 和地址掩码 255.248.0.0 来表示，简写为 192.32.0.0/13。另外还有一个 C7 用户，原来连接 RB，现在连接 RA，所以 C7 的 C 类网络号是由 RB 赋予的，具体为：

- C7：分配192.32.0～192.32.15。这个网络块可以用超网路由192.32.0.0和掩码255.255.240.0表示，简写为 192.32.0.0/20。

对于多宿主网络，假定 C4 的主路由是 RA，次路由是 RB；C5 的主路由是 RB，次路由是 RA。另外，假定 RA 和 RB 通过主干网 BB 连接在一起。这个连接如图 5-66 所示。

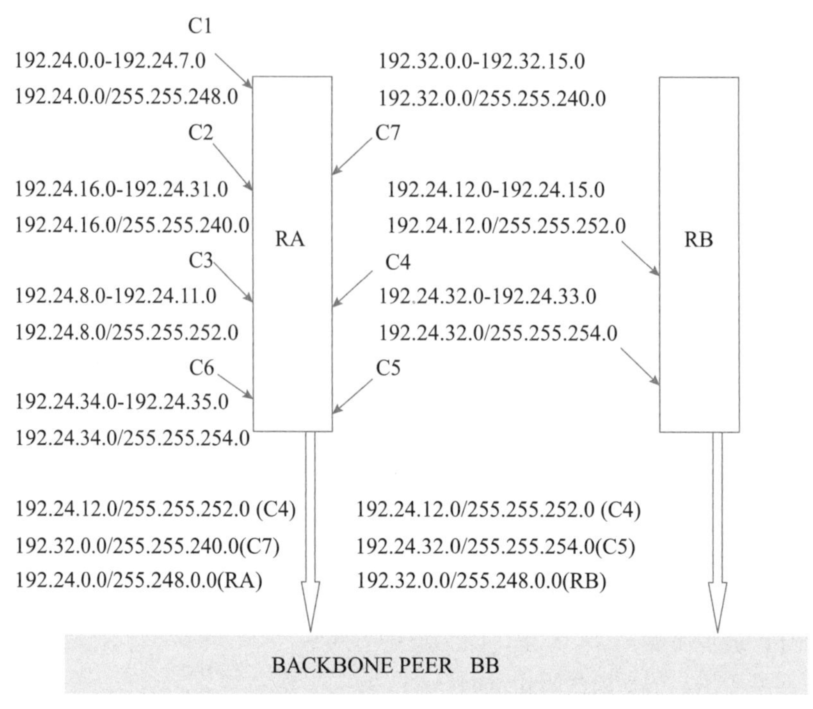

图 5-66 CIDR 的例子

路由发布遵循“最大匹配”的原则，要包含所有可以到达的主机地址。据此，RA 向 BB 发布的路由信息包括它拥有的网络地址块 192.24.0.0/13 和 C7 的地址块 192.32.0.0/20。由于 C4 是多宿主网络，并且主路由通过 RA，所以 C4 的路由要专门发布。C5 也是多宿主网络，但是主路由是 RB，所以 RA 不发布它的路由信息。总之，RA 向 BB 发布的路由信息是：

192.24.12.0/255.255.252.0 primary （C4 的地址块）
192.32.0.0/255.255.240.0 primary （C7 的地址块）
192.24.0.0/255.248.0.0 primary （RA 的地址块）

RB 发布的信息包括 C4 和 C5，以及它自己的地址块，RB 向 BB 发布的路由信息是：

192.24.12.0/255.255.252.0 secondary （C4 的地址块）
192.24.32.0/255.255.254.0 primary （C5 的地址块）
192.32.0.0/255.248.0.0 primary （RB 的地址块）

5.6.5 MPLS

IETF 开发的多协议标记交换（Multi-Protocol Label Switching，MPLS，RFC 3031）把第 2 层的链路状态信息（带宽、延迟、利用率等）集成到第 3 层的协议数据单元中，从而简化和改进了第 3 层分组的交换过程。理论上，MPLS 支持任何第 2 层和第 3 层协议。MPLS 包头的位置界于第 2 层和第 3 层之间，可称为第 2.5 层，标准格式如图 5-67 所示。MPLS 可以承载的报文通常是 IP 包，当然也可以直接承载以太帧、AAL5 包，甚至 ATM 信元等。承载 MPLS 的第 2

层协议可以是 PPP、以太帧、ATM 和帧中继等，如图 5-68 所示。

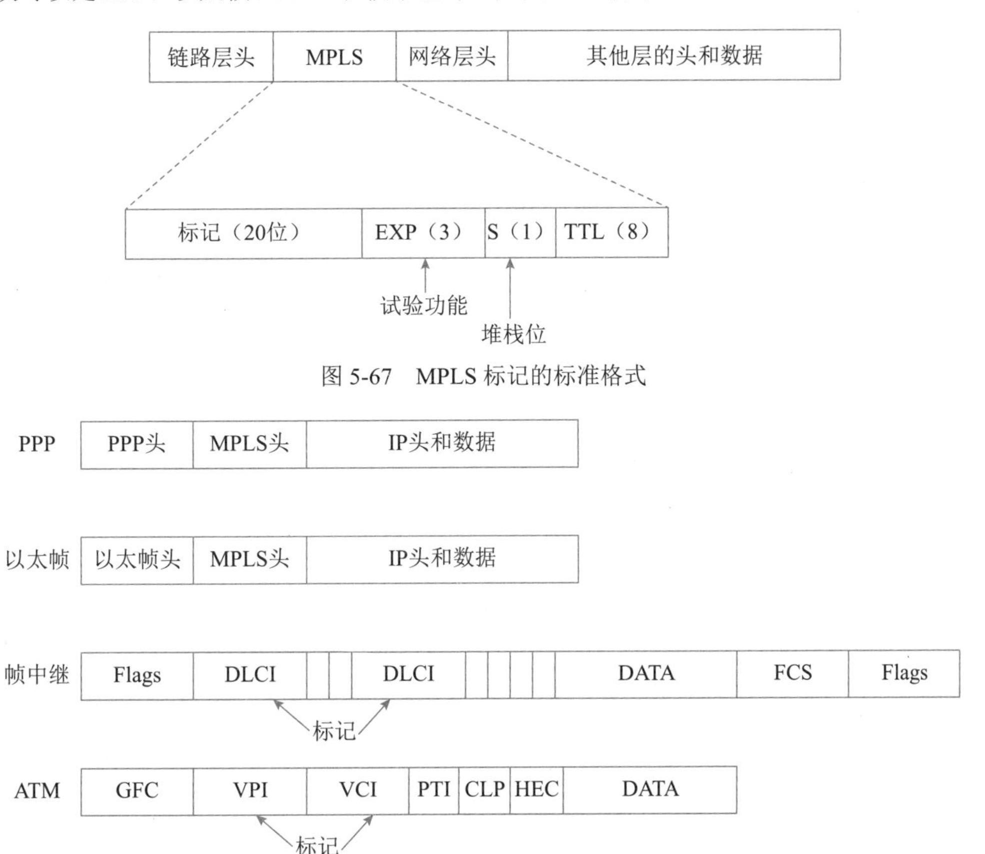

图 5-67　MPLS 标记的标准格式

图 5-68　MPLS 包头的位置

当分组进入 MPLS 网络时，标记边缘路由器（Label Edge Router，LER）就为其加上一个标记，这种标记不仅包含了路由表项中的信息（目标地址、带宽和延迟等），而且还引用了 IP 头中的源地址字段、传输层端口号和服务质量等。这种分类一旦建立，分组就被指定到对应的标记交换通路（Label Switch Path，LSP）中，标记交换路由器（Label Switch Router，LSR）将根据标记来处置分组，不再经过第 3 层转发，从而加快了网络的传输速度。

MPLS 可以把多个通信流汇聚成为一个转发等价类（Forwarding Equivalence Class，FEC）。LER 根据目标地址和端口号把分组指派到一个等价类中，在 LSR 中只需根据等价类标记查找标记信息库（Label Information Base，LIB），确定下一跳的转发地址，这样使得协议更具伸缩性。

MPLS 标记具有局部性，一个标记只是在一定的传输域中有效。在图 5-69 中，有 A、B、C 三个传输域和两层路由。在 A 域和 C 域内，IP 包的标记栈只有一层标记 L1；而在 B 域内，IP 包的标记栈中有两层标记 L1 和 L2。LSR4 收到来自 LSR3 的数据包后，将 L1 层的标记换成目标 LSR7 的路由值，同时在标记栈增加一层标记 L2，称为入栈。在 B 域内，只需根据标记栈的最上层L2标记进行交换即可。LSR7收到来自LSR6的数据包后，应首先将数据包最上层的L2标记弹出，其下层L1标记变成最上层标记，称为出栈，然后在C域中进行路由处理。

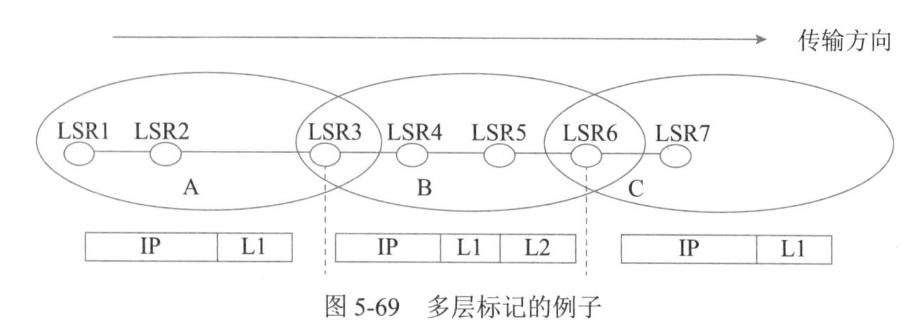

图5-69 多层标记的例子

MPLS转发处理简单，提供显式路由，能进行业务规划，提供QoS保障，提供多种分类粒度，用一种转发方式实现各种业务的转发。与IP over ATM技术相比，MPLS具有可扩展性强、兼容性好、易于管理等优点。但是，如何寻找最短路径，如何管理每条LSP的QoS特性等技术问题还在讨论之中。

5.7 Internet应用

Internet的进程/应用层提供了丰富的分布式应用协议，可以满足诸如办公自动化、信息传输、远程文件访问、分布式资源共享和网络管理等各方面的需要。这一小节简要介绍Internet的几种标准化的应用协议，包括Telnet、FTP和SMTP等，这些应用协议都是由TCP或UDP支持的。与ISO/RM不同，Internet应用协议不需要表示层和会话层的支持，应用协议本身包含了有关的功能。

5.7.1 远程登录协议

远程登录（Telnet）是ARPANET最早的应用之一，这个协议提供了访问远程主机的功能，使本地用户可以通过TCP连接登录到远程主机上，像使用本地主机一样使用远程主机的资源。当本地终端与远程主机具有异构性时，也不影响它们之间的相互操作。

Telnet采用客户端/服务器工作方式。用户终端运行Telnet客户端程序，远程主机运行Telnet服务器程序。客户端与服务器程序之间执行Telnet NVT协议，而在两端分别执行各自的操作系统功能，如图5-70所示。

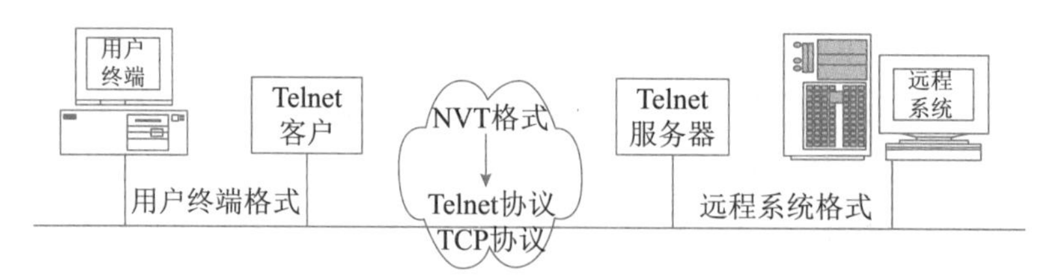

图5-70 Telnet客户端/服务器概念模型

Telnet 提供一种机制，允许客户端程序和服务器程序协商双方都能接受的操作选项，并提供一组标准选项用于迅速建立需要的 TCP 连接。另外，Telnet 对称地对待连接的两端，并不是专门固定一端为客户端，另一端为服务器端，而是允许连接的任一端与客户端程序相连，另一端与服务器程序相连。

Telnet 服务器可以应对多个并发的连接。通常，Telnet 服务进程等待新的连接，并为每一个连接请求产生一个新的进程。当远程终端用户调用 Telnet 服务时，终端机器上就产生一个客户程序，客户程序与服务器的固定端口（23）建立 TCP 连接，实现 Telnet 服务。

5.7.2　文件传输协议

文件传输协议（File Transfer Protocol，FTP）也是 Internet 最早的应用层协议。这个协议用于主机间传送文件，主机类型可以相同，也可以不同，还可以传送不同类型的文件，例如二进制文件或文本文件等。

图 5-71 给出了 FTP 客户端 / 服务器模型。客户端与服务器之间建立两条 TCP 连接，一条用于传送控制信息，另一条用于传送文件内容。FTP 的控制连接使用了 Telnet 协议，主要是利用 Telnet 提供的简单的身份认证系统，供远程系统鉴别 FTP 用户的合法性。

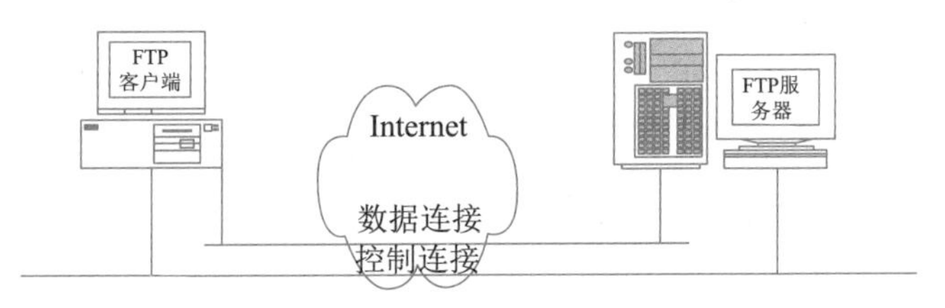

图 5-71　FTP 的客户端 / 服务器概念模型

FTP 服务器软件的具体实现依赖于操作系统。一般情况是，在服务器一侧运行后台进程 S，等待出现在 FTP 专用端口（21）上的连接请求。当某个客户端向这个专用端口请求建立连接时，进程 S 便激活一个新的 FTP 控制进程 N，处理进来的连接请求。然后 S 进程返回，等待其他客户端访问。进程 N 通过控制连接与客户端进行通信，要求客户在进行文件传送之前输入登录标识符和口令字。如果登录成功，用户可以通过控制连接列出远程目录，设置传送方式，指明要传送的文件名。当用户获准按照所要求的方式传送文件之后，进程 N 激活另一个辅助进程 D 来处理数据传送。D 进程主动开通第二条数据连接（端口号为 20），并在文件传送完成后立即关闭此连接，D 进程也自动结束。如果用户还要传送另一个文件，再通过控制连接与 N 进程会话，请求另一次传送。

FTP 是一种功能很强的协议，除了可以从服务器向客户端传送文件之外，还可以进行第三方传送。这时客户端必须分别开通与两个主机（例如 A 和 B）之间的控制连接。如果客户端获准从 A 机传出文件和向 B 机传入文件，则 A 服务器程序就建立一条到 B 服务器程序的数据连接。客户端保持文件传送的控制权，但不参与数据传送。

所谓匿名 FTP 是这样一种功能：用户通过控制连接登录时，采用专门的用户标识符“anon-ymous”，并把自己的电子邮件地址作为口令输入，这样可以从网上提供匿名 FTP 服务的服务器下载文件。Internet 中有很多匿名 FTP 服务器，提供一些免费软件或有关 Internet 的电子文档。

FTP 提供的命令十分丰富，包括文件传送、文件管理、目录管理和连接管理等一般文件系统具有的操作功能，还可以用 help 命令查阅各种命令的使用方法。

5.7.3 简单邮件传输协议

电子邮件（E-mail）是 Internet 上使用最多的网络服务之一，广泛使用的电子邮件协议是简单邮件传输协议（Simple Mail Transfer Protocol，SMTP）。这个协议也使用客户端 / 服务器操作方式，也就是说，发送邮件的机器起 SMTP 客户端的作用，连接到目标端的 SMTP 服务器上，而且只有在客户端成功地把邮件传送给服务器之后，才从本地删除报文。这样，通过端到端的连接保证了邮件的可靠传输。

发送端后台进程通过本地的通信主机登记表或 DNS 服务器把目标机器标识变换成网络地址，并且与远程邮件服务器进程（端口号为 25）建立 TCP 连接，以便投递报文。如果连接成功，发送端后台进程就把报文复制到目标端服务器系统的假脱机存储区，并删除本地的邮件报文副本；如果连接失败，就记录下投递时间，然后结束。服务器邮件系统定期扫描假脱机存储区，查看是否有未投递的邮件。如果发现有未投递的邮件，便准备再次发送。对于长时间不能投递的邮件，则返回发送方。

通常，E-mail 地址包括两部分：邮箱地址（或用户名）和目标主机的域名。例如，alice @ dornain-name.com 就是一个标准的 SMTP 邮件地址。

接收方从邮件服务器取回邮件要用到 POP3（Post Office Protocol 第 3 版）协议，当接收用户呼叫邮件服务器时与 110 端口建立 TCP 连接，然后就可以下载邮件了，如图 5-72 所示。

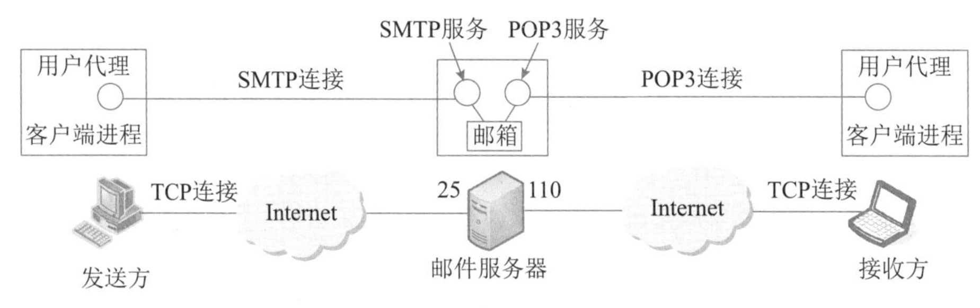

图 5-72　电子邮件服务概念模型

SMTP 邮件采用 RFC 822 规定的格式，这种邮件只能是用英语书写的、采用 ASCII 编码的文本（Text）文件。MIME（Multipurpose Internet Mail Extensions）是 SMTP 邮件的扩充，定义了新的报文结构和编码规则，适用于在因特网上传输用多国文字书写的多媒体邮件。

5.7.4 超文本传输协议

WWW（World Wide Web）服务是由分布在 Internet 中的成千上万个超文本文档链接成的网络信息系统。这种系统采用统一的资源定位器和精彩鲜艳的声音图文用户界面，用户可以方便地浏览网上的信息和利用各种网络服务。WWW 现已成为网民不可缺少的信息查询工具。

WWW 服务是欧洲核子研究中心（European Center for Nuclear Research，CERN）开发的，最初是为了参与核物理实验的科学家之间通过网络交流研究报告、装置蓝图、图画、照片和其他文档而设计的一种网络通信工具。1989 年 3 月，物理学家 Tim Berners-Lee 提出初步的研究报告，18 个月后有了初始的系统原型。1993 年 2 月发布了第一个图形式的浏览器 Mosaic，它的作者 Marc Andreesen 在 NCSA（National Center for Supercomputing Applications）成立了网景通信公司（Netscape Communications Corporation），开始提供 Web 服务器访问。今天，主要的数据库厂商都支持 Web 服务器，流行的操作系统都有自己的 Web 浏览器。WWW 几乎成了 Internet 的同义语。Web 技术还被用于构造企业内部网（Intranet）。

Web 技术是一种综合性网络应用技术，关系到网络信息的表示、组织、定位、传输、显示以及客户和服务器之间的交互作用等。通常文字信息组织成线性的 ASCII 文本文件，而 Web 上的信息组织是非线性的超文本文件（Hypertext）。简单地说，超文本可以通过超链接（Hyperlink）指向网络上的其他信息资源。超文本互相链接成网状结构，使得人们可以通过链接追索到与当前节点相关的信息。这种信息浏览方法正是人们习惯的联想式、跳跃式的思维方式的反映。更具体地说，一个超文本文件叫作一个网页（WebPage），网页中包含指向有关网页的指针（超链接）。如果用户选择了某一个指针，则有关的网页就显示出来。超链接指向的网页可能在本地，也可能在网上其他地方。

Web 上的信息不仅是超文本文件，还可以是语音、图形、图像和动画等，就像通常的多媒体信息一样，这里有一个对应的名称，叫超媒体（Hypermedia）。超媒体包括了超文本，也可以用超链接连接起来，形成超媒体文档。超媒体文档的显示、搜索、传输功能全部都由浏览器（Browser）实现。现在基于命令行的浏览器已经过时了，声像图形结合的浏览器得到了广泛的应用，例如微软的 Internet Explorer 等。

运行 Web 浏览器的计算机要直接连接 Internet 或者通过拨号线路连接到 Internet 主机上。因为浏览器要取得用户要求的网页必须先与网页所在的服务器建立 TCP 连接。WWW 的运行方式也是客户端 / 服务器方式。Web 服务器的专用端口（80）时刻监视进来的连接请求，建立连接后用超文本传输协议（Hyper Text Transfer Protocol，HTTP）和用户进行交互作用。一个简单的 WWW 模型如图 5-73 所示。

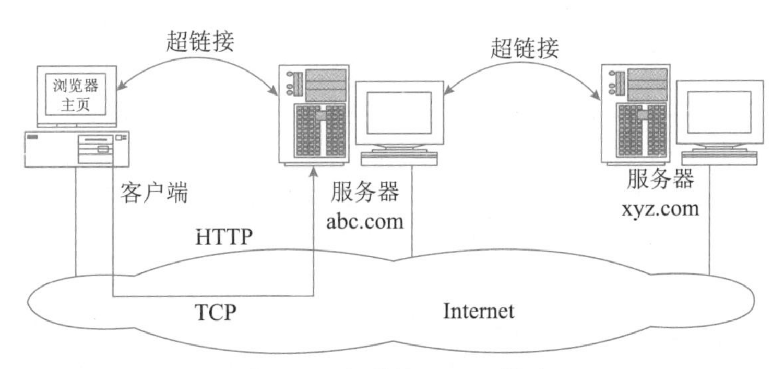

图 5-73 简单的 WWW 模型

HTTP是为分布式超文本信息系统设计的一个协议。这个协议不仅简单有效，而且功能强大，可以传送多媒体信息，适用于面向对象的作用，是Web技术中的核心协议。HTTP协议的特点是建立一次连接，只处理一个请求，发回一个应答，然后连接就释放了，所以被认为是无状态的协议，即不能记录以前的操作状态，因而也不能根据以前操作的结果连续操作。这样做固然有其不方便之处，但主要的好处是提高了协议执行的效率。

浏览器通过统一资源定位器（Uniform Resource Locators，URL）对信息进行寻址。URL由3部分组成，指出了用户要求的网页的名字、网页所在主机的名字以及访问网页的协议。例如，http://www.wxyz.org/welcome.html是一个URL，其中http是协议名称，www.w3.org是服务器主机名，welcome.html是网页文件名。

如果用户选择了一个要访问的网页，则浏览器和Web服务器的交互过程如下：

（1）浏览器接收URL。

（2）浏览器通过DNS服务器查找www.w3.org的IP地址。

（3）DNS给出IP地址18.23.0.32。

（4）浏览器与主机（18.23.0.32）的端口80建立TCP连接。

（5）浏览器发出请求GET/welcome.html文件。

（6）www.w3.org服务器发送welcome.html文件。

（7）释放TCP连接。

（8）浏览器显示welcome.html文件。

其中，第（5）步的GET是HTTP协议提供的少数操作方法中的一种，其含义是读一个网页。常用的还有HEAD（读网页头信息）和POST（把消息加到指定的网页上）等。另外，要说明的是，很多浏览器不仅支持HTTP协议，还支持FTP、Telnet和Gopher等，使用方法与HTTP完全一样。

超文本标记语言（Hyper Text Markup Language，HTML）是制作网页的语言。就像编辑程序一样，HTML可以编辑出图文并茂、色彩丰富的网页，但这种编辑不是像Microsoft Word那样的“所见即所得”的编辑方式，而是像“华光”那种排版程序一样，在正文中加入一些排版命令。HTML中的命令叫作“标记（tag）”，就像编辑们在稿件中画的排版标记一样，这就是超文本标记语言的由来。HTML的标记用一对尖括号表示，例如<HEAD>和</HEAD>分别表示网页头部的开始和结束，<BODY>和</BODY>分别表示网页主体的开始和结束。如图5-74所示是一个简单网页的例子，其中<TITLE>和</TITLE>之间的部分是网页的主题，主题并不显示，有时用于标识网页的窗口。<H1>和</H1>表示第1层标题，HTML允许最多设置6层小标题。最后，<P></P>表示前一段结束和下段开始。

最重要的是HTML可以建立超链接，指向Web中的其他信息资源。这个功能是由标记<A>和</A>实现的。例如，<A HREF = "http://www.xian.gov">XIAN'S home page</A>定义了一个超链接。网页中会显示一行：

```
XIAN'S home page
```

```
<TITLE>简单网页的例子</TITLE>
<H1>Welcometo Xi'an Home Page</H1>
 <P>We are so happy that you have chosen to visit this Home page</P>
 <P>You can find all the information you may need.</P>
```

（a）HTML 文件

```
     Welcome to Xi'an Home Page
We are so happy that you have chosen to visit this Home Page
You can find all the information you may need
```

（b）显示的网页

图 5-74　简单网页的例子

如果用户单击了这一行，则浏览器根据 URL 中的 http://www.xian.gov 寻找对应的网页并显示在屏幕上。HTML 还能处理表格、图像等多种形式的信息，它的强大的描述能力使屏幕表现丰富多彩。

用 Java 语言编写的小程序（Applets）嵌入在 HTML 文件中，可以使网页活动起来，用来设计动态的广告、卡通动画片和瞬息变换的股票交易大屏幕等。Java 语言的简单性、可移植性、分布性、安全性和面向对象的特点使它成为网络时代的宠儿。

与 WWW 有关的另一个重要协议是公共网关接口（Common Gateway Interface，CGI）。当 Web 用户要使用某种数据库系统时可以写一个 CGI 程序（叫作脚本 Script），作为 Web 与数据库服务器之间的接口。这种脚本程序使用户可通过浏览器与数据库服务器交互作用，使得在线购物、远程交易等实时数据库访问很容易实现。CGI 脚本程序跨越了不同服务器的界限，可运行在任何数据库管理系统上。

5.7.5　P2P应用

以上介绍的网络应用（文件传输、电子邮件、网页浏览等）都采用了 C/S 或 B/S 模式。另外一种应用模式叫作点对点应用（Peer-to-Peer，P2P），在这种模式中，没有客户机和服务器的区别，每一个主机既是客户机，又是服务器，它们的角色是对等的，所以，P2P 是一种对等通信的网络模型。

1. BitTorrent 协议

按照广义的解释，P2P 模型是泛指各种没有中心服务器的网络体系结构。我们特别把完全没有服务中心，也没有路由中心的网络称为“纯”P2P 网络。事实上，还有大量的网络属于混合型 P2P 系统。在这种系统中，有一个管理用户信息的索引服务器，任何用户的信息请求都是首先发送给索引服务器，再在索引服务器的引导下与其他对等方建立网络连接。各个客户端都保存着一部分信息资源，并把本地存储的信息告诉索引服务器，准备向其他客户端提供下载服务。BitTorrent 是最早出现的 P2P 文件共享协议。

2. Kademlia 算法

第一代 P2P 网络（例如 Napster）依赖于中心跟踪器来实现共享资源的查找。这种方法没有摆脱 C/S 模式中单点失效的缺陷。

第二代 P2P 网络（例如 Gnutella）采用了泛洪搜索法，用户把自己的数据请求泛洪发送到整个网络中，从而尽可能多地发现拥有共享数据的对等方。这种方法的缺点是泛洪传播会产生大量的通信流，从而造成了网络带宽的浪费。

第三代 P2P 网络使用了分布式哈希表来查找网络中的共享文件，我们把这种网络称为结构化的 P2P 网络，而把以前的 P2P 网络称为非结构化的 P2P 网络。结构化的 P2P 网络采用了一个全局有效而又分散存储的路由表，可以保证任何节点的搜索请求都能被路由到拥有期望内容的对等方，即使在内容极端稀少的情况下也是如此。

现在已经提出了多种分布式哈希表的解决方案，比较典型的有 CAN、CHORD、Tapestry、Pastry、Kademlia 和 Viceroy 等，Kademlia 协议是其中最为简洁、实用的一种，当前主流的 P2P 软件大多采用它作为辅助检索协议，例如 eMule、BitComet、BitSpirit 和 Azureus 等。

第 6 章　网络安全

因特网的迅速发展给社会生活带来了前所未有的便利，这主要得益于因特网的开放性和匿名性特征。然而，正是这些特征决定了因特网不可避免地存在着信息安全隐患。本章介绍网络安全方面存在的问题及其解决办法，即网络通信中的数据保密技术、签名与认证技术，以及有关网络安全威胁的理论和解决方案。

6.1　网络安全基础

6.1.1　网络安全威胁的类型

网络威胁是对网络安全缺陷的潜在利用，这些缺陷可能导致非授权访问、信息泄露、资源耗尽、资源被盗或者被破坏等。网络安全所面临的威胁可以来自很多方面，并且随着时间的变化而变化。网络安全威胁有以下几类：

（1）窃听。网络体系结构允许监听软件接收网上传输的所有数据帧而不考虑帧的传输目标地址，这种特性使得监听网上的数据或非授权访问很容易而且不易发现，当非法入侵者登录网络主机并取得权限后，使用网络监听便可以有效地截获网络上的数据，通常被用来获取用户密码、聊天记录、电子邮件和敏感数据等内容。

（2）假冒。当一个实体假扮成另一个实体进行网络活动时就发生了假冒。如不法分子仿冒知名网银网页，诱使用户访问假站点，骗取用户的账号和密码等信息，从而窃取钱财；也有非法入侵者假冒管理员或者一些受信任机构发送含恶意附件的邮件，诱使用户点击执行恶意代码，进入控制内网终端，以便进行下一步渗透。

（3）重放攻击。重复一份报文或报文的一部分，以便产生被授权效果，攻击者将窃听到的数据原封不动地重新发送给接收方，来达到欺骗系统的目的，常被用于身份认证过程，破坏认证的正确性，攻击者利用网络监听或者其他方式盗取认证凭据，就算获取到的是加密信息，只要知道监听到数据的用途，都可以把它重新发给认证服务器，实现攻击目的。

（4）流量分析。通过对网上信息流的观察和分析推断出网上传输的有用信息，例如有无传输，传输的数量、方向和频率等。由于报头信息不能加密，所以即使对数据进行了加密处理，也可以进行有效的流量分析。

（5）数据完整性破坏。窃听网络中的数据，并非法对数据篡改或破坏。

（6）分布式拒绝服务（DDoS）攻击。当一个授权实体不能获得应有的对网络资源的访问或紧急操作被延迟时，就发生了拒绝服务。DDoS 是对传统 DoS 攻击的发展，攻击者首先侵入并控制一些计算机，然后控制这些计算机同时向一个特定的目标发起拒绝服务攻击，主要企图是借助于网络系统或网络协议的缺陷和配置漏洞进行网络攻击，使网络拥塞、系统资源耗尽或者系统应用死锁，妨碍目标主机和网络系统对正常用户服务请求的及时响应，造成服务的性能受损甚至导致服务中断。

（7）恶意软件。恶意软件指任何故意设计会损害计算机或信息系统的文件或程序，包括木马、流氓软件、间谍软件、勒索软件、僵尸网络软件、病毒等，这些恶意软件将自己伪装成合法文件，从而绕过检测。

（8）Web攻击。Web攻击指针对Web服务器的攻击，常见的Web攻击有跨站脚本（XSS）攻击、SQL注入攻击、跨站域请求伪造（CSRF）攻击、WebShell攻击以及利用软件漏洞进行的攻击。

（9）高级可持续（APT）攻击。APT攻击是多种常见网络攻击手段/技术的组合，通过间接迂回方式，渗透进组织内部系统潜伏起来，持续不断地收集攻击目标相关的各种信息，其潜伏和收集信息时间可能会长达数年，当条件成熟时，伺机而动，达到攻击目的。这类攻击一般是有组织有预谋的，攻击目标一般为国家和政府部门的核心信息系统，一旦对这些系统造成破坏，对国家安全、社会秩序、经济活动会造成非常大的影响。

6.1.2 网络安全防范技术

任何形式的网络服务都会导致安全方面的风险，问题是如何将风险降到最低程度，目前的网络安全措施有数据加密、数字签名、身份认证、防火墙、特征过滤等。

（1）数据加密。数据加密是通过对信息的重新组合，使得只有收发双方才能解码并还原信息的一种手段。随着相关技术的发展，加密正逐步被集成到系统和网络中。在硬件方面，已经在研制用于PC和服务器主板的加密协处理器。

（2）数字签名。数字签名可以用来证明消息确实是由发送者签发的，而且，当数字签名用于存储的数据或程序时，可以用来验证数据或程序的完整性。

（3）身份认证。有多种方法来认证一个用户的合法性，例如密码技术、利用人体生理特征（如指纹）进行识别、智能IC卡、数字证书等。

（4）防火墙。防火墙是位于两个网络之间的屏障，一边是内部网络（可信赖的网络），另一边是外部网络（不可信赖的网络）。按照系统管理员预先定义好的规则控制数据包的进出。

（5）入侵检测和阻断。对网络流量或应用访问进行攻击特征匹配和过滤，阻断非法攻击，常见设备有入侵防护系统（IPS）、Web应用防火墙（WAF）等。

（6）访问控制。在骨干网络设备或者服务器配置访问控制策略，允许或者拒绝某些源对目标的访问，实现网络安全防护。

（7）行为审计。对网络行为或者用户操作进行审计，阻断非法操作或者高危操作行为，常见设备有数据库审计系统、堡垒机、上网行为管理系统等。

6.1.3 计算机信息系统等级保护

1994年，《中华人民共和国计算机信息系统安全保护条例》（国务院令第147号）首次提出“计算机信息系统实行安全等级保护”的概念。2017年6月1日正式实施的《中华人民共和国网络安全法》第二十一条规定，国家实行网络安全等级保护制度，明确网络安全等级保护制度的法律地位。2019年5月，《信息安全技术 网络安全等级保护测评要求》《信息安全技术 网络安全等级保护基本要求》等一系列网络安全等级保护标准正式发布，并于2019年12月1日正式实施。

根据等级保护对象在国家安全、经济建设、社会生活中的重要程度，以及一旦遭到破坏、丧失功能或者数据被篡改、泄露、丢失、损毁后，对国家安全、社会秩序、公共利益，以及公民、法人和其他组织的合法权益的侵害程度等因素，等级保护对象的安全保护等级分为以下5级：

第一级，等级保护对象受到破坏后，会对相关公民、法人和其他组织的合法权益造成一般损害，但不危害国家安全、社会秩序和公共利益。

第二级，等级保护对象受到破坏后，会对相关公民、法人和其他组织的合法权益造成严重损害或特别严重损害，或者对社会秩序和公共利益造成危害，但不危害国家安全。

第三级，等级保护对象受到破坏后，或者对社会秩序和公共利益造成严重危害，或者对国家安全造成严重危害。

第四级，等级保护对象受到破坏后，或者对社会秩序和公共利益造成特别严重危害，或者对国家安全造成严重危害。

第五级，等级保护对象受到破坏后，对国家安全造成特别严重危害。

等级保护标准从安全物理环境、安全通信网络、安全区域边界、安全计算环境、安全管理制度、安全管理机构、安全管理人员、安全建设管理、安全运维管理等方面提出具体要求，不同级别的等级保护对象应具备的基本安全保护能力如下：

第一级安全保护能力：应能够防护免受来自个人的、拥有很少资源的威胁源发起的恶意攻击、一般的自然灾难，以及其他相当危害程度的威胁所造成的关键资源损害，在自身遭到损害后，能够恢复部分功能。

第二级安全保护能力：应能够防护免受来自外部小型组织的、拥有少量资源的威胁源发起的恶意攻击、一般的自然灾难，以及其他相当危害程度的威胁所造成的重要资源损害，能够发现重要的安全漏洞和处置安全事件，在自身遭到损害后，能够在一段时间内恢复部分功能。

第三级安全保护能力：应能够在统一安全策略下防护免受来自外部有组织的团体、拥有较为丰富资源的威胁源发起的恶意攻击、较为严重的自然灾难，以及其他相当危害程度的威胁所造成的主要资源损害，能够及时发现、监测攻击行为和处置安全事件，在自身遭到损害后，能够较快恢复绝大部分功能。

第四级安全保护能力：应能够在统一安全策略下防护免受来自国家级别的、敌对组织的、拥有丰富资源的威胁源发起的恶意攻击、严重的自然灾难，以及其他相当危害程度的威胁所造成的资源损害，能够及时发现、监测攻击行为和处置安全事件，在自身遭到损害后，能够迅速恢复所有功能。

6.2　信息加密技术

信息安全技术是一门综合的学科，它涉及信息论、计算机科学和密码学等多方面知识，主要任务是研究计算机系统和通信网络内信息的保护方法，以实现系统内信息的安全、保密、真实和完整。其中，信息安全的核心是密码技术。

传统的加密系统是以密钥为基础的，这是一种对称加密，也就是说，用户使用同一个密钥加密和解密。而公钥则是一种非对称加密方法，加密者和解密者各自拥有不同的密钥。当然，还有其他的诸如流密码等加密算法。

6.2.1 数据加密原理

数据加密是防止未经授权的用户访问敏感信息的手段，这就是人们通常理解的安全措施，也是其他安全方法的基础。研究数据加密的科学叫作密码学（Cryptography），它又分为设计密码体制的密码编码学和破译密码的密码分析学。密码学有着悠久而光辉的历史，古代的军事家已经用密码传递军事情报了，而现代计算机的应用和计算机科学的发展又为这一古老的科学注入了新的活力。现代密码学是经典密码学的进一步发展和完善。由于加密和解密此消彼长的斗争永远不会停止，这门科学还在迅速发展之中。

一般的保密通信模型如图6-1所示。

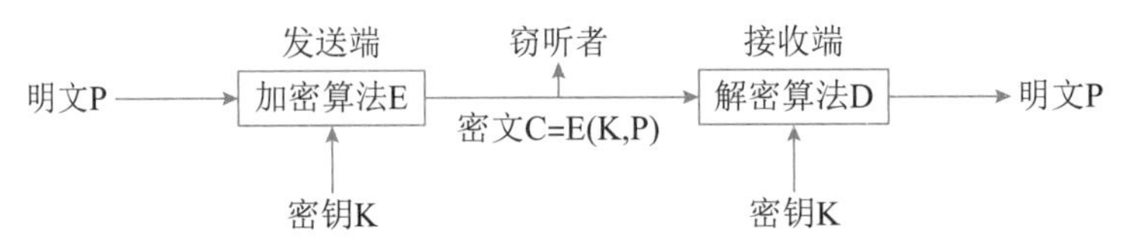

图6-1 保密通信模型

在发送端，把明文P用加密算法E和密钥K加密，变换成密文C，即

$$C=E(K, P)$$

在接收端利用解密算法D和密钥K对C解密得到明文P，即

$$P=D(K, C)$$

这里加/解密函数E和D是公开的，而密钥K（加/解密函数的参数）是秘密的。在传送过程中，偷听者得到的是无法理解的密文，而且他得不到密钥，这就达到了对第三者保密的目的。

不论窃听者获取了多少密文，如果密文中没有足够的信息可以确定出对应的明文，则这种密码体制是无条件安全的，或称为理论上不可破解的。在无任何限制的条件下，目前几乎所有的密码体制都不是理论上不可破解的。能否破解给定的密码，取决于使用的计算资源。所以密码专家们研究的核心问题就是要设计出在给定计算费用的条件下，计算上（而不是理论上）安全的密码体制。

6.2.2 经典加密技术

所谓经典加密方法，主要使用了以下3种加密技术：

（1）替换加密（Substitution）。用一个字母替换另一个字母，例如Caesar密码（D替换a，E替换b等）。这种方法保留了明文的顺序，可根据自然语言的统计特性（例如字母出现的频率）破译。

（2）换位加密（Transposition）。按照一定的规律重排字母的顺序。例如以CIPHER作为密钥（仅表示顺序），对明文attackbeginsatfour加密，得到密文abacnuaiotettgfksr，如图6-2所示。偷听者得到密文后检查字母出现的频率即可确定加密方法是换位加密，然后若能根据其他情况猜测出一段明文，就可确定密钥的列数，再重排密文的顺序进行破译。

密钥　C I P H E R
顺序　1 4 5 3 2 6
明文　a t t a c k
　　　b e g i n s
　　　a t f o u r
密文　abacnuaiotettgfksr

图 6-2　换位加密的例子

（3）一次性填充（One-Time Pad）。把明文变为位串（例如用 ASCII 编码），选择一个等长的随机位串作为密钥，对二者进行按位异或得到密文。这样的密码在理论上是不可破解的，但是这种密码有实际的缺陷。首先是密钥无法记忆，必须写在纸上，这在实践上是最不可取的；其次是密钥长度有限，有时可能不够使用；最后是这个方法对插入或丢失字符的敏感性，如果发送者与接收者在某一点上失去同步，以后的报文就全都无用了。

6.2.3　现代加密技术

现代密码体制使用的基本方法仍然是替换和换位，但是采用更加复杂的加密算法和简单的密钥，而且增加了对付主动攻击的手段。例如加入随机的冗余信息，以防止制造假消息；加入时间控制信息，以防止旧消息重放。

替换和换位可以用简单的电路来实现。如图 6-3（a）所示的设备称为 P 盒（Permutation box），用于改变 8 位输入线的排列顺序。可以看出，左边输入端经 P 盒变换后的输出顺序为 36071245。如图 6-3（b）所示的设备称为 S 盒（Substitution box），起置换作用，从左边输入的 3 位首先被解码，选择 8 根 P 盒输入中的 1 根，将其置 1，其他线置 0，经编码后在右边输出。可以看出，如果 01234567 依次输入，其输出为 24506713。

把一串盒子连接起来，可以实现复杂的乘积密码（Product Cipher），如图 6-3（c）所示，它可以对 12 位进行有效的置换。P1 的输入输出有 12 根线，如果第二级 S 层使用一个 S 盒，则 S 盒内的连接线需要 12 根。由于第二级使用了 4 个 S 盒，则每个 S 盒的输入输出只有 3 根线，这就简化了 S 盒的复杂性。下面介绍的 DES 算法就是用类似的方法实现的。

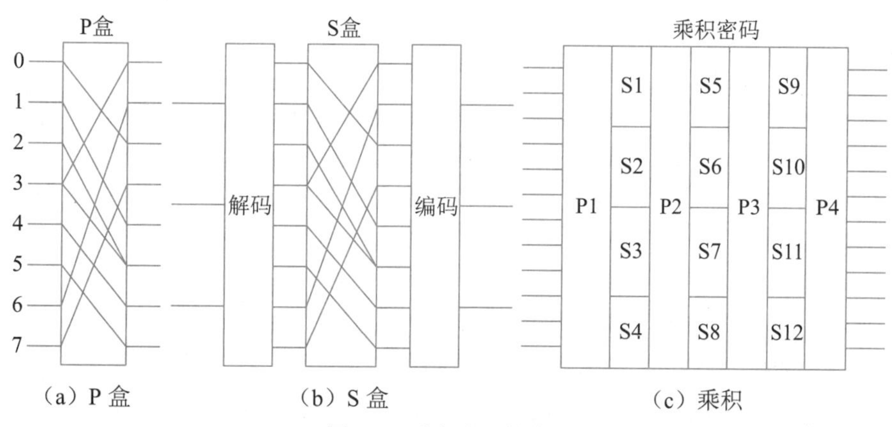

图 6-3　乘积密码的实现

1. DES

1977年1月，美国NSA（National Security Agency）根据IBM的专利技术Lucifer制定了DES（Data Encryption Standard）。明文被分成64位的块，对每个块进行19次变换（替换和换位），其中16次变换由56位密钥的不同排列形式控制（IBM使用的是128位密钥），最后产生64位的密文块，如图6-4所示。

明文 → 初始交换 → 16次替换和换位 → 反向交换 → 密文

图6-4 DES加密算法

由于NSA减少了密钥，而且对DES的制订过程保密，甚至为此取消了IEEE计划的一次密码学会议。人们怀疑NSA的目的是保护自己的解密技术，因而对DES从一开始就充满了怀疑和争论。

1977年，Diffie和Hellman设计了DES解密机。只要知道一小段明文和对应的密文，该机器就可以在一天之内穷试2^{56}种不同的密钥（这叫作野蛮攻击）。据估计，这个机器当时的造价为2千万美元。

2. 三重DES

三重DES（Triple-DES）是DES的改进算法，它使用两把密钥对报文做三次DES加密，效果相当于将DES密钥的长度加倍，克服了DES密钥长度较短的缺点。本来应该使用3个不同的密钥进行3次加密，这样就可以把密钥的长度加长到$3 \times 56 = 168$位。但许多密码设计者认为168位的密钥已经超过了实际需要，所以便在第一层和第三层中使用相同的密钥，产生一个有效长度为112位的密钥。之所以没有直接采用两重DES，是因为第二层DES不是十分安全，它对一种称为“中间可遇”的密码分析攻击极为脆弱，所以最终还是采用了利用两个密钥进行三重DES加密的操作。

假设两个密钥分别是K1和K2，其算法的步骤如下：

（1）用密钥K1进行DES加密。

（2）用密钥K2对步骤（1）的结果进行DES解密。

（3）对步骤（2）的结果使用密钥K1进行DES加密。

这种方法的缺点是要花费原来三倍的时间，但从另一方面来看，三重DES的112位密钥长度是很“强壮”的加密方式。

3. IDEA

1990年，瑞士联邦技术学院的来学嘉和Massey建议了一种新的加密算法，这就是IDEA（International Data Encryption Algorithm）。这种算法使用128位的密钥，把明文分成64位的块，进行8轮迭代加密。IDEA可以用硬件或软件实现，并且比DES快。在苏黎世技术学院用25MHz的VLSI芯片进行加密，加密速率是177Mb/s。

IDEA经历了大量的详细审查，对密码分析具有很强的抵抗能力，在多种商业产品中得到应用，已经成为全球通用的加密标准。

4. 高级加密标准

1997年1月，美国国家标准与技术局（NIST）为高级加密标准（Advanced Encryption Standard，AES）征集新算法。最初从许多响应者中挑选了15个候选算法，经过世界密码共同体的分析，选出了其中的 5 个。经过用 ANSI C 和 Java 语言对 5 个算法的加 / 解密速度、密钥和算法的安装时间，以及对各种攻击的拦截程度等进行了广泛的测试后，2000 年 10 月，NIST 宣布 Rijndael 算法为 AES 的最佳候选算法，并于 2002 年 5 月 26 日发布为正式的 AES 加密标准。

AES 支持 128、192 和 256 位 3 种密钥长度，能够在世界范围内免版税使用，提供的安全级别足以保护未来 20 ～ 30 年的数据，可以通过软件或硬件实现。

5. 流加密算法和 RC4

所谓流加密，就是将数据流与密钥生成二进制比特流进行异或运算的加密过程。这种算法采用以下两个步骤：

（1）利用密钥 K 生成一个密钥流 KS（伪随机序列）。

（2）用密钥流 KS 与明文 P 进行“异或”运算，产生密文 C。

$$C = P \oplus KS（K）$$

解密过程则是用密钥流与密文 C 进行“异或”运算，产生明文 P。

$$P = C \oplus KS（K）$$

为了安全，对不同的明文必须使用不同的密钥流，否则容易被破解。

Ronald L. Rivest 是 MIT 的教授，用他的名字命名的流加密算法有 RC2 ～ RC6 系列算法，其中 RC4 是最常用的。

RC 代表 Rivest Cipher 或 Ron's Cipher，RC4 是 Rivest 在 1987 年设计的，其密钥长度可选择 64 位或 128 位。

RC4 原本是 RSA 公司私有的商业机密，1994t 年 9 月被人匿名发布在因特网上，从此得以公开。这个算法非常简单，就是 256 内的加法、置换和异或运算。由于简单，所以速度极快，加密的速度可达到 DES 的 10 倍。

6. 公钥加密算法

以上加密算法中使用的加密密钥和解密密钥是相同的，称为共享密钥算法或对称密钥算法。1976 年，斯坦福大学的 Diffie 和 Hellman 提出了使用不同的密钥进行加密和解密的公钥加密算法。设 P 为明文，C 为密文，E 为公钥控制的加密算法，D 为私钥控制的解密算法，这些参数满足下列 3 个条件：

（1）D(E(P))=P。

（2）不能由 E 导出 D。

（3）选择明文攻击（选择任意明文—密文对以确定未知的密钥）不能破解 E。

加密时计算 C=E(P)，解密时计算 P=D(C)。加密和解密是互逆的。用公钥加密，私钥解密，可实现保密通信；用私钥加密，公钥解密，可实现数字签名。

7. RSA 算法

RSA（Rivest Shamir and Adleman）算法是一种公钥加密算法，方法是按照下面的要求选择公钥和密钥：

（1）选择两个大素数 p 和 q（大于 10^{100}）。

（2）令 $n=p\times q$、$z=(p-1)\times(q-1)$。

（3）选择 d 与 z 互质。

（4）选择 e，使 $e\times d=1(\bmod z)$。

明文P被分成 k 位的块，k 是满足 $2^k<n$ 的最大整数，于是有 $0\leqslant P\leqslant n$。加密时计算

$$C=P^e(\bmod n)$$

即公钥为（e,n）。解密时计算

$$P=C^d(\bmod n)$$

即私钥为（d,n）。

下面用例子来说明这个算法，设 $p=3$，$q=11$，$n=33$，$z=20$，$d=7$，$e=3$，$C=P^3(\bmod 33)$，$P=C^7(\bmod 33)$。则有

$$C=2^3(\bmod 33)=8(\bmod 33)=8$$

$$P=8^7(\bmod 33)=2097152(\bmod 33)=2$$

RSA算法的安全性基于大素数分解的困难性。如果攻击者可以分解已知的 n，得到 p 和 q，然后可得到 z，最后用Euclid算法，由 e 和 z 得到 d。然而要分解200位的数，需要40亿年；分解500位的数，则需要 10^{25} 年。

8. SM2算法

SM2是我国自主研发的一种非对称密码算法，密钥长度为256位，包括SM2-1椭圆曲线数字签名算法、SM2-2椭圆曲线密钥交换协议和SM2-3椭圆曲线公钥加密算法，分别用于实现数字签名、密钥协商和数据加密等功能。与RSA算法相比，SM2算法的密码复杂度高、处理速度快、机器性能消耗更小，其性能更优更安全，是一种更先进、安全的算法。

9. SM4算法

SM4算法是我国自主研发的分组对称密码算法，主要用于数据加密，分组长度与密钥长度均为128bit。加密算法与密钥扩展算法均采用32轮非线性迭代结构，以字（32位）为单位进行加密运算，每一次迭代运算均为一轮变换函数F。SM4算法加/解密算法的结构相同，只是使用的轮密钥相反，其中解密轮密钥是加密轮密钥的逆序。

6.3 认证

认证又分为实体认证和消息认证两种。实体认证是识别通信对方的身份，防止假冒，可以使用数字签名的方法。消息认证是验证消息在传送或存储过程中有没有被篡改，通常使用报文摘要的方法。下面介绍3种身份认证的方法，前两种是基于共享密钥的，最后一种是基于公钥的认证。

6.3.1 基于共享密钥的认证

如果通信双方有一个共享的密钥，则可以确认对方的真实身份。这种算法依赖于一个双方都信赖的密钥分发中心（Key Distribution Center，KDC），如图6-5所示，其中的A和B分别代表发送者和接收者，K_A、K_B 分别表示A、B与KDC之间的共享密钥。

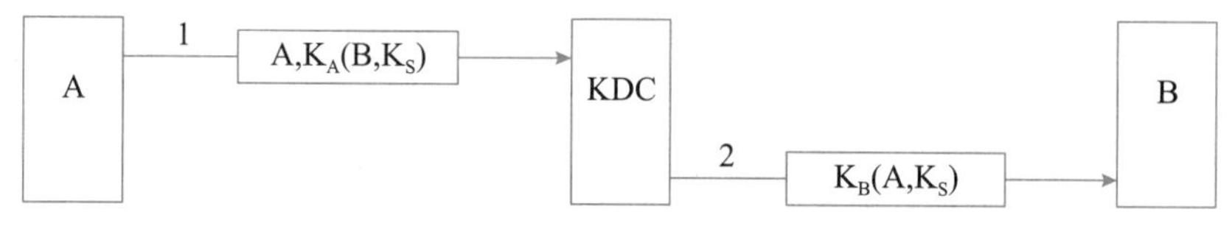

图 6-5　基于共享密钥的认证协议

认证过程如下：A 向 KDC 发出消息 $\{A, K_A(B, K_S)\}$，说明自己要和 B 通信，并指定了与 B 会话的密钥 K_S。注意，这个消息中的一部分（B, K_S）是用 K_A 加密了的，所以第三者不能了解消息的内容。KDC 知道了 A 的意图后就构造了一个消息 $\{K_B(A, K_S)\}$ 发给 B。B 用 K_B 解密后就得到了 A 和 K_S，然后就可以与 A 用 K_S 会话了。

然而，主动攻击者对这种认证方式可能进行重放攻击。例如 A 代表雇主，B 代表银行。第三者 C 为 A 工作，通过银行转账取得报酬。如果 C 为 A 工作了一次，得到了一次报酬，并偷听和复制了 A 和 B 之间就转账问题交换的报文，那么贪婪的 C 就可以按照原来的次序向银行重发报文 2，冒充 A 与 B 之间的会话，以便得到第二次、第三次……报酬。在重放攻击中攻击者不需要知道会话密钥 K_S，只要能猜测密文的内容对自己有利或是无利就可以达到攻击的目的。

6.3.2　Needham-Schroeder认证协议

该协议是一种多次提问—响应协议，可以抵抗重放攻击，关键点是每一个会话回合都加入了一个新的随机数，其应答过程如图 6-6 所示。首先，A 向 KDC 发送报文 1，表明要与 B 通信。KDC 以报文 2 回答。报文 1 中加入了由 A 指定的随机数 R_A，KDC 的回答报文中也有 R_A，它的作用是保证报文 2 是新鲜的，而不是重放的。报文 2 中的 $K_B(A, K_S)$ 是 KDC 交给 A 的入场券，其中有 KDC 指定的会话密钥 K_S，并且用 B 和 KDC 之间的密钥加密，A 无法打开，只能原样发给 B。在发给 B 的报文 3 中，只有 B 能解密，B 也获取到会话密钥 K_S。要让 B 确信对方是 A，还要进行一次提问。报文 4 中有 B 指定的随机数 R_B，A 返回 R_B–1，证明这是对前一报文的应答。至此，通信双方都可以确认对方的身份，可以用 K_S 进行会话了。这个协议似乎天衣无缝，但也不是不可以攻击的。

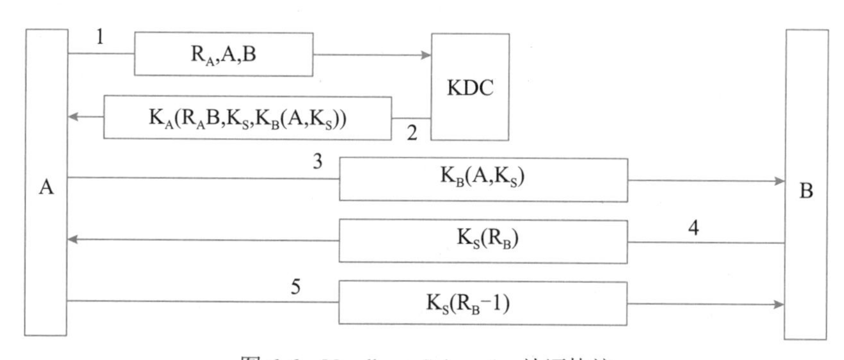

图 6-6　Needham-Schroeder 认证协议

6.3.3　基于公钥的认证

这种认证协议如图 6-7 所示。A 给 B 发出 $E_B(A, R_A)$，该报文用 B 的公钥加密。B 返回

$E_A(R_A, R_B, K_S)$，用A的公钥加密。这两个报文中分别有A和B指定的随机数R_A和R_B，因此能排除重放的可能性。通信双方都用对方的公钥加密，用各自的私钥解密，所以应答比较简单。其中的K_S是B指定的会话键。这个协议假定了双方都知道对方的公钥，但如果这个条件不成立呢？如果有一方的公钥是假的呢？所以这个协议仍存在缺陷。

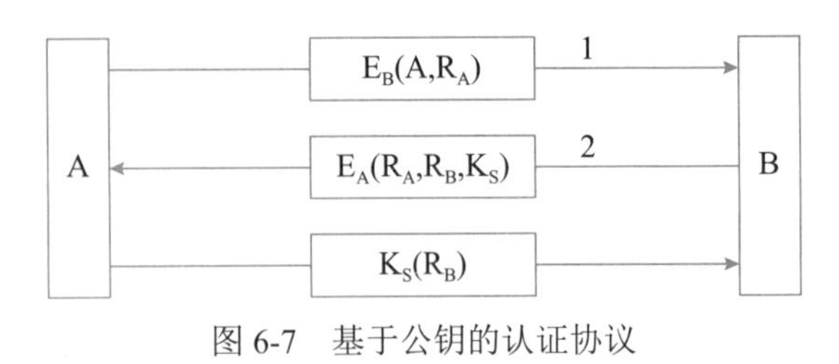

图6-7 基于公钥的认证协议

6.4 数字签名

与人们手写签名的作用一样，数字签名系统向通信双方提供服务，使得A向B发送签名的消息P，以便达到以下几点：

（1）B可以验证消息P确实来源于A。

（2）A以后不能否认发送过消息P。

（3）B不能编造或改变消息P。

下面介绍两种数字签名系统。

6.4.1 基于对称密钥的数字签名

这种系统如图6-8所示。设BB是A和B共同信赖的仲裁人。K_A和K_B分别是A和B与BB之间的密钥，而K_{BB}是只有BB掌握的密钥，P是A发给B的消息，t是时间戳。BB解读了A的报文$\{A, K_A(B, R_A, t, P)\}$以后产生了一个签名的消息$K_{BB}(A, t, P)$，并装配成发给B的报文$\{K_B(A, R_A, t, P, K_{BB}(A, t, P))\}$。B可以解密该报文，阅读消息P，并保留证据$K_{BB}(A, t, P)$。由于A和B之间的通信是通过中间人BB的，所以不必怀疑对方的身份。又由于证据$K_{BB}(A, t, P)$的存在，A不能否认发送过消息P，B也不能改变得到的消息P，因为BB仲裁时可能会当场解密$K_{BB}(A, t, P)$，得到发送人、发送时间和原来的消息P。

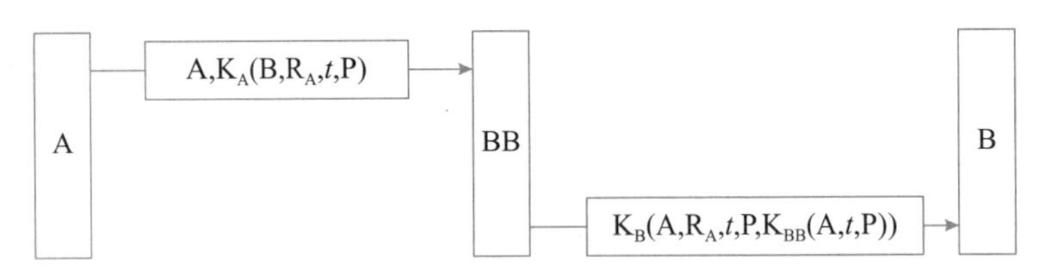

图6-8 基于对称密钥的数字签名

6.4.2 基于非对称密钥的数字签名

利用公钥加密算法的数字签名系统如图6-9所示。如果A方否认发送过消息P，B可以拿

出 $D_A(P)$，并用 A 的公钥 E_A 解密得到 P，从而证明 P 是 A 发送的。如果 B 把消息 P 篡改了，当 A 要求 B 出示原来的 $D_A(P)$ 时，B 拿不出来。

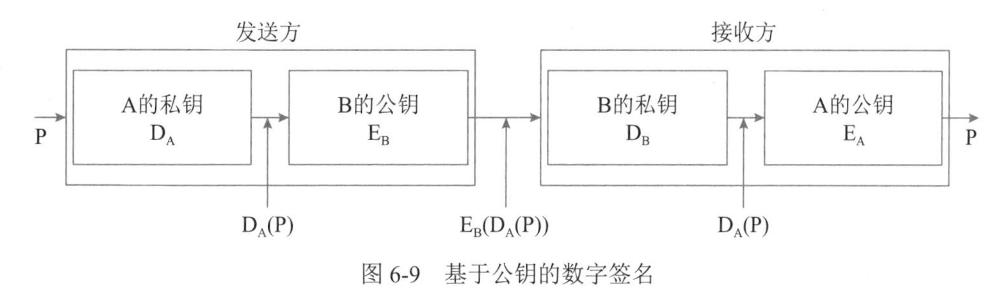

图 6-9　基于公钥的数字签名

6.5　报文摘要

用于差错控制的报文检验是根据冗余位检查报文是否受到信道干扰的影响，与之类似的报文摘要方案是计算密码校验和，即固定长度的认证码，附加在消息后面发送，根据认证码检查报文是否被篡改。设 M 是可变长的报文，K 是发送者和接收者共享的密钥，令 $MD=C_K(M)$，这就是算出的报文摘要（Message Digest），如图 6-10 所示。由于报文摘要是原报文唯一的压缩表示，代表了原来报文的特征，所以也叫作数字指纹（Digital Fingerprint）。

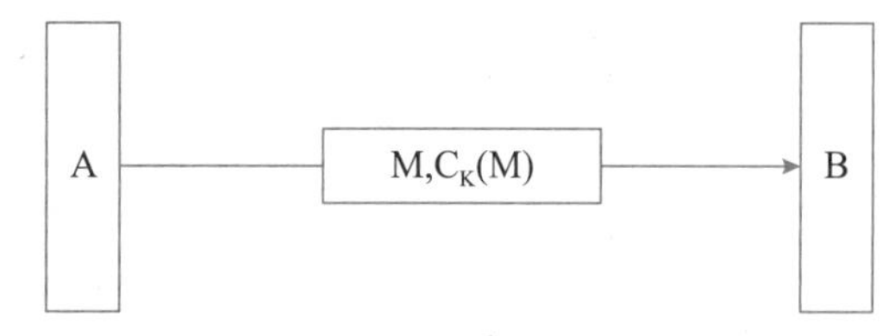

图 6-10　报文摘要方案

散列（Hash）算法将任意长度的二进制串映射为固定长度的二进制串，这个长度较小的二进制串称为散列值。散列值是一段数据唯一的、紧凑的表示形式。如果对一段明文只更改其中的一个字母，随后的散列变换都将产生不同的散列值。因为要找到散列值相同的两个不同的输入在计算上是不可能的，所以数据的散列值可以检验数据的完整性。

通常的实现方案是对任意长的明文 M 进行单向散列变换，计算固定长度的位串作为报文摘要。对 Hash 函数 $h=H(M)$ 的要求如下：

（1）可用于任意大小的数据块。

（2）能产生固定大小的输出。

（3）软 / 硬件容易实现。

（4）对于任意 m，找出 x，满足 $H(x)=m$，是不可计算的。

（5）对于任意 x，找出 $y \neq x$，使得 $H(x)=H(y)$，是不可计算的。

（6）找出 (x, y)，使得 $H(x)=H(y)$，是不可计算的。

前 3 项要求显而易见是实际应用和实现的需要。第 4 项要求就是所谓的单向性，这个条件使得攻击者不能由偷听到的 m 得到原来的 x。第 5 项要求是为了防止伪造攻击，使得攻击者不能用自己制造的假消息 y 冒充原来的消息 x。第 6 项要求是为了对付生日攻击的。

报文摘要可以用于加速数字签名算法，在图 6-8 中，BB 发给 B 的报文中，报文 P 实际上出现了两次，一次是明文，一次是密文，这显然增加了传送的数据量。如果改成如图 6-11 所示的报文，$K_{BB}(A,t,P)$ 减少为 MD(P)，则传送过程可以大大加快。

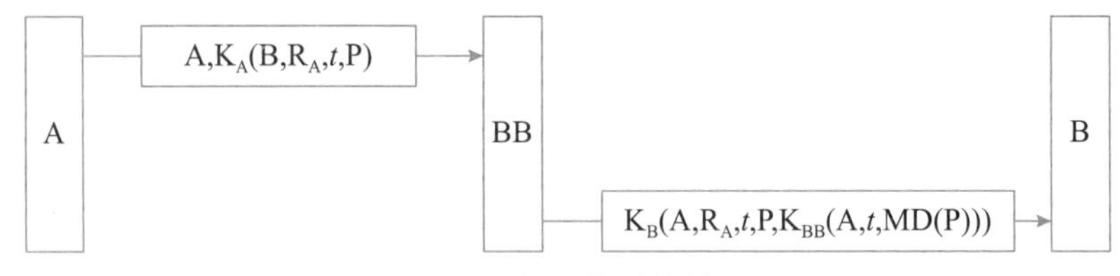

图 6-11 报文摘要的例子

6.5.1 报文摘要算法

使用最广的报文摘要算法是 MD5，这是 Ronald L. Rivest 设计的一系列 Hash 函数中的第 5 个。其基本思想就是用足够复杂的方法把报文位充分“弄乱”，使得每一个输出位都受到每一个输入位的影响。具体的操作分成下列几个步骤：

（1）分组和填充。把明文报文按 512 位分组，最后要填充一定长度的“1000……”，使得

报文长度 =448(mod 512)

（2）附加。最后加上 64 位的报文长度字段，整个明文恰好为 512 的整数倍。

（3）初始化。置 4 个 32 位长的缓冲区 ABCD 分别为：

A=01234567 B=89ABCDEF C=FEDCBA98 D=76543210

（4）处理。用 4 个不同的基本逻辑函数（F，G，H，I）进行 4 轮处理，每一轮以 ABCD 和当前 512 位的块为输入，处理后送入 ABCD（128 位），产生 128 位的报文摘要，如图 6-12 所示。

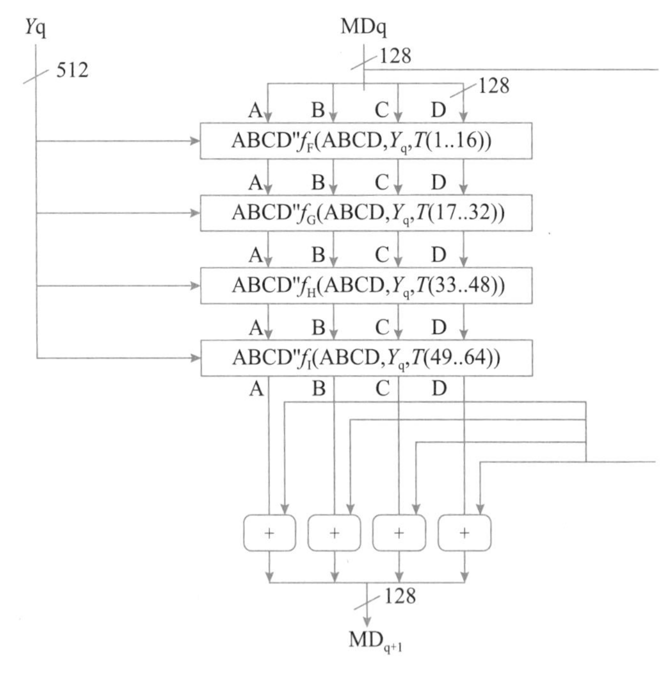

图 6-12 MD5 的处理过程

关于 MD5 的安全性可以解释如下：由于算法的单向性，因此要找出具有相同 Hush 值的两个不同报文是不可计算的。如果采用野蛮攻击，寻找具有给定 Hush 值的报文的计算复杂性为 2^{128}，若每秒试验 10 亿个报文，需要 1.07×10^{22} 年。采用生日攻击法，寻找有相同 Hush 值的两个报文的计算复杂性为 2^{64}，用同样的计算机需要 585 年。从实用性考虑，MD5 用 32 位软件可高速实现，所以应用广泛。

6.5.2　安全散列算法

安全散列算法（Secure Hash Algorithm，SHA）由美国国家标准和技术协会于 1993 年提出，并被定义为安全散列标准（Secure Hash Standard，SHS）。SHA-1 是 1994 年修订的版本，纠正了 SHA 一个未公布的缺陷。这种算法接收的输入报文小于 2^{64} 位，产生 160 位的报文摘要。该算法设计的目标是使得找出一个能够匹配给定的散列值的文本实际是不可能计算的。也就是说，如果对文档 A 已经计算出了散列值 H(A)，那么很难找到一个文档 B，使其散列值 H(B) = H(A)，尤其困难的是无法找到满足上述条件的而且又是指定内容的文档 B。SHA 算法的缺点是速度比 MD5 慢，但是 SHA 的报文摘要更长，更有利于对抗野蛮攻击。

6.5.3　散列式报文认证码

散列式报文认证码（Hashed Message Authentication Code，HMAC）是利用对称密钥生成报文认证码的散列算法，可以提供数据完整性数据源身份认证。为了说明 HMAC 的原理，假设 H 是一种散列函数（例如 MD5 或 SHA-1），H 把任意长度的文本作为输入，产生长度为 L 位的输出（对于 MD5，L=128；对于 SHA-1，L=160），并且假设 K 是由发送方和接收方共享的报文认证密钥，长度不大于 64 字节，如果小于 64 字节，后面加 0 补够 64 字节。假定有下面两个 64 字节的串，即 ipad（输入串）和 opad（输出串）。

ipad=0×36，重复 64 次。

opad=0×5C，重复 64 次。

函数 HMAC 把 K 和 Text 作为输入，产生

$$\mathrm{HMAC}_K(\mathrm{Text})=H(K \oplus \mathrm{opad}, H(K \oplus \mathrm{ipad}, \mathrm{Text}))$$

作为输出，即

（1）在 K 后附加 0，生成 64 字节的串。

（2）将第（1）步产生的串与 ipad 按位异或。

（3）把 Text 附加在第（2）步产生的结果后面。

（4）对第（3）步产生的结果应用函数 H。

（5）将第（1）步产生的串与 opad 按位异或。

（6）把第（4）步产生的结果附加在第（5）步结果的后面。

（7）对第（6）步产生的结果应用函数 H，并输出计算结果。

HMAC 的密钥长度至少为 L 位，更长的密钥并不能增强函数的安全性。HMAC 允许把最后的输出截短到 80 位，这样更简单有效，且不损失安全强度。认证一个数据流（Text）的总费用接近于对该数据流进行散列的费用，对很长的数据流更是如此。

HMAC使用现有的散列函数H而不用修改H的代码，这样可以使用已有的H代码库，而且可以随时用一个散列函数代替另一个散列函数。HMAC-MD5已经被IETF指定为Internet安全协议IPSec的验证机制，提供数据源认证和数据完整性保护。

HMAC的一个典型应用是用在"提问/响应（Challenge/Response）"式身份认证中，认证流程如下：

- 先由客户端向服务器发出一个认证请求。
- 服务器接到此请求后生成一个随机数，并通过网络传输给客户端（此为提问）。
- 客户端将收到的随机数提供给ePass（数字证书的存储介质），由ePass使用该随机数与存储的密钥进行HMAC-MD5运算，并得到一个结果作为证据传给服务器（此为响应）。
- 与此同时，服务器也使用该随机数与存储在服务器数据库中的该客户密钥进行HMAC-MD5运算，如果服务器的运算结果与客户端传回的响应结果相同，则认为客户端是一个合法用户。

6.6　数字证书

6.6.1　数字证书的概念

数字证书是各类终端实体和最终用户在网上进行信息交流及商务活动的身份证明，在电子交易的各个环节，交易的各方都需验证对方数字证书的有效性，从而解决相互间的信任问题。

数字证书采用公钥体制，即利用一对互相匹配的密钥进行加密和解密。每个用户自己设定一个特定的仅为本人所知的私有密钥（私钥），用它进行解密和签名，同时设定一个公共密钥（公钥），并由本人公开，为一组用户所共享，用于加密和验证。公开密钥技术解决了密钥发布的管理问题。一般情况下，证书中还包括密钥的有效时间、发证机构（证书授权中心）的名称及该证书的序列号等信息。数字证书的格式遵循ITUT X.509国际标准。

用户的数字证书由某个可信的证书发放机构（Certification Authority，CA）建立，并由CA或用户将其放入公共目录中，以供其他用户访问。目录服务器本身并不负责为用户创建数字证书，其作用仅仅是为用户访问数字证书提供方便。

在X.509标准中，数字证书的一般格式包含的数据域如下：

（1）版本号：用于区分X.509的不同版本。

（2）序列号：由同一发行者（CA）发放的每个证书的序列号是唯一的。

（3）签名算法：签署证书所用的算法及参数。

（4）发行者：指建立和签署证书的CA的X.509名字。

（5）有效期：包括证书有效期的起始时间和终止时间。

（6）主体名：指证书持有者的名称及有关信息。

（7）公钥：有效的公钥及其使用方法。

（8）发行者ID：任选的名字唯一地标识证书的发行者。

（9）主体ID：任选的名字唯一地标识证书的持有者。

（10）扩展域：添加的扩充信息。

（11）认证机构的签名：用 CA 私钥对证书的签名。

6.6.2 证书的获取

CA 为用户产生的证书应具有以下特性：

- 只要得到CA的公钥，就能由此得到CA为用户签署的公钥。
- 除CA外，其他任何人员都不能以不被察觉的方式修改证书的内容。

因为证书是不可伪造的，因此无须对存放证书的目录施加特别的保护。

如果所有用户都由同一 CA 签署证书，则这一 CA 必须取得所有用户的信任。用户证书除了能放在公共目录中供他人访问外，还可以由用户直接把证书转发给其他用户。用户 B 得到 A 的证书后，可相信用 A 的公钥加密的消息不会被他人获悉，还可信任用 A 的私钥签署的消息不是伪造的。

如果用户数量很多，仅一个 CA 负责为所有用户签署证书可能不现实。通常应有多个 CA，每个 CA 为一部分用户发行和签署证书。

设用户 A 已从证书发放机构 X_1 处获取了证书，用户 B 已从 X_2 处获取了证书。如果 A 不知道 X_2 的公钥，他虽然能读取 B 的证书，但却无法验证用户 B 证书中 X_2 的签名，因此 B 的证书对 A 来说是没有用处的。然而，如果两个证书发放机构 X_1 和 X_2 彼此间已经安全地交换了公开密钥，则 A 可通过以下过程获取 B 的公开密钥：

（1）A 从目录中获取由 X_1 签署的 X_2 的证书 $X_1 \ll X_2 \gg$，因为 A 知道 X_1 的公开密钥，所以能验证 X_2 的证书，并从中得到 X_2 的公开密钥。

（2）A 再从目录中获取由 X_2 签署的 B 的证书 $X_2 \ll B \gg$，并由 X_2 的公开密钥对此加以验证，然后从中得到 B 的公开密钥。

在以上过程中，A 是通过一个证书链来获取 B 的公开密钥的，证书链可表示为

$$X_1 \ll X_2 \gg X_2 \ll B \gg$$

类似地，B 能通过相反的证书链获取 A 的公开密钥，表示为

$$X_2 \ll X_1 \gg X_1 \ll A \gg$$

以上证书链中只涉及两个证书。同样，有 N 个证书的证书链可表示为

$$X_1 \ll X_2 \gg X_2 \ll X_3 \gg \cdots X_N \ll B \gg$$

此时，任意两个相邻的 CAX_i 和 CAX_{i+1} 已彼此间为对方建立了证书，对每一个 CA 来说，由其他 CA 为这一 CA 建立的所有证书都应存放于目录中，并使得用户知道所有证书相互之间的连接关系，从而可获取另一用户的公钥证书。X.509 建议将所有的 CA 以层次结构组织起来，用户 A 可从目录中得到相应的证书，以建立到 B 的以下证书链，并通过该证书链获取 B 的公开密钥。

$$X \ll W \gg W \ll V \gg V \ll U \gg U \ll Y \gg Y \ll Z \gg Z \ll B \gg$$

类似地，B 可建立以下证书链以获取 A 的公开密钥。

$$X \ll W \gg W \ll V \gg V \ll U \gg U \ll Y \gg Y \ll Z \gg Z \ll A \gg$$

6.6.3 证书的吊销

从证书的格式上可以看到，每个证书都有一个有效期，然而有些证书还未到截止日期就会被发放该证书的CA吊销，这可能是由于用户的私钥已被泄露，或者该用户不再由该CA来认证，或者CA为该用户签署证书的私钥已经泄露。为此，每个CA还必须维护一个证书吊销列表（Certificate Revocation List，CRL），其中存放所有未到期而被提前吊销的证书，包括该CA发放给用户和发放给其他CA的证书。CRL还必须由该CA签字，然后存放于目录中以供他人查询。

CRL中的数据域包括发行者CA的名称、建立CRL的日期、计划公布下一CRL的日期以及每个被吊销的证书数据域。被吊销的证书数据域包括该证书的序列号和被吊销的日期。对一个CA来说，它发放的每个证书的序列号是唯一的，所以可用序列号来识别每个证书。

因此，每个用户收到他人消息中的证书时都必须通过目录检查这一证书是否已经被吊销，为避免搜索目录引起的延迟以及因此而增加的费用，用户自己也可维护一个有效证书和被吊销证书的局部缓存区。

6.7 密钥管理

密钥是加密算法中的可变部分，在采用加密技术保护的信息系统中，其安全性取决于密钥的保护，而不是对算法或硬件的保护。密码体制可以公开，密码设备可能丢失，但同一型号的密码机仍可继续使用。然而，密钥一旦丢失或出错，不仅合法用户不能提取信息，还可能使非法用户窃取信息。因此，密钥的管理是关键问题。

密钥管理是指处理密钥自产生到最终销毁的整个过程中的有关问题，包括系统的初始化，密钥的产生、存储、备份/恢复、装入、分配、保护、更新、控制、丢失、吊销和销毁。

6.7.1 密钥管理概述

1. 对密钥的威胁

对密钥的威胁如下：

（1）私钥的泄露。

（2）私钥或公钥的真实性（Authenticity）丧失。

（3）私钥或公钥未经授权使用，例如使用失效的密钥或违例使用密钥。

2. 密钥的种类

下面介绍密钥的种类：

（1）基本密钥 k_p：由用户选定或由系统分配给用户的、可在较长时间（相对于会话密钥）内由一对用户所专用的密钥，故也称用户密钥。基本密钥要求既安全又便于更换，与会话密钥一起去启动和控制某种算法所构造的密钥产生器，生成用于加密数据的密钥流。

（2）会话密钥 k_s：两个终端用户在交换数据时使用的密钥。当用会话密钥对传输的数据进行保护时称为数据加密密钥，用会话密钥来保护文件时称为文件密钥。会话密钥的作用是使用户不必频繁地更换基本密钥，有利于密钥的安全和管理。会话密钥可由用户双方预先约定，也可由系统通过密钥建立协议动态地生成并分发给通信双方。k_s 使用的时间短，限制了密码分析者所能得到的同一密钥加密的密文数量。会话密钥只在需要时通过协议建立，也降低了密钥的存储容量。

（3）密钥加密密钥 k_e：用于对传送的会话密钥或文件密钥进行加密的密钥，也称辅助二级密钥或密钥传送密钥。通信网中每个节点都分配有一个 k_e，为了安全，各节点的 k_e 应互不相同。

（4）主机密钥 k_m：对密钥加密密钥进行加密的密钥，存于主机处理器中。

在双钥体制下，有公开钥（公钥）和秘密钥（私钥）、签字密钥和认证密钥之分。

6.7.2 密钥管理体制

密钥管理是信息安全的核心技术之一。在美国信息保障技术框架（Information Assurance Technical Framework，IATF）中定义的密钥管理体制主要有3种：一是适用于封闭网的技术，以传统的密钥分发中心为代表的KMI机制；二是适用于开放网的PKI机制；三是适用于规模化专用网的SPK技术。

1. KMI 技术

密钥管理基础结构（Key Management Infrastructure，KMI）假定有一个密钥分发中心（KDC）来负责发放密钥。这种结构经历了从静态分发到动态分发的发展历程，目前仍然是密钥管理的主要手段。无论是静态分发还是动态分发，都是基于秘密的物理通道进行的。

1）静态分发

静态分发是预配置技术，大致有以下几种：

（1）点对点配置。可用单钥实现，也可用双钥实现。单钥分发是最简单而有效的密钥管理技术，通过秘密的物理通道实现。单钥为认证提供可靠的参数，但不能提供不可否认性服务。当有数字签名要求时，则用双钥实现。

（2）一对多配置。可用单钥或双钥实现，是点对点分发的扩展，只是在中心保留所有终端的密钥，而各终端只保留自己的密钥。一对多的密钥分配在银行清算、军事指挥、数据库系统中仍为主流技术，也是建立秘密通道的主要方法。

（3）格状网配置。可以用单钥实现，也可以用双钥实现。格状网的密钥配置量为全网 n 个终端用户中选2的组合数。Kerberos曾安排过25万个用户的密钥。格状网一般都要求提供数字签名服务，因此多数用双钥实现，即各终端保留自己的私钥和所有终端的公钥。如果用户量为25万个，则每一个终端用户要保留25万个公钥。

2）动态分发

动态分发是“请求—分发”机制，是与物理分发相对应的电子分发，在秘密通道的基础上进行，一般用于建立实时通信中的会话密钥，在一定意义上缓解了密钥管理规模化的矛盾。动态分发有以下几种形式：

（1）基于单钥的单钥分发。在用单密钥实现时，首先在静态分发方式下建立星状密钥配置，在此基础上解决会话密钥的分发。这种密钥分发方式简单易行。

（2）基于单钥的双钥分发。在双钥体制下，可以将公、私钥都当作秘密变量，也可以将公、私钥分开，只把私钥当作秘密变量，公钥当作公开变量。尽管将公钥当作公开变量，但仍然存在被假冒或篡改的可能，因此需要有一种公钥传递协议证明其真实性。基于单钥的公钥分发的前提是密钥分发中心（C）和各终端用户（A、B）之间已存在单钥的星状配置，分发过程如下：

- A→C：申请B的公钥，包括A的时间戳。
- C→A：将B的公钥用单密钥加密发送，包括A的时间戳。
- A→B：用B的公钥加密A的身份标识和会话序号N_1。
- B→C：申请A的公钥，包括B的时间戳。
- C→B：将A的公钥用单密钥加密发送，包括B的时间戳。
- B→A：用A的公钥加密A的会话序号N_1和B的会话序号N_2。
- A→B：用B的公钥加密N_2，以确认会话建立。

2. PKI 技术

在密钥管理中，不依赖秘密信道的密钥分发技术一直是一个难题。1976年，Deffie和Hellman提出了双钥密码体制和D-H密钥交换协议，大大促进了这一领域的发展。但是，在双钥体制中只是有了公、私钥的概念，私钥的分发仍然依赖于秘密通道。1991年，PGP首先提出了Web of Trust信任模型和密钥由个人产生的思路，避开了私钥的传递，从而避开了秘密通道，推动了PKI技术的发展。

公钥基础结构（Public Key Infrastructure，PKI）是运用公钥的概念和技术来提供安全服务的、普遍适用的网络安全基础设施，包括由PKI策略、软/硬件系统、认证中心、注册机构（Registration Authority，RA）、证书签发系统和PKI应用等构成的安全体系，如图6-13所示。

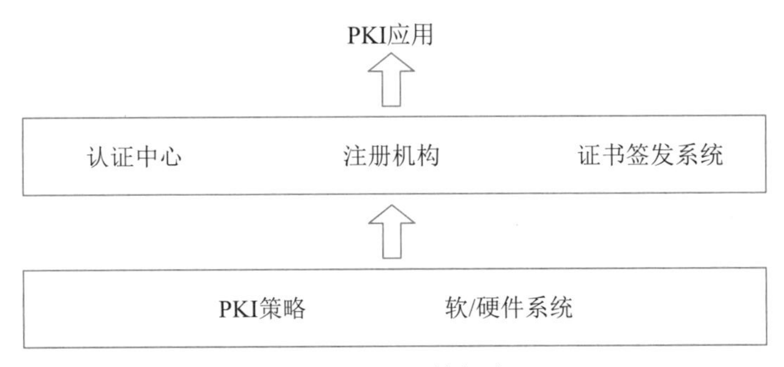

图6-13　PKI的组成

PKI策略定义了信息安全的指导方针和密码系统的使用规则，具体内容包括CA之间的信任关系、遵循的技术标准、安全策略、服务对象、管理框架、认证规则、运作制度、所涉及的法律关系等；软/硬件系统是PKI运行的平台，包括认证服务器、目录服务器等；CA负责密钥的生成和分配；注册机构是用户（Subscriber）与CA之间的接口，负责对用户的认证；证书签发系统负责公钥数字证书的分发，可以由用户自己或通过目录服务器进行发放；PKI的应用非常广泛，Web通信、电子邮件、电子数据交换、电子商务、网上信用卡交易、虚拟专用网等都是PKI潜在的应用领域。

自20世纪90年代以来，PKI技术逐渐得到了各国政府和许多企业的重视，由理论研究进入商业应用阶段。IETF和ISO等国际组织陆续颁布了X.509、PKIX、PKCS、S/MIME、SSL、SET、IPSec、LDAP等一系列与PKI应用有关的标准；RSA、VeriSign、Entrust、Baltimore等网络安全公司纷纷推出了PKI产品和服务；网络设备制造商和软件公司开始在网络产品中增加PKI功能；美国、加拿大、韩国、日本和欧盟等国家相继建立了PKI体系；银行、证金券、保险和电信等行业的用户开始接受和使用PKI技术。

美国国防部（DoD）定义的KMI/PKI标准规定了用于管理公钥证书和对称密钥的技术、服务和过程，KMI是提供信息保障能力的基础架构，PKI是KMI的主要组成部分，提供了生成、生产、分发、控制和跟踪公钥证书的服务框架。KMI和PKI两种密钥管理体制各有其优缺点和适用范围。KMI具有很好的封闭性；PKI具有很好的扩展性。KMI的密钥管理机制可形成各种封闭环境，可作为网络隔离的基本逻辑手段；PKI适用于各种开放业务，但却不适用于封闭的专用业务和保密性业务。KMI是集中式的基于主管方的管理模式，为身份认证提供直接信任和一级推理信任，但密钥更换不灵活；PKI是依靠第三方的管理模式，只能提供一级以下推理信任，但密钥更换非常灵活。KMI适用于保密网和专用网；PKI适用于安全责任完全由个人或单方面承担，安全风险不涉及他方利益的场合。

从实际应用方面看，因特网中的专用网主要处理内部事务，同时要求与外界联系。因此，KMI主内、PKI主外的密钥管理结构是比较合理的。如果一个专用网是与外部没有联系的封闭网，那么仅有KMI就已足够。如果一个专用网可以与外部联系，那么要同时具备两种密钥管理体制，至少KMI要支持PKI。如果是开放网业务，则完全可以用PKI技术处理。

6.8 虚拟专用网

6.8.1 虚拟专用网的工作原理

所谓虚拟专用网（Virtual Private Network，VPN），就是建立在公用网上的，由某一组织或某一群用户专用的通信网络，其虚拟性表现在任意一对VPN用户之间没有专用的物理连接，而是通过ISP提供的公用网络来实现通信，其专用性表现在VPN之外的用户无法访问VPN内部的网络资源，VPN内部用户之间可以实现安全通信。这里讲的VPN是指在Internet上建立的，由用户（组织或个人）自行管理的VPN，而不涉及一般电信网中的VPN。后者一般是指X.25、帧中继或ATM虚拟专用线路。

Internet本质上是一个开放的网络，没有任何安全措施可言。随着Internet应用的扩展，很多要求安全和保密的业务需要通过Internet实现，这一需求促进了VPN技术的发展。各个国际组织和企业都在研究和开发VPN的理论、技术、协议、系统和服务。在实际应用中要根据具体情况选用适当的VPN技术。

实现VPN的关键技术主要有以下几种：

- 隧道技术（Tunneling）。隧道技术是一种通过使用因特网基础设施在网络之间传递数据的方式。隧道协议将其他协议的数据包重新封装在新的包头中发送。新的包头提供了路由信息，从而使封装的负载数据能够通过因特网传递。在Internet上建立隧道可以在不同的协议层实现，例如数据链路层、网络层或传输层，这是VPN特有的技术。

- 加/解密技术（Encryption & Decryption）。VPN可以利用已有的加/解密技术实现保密通信，保证公司业务和个人通信的安全。
- 密钥管理技术（Key Management）。建立隧道和保密通信都需要密钥管理技术的支撑，密钥管理负责密钥的生成、分发、控制和跟踪，以及验证密钥的真实性等。
- 身份认证技术（Authentication）。加入VPN的用户都要通过身份认证，通常使用用户名和密码，或者智能卡来实现用户的身份认证。

VPN 的解决方案有以下 3 种，可以根据具体情况选择使用：

（1）内联网 VPN（Intranet VPN）。企业内部虚拟专用网也叫内联网 VPN，用于实现企业内部各个 LAN 之间的安全互连。传统的 LAN 互连采用租用专线的方式，这种实现方式费用昂贵，只有大型企业才能负担得起。如果企业内部各分支机构之间要实现互连，可以在 Internet 上组建世界范围内的 Intranet VPN，利用 Internet 的通信线路保证网络的互连互通，利用隧道、加密和认证等技术保证信息在 Intranet 内安全传输，如图 6-14 所示。

图 6-14　Intranet VPN

（2）外联网 VPN（Extranet VPN）。企业外部虚拟专用网也叫外联网 VPN，用于实现企业与客户、供应商和其他相关团体之间的互连互通。当然，客户也可以通过 Web 访问企业的客户资源，但是外联网 VPN 方式可以方便地提供接入控制和身份认证机制，动态地提供公司业务和数据的访问权限。一般来说，如果公司提供 B2B 之间的安全访问服务，则可以考虑与相关企业建立 Extranet VPN 连接，如图 6-15 所示。

（3）远程接入 VPN（Access VPN）。解决远程用户访问企业内部网络的传统方法是采用长途拨号方式接入企业的网络访问服务器（NAS）。这种访问方式的缺点是通信成本高，必须支付价格不菲的长途电话费，而且 NAS 和调制解调器的设备费用以及租用接入线路的费用也是一笔很大的开销。采用远程接入 VPN 就可以省去这些费用。如果企业内部人员有移动或远程办公的需要，或者商家要提供 B2C 的安全访问服务，可以采用 Access VPN。

Access VPN 通过一个拥有与专用网络相同策略的共享基础设施提供对企业内部网或外部网的远程访问。Access VPN 能使用户随时随地以其所需的方式访问企业内部的网络资源，最适用于公司内部经常有流动人员远程办公的情况。出差员工利用当地 ISP 提供的 VPN 服务就可以和公司的 VPN 网关建立私有的隧道连接，如图 6-16 所示。

图 6-15　Extranet VPN

图 6-16　Access VPN

6.8.2　第二层隧道协议

虚拟专用网可以通过第二层隧道协议实现，这些隧道协议（例如 PPTP 和 L2TP）都是把数据封装在点对点协议（PPP）的帧中在因特网上传输的，创建隧道的过程类似于在通信双方之间建立会话的过程，需要就地址分配、加密、认证和压缩参数等进行协商，隧道建立后才能进行数据传输。下面介绍常用的第二层隧道协议。

1. 点对点隧道协议

点对点隧道协议（Point-to-Point Tunneling Protocol，PPTP）是由 Microsoft、Ascend、3Com 和 ECI 等公司组成的 PPTP 论坛在 1996 年定义的第 2 层隧道协议。PPTP 定义了由 PAC 和 PNS 组成的客户端 / 服务器结构，从而把网络接入服务器（NAS）的功能分解给这两个逻辑设备，以支持虚拟专用网。传统 NAS 根据用户的需要提供 PSTN 或 ISDN 的点对点拨号接入服务，它具有下列功能：

（1）通过本地物理接口连接 PSTN 或 ISDN，控制外部 Modem 或终端适配器的拨号操作。

（2）作为 PPP 链路控制协议的会话终端。

（3）参与 PPP 认证过程。

（4）对多个 PPP 信道进行集中管理。

（5）作为 PPP 网络控制协议的会话终端。

（6）在各接口之间进行多协议的路由和桥接。

PPTP论坛定义了以下两种逻辑设备：

- PPTP接入集中器（PPTP Access Concentrator，PAC）。可以连接一条或多条PSTN或ISDN拨号线路，能够进行PPP操作，并且能处理PPTP协议。PAC可以与一个或多个PNS实现TCP/IP通信，或者通过隧道传送其他协议的数据。
- PPTP网络服务器（PPTP Network Server，PNS）。建立在通用服务器平台上的PPTP服务器，运行TCP/IP协议，可以使用任何LAN和WAN接口硬件实现。

PAC是负责接入的客户端设备，必须实现NAS的（1）、（2）两项功能，也可能实现第（3）项功能；PNS是ISP提供的接入服务器，可以实现NAS的第（3）项功能，但必须实现第（4）、（5）、（6）项功能；而PPTP则是在PAC和PNS之间对拨入的电路交换呼叫进行控制和管理，并传送PPP数据的协议。

PPTP协议只是在PAC和PNS之间实现，与其他任何设备无关，连接到PAC的拨号网络也与PPTP无关，标准的PPP客户端软件仍然可以在PPP链路上进行操作。

在一对PAC和PNS之间必须建立两条并行的PPTP连接，一条是运行在TCP协议上的控制连接，一条是传输PPP协议数据单元的IP隧道。控制连接可以由PNS或PAC发起建立。PNS和PAC在建立TCP连接之后就通过Start-Control-Connection-Request和Start-Control-Connection-Reply报文来建立控制连接，这些报文也用来交换有关PAC和PNS操作能力的数据。控制连接的管理、维护和释放也是通过交换类似的控制报文实现的。

控制连接必须在PPP隧道之前建立。在每一对PAC-PNS之间，隧道连接和控制连接同时存在。控制连接的功能是建立、管理和释放PPP隧道，同时控制连接也是PAC和PNS之间交换呼叫信息的通路。

PPTP协议的分组头结构如图6-17所示。

长度	PPTP报文类型
Magic Cookie	
控制报文类型	保留0
协议版本	保留1
组帧能力	
承载能力	
最大信道数	固件版本
主机名（64字节）	
制造商（64字节）	

长度：PPTP报文的字节数。

PPTP报文类型：1. 控制信息；2. 管理信息。

Magic Cookie：Magic Cookie以连续的0x1A2B3C4D发送，基本目的是确保接收端与TCP数据流间的同步运行。

控制报文类型：可能的值如下。

- Start-Control-Connection-Request；

图6-17　PPTP协议的分组头结构

- Start-Control-Connection-Reply；
- Stop-Control-Connection-Request；
- Stop-Control-Connection-Reply；
- Echo-Request；
- Echo-Reply。

协议版本：PPTP 版本号。

组帧能力：指出帧类型，由发送方提供。1. 异步帧支持；2. 同步帧支持。

承载能力：指出承载性能，由发送方提供。1. 模拟接入支持；2. 数字接入支持。

最大信道数：PAC 支持的 PPP 会话总数。

固件版本：若由 PAC 发出，则表示 PAC 的固件修订版本号；若由 PNS 发出，则包括 PNS 的 PPTP 驱动版本号。

主机名：PAC 或 PNS 的域名。

制造商：供应商的字符串。

图 6-17（续）

2. 第 2 层隧道协议

第 2 层隧道协议（Layer 2 Tunneling Protocol，L2TP）用于把各种拨号服务集成到 ISP 的服务提供点。PPP 定义了一种封装机制，可以在点对点链路上传输多种协议的分组。通常，用户利用各种拨号方式（例如 POTS、ISDN 或 ADSL）接入 NAS，然后通过第二层连接运行 PPP 协议。这样，第二层连接端点和 PPP 会话端点都在同一个 NAS 设备中。

L2TP 扩展了 PPP 模型，允许第二层连接端点和 PPP 会话端点驻在由分组交换网连接的不同设备中。在 L2TP 模型中，用户通过第二层连接访问集中器（例如 Modem、ADSL 等设备），而集中器则把 PPP 帧通过隧道传送给 NAS，这样就可以把 PPP 分组的处理与第二层端点的功能分离开来。这样做的好处是 NAS 不再具有第二层端点的功能，第二层连接在本地集中器终止，从而把逻辑的 PPP 会话扩展到了帧中继或 Internet 这样的公共网络上。从用户的观点看，使用 L2TP 与通过第二层接入 NAS 并没有区别。

L2TP 报文分为控制报文和数据报文。控制报文用于建立、维护和释放隧道和呼叫；数据报文用于封装 PPP 帧，以便在隧道中传送。控制报文使用了可靠的控制信道以保证提交，数据报文被丢失后不再重传。L2TP 的分组头结构如图 6-18 所示。

T	L	X	X	S	X	O	P	X	X	X	X	Ver	长度
隧道 ID													会话 ID
Ns（任选）													Nr（任选）
Offset size（任选）													Offset pad（任选）

T：指示报文的类型。0 表示数据报文，1 表示控制报文。

L：置 1 时表示长度字段出现，控制报文必须有长度字段。

X：保留不用，全部置 0。

S：置 1 时表示 Nr 和 Ns 字段出现，对于控制报文，S 必须置 1。

图 6-18　L2TP 分组头结构

O：置1时表示Offset size字段出现，对于控制报文，O必须置0。

P：表示优先级，如果置1，该数据报文被优先处理和发送。

Ver：这一位的值为002，指示L2TP的版本号。

长度：报文的总长度。

隧道ID：标识不同的隧道。

会话ID：标识不同的用户会话。

Nr：接收顺序号。

Ns：发送顺序号。

Offset size & pad：附加位用于确定L2TP分组头的边界。

图6-18（续）

3. PPTP与L2TP的比较

PPTP和L2TP都使用PPP协议对数据进行封装，然后添加附加包头用于数据在互联网络上的传输。尽管两个协议非常相似，但是仍存在以下几方面的区别：

（1）PPTP要求因特网络为IP网络，L2TP只要求隧道媒介提供面向数据包的点对点连接。L2TP可以在IP（使用UDP）、帧中继永久虚拟电路（PVCs）、X.25虚电路（VCs）或ATM网络上使用。

（2）PPTP只能在两端点间建立单一隧道，L2TP支持在两端点间使用多个隧道。使用L2TP，用户可以针对不同的服务质量创建不同的隧道。

（3）L2TP可以提供包头压缩。当压缩包头时，系统开销占用4个字节，而在PPTP协议下要占用6个字节。

（4）L2TP可以提供隧道验证，而PPTP不支持隧道验证。但是，当L2TP或PPTP与IPSec共同使用时，可以由IPSec提供隧道验证，不需要在第2层协议上验证隧道。

6.8.3 IPSec VPN

IPSec（IP Security）是IETF定义的一组协议，用于增强IP网络的安全性。IPSec协议集提供了下面的安全服务：

- 数据完整性（Data Integrity）。保持数据的一致性，防止未授权地生成、修改或删除数据。
- 认证（Authentication）。保证接收的数据与发送的相同，保证实际发送者就是声称的发送者。
- 保密性（Confidentiality）。传输的数据是经过加密的，只有预定的接收者知道发送的内容。
- 应用透明的安全性（Application-transparent Security）。IPSec的安全头插入在标准的IP头和上层协议（例如TCP）之间，任何网络服务和网络应用都可以不经修改地从标准IP转向IPSec，同时，IPSec通信也可以透明地通过现有的IP路由器。

IPSec的功能可以划分为下面3类：

- 认证头（Authentication Header，AH）。用于数据完整性认证和数据源认证。

- 封装安全负荷（Encapsulating Security Payload，ESP）。提供数据保密性和数据完整性认证，ESP也包括了防止重放攻击的顺序号。
- Internet密钥交换协议（Internet Key Exchange，IKE）。用于生成和分发在ESP和AH中使用的密钥，IKE也对远程系统进行初始认证。

1. 认证头

IPSec 认证头提供了数据完整性和数据源认证，但是不提供保密服务。AH 包含了对称密钥的散列函数，使得第三方无法修改传输中的数据。IPSec 支持下面的认证算法：

- HMAC-SHA1（Hashed Message Authentication Code-Secure Hash Algorithm 1）：128位密钥。
- HMAC-MD5（HMAC-Message Digest 5）：160位密钥。

IPSec 有两种模式：传输模式和隧道模式。在传输模式中，IPSec 认证头插入原来的 IP 头之后（如图 6-19 所示），IP 数据和 IP 头用来计算 AH 认证值。IP 头中的变化字段（例如跳步计数和 TTL 字段）在计算之前置为 0，所以变化字段实际上并没有被认证。

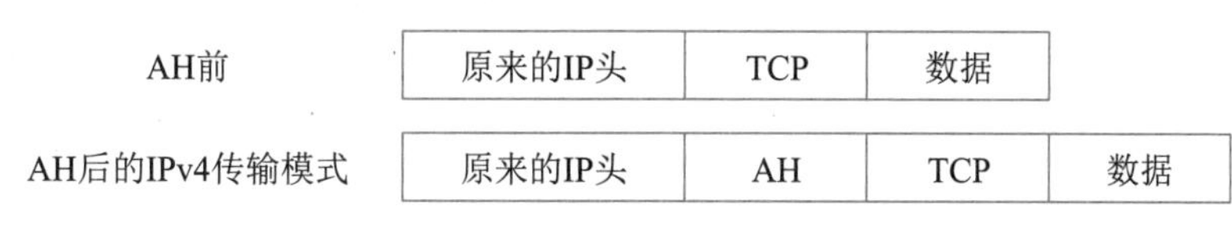

图 6-19 传输模式的认证头

在隧道模式中，IPSec 用新的 IP 头封装了原来的 IP 数据报（包括原来的 IP 头），原来 IP 数据报的所有字段都经过了认证，如图 6-20 所示。

图 6-20 隧道模式的认证头

2. 封装安全负荷

IPSec 封装安全负荷提供了数据加密功能。ESP 利用对称密钥对 IP 数据（例如 TCP 包）进行加密，支持的加密算法如下：

（1）DES-CBC（Data Encryption Standard Cipher Block Chaining Mode）：56 位密钥。

（2）3DES-CBC（三重 DES CBC）：可选 112 位或 168 位密钥。

（3）AES128-CBC（Advanced Encryption Standard CBC）：128 位密钥。

在传输模式中，IP 头没有加密，只对 IP 数据进行了加密，如图 6-21 所示。

ESP前	原来的IP头	TCP	数据		
ESP后的IPv4传输模式	原来的IP头	ESP头	TCP	数据	ESP尾

图 6-21 传输模式的 ESP

在隧道模式中，IPSec对原来的IP数据报进行了封装和加密，加上了新的IP头，如图6-22所示。如果ESP用在网关中，外层的未加密IP头包含网关的IP地址，而内层加密了的IP头包含真实的源和目标地址，这样可以防止偷听者分析源和目标之间的通信量。

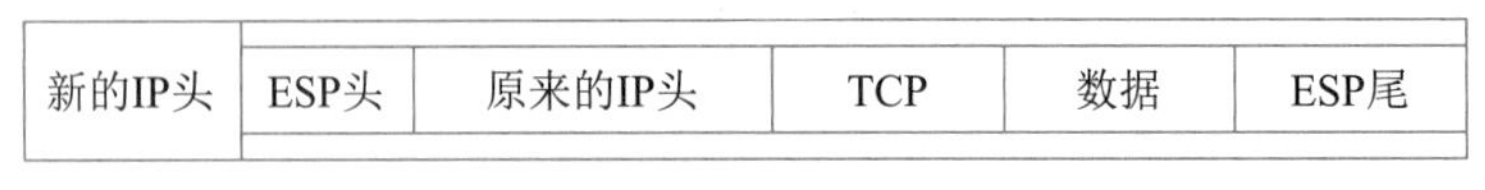

图6-22 隧道模式的ESP

3. 带认证的封装安全负荷

ESP加密算法本身没有提供认证功能，不能保证数据的完整性。但是带认证的ESP可以提供数据完整性服务，有以下两种方法可提供认证功能。

（1）带认证的ESP。IPSec使用第一个对称密钥对负荷进行加密，然后使用第二个对称密钥对经过加密的数据计算认证值，并将其附加在分组之后，如图6-23所示。

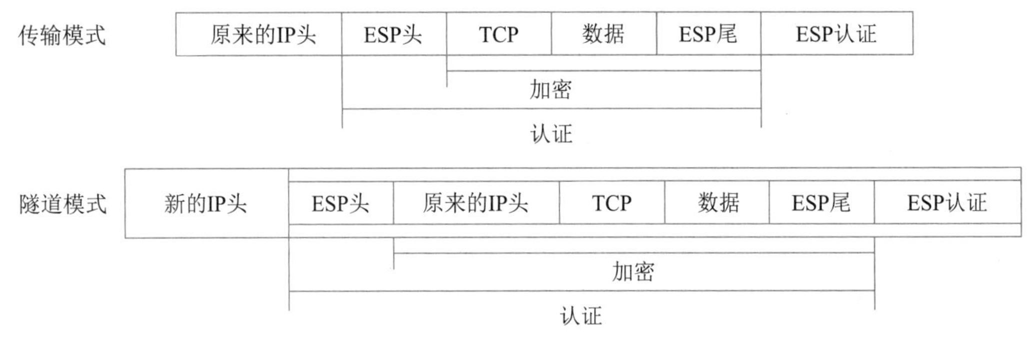

图6-23 带认证的ESP

（2）在AH中嵌套ESP。ESP分组可以嵌套在AH分组中，例如，一个3DES-CBC ESP分组可以嵌套在HMAC-MD5分组中，如图6-24所示。

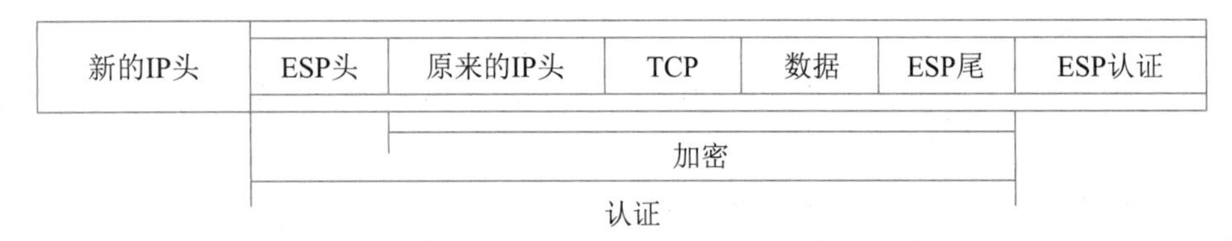

图6-24 在AH中嵌套ESP

4. Internet密钥交换协议

IPSec传送认证或加密的数据之前，必须就协议、加密算法和使用的密钥进行协商。密钥交换协议提供这个功能，并且在密钥交换之前还要对远程系统进行初始的认证。IKE实际上是ISAKMP（Internet Security Association and Key Management Protocol）、Oakley和SKEME（Versatile Secure Key Exchange Mechanism for Internet Protocol）这3个协议的混合体。ISAKMP提供了认证和密钥交换的框架，但是没有给出具体的定义，Oakley描述了密钥交换的模式，而SKEME

定义了密钥交换技术。

在密钥交换之前要先建立安全关联（Security Association，SA）。SA 是由一系列参数（例如加密算法、密钥和生命期等）定义的安全信道。在 ISAKMP 中，通过两个协商阶段来建立 SA，这种方法被称为 Oakley 模式。建立 SA 的过程如图 6-25 所示。具体过程如下：

（1）ISAKMP 第一阶段（Main Mode，MM）。具体包括：

- 协商和建立ISAKMP SA。两个系统根据D-H算法生成对称密钥，后续的IKE通信都使用该密钥加密。
- 验证远程系统的标识（初始认证）。

（2）ISAKMP 第二阶段（Quick Mode，QM）。使用由 ISAKMP/MM SA 提供的安全信道协商一个或多个用于 IPSec 通信（AH 或 ESP）的 SA。通常在第二阶段至少要建立两条 SA，一条用于发送数据，一条用于接收数据。

图 6-25　安全关联的建立

6.8.4　SSL VPN

安全套接层（Secure Socket Layer，SSL）的基本目标是实现两个应用实体之间安全可靠的通信。SSL 协议分为两层，底层是 SSL 记录协议，运行在传输层协议 TCP 之上，用于封装各种上层协议。一种被封装的上层协议是 SSL 握手协议，由服务器和客户端用来进行身份认证，并且协商通信中使用的加密算法和密钥。SSL 协议栈如图 6-26 所示。

图 6-26　SSL 协议栈

SSL 对应用层是独立的，这是它的优点，高层协议都可以透明地运行在 SSL 协议之上。SSL 提供的安全连接具有以下特性：

（1）连接是保密的。用握手协议定义了对称密钥（例如 DES、RC4 等）之后，所有通信都被加密传送。

（2）对等实体可以利用对称密钥算法（例如 RSA、DSS 等）相互认证。

（3）连接是可靠的。报文传输期间利用安全散列函数（例如 SHA、MD5 等）进行数据的完整性检验。

SSL VPN 与 IPSec VPN 都使用 RSA 或 D-H 握手协议来建立秘密隧道，都使用了预加密、数据完整性和身份认证技术，例如 3-DES、128 位的 RC4、ASE、MD5 和 SHA-1 等。两种协议的区别是，IPSec VPN 是在网络层建立安全隧道，适用于建立固定的虚拟专用网；SSL 的安全连接是通过应用层的 Web 连接建立的，更适合移动用户远程访问公司的虚拟专用网，原因如下：

（1）SSL 不必下载到访问公司资源的设备上。

（2）SSL 不需要端用户进行复杂的配置。

（3）只要有标准的 Web 浏览器，就可以利用 SSL 进行安全通信。

SSL/TLS 在 Web 安全通信中被称为 HTTPS。SSL/TLS 也可以用在其他非 Web 的应用（例如 SMTP、LDAP、POP、IMAP 和 TELNET）中。在虚拟专用网中，SSL 可以承载 TCP 通信，也可以承载 UDP 通信。由于 SSL 工作在传输层，所以 SSL VPN 的控制更加灵活，既可以对传输层进行访问控制，也可以对应用层进行访问控制。

6.9 应用层安全协议

6.9.1 S-HTTP

安全的超文本传输协议（Secure HTTP，S-HTTP）是一个面向报文的安全通信协议，是 HTTP 协议的扩展，其设计目的是保证商业贸易信息的传输安全，促进电子商务的发展。

S-HTTP 可以与 HTTP 消息模型共存，也可以与 HTTP 应用集成。S-HTTP 为 HTTP 客户端和服务器提供了各种安全机制，适用于潜在的各类 Web 用户。

S-HTTP 对客户端和服务器是对称的，对于双方的请求和响应做同样的处理，但是保留了 HTTP 的事务处理模型和实现特征。

S-HTTP 的语法与 HTTP 一样，由请求行（Request Line）和状态行（Status Line）组成，后跟报文头和报文体（Message Body），然而报文头有所区别，报文体经过了加密。S-HTTP 客户端发出的请求报文格式如图 6-27 所示。

Request Line	General Header	Request Header	Entity Header	Message Body

图 6-27　S-HTTP 报文格式

为了与 HTTP 报文区分，S-HTTP 报文使用了协议指示器 Secure-HTTP/1.4，这样 S-HTTP 报文可以与 HTTP 报文混合在同一个 TCP 端口（80）进行传输。

由于 SSL 的迅速出现，S-HTTP 未能得到广泛应用。目前，SSL 基本取代了 S-HTTP。大多数 Web 交易均采用传统的 HTTP 协议，并使用经过 SSL 加密的 HTTP 报文来传输敏感的交易信息。

6.9.2　PGP

PGP（Pretty Good Privacy）是 Philip R. Zimmermann 在 1991 年开发的电子邮件加密软件包。今天，PGP 已经成为使用最广泛的电子邮件加密软件。PGP 能够得到广泛应用的原因如下：

（1）能够在各种平台（如 DOS、Windows、UNIX 和 Macintosh 等）上免费使用，并且得到许多制造商的支持。

（2）基于比较安全的加密算法（RSA、IDEA、MD5）。

（3）具有广泛的应用领域，既可用于加密文件，也可用于个人安全通信。

（4）该软件包不是由政府或标准化组织开发和控制的，这一点对于具有自由倾向的网民特别具有吸引力。

PGP 提供两种服务：数据加密和数字签名。数据加密机制可以应用于本地存储的文件，也可以应用于网络上传输的电子邮件。数字签名机制用于数据源身份认证和报文完整性验证。PGP 使用 RSA 公钥证书进行身份认证，使用 IDEA（128 位密钥）进行数据加密，使用 MD5 进行数据完整性验证。

PGP 进行身份认证的过程叫作公钥指纹（Public-Key Fingerprint）。所谓指纹，就是对密钥进行 MD5 变换后所得到的字符串。假如 Alice 能够识别 Bob 的声音，则 Alice 可以设法得到 Bob 的公钥，并生成公钥指纹，通过电话验证他得到的公钥指纹是否与 Bob 的公钥指纹一致，以证明 Bob 公钥的真实性。

如果得到了一些可信任的公钥，就可以使用 PGP 的数字签名机制得到更多的真实公钥。例如，Alice 得到了 Bob 的公钥，并且信任 Bob 可以提供其他人的公钥，则经过 Bob 签名的公钥就是真实的。这样，在相互信任的用户之间就形成了一个信任圈。网络上有一些服务器提供公钥存储器，其中的公钥经过了一个或多个人的签名。如果你信任某个人的签名，那么就可以认为他签名的公钥是真实的。SLED（Stable Large E-mail DataBase）就是这样的服务器，在该服务器目录中的公钥都是经过 SLED 签名的。

PGP 证书与 X.509 证书的格式有所不同，其中包括了以下信息：

- 版本号：指出创建证书使用的PGP版本。
- 证书持有者的公钥：这是密钥对的公开部分，并且指明了使用的加密算法，如RSA、DH或DSA。
- 证书持有者的信息：包括证书持有者的身份信息，例如姓名、用户ID和照片等。
- 证书持有者的数字签名：也叫作自签名，这是持有者用其私钥生成的签名。
- 证书的有效期：证书的起始日期/时间和终止日期/时间。
- 对称加密算法：指明证书持有者首选的数据加密算法，PGP支持的算法有CAST、IDEA和3-DES等。

PGP 证书格式的特点是单个证书可能包含多个签名，也许有一个或许多人会在证书上签名，确认证书上的公钥属于某个人。

有些 PGP 证书由一个公钥和一些标签组成，每个标签包含确认公钥所有者身份的不同手段，例如所有者的姓名和公司邮件账户、所有者的绰号和家庭邮件账户、所有者的照片等，所有这些全都在一个证书里。

每一种认证手段（每一个标签）的签名表可能是不同的，但是并非所有的标签都是可信任的。这是指客观意义上的可信性——签名只是署名者对证书内容真实性的评价，在签名证实一个密钥之前，不同的署名者在认定密钥真实性方面所做的努力并不相同。

6.9.3 S/MIME

S/MIME（Secure/Multipurpose Internet Mail Extensions）是 RSA 数据安全公司开发的软件。S/MIME 提供的安全服务有报文完整性验证、数字签名和数据加密。S/MIME 可以添加在邮件系统的用户代理中，用于提供安全的电子邮件传输服务，也可以加入其他的传输机制（例如 HTTP）中，安全地传输任何 MIME 报文，甚至可以添加到自动报文传输代理中，在 Internet 中安全地传送由软件生成的 FAX 报文。S/MIME 得到很多制造商的支持，各种 S/MIME 产品具有很高的互操作性。S/MIME 的安全功能基于加密信息语法标准 PKCS #7（RFC 2315）和 X.509v3 证书，密钥长度是动态可变的，具有很高的灵活性。

S/MIME 发送报文的过程如下（A → B）：

（1）准备好要发送的报文 M（明文）。具体过程如下：

- 生成数字指纹MD5（M）。
- 生成数字签名=K_{AD}（数字指纹），K_{AD}为A的（RSA）私钥。
- 加密数字签名，K_s（数字签名），K_s为对称密钥，使用方法为3DES或RC2。
- 加密报文，密文=K_s（明文），使用方法为3DES或RC2。
- 生成随机串passphrase。
- 加密随机串K_{BE}（passphrase），K_{BE}为B的公钥。

（2）解密随机串 K_{BD}（passphrase），K_{BD} 为 B 的私钥。具体过程如下：

- 解密报文，明文=K_s（密文）。
- 解密数字签名，K_{AE}（数字签名），K_{AE}为A的（RSA）公钥。
- 生成数字指纹MD5（M）。
- 比较两个指纹是否相同。

6.9.4 安全的电子交易

安全的电子交易（Secure Electronic Transaction，SET）是一个安全协议和报文格式的集合，融合了 Netscape 的 SSL、Microsoft 的 STT（Secure Transaction Technology）、Terisa 的 S-HTTP，以及 PKI 技术，通过数字证书和数字签名机制，使得客户可以与供应商进行安全的电子交易。SET 得到了 Mastercard、Visa、Microsoft 和 Netscape 的支持，成为电子商务中的安全基础设施。

SET 提供以下 3 种服务：

- 在交易涉及的各方之间提供安全信道。
- 使用X.509数字证书实现安全的电子交易。
- 保证信息的机密性。

对 SET 的需求源于在 Internet 上使用信用卡进行安全支付的商业活动，如对交易过程和订单信息提供机密性保护、保证传输数据的完整性、对信用卡持有者的合法性验证、对供应商是否可以接受信用卡交易提供验证、创建既不依赖于传输层安全机制又不排斥其他应用协议的互操作环境等。

假定用户的客户端配置了具有 SET 功能的浏览器，而交易提供者（银行和商店）的服务器也配置了 SET 功能，则 SET 交易过程如下：

（1）客户在银行开通了 Mastercard 或 Visa 银行账户。

（2）客户收到一个数字证书，这个电子文件就是一个联机购物信用卡，或称电子钱包，其中包含了用户的公钥及有效期，通过数据交换可以验证其真实性。

（3）第三方零售商从银行收到自己的数字证书，其中包含零售商的公钥和银行的公钥。

（4）客户通过网页或电话发出订单。

（5）客户通过浏览器验证了零售商的证书，确认零售商是合法的。

（6）浏览器发出订单报文，这个报文是通过零售商的公钥加密的，而支付信息是通过银行的公钥加密的，零售商不能读取支付信息，以保证指定的款项用于特定的购买。

（7）零售商检查客户的数字证书以验证客户的合法性，这可以通过银行或第三方认证机构实现。

（8）零售商把订单信息发送给银行，其中包含银行的公钥、客户的支付信息以及零售商自己的证书。

（9）银行验证零售商和订单信息。

（10）银行进行数字签名，向零售商授权，这时零售商就可以签署订单了。

6.9.5　Kerberos

Kerberos 是一项认证服务，它要解决的问题是，在公开的分布式环境中，工作站上的用户希望访问分布在网络上的服务器，希望服务器能限制授权用户的访问，并能对服务请求进行认证。在这种环境下，存在以下 3 种威胁：

- 用户可能假装成另一个用户在操作工作站。
- 用户可能会更改工作站的网络地址，使从这个已更改的工作站发出的请求看似来自被伪装的工作站。
- 用户可能窃听交换中的报文，并使用重放攻击进入服务器或打断正在进行中的操作。

在任何一种情况下，一个未授权的用户能够访问未被授权访问的服务和数据。Kerberos 不是建立一个精密的认证协议，而是提供一个集中的认证服务器，其功能是实现应用服务器与用户间的相互认证。

有两个版本的 Kerberos 方法很常用。现在，第 4 版还在广泛使用，第 5 版弥补了第 4 版中存在的某些安全漏洞，并已作为 Internet 标准草案发布。

Kerberos 是 MIT 为校园网用户访问服务器进行身份认证而设计的安全协议，它可以防止偷听和重放攻击，保护数据的完整性。Kerberos 的安全机制如下：

- AS（Authentication Server）：认证服务器，是为用户发放TGT的服务器。
- TGS（Ticket Granting Server）：票证授予服务器，负责发放访问应用服务器时需要的票证。认证服务器和票据授予服务器组成密钥分发中心（Key Distribution Center，KDC）。

- V：用户请求访问的应用服务器。
- TGT（Ticket Granting Ticket）：用户向TGS证明自己身份的初始票据，即KTGS(A,KS)。

Kerberos 的认证过程如图 6-28 所示。具体如下：

（1）用户向 KDC 申请初始票据。

（2）KDC 向用户发放 TGT 会话票据。

（3）用户向 TGS 请求会话票据。

（4）TGS 验证用户身份后发放给用户会话票据 K_{AV}。

（5）用户向应用服务器请求登录。

（6）应用服务器向用户验证时间戳。

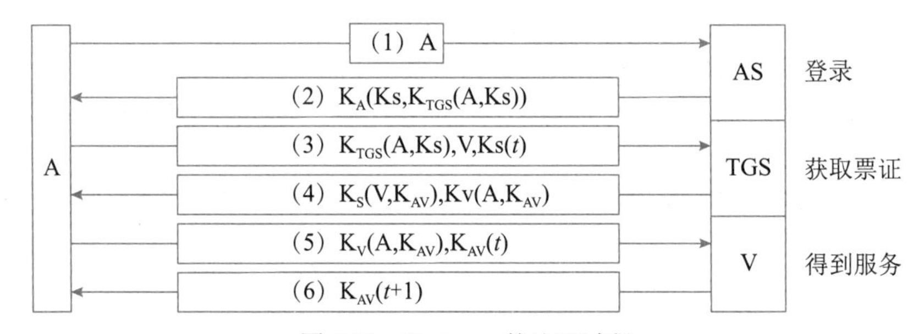

图 6-28 Kerberos 的认证过程

对 Kerberos 的安全机制分析如下：

- K_A是用户的工作站根据输入的口令字导出的Hash值，最容易受到攻击，但是K_A的使用是很少的。
- 系统的安全是基于对AS和TGS的绝对信任，实现软件是不能修改的。
- 时间戳t可以防止重放攻击。
- 第（2）～（6）步使用加密手段，实施了连续认证机制。
- AS存储所有用户的K_A，以及TGS、V的标识和K_{TGS}，TGS要存储K_{TGS}，服务器要存储K_V。

公钥基础设施是基于非对称密钥的密钥分发机制，通过双方信任的证书授权中心获取对方的公钥，用于身份认证和保密通信。

6.10 网络安全防护系统

6.10.1 防火墙

1. 防火墙概述

在人们建筑和使用木质结构房屋的时候，为了在“城门失火”时不致“殃及池鱼”，就将坚固的石块堆砌在房屋周围作为屏障以防止火灾的发生和蔓延，这种防护构筑物被称为“防火墙”，这是防火墙的本义。如今所讲的防火墙是由软件系统和硬件设备组合而成的，部署于两个信任程度不同的网络之间，通过对网络间的通信进行控制实现网络边界防护，通过配置统一的安全策略防止对重要信息资源的非法存取和访问，以达到保护系统安全的目的。

防火墙配置中常见的网络区域划分如图 6-29 所示。

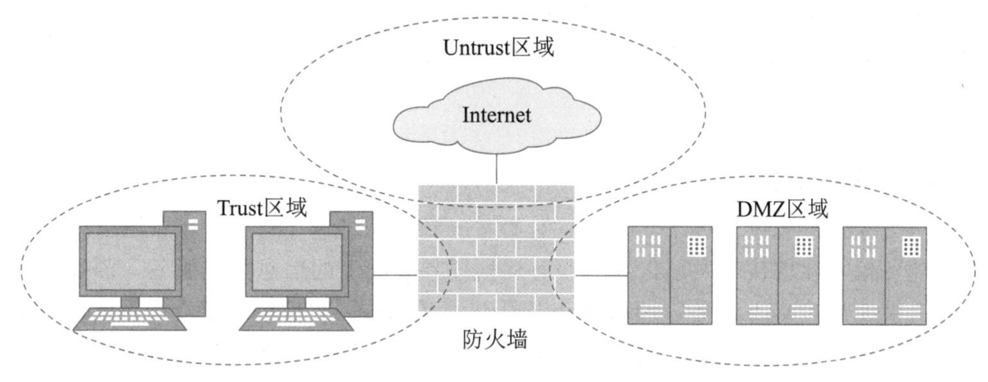

图 6-29 防火墙区域划分

（1）非信任网络（公共网络 Untrust）：不信任的接口，用来连接 Internet 的接口，处于防火墙之外的公共开放网络。

（2）信任网络（内部网络 Trust）：位于防火墙之内的可信网络，是防火墙要保护的目标。

（3）DMZ（非军事化区）：也称周边网络，可以位于防火墙之外，也可以位于防火墙之内，安全敏感度和保护强度较低。非军事化区一般用来放置提供公共网络服务的设备，这些设备由于必须被公共网络访问，所以无法提供与内部网络主机相等的安全性。

防火墙的常见部署方式包括：

- 路由模式：防火墙的接口工作在三层模式，一般部署在网关位置，除实现网络安全防护功能外，还实现路由、NAT（网络地址转换）等路由器的功能。
- 透明模式：防火墙的接口工作在二层模式，接入防火墙后不用调整现有网络结构和配置，仅实现网络安全防护功能。
- 混合模式：防火墙的接口中既有二层接口也有三层接口，比如在需要配置双机冗余的场景，业务接口配置二层模式，而心跳通信接口配置三层模式。

2. 防火墙的功能和拓扑结构

防火墙通常部署在网络出口处、重要区域出口处等网络边界位置，通过配置访问控制等安全防护策略，保护内部网络不受来自外部网络的攻击，保护内部网络的敏感数据不被窃取和破坏，并记录内外通信的有关状态信息日志。防火墙是一种非常有效的网络安全模型，它可以隔离风险区域（即非信任网络）与安全区域（信任网络）的连接，同时不会影响人们对风险区域的访问。防火墙的作用是监控进出网络的信息，仅让安全的、符合规则的信息进入内部网络。此处所说的是传统的防火墙，而非包含防火墙、入侵防御、VPN、防病毒等功能的 UTM（统一威胁管理）设备。通常的防火墙具有如下功能：

（1）根据配置的访问控制规则，对进出的数据包进行过滤，滤掉不安全或者未授权的服务和非法用户。

（2）NAT地址转换，包括SNAT（源地址转换）和DNAT（目标地址转换）。当内部用户访问互联网时，防火墙将私网IP转换为公网IP，称为SNAT；当内部对外提供Web服务时，外部用户主动发起对内部网络的访问，防火墙将公网IP转换为私网IP，称为DNAT。

（3）路由、VLAN、链路聚合等网络功能。

（4）记录通过防火墙的网络连接活动，实现网络监控。

6.10.2 Web应用防火墙

1. Web应用防火墙概述

传统防火墙通过包过滤技术，主要是对第2层到第4层进行防护，而对应用层的防护能力很弱。随着信息化的快速发展，线下服务逐渐迁移为线上的信息系统服务，各部门和单位需要对外提供大量的Web服务，利用Web应用进行攻击成为目前的主要攻击手段，常见攻击有SQL注入、XSS、反序列化、远程命令执行、文件上传、WebShell等利用软件漏洞进行的攻击，上述漏洞对信息系统的访问都符合防火墙的访问控制规则，使得防火墙无法有效拦截和防护。

Web应用防火墙（Web Application Firewall，WAF）是一种用于HTTP应用的防火墙，工作在应用层，除了拦截具体的IP地址或端口，WAF可以更深入地检测Web流量，通过匹配Web攻击特征库，发现攻击并阻断。

2. Web应用防火墙的功能

通常，WAF包括如下功能：

（1）Web攻击防护，通过特征匹配阻断SQL注入、跨站脚本攻击、Web扫描等攻击行为。

（2）Web登录攻击防护，包括暴力破解防护、撞库防护、弱口令防护等。

（3）漏洞利用防护，包括反序列化漏洞利用、远程命令执行利用等其他软件漏洞利用攻击防护。

（4）Web恶意行为防护，包括恶意注册防护、高频交易防护、薅羊毛行为防护、短信验证码滥刷防护等。

（5）恶意流量防护，包括CC攻击防护、人机识别、TCP Flood攻击防护等。

6.10.3 入侵检测系统

1. 入侵检测系统概述

随着攻击者应用的攻击工具与手法日趋复杂多样，单纯的防火墙策略已经无法满足安全防护的需要，网络的防卫必须采用一种纵深、多样的手段。入侵检测系统（IDS）作为防火墙的合理补充，从计算机网络系统中的若干关键点收集信息，并分析这些信息，在不影响网络性能的情况下能对网络进行监测，扩展了系统管理员的安全管理能力（包括安全审计、监视、攻击识别和响应），提高了信息安全基础结构的完整性。

2. 入侵检测系统的功能

通常来说，入侵检测系统应包括如下主要功能：

（1）监测并分析用户和系统的网络活动。

（2）匹配特征库，识别已知的网络攻击、信息破坏、有害程序和漏洞等攻击行为。

（3）统计分析异常行为。

（4）发现异常行为时，可与防火墙联动，由防火墙对网络攻击行为实施阻断。

6.10.4　入侵防御系统

网络入侵方式越来越多，有的充分利用防火墙放行许可进行攻击，而入侵检测系统发现异常行为联动防火墙阻断存在阻断延后、接口不统一等各种问题，实际应用效果不佳。入侵防御系统（Intrusion Prevention System，IPS）作为防火墙的有效补充，通常串接部署。IPS 集成大量的已知入侵威胁特征库，对网络流量进行检测，当发现异常流量时，可以实时阻断，实现入侵防护。

通常入侵防御系统具有如下功能：

（1）监测并分析用户和系统的网络活动。

（2）匹配特征库，识别已知的网络攻击、信息破坏、有害程序和漏洞等攻击行为，并阻断攻击。

（3）统计分析异常行为。

虽然常见的 IPS 设备的特征库中有对于 Web 攻击的防护策略，但防护能力和 WAF 相比还是弱很多。

6.10.5　漏洞扫描系统

漏洞扫描系统是一种自动检测远程或本地主机安全性弱点的程序。通过使用漏洞扫描系统，系统管理员能够发现所维护的 Web 服务器各种 TCP 端口的分配、提供的服务、Web 服务软件版本和这些服务及软件呈现在 Internet 上的安全漏洞，从而在计算机网络系统安全保卫战中做到有的放矢，及时修补漏洞，构筑坚固的“安全长城”。漏洞扫描系统，因其可预知主体受攻击的可能性和具体的指证将要发生的行为和产生的后果而受到网络安全业界的重视。这一技术的应用可以帮助识别检测对象的系统资源，分析这一资源被攻击的可能指数，了解支撑系统本身的脆弱性，评估所有存在的安全风险。漏洞扫描是对系统脆弱性的分析评估，能够检查、分析网络范围内的设备、网络服务、操作系统、数据库等系统的安全性，从而为提高网络安全的等级提供决策支持。系统管理员利用漏洞扫描技术对局域网络、Web 站点、主机操作系统、系统服务以及防火墙系统的安全漏洞进行扫描，可以了解运行的网络系统中存在的不安全的网络服务，在操作系统上存在的可能导致黑客攻击的安全漏洞，还可以检测主机系统中是否被安装了窃听程序，防火墙系统是否存在安全漏洞和配置错误等。网络管理员可以利用安全扫描软件及时发现网络漏洞，并在网络攻击者扫描和利用之前予以修补，从而提高网络的安全性。

6.10.6 统一威胁管理

统一威胁管理（Unified Threat Management，UTM）集成防火墙、入侵检测、入侵防护、防病毒功能于一台设备中，形成统一安全管理平台。国内各安全厂商推出的多功能安全网关、综合安全网关、一体化安全设备等安全产品都可被划归到UTM产品的范畴。在实际应用中，各安全防护功能均以模块化的方式由用户选择是否购买/开启各防护功能。虽然UTM集成众多安全功能，但防火墙仍是其核心功能。UTM通过整合各安全防护功能，可以降低成本、降低部署和管理工作难度，有效提高各系统间的协同工作效率，但是也存在功能大而全但单项防护能力弱、功能过度集中造成抗风险能力下降、对设备性能要求高等缺点。

6.10.7 数据库安全审计系统

数据库安全审计是基于数据库网络流量采集、数据库协议解析与还原技术的安全审计类系统，其记录网络上的对数据库的访问活动，运用SQL语法、语义的解析技术对数据库操作进行细粒度审计的合规性管理，对数据库遭受到的风险行为进行实时告警，实现数据库网络行为的监控与审计，提高数据资产安全。

通常来说，数据库安全审计系统应包括如下主要功能：

（1）数据库操作行为审计。根据制定的审计规则对捕获的SQL语句进行专业的SQL语法分析，并根据SQL行为特征和关键特征，实现高效精准的审计分析。

（2）数据库操作行为回溯。当发生安全事件或其他需要时，可对数据库历史操作行为检索、回放，便于定位分析、查找问题。

（3）三层应用关联审计。通过应用层访问和数据库操作请求进行多层业务关联审计，实现业务客户端IP、业务用户与数据库操作记录的关联，回填相关信息，准确定位到应用用户和应用IP。

（4）统计分析和报表。提供风险、语句、会话和访问来源等多维度的统计与分析，快速锁定风险目标，能够自动生成数据库总体访问情况、数据库性能状态、数据库会话分布、数据库语句类型分布、数据库操作风险分布状况等报表。

6.10.8 威胁态势感知平台

威胁态势感知平台通过日志采集探针和流量传感器获取网络流量、安全设备、操作系统、中间件等异构数据源日志，通过对海量数据进行多维度、自动化的关联分析发现本地的威胁和异常行为，根据不同的风险等级和资产重要程度，依据相应的策略，对威胁和异常行为进行处置。尽管各安全厂家对于威胁态势感知平台的命名各不相同，但通常具有以下功能：

（1）日志采集和监测。通过各分布式探针收集各类信息化资产日志和网络流量。

（2）威胁分析。对收集到的海量日志信息进行去噪声处理后进行关联分析，找出异常流量和行为，并进行持续分析，对IP攻击信息进行孵化，从攻击者视图入手，挖掘攻击源主体，获取攻击者的身份，最终判断攻击者的真实意图。

（3）威胁预警。通过威胁分析，快速发现网络安全事件线索，实现精准预警和展示。

（4）关联处置。根据风险等级和资产重要程度，匹配响应策略，关联其他安全设备进行威胁处置。

6.10.9　运维安全管理与审计系统（堡垒机）

运维安全管理是信息网络系统安全防护的重要组成部分，运维管理人员对于网络和信息系统往往具有较高的权限，非法攻击者常常利用运维管理的漏洞进行渗透攻击。针对上述问题，安全厂商推出了运维安全审计类产品，俗称堡垒机，运维人员只有通过堡垒机才能访问网络内的服务器、网络设备、安全设备、数据库等设备资源，它是运维人员进行运维操作的唯一通道。堡垒机全程记录运维人员的操作记录，可实现运维操作回溯，同时对于高危命令的操作实时阻断，实现集中报警、及时处理及审计定责。

堡垒机通常具有如下功能：

（1）运维身份多重认证。堡垒机提供运维人员的统一入口，运维人员需先通过账号密码（或者密码 + 数字证书）登录到堡垒机，再输入运维设备的账号密码才能登录运维，通过多重身份认证，实现身份强认证。

（2）统一账户管理。实现对所有被运维的 IT 资产账号的集中管理和监控。

（3）统一资源授权。建立运维人员与设备的对应关系，按需授权，按授权范围运维，通过配置登录、上传、下载等权限，杜绝非授权访问和运维行为。

（4）集中运维监控和审计。实时监控运维人员正在进行的各种操作，可以随时阻断运维操作；通过设置高危命令清单，自动阻止运维人员进行高危命令执行。

（5）运维过程回溯。通过视频回放的审计界面，以真实、直观、可视的方式重现操作过程。

第7章　网络操作系统与应用服务器

网络操作系统是使网络上的计算机能方便而有效地共享网络资源，为网络用户提供所需的各种服务的软件和有关规程的集合。本章以国产网络操作系统为例，讲述网络操作系统的功能以及应用服务器的配置。

7.1　网络操作系统

7.1.1　Windows Server 2016操作系统

Windows Server 2016 基于 Long-Term Servicing Branch 1607 内核开发，于 2016 年发布。这个版本引入了新的安全层保护用户数据和控制访问权限，增强了弹性计算能力，降低了存储成本，提供了新的方式进行打包、配置、部署、运行、测试和保护应用程序，提升了虚拟化、安全性、软件定义的数据（计算、网络技术、存储）方面的支持能力，单台服务器最大内存支持提升至 24TB，分为基础版 Essentials、标准版 Standard、数据中心版 Datacenter 三个发行版本，是一款仅支持 64 位的操作系统，可以为大、中、小型企业搭建功能强大的网站和应用程序服务器平台。

7.1.2　国产操作系统简介

国产操作系统的发展要追溯到 2001 年，为了打破国外操作系统的垄断，由国防科技大学主导推出了第一款国产操作系统——麒麟（Kylin OS）。麒麟操作系统是“863 计划”重大攻关科研项目，是具有中国自主知识产权的服务器操作系统。

随着国家“十四五”规划和 2035 年远景目标纲要提出了“支持数字技术开源社区等创新联合体发展，完善开源知识产权和法律体系，鼓励企业开放软件源代码、硬件设计和应用服务”等产业振兴目标，一大批基于 Linux 开源内核的国产操作系统逐步占据了笔记本、台式机以及服务器操作系统市场的部分份额。国产 Linux 操作系统分为桌面版和服务器版，桌面版有深度 Deepin、统信 UOS、银河麒麟等，服务器版有银河麒麟、中标麒麟、统信 UOS、中科方德、红旗 Asianux 等。国产品牌在国产操作系统发展中具有一定的代表性，在一定程度上反映出国产操作系统发展的现状。

银河麒麟和中标麒麟同属中国电子信息产业集团旗下的麒麟软件有限公司，银河麒麟原是在“863 计划”和国家“核高基”科技重大专项支持下，由国防科技大学主导研发的操作系统，之后由国防科技大学将品牌授权给天津麒麟；2010 年，中标软件有限公司和国防科技大学缔结了战略合作协议，成立操作系统研发中心，“中标 Linux”操作系统和“银河麒麟”操作系统合并，双方今后将共同以“中标麒麟”的新品牌统一出现在市场上。2019 年，同为中国电子信息产业集团旗下的天津麒麟与中标软件合并为麒麟软件有限公司。麒麟软件以安全可信操作系统技术为核心，既面向通用领域打造安全创新操作系统和相应解决方案，又面向国防专用领域打造高安全、高可靠操作系统和解决方案，现已形成了服务器操作系统、桌面操作系统、嵌入式操作系统、麒麟云等产品，能够同时支持飞腾、龙芯、申威、兆芯、海光、鲲鹏等国产CPU。

统信UOS由统信软件技术有限公司研发，2019年国内多家操作系统厂家联合成立统信软件技术有限公司，目前统信UOS有家庭版、专业版和服务器版三个发行版本，统信服务器操作系统V20支持鲲鹏、飞腾、海光、兆芯等国产CPU芯片及国际主流CPU芯片多计算架构，提供ISO、容器、云镜像交付物进行环境部署，支持高可用集群、负载均衡集群、容器云平台等应用场景。

红旗Linux是较早开展自主化国产操作系统研制的品牌之一，已具备相对完善的产品体系，并广泛应用于关键领域。现阶段红旗Linux具备满足用户基本需求的软件生态，支持x86、ARM、MIPS、SW等CPU指令集架构，支持多款国产自主CPU品牌。

7.2　统信UOS Linux服务器操作系统的基本配置

7.2.1　概述

统信UOS操作系统是基于社区版Linux进行的商业化开发，有多个分支版本。2022年3月统信UOS发布了基于Linux4.19内核的服务器操作系统V20，包含1050a、1050e、1050d三个分支版本，其中，1050a版本是基于Anolis OS 8社区版进行商业化开发并累计更新升级的；1050e版本基于openEuler社区版，1050d版本基于debain社区版。

统信UOS服务器操作系统V20汲取国内外主流社区技术栈优势，深入技术底层，结合国内外设计标准与规范以及各类用户业务应用需求，积极开展技术创新，全面支持国内外主流CPU架构（AMD64/ARM64/MIPS64/SW64/LoongArch等）和处理器厂商，在各种应用环境中，满足强安全、高可用、高性能、易维护以及高可靠等要求，是一款构建信息化设施环境的基础软件产品。操作系统包括系统层和应用层。系统层中Linux内核向下控制硬件层资源，并管理操作系统资源对象，包括进程管理、内存管理、文件系统、设备驱动以及网络，向上则向应用层提供系统调用接口。应用层中，用户可按人工智能、大数据、虚拟化、容器、云计算等应用场景选择应用组件和工具。本文所有示例均以UOS Linux服务器操作系统V20-1050a版本为基础，其他版本的操作略有不同，详细情况可查阅官方文档。

7.2.2　网络配置

1. 网络配置文件

在Linux操作系统中，TCP/IP网络是通过若干个文本文件进行配置的，系统在启动时通过读取一组有关网络配置的文件和脚本参数内容来实现网络接口的初始化和控制过程，这些文件和脚本大多数位于/etc目录下。这些配置文件提供网络IP地址、主机名和域名等；脚本则负责网络接口的初始化。通过编辑这些文件可以进行网络设置和实现联网工作。在Linux操作系统中，有关网络配置的主要文件有以下几个：

（1）/etc/sysconfig/network-script/ifcfg-ensxx 文件。这是一个用来指定服务器上的网络配置信息的文件。其中常见的主要参数的含义说明如下：

```
TYPE=Ethernet                    # 网络接口类型
BOOTPROTO=static                 # 静态地址
DEFROUTE=yes                     # 是否将该接口设置为默认路由
IPV4_FAILURE_FATAL=no
IPV6INIT=yes                     # 是否支持 IPv6
IPV6_AUTOCONF=yes
IPV6_DEFROUTE=yes
IPV6_FAILURE_FATAL=no
NAME=ens32                       # 网卡名称，不同版本的 Linux 网卡命名略有不同
ONBOOT=yes
IPADDR=10.0.10.20                # IP 地址
PREFIX=24                        # 子网掩码
GATEWAY=10.0.10.254              # 网关
DNS1=61.134.1.4                  # DNS 地址
```

配置完成后，需要重启网络服务，在 UOS 中，默认使用 NetworkManager 服务管理网络，可以使用 nmcli connection reload 命令重启网络服务，也可以手动安装 network.service 服务，使用 systemctl restart network 命令重启网络服务，建议使用 NetworkManager 服务管理网络。

（2）/etc/hostname 文件，该文件包含了 Linux 系统的主机名。

```
[root@uos ~]                     # 主机名在 /etc/hostname 配置文件中配置
```

2. 网络配置命令

Linux 操作系统的网络配置命令主要有以下几种：

（1）nmcli 命令。nmcli 是 NetworkManager 服务的命令行管理工具，语法格式如下：

```
nmcli [OPTIONS...] { help | general | networking | radio | connection |
device | agent | monitor } [COMMAND] [ARGUMENTS...]
```

支持简写，例如 connection 可以简写成 con 或 c，modify 可以简写成 mod 或 m，可以使用 tab 键补全命令执行。

connection 网络连接常用配置命令有：

- nmcli connection show，显示网络连接信息。
- nmcli connection up/down ens32，激活或者停用一个网络连接，ens32为网络接口。
- nmcli connection modify ens32 ipv4.addresses 10.0.10.10/32，设置网卡IP地址。
- nmcli connection modify ens32 ipv4.gateway 10.0.10.254，设置网关。
- nmcli connection modify ens32 ipv4.dns 8.8.8.8，设置DNS地址。
- nmcli connection up ens3，激活新的配置，使上述命令配置生效。

其他配置可查阅官方文档。

（2）ifconfig 命令。在 Linux 系统中通过 ifconfig 命令进行指定网络接口的 TCP/IP 网络参数设置。ifconfig 命令的基本格式如下：

```
ifconfig Interface-name ip-address netmask up|down
```

使用不带任何参数的 ifconfig 命令可以查看当前系统的网络配置情况，如下所示：

```
[root@uos ~]# ifconfig
ens32: flags=4163<UP,BROADCAST,RUNNING,MULTICAST>  mtu 1500
        inet 10.0.10.20  netmask 255.255.255.0  broadcast 10.0.10.255
        inet6 fe80::250:56ff:feb4:2955  prefixlen 64  scopeid 0x20<link>
        ether 00:50:56:b4:29:55  txqueuelen 1000  (Ethernet)
        RX packets 4100  bytes 272869 (266.4 KiB)
        RX errors 0  dropped 61  overruns 0  frame 0
        TX packets 1969  bytes 444521 (434.1 KiB)
        TX errors 0  dropped 0 overruns 0  carrier 0  collisions 0
```

以上输出显示 MAC 地址（Hwaddr）、所分配的 IP 地址（inet addr）、广播地址（Bcast）和网络掩码（Mask）。另外，可以看出该接口处于 UP 状态，其 MTU 为 1500 并且 Metric 为 1。接下来的两行给出有关接收到（RX）和已发送的（TX）信息包数，以及错误、丢弃和溢出信息包数的统计。最后两行显示冲突信息包的数目、发送队列大小（txqueuelen）和 IRQ 以及网卡的基址。

通过 ifconfig 命令配置网络参数，如下所示：

```
[root@uos ~]#ifconfig ens32 10.0.10.30 netmask 255.255.255.0 up
```

将网络接口 ens32 的 IP 地址设置为 10.0.10.30，子网掩码为 255.255.255.0，并启动该接口或将其初始化。用 ifconfig 配置的网络参数仅是临时配置，在使用 systemctl restart network 命令重启网络服务或者主机重启后，网络参数将会恢复至修改前。

（3）route 命令。在 Linux 系统中通过 route 命令进行路由查看和配置，主要功能就是管理 Linux 系统内核中的路由表。route 命令的基本格式如下：

```
route  [add|del] [-net|-host] target [netmask Nm] [gw Gw] [dev]
```

常用参数和选项说明如下：

- del：删除一个路由表项。
- add：增加一个路由表项。
- target：配置的目的网段或者主机，可以是IP，也可以是网络或主机名。
- netmask Nm：用来指明要添加的路由表项的子网掩码。
- gw Gw：任何通往目的地的IP分组都要通过这个网关。

例如，运行不带参数的 route 命令：

```
[root@uos ~]#route
```

系统将显示内核路由表如下：

```
Kernel IP routing table
Destination  Gateway     Genmask         Flags Metric Ref   Use  Iface
default      _gateway    0.0.0.0         UG    100    0     0    ens32
10.0.10.0    0.0.0.0     255.255.255.0   U     100    0     0    ens32
```

通过 route 命令配置路由，如下所示：

```
route add -net 10.0.20.0 netmask 255.255.255.0 dev ens32
```

上述命令增加一条路由，目标为 10.0.20.0/24 网络的请求由 ens32 网络接口转发，使用 route 命令配置的路由在主机重启或者网卡重启后就失效了。

（4）ip 命令。主要功能是显示或设置网络设备、路由和隧道的配置等，ip 命令是 Linux 加强版的网络配置工具，用于代替 ifconfig 命令。ip 命令的基本格式如下：

```
ip（选项）（参数）
```

下面列举几个常用的 ip 命令。

①显示网卡信息。

```
[root@uos ~]#ip addr show
ens32: <BROADCAST,MULTICAST,UP,LOWER_UP> mtu 1500 qdisc fq_codel state UP
group default qlen 1000
    link/ether 00:50:56:b4:29:55 brd ff:ff:ff:ff:ff:ff
    inet 10.0.10.20/24 brd 10.0.10.255 scope global noprefixroute ens32
    valid_lft forever preferred_lft forever
    inet6 fe80::250:56ff:feb4:2955/64 scope link noprefixroute
    valid_lft forever preferred_lft forever
```

②配置 IP 地址。

```
[root@uos ~]#ip addr add 10.0.10.30/255.255.255.0 dev ens32
```

将网络接口 ens32 的 IP 地址设置为 10.0.10.30，子网掩码为 255.255.255.0，与 ifconfig 命令相同，ip 命令配置的网络参数仅是临时配置，在使用 systemctl restart network 命令重启网络服务或者主机重启后，网络参数将会恢复至修改前。

③查看路由信息。

```
[root@uos ~]# ip route show
default via 10.0.10.254 dev ens32 proto static metric 100
10.0.10.0/24 dev ens32 proto kernel scope link src 10.0.10.20 metric 100
```

④添加静态路由。

```
[root@uos ~]#ip route add 10.0.20.0/24 via 10.0.10.20  dev ens32
```

上述命令增加一条路由，目标为 10.0.20.0/24 网络的请求由 ens32 网络接口转发，使用 ip route 命令配置的路由在主机重启或者网卡重启后就失效了。

7.2.3　文件和目录管理

每种操作系统都有自己独特的文件系统，文件系统包括了文件的组织结构、处理文件的数据结构和操作文件的方法等。Linux 支持多种文件系统，例如 ext3、ext4、XFS 等，UOS V20 默认为 XFS 文件系统，XFS 是一个 64 位文件系统，最大支持 8EB 减 1 字节的单个文件。

1. Linux 文件组织与结构

1）Linux 文件组织

Linux 系统中的每个分区都是一个文件系统，都有自己的目录层次结构。Linux 将这些分属不同分区的、单独的文件系统按一定的方式形成一个系统的总目录层次结构。

Linux 文件系统使用索引节点来记录文件信息，索引节点是一个数据结构，它包含了一个文件的文件名、位置、大小、建立或修改时间、访问权限、所属关系等文件控制信息。操作系统将文件索引节点号和文件名同时保存在目录中，所以，目录只是将文件的名称和它的索引节点号结合在一起的一张表，目录中每一对文件名称和索引节点号称为一个连接。Linux 操作系统可以用 ln 命令对一个已经存在的文件再建立一个新的连接，而不复制文件的内容。连接有软连接和硬连接之分，软连接又叫符号连接。

2）Linux 文件结构

Linux 使用标准的目录结构，在安装的时候，安装程序就已经为用户创建了文件系统和完整而固定的目录组成形式，并指定了每个目录的作用和其中的文件类型。Linux 文件系统采用了多级目录的树型层次结构管理文件。树型结构的最上层是根目录，用“ / ”表示，其他的所有目录都是从根目录出发生成的。Linux 将所有的软件、硬件都作为文件来管理，每个文件被保存在目录中。Linux 在安装时，系统会创建一些默认的目录，而每个目录都有其特殊的功能，用户不能随意修改和删除。微软的 DOS 和 Windows 也是采用树型结构，但是在 DOS 和 Windows 中，这样的树型结构的根是磁盘分区的盘符，有几个分区就有几个树型结构，它们之间的关系是并列的。而在 Linux 中，无论操作系统管理几个磁盘分区，这样的目录树只有一个。

3）Linux 文件挂载

Linux 系统中的每个分区都是一个文件系统，都有自己的目录层次结构。Linux 会将这些分属不同分区的、单独的文件系统按一定的方式形成一个系统的、总的目录层次结构。这里所说的“按一定的方式”就是指挂载。所谓挂载，就是将一个文件系统的顶层目录挂到另一个文件系统的子目录上，使它们成为一个整体，上一层文件系统的子目录就称为挂载点。这里要注意以下两个问题：

（1）挂载点必须是一个目录，而不能是一个文件。

（2）一个分区挂载在一个已存在的目录上，这个目录可以不为空，但挂载后这个目录下以前的内容将不可再用。

2. Linux 文件类型与访问权限

1）文件名与文件类型

Linux 文件名的规则是由字母、数字、下画线、圆点组成，最大的长度是 255 个字符。

Linux 文件系统一般包括 5 种基本文件类型，即普通文件、目录文件、链接文件、设备文件和管道文件。

（1）普通文件：计算机用户和操作系统用于存放数据、程序等信息的文件，一般又分为文本文件和二进制文件，例如 C 语言源代码、Shell 脚本、二进制的可执行文件等。

（2）目录文件：目录文件是文件系统中一个目录所包含的目录项组成的文件，包括文件名、子目录名及其指针。用户进程可以读取目录文件，但不能对它们进行修改。

（3）链接文件：链接文件又称符号链接文件，通过在不同的文件系统之间建立链接关系来实现对文件的访问，它提供了共享文件的一种方法。

（4）设备文件：在 Linux 系统中，把每一种 I/O 设备都映射成为一个设备文件，可以像普通文件一样处理，这就使得文件与设备的操作尽可能统一。

（5）管道文件：主要用于在进程间传递数据。Linux 对管道的操作与文件操作相同，它把管道作为文件进行处理。管道文件又称先进先出（FIFO）文件。

从对文件内容处理的角度而言，无论是哪种类型的文件，Linux 都把它们看作无结构的流式文件，即把文件的内容看作一系列有序的字符流。

2）文件和目录访问权限

在 Linux 这样的多用户操作系统中，为了保证文件信息的安全，Linux 给每个文件都设定了一定的访问权限。Linux 对文件的访问设定了 3 组权限，即拥有者（owner）、所属组（group）和其他人（others），其中每组身份又拥有各自的读（read）、写（write）、执行（execute）操作权限，这样就形成了 9 种情况，可以用它来确定哪个用户可以通过何种方式对文件和目录进行访问和操作。当用 ls -l 命令显示文件或目录的详细信息时，每一个文件或目录的列表信息分为 4 个部分，其中最左边的一位是第一部分，标识 Linux 操作系统的文件类型，其余 3 部分是 3 组访问权限，每组用 3 位表示，用字母和数字来分别表示读 r（4）、写 w（2）、执行权限 x（1），如图 7-1 所示。

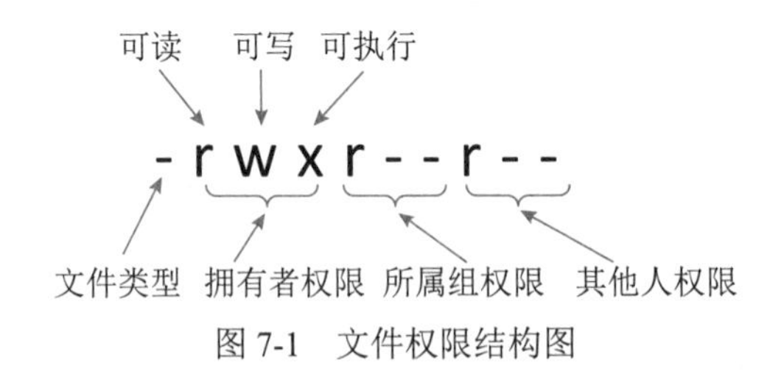

图 7-1　文件权限结构图

文件类型：- 表示文件，d 表示目录，l 表示链接文件，b 表示设备文件里面的可供存储的周边设备，c 表示设备文件里面的串行端口设备。

如图 7-1 所示的权限表示：这是一个文件，文件拥有者有读、写和执行权限，所属组用户只有读权限，其他用户只有读权限。

3. Linux 文件和目录操作命令

Linux 文件和目录操作命令包括如下几种：

（1）cat 命令。cat 命令用来在屏幕上滚动显示文件的内容。cat 命令也可以同时查看多个文件的内容，还可以用来合并文件。cat 命令的一般格式如下：

```
cat [-选项] fileName [filename2] … [fileNameN]
```

重要选项参数说明如下：

- -n：由1开始对文件所有输出的行数编号。
- -b：和-n相似，只不过对于空白行不编号。
- -s：当遇到有连续两行以上的空白行时就替换为一个空白行。
- -v：显示非打印字符。

（2）more 命令。如果文本文件比较长，一屏显示不完，这时可以使用 more 命令将文件内容分屏显示。每次显示一屏文本，显示满屏后停下来，并提示已显示文件内容的百分比，按空格键继续显示下一屏。

（3）less 命令。less 命令的功能与 more 命令很相似，也是按页显示文件，不同的是 less 命令在显示文件时允许用户既可以向前也可以向后翻阅文件。按 B 键向前翻页显示；按 P 键向后翻页显示；输入百分比显示指定位置；按 Q 键退出显示。

（4）文件复制命令 cp。cp 命令的功能是把指定的源文件复制到目标文件或是把多个源文件复制到目标目录中。cp 命令的一般格式如下：

```
cp [-选项] sourcefileName | directorydestfileName | directory
```

重要选项参数说明如下：

- -a：整个目录复制。它保留链接、文件属性，并递归地复制子目录。
- -f：删除已经存在的目标文件且不提示。
- -i：和-f选项相反，在覆盖目标文件之前将给出提示要求用户确认。回答y时目标文件将被覆盖，是交互式复制。
- -p：此时cp除复制源文件的内容外，还把其修改时间以及访问权限也复制到新文件中。
- -R：若给出的源文件是一个目录文件，此时，cp将递归复制该目录下所有的子目录和文件。此时目标文件必须为一个目录名。
- -l：不作复制，只是链接文件。

需要说明的是，为防止用户在不经意的情况下用 cp 命令破坏另一个文件，如用户指定的目标文件名是一个已存在的文件名，用 cp 命令复制文件后，这个文件就会被新复制的源文件覆盖，因此，一般在使用 cp 命令复制文件时建议使用 -i 选项。

（5）文件移动命令 mv。mv 命令为文件或目录改名或将文件由一个目录移入另一个目录中。mv 命令的一般格式如下：

```
mv [-选项] sourcefileName | directorydestfileName | directory
```

重要选项参数说明如下：

- -i：交互方式操作。如果mv操作将导致对已存在的目标文件的覆盖，此时系统询问是否重写，要求用户回答y或n，这样可以避免误覆盖文件。
- -f：禁止交互操作。在mv操作要覆盖某已有的目标文件时不给任何指示，指定此选项后，-i选项将不再起作用。

根据 mv 命令中第二个参数类型的不同（是目标文件还是目标目录），mv 命令将文件重命名或将其移至一个新的目录中。当第二个参数类型是文件时，mv 命令完成文件重命名，此时，源文件只能有一个（也可以是源目录名），它将所给的源文件或目录重命名为给定的目标文件名。当第二个参数是已存在的目录名称时，源文件或目录参数可以有多个，mv 命令将各参数指定的源文件均移至目标目录中。在跨文件系统移动文件时，mv 先复制，再将原有文件删除，而链至该文件的链接也将丢失。

需要注意的是，mv 与 cp 的结果不同。mv 好像文件“搬家”，文件个数并未增加；而 cp 对文件进行复制，文件个数增加了。

（6）文件删除命令 rm。rm 命令的功能是删除指定的一个目录中的一个或多个文件或目录，它也可以将某个目录及其下的所有文件及子目录均删除。对于链接文件，只是删除了链接，原有文件均保持不变。rm 命令的一般格式如下：

```
rm [-选项] fileName | directory…
```

重要选项参数说明如下：

- -f：忽略不存在的文件，从不给出提示。
- -r：指示rm将参数中列出的全部目录和子目录均递归地删除。
- -i：进行交互式删除。

在使用 rm 命令时要格外小心，因为一旦文件被删除是不能被恢复的。为了防止此种情况发生，可以使用 rm 命令中的 -i 选项来确认要删除的每个文件，如果用户输入 y，文件将被删除，否则文件将被保留。

（7）创建目录命令 mkdir。mkdir 命令的功能是在当前目录中建立一个指定的目录。要求创建目录的用户在当前目录中具有写权限，并且当前目录中没有与之相同的目录或文件名称。mkdir 命令的一般格式如下：

```
mkdir [-选项] dirName
```

重要选项参数说明如下：

- -m：对新建目录设置存取权限，也可以用chmod命令设置。
- -p：可以是一个路径名称。此时若路径中的某些目录尚不存在，加上此选项后，系统将自动建好那些尚不存在的目录，即一次可以建立多个目录。

（8）删除目录命令 rmdir。rmdir 命令的功能是从一个目录中删除一个或多个子目录项。在删除某目录时也必须具有对当前目录的写权限。rmdir 命令的一般格式如下：

```
rmdir [-选项] dirName
```

最常用的选项参数是 -p，其作用是递归删除目录，当子目录删除后其父目录为空时，也一同被删除。

例如，运行下列命令可把 /usr/tmp 目录删除：

```
[root@uso ~]# rmdir -p /usr/tmp
```

（9）改变目录命令 cd。cd 命令的功能是将当前目录改变到指定的目录，若没有指定目录，则显示用户当前所在的主目录路径。cd 命令为了改变到指定目录，用户必须拥有对指定目录的执行和读权限。cd 命令的一般格式如下：

```
cd [directory]
```

例如，假设用户当前目录是 /home/sun，现需要更换到 /home/sun/pro 目录中，可运行下列命令：

```
[root@uos ~]#cd pro
```

（10）显示当前目录命令 pwd。pwd 命令的功能是显示用户当前所处的目录，该命令显示整个路径名，并且显示的是当前工作目录的绝对路径。pwd 命令的一般格式如下：

```
pwd
```

例如，在 /home/sun 目录下运行下列命令：

```
[root@uos ~]#pwd
```

显示的路径名为 /home/sun，每个目录名都用“/”隔开，根目录以开头的“/”表示。

（11）列目录命令 ls。ls 命令是英文单词 list 的简写，其功能为列出当前目录的内容。这是 Linux 系统中用户最常用和最重要的命令之一，因为用户需要不时地查看某个目录的内容。对于每个目录，ls 命令将列出其中的所有子目录与文件。对于每个文件，ls 将列出其文件名以及根据命令参数所要求的其他信息。ls 命令的一般格式如下：

```
ls [-选项]fileName | directory
```

重要选项参数说明如下：

- -a：显示指定目录下所有子目录与文件，包括隐藏文件。
- -c：按文件的修改时间排序。
- -d：如果参数是目录，只显示其名称而不显示其下的各文件。
- -i：在输出的第一列显示文件的i节点号。
- -l：以长格式来显示文件的详细信息，这是ls命令最常用的参数。使用-l参数每行列出的信息依次是文件类型与访问权限、链接数、文件所有者、文件属组、文件大小、建立或最近修改的时间和名字。

（12）文件访问权限命令 chmod。chmod 命令用于改变文件或目录的访问权限，这是 Linux 系统管理员最常用到的命令之一。默认情况下，系统将新创建的普通文件的权限设置为 -rw-r-r--，将每一个用户所有者目录的权限都设置为 drwx------。用户根据需要可以通过命令修改文件和目录的默认存取权限。只有文件所有者或超级用户 root 才有权用 chmod 改变文件或目录的访问权限。chmod 命令的一般格式如下：

```
chmod [-选项] mode fileName…
```

重要选项参数说明如下：

- -c：若该档案权限确实已经更改，才显示其更改动作。
- -v：显示权限变更的详细资料。
- -R：对当前目录下的所有文件与子目录进行相同的权限变更。
- -mode：权限设定字符串。字符串格式为：

```
[ugoa…][[+-=][rwxX]…][,…]
```

其中，u 表示文件的所有者、g 表示与文件的所有者属于同一个组（group）者、o 表示其他的人、a 表示这三者都是；+ 表示增加权限、- 表示取消权限、= 表示唯一设定权限；r 表示可读取、w 表示可写入、x 表示可执行、X 表示只有当该文件是一个子目录或文件已经被设定过时可执行。

示例：

```
[root@uos home]#ls -l
-rw-r--r-- 1 root root 2 10月 26 22:21 myfile.txt
[root@uos home]#chmod g+w myfile.txt  //为同组用户增加对文件 myfile.txt 的写权限
[root@uos home]#ls -l                 //修改权限后
-rw-rw-r-- 1 root root 2 10月 26 22:21 myfile.txt
```

也可以运行命令：

```
[root@uos ~]#chmod +664 myfile.txt
```

通过数字修改权限与 chmod g+w myfile.txt 命令运行效果一样。

7.2.4 用户和组管理

Linux 系统是一个多用户、多任务的分时操作系统，在 Linux 中用户和用户组管理是系统管理的重要内容。Linux 系统将用户分为组群管理以简化访问控制，以避免为众多用户分别设置权限。本节的内容主要讨论如何在命令行界面下完成用户账号、组的建立和维护等问题。

1. 用户管理概述

在 Linux 操作系统中，每个文件和程序必须属于某一个“用户”，每个用户对应一个账号。

在 UOS Linux 安装完成后，系统本身已创建了一些特殊用户，它们具有特殊的意义，其中最重要的是超级用户，即根用户 root。

超级用户 root 承担了系统管理的一切任务，可以控制所有的程序，访问所有文件，使用系统中的所有功能和资源。Linux 系统中其他的一些组群和用户都是由 root 来创建的。

用户和组群管理的基本概念如下：

- 用户标识（UID）：系统中用来标识用户的数字。
- 用户主目录：也就是用户的起始工作目录，它是用户在登录系统后所在的目录，用户的文件都放置在此目录下。在大多数系统中，各用户的主目录都被组织在同一个特定的目录下，而用户主目录的名称就是该用户的登录名。
- 登录shell：用户登录后启动以接收用户的输入并执行输入相应命令的脚本程序，即shell，shell是用户与Linux系统之间的接口。
- 用户组/组群：具有相似属性的多个用户被分配到一个组中。
- 组标识（GID）：用来表示用户组的数字标识。

超级用户（root）在系统中的用户 ID（UID）和组 ID（GID）都是 0；普通用户的用户 ID 从 500 开始编号，并且默认属于与用户名同名的组，组 ID 也从 500 开始编号。

2. 用户管理配置文件

Linux 系统中用户和组群的管理是通过对有关的系统文件进行修改和维护实现的，与用户和用户组相关的管理维护信息都存放在一些系统文件中，其中较为重要的文件有 /etc/passwd、/etc/shadow 和 /etc/group 等。

（1）/etc/passwd 文件。/etc/passwd 文件是 Linux 系统中用于用户管理的最重要的文件，这个文件对所有用户都是可读的。Linux 系统中的每个用户在 /etc/passwd 文件中都有一行对应的记录，每一行记录都用冒号（：）分为 7 个域，记录了这个用户的基本属性。每行记录的形式如下：

```
用户名：加密的口令：用户 ID：组 ID：用户的全名或描述：登录目录：登录 shell
```

其中，用户 ID（UID）对于每一个用户必须是唯一的，系统内部用它来标识用户，一般情况下它与用户名是一一对应的。如果几个用户名对应了同一个用户标识号，那么系统内部将把它们视为具有不同用户名的同一个用户，但是它们可以有不同的口令、不同的主目录以及不同的登录 shell 等。编号 0 是 root 用户的 UID，编号 1 ～ 99 是系统保留的 UID，编号 100 以上给用户做标识。Linux 系统把每一个用户仅仅看成是一个数字，即用每个用户唯一的用户 ID 来识别，配置文件 /etc/passwd 给出了系统用户 ID 与用户名之间及其他信息的对应关系。

由于 /etc/passwd 文件对所有用户都可读，UOS Linux 同许多 Linux 系统一样使用了 shadow 技术，把真正的加密后的用户口令字存放到 /etc/shadow 文件中，而在 /etc/passwd 文件的口令字段中只存放一个特殊的字符，例如“x”或者“*”，并且该文件只有 root 用户可读，因而大大提高了系统的安全性。

（2）/etc/shadow 文件。为了保证系统中用户的安全性，Linux 系统另外建立了一个只有超级用户（root）能读的文件 /etc/shadow，该文件包含了系统中的所有用户及其口令等相关信息。每个用户在该文件中对应一行记录，每一行记录用冒号（：）分成9个域。每一行记录包括以下内容：

①用户登录名；

②用户加密后的口令（若为空，表示该用户不需口令即可登录；若为*，表示该账号被禁止）；

③从1970年1月1日至口令最近一次被修改的天数；

④口令在多少天内不能被用户修改；

⑤口令在多少天后必须被修改；

⑥口令过期多少天后用户账号被禁止；

⑦口令在到期多少天内给用户发出警告；

⑧口令自1970年1月1日起被禁止的天数；

⑨ 保留域。

（3）/etc/group 文件。在 Linux 系统中，使用组来赋予同组的多个用户相同的文件访问权限。一个用户也可以同时属于多个组。管理用户组的基本文件是 /etc/group，与用户账号基本文件相似，每个组在文件 /etc/group 中也有一行记录与之对应，每一行记录用冒号（：）分为4个域，记录了这个用户组的基本属性信息。每行记录的形式如下：

```
用户组名：加密后的组口令：组 ID：组成员列表
```

3. 用户和组管理命令

1）用户管理

用户管理操作的工作就是建立一个合法的用户账号、设置和管理用户的密码、修改用户账号的属性以及在必要时删除已经废弃的用户账号。

在 Linux 中增加一个用户就是在系统中创建一个新账号，然后为新账号分配用户号、用户组、主目录和登录 shell 等资源。在 Linux 系统中，只有具有超级用户权限的用户才能创建一个新用户。增加一个新用户的命令格式如下：

```
adduser [-选项] username
```

常用选项参数说明如下：

- -d：指定用于取代默认/home/username的用户主目录。
- -g：用户所属用户组的组名或组ID（用户组在指定前应存在）。
- -m：若指定用户主目录不存在则创建。
- -p：使用crypt加密的口令。
- -s：指定用户登录shell，默认为/bin/bash。
- -u uid：指定用户的UID，它必须是唯一的，且大于499。

增加用户账号就是在 /etc/passwd 文件中为新用户增加一条记录，同时更新其他系统文件，如 /etc/shadow、/etc/group 等。

例如，运行下列命令将新建一个登录名为 user1 的用户：

```
[root@uos ~]#useradd user1
```

在默认情况下，将会在 /home 目录下新建一个与用户名相同的用户主目录。如果需要另外指定用户主目录，可以运行如下命令：

```
[root@uos ~]#useradd -d /home/lin  user1
```

在 Linux 中，新增一个用户的同时会创建一个新组，这个组与该用户同名，而这个用户就是该组的成员。如果想让新的用户归属于一个已经存在的组，可以运行如下命令：

```
[root@uos ~]#useradd -g manager user1
```

这样用户 user1 就属于组 manager 中的一员了。

需要注意的是，新增加的这个用户账号是被锁定的，无法使用。因为还没给它设置初始密码，而没有密码的用户是不能够登录系统的，因此下面应该使用 passwd 命令为新建用户设置一个初始密码作为登录口令。

Linux 系统出于安全考虑，系统中的每一个用户除了用户名外，还设置了登录系统的用户口令。用户账号刚创建时没有口令，但是被系统锁定，无法使用，必须为其指定口令后才可以使用，即使是指定空口令。指定和修改用户口令的命令是 passwd。超级用户可以为自己和其他用户指定口令，普通用户只能用它修改自己的口令。passwd 命令的一般格式如下：

```
passwd [-选项] [username]
```

常用选项参数说明如下：

- -l：锁定口令，即禁用账号。
- -u：口令解锁。
- -d：使账号无口令。
- -f：强迫用户下次登录时修改口令。

如果不指定用户名，则修改当前用户自己的口令。普通用户修改自己的口令时，passwd 命令会先询问原口令，验证后再要求用户输入两遍新口令，如果两次输入的口令一致，则将这个口令指定给用户；而超级用户为用户指定口令时就不需要知道原口令。

例如，超级用户要设置或改变用户 newuser 的口令时可运行如下命令：

```
[root@uos ~]#passwd newuser
```

系统会提示输入新的口令，新口令需要输入两次。出于安全的原因，输入口令时不会在屏幕上回显出来。

有时需要临时禁止一个用户账号的使用而不是删除它，可以采用以下两种方法实现临时禁止一个用户的操作：

（1）把用户的记录从 /etc/passwd 文件中注释掉，保留其主目录和其他文件不变。

（2）在 /etc/passwd 文件（或 /etc/shadow）中关于该用户的 passwd 域的第一个字符前面加上

一个“*”号。

删除用户命令 userdel 的功能是，系统中如果一个用户的账号不再使用，可以将其从系统中删除。删除一个用户的命令格式如下：

```
userdel [-选项] username
```

最常用的选项参数是 -r，它的作用是把用户的主目录一起删除。

删除用户账号就是要将 /etc/passwd 等系统文件中的该用户记录删除，必要时还删除用户的主目录，可以使用“userdel -r 用户名”来实现这一目的。因此，完全删除一个用户包括：

（1）删除 /etc/passwd 文件中此用户的记录。

（2）删除 /etc/group 文件中该用户的信息。

（3）删除用户的主目录。

（4）删除用户所创建的或属于此用户的文件。

例如，运行下列命令：

```
[root@uos ~]#userdel -r user1
```

可以删除用户 user1 在系统中的账号及其在用户管理配置文件中（主要是 /etc/passwd、/etc/shadow 和 /etc/group 等）的记录，同时删除用户的主目录。

用户在系统使用过程中可以随时使用 su 命令来改变身份。例如，系统管理员在平时工作时可以用普通账号登录，在需要进行系统维护时用 su 命令获得 root 权限，之后为了安全再用 su 回到原账号。su 命令的一般格式如下：

```
su [username]
```

username 是要切换到的用户名，如果不指定用户名，则默认将用户身份切换为 root，系统会要求给出正确的口令。

2）用户组管理

每个用户都有一个用户组，系统可以对一个用户组中的所有用户进行集中管理。默认 Linux 下的用户属于与它同名的用户组，这个用户组在创建用户时同时创建。与用户管理相类似，用户组的管理包括组的增加、删除和修改，实际上就是通过修改 /etc/group 文件实现这些操作。

Linux 系统中，将一个新用户组加入系统的命令是 groupadd。groupadd 命令的一般格式如下：

```
groupadd [-选项] groupname
```

常用选项参数说明如下：

- -g GID：指定用户组的GID，它必须是唯一的，且大于等于500。
- -r：创建小于500的系统用户组。
- -f：若用户组已存在，退出并显示错误（原用户组不会被改变）。

新建的组的 GID 默认使用大于等于 500 并大于每个其他组的 ID 的最小数值。如果要指定组的 ID，可以在命令中加入 -g 参数。如运行下面的命令：

```
[root@uos ~]#groupadd-g 503 newgroup
```

将在 /etc/passwd 文件中产生一个 GID 为 503 的用户组 newgroup。

如果要删除一个已有的用户组，使用 groupdel 命令。groupdel 命令的一般格式如下：

```
groupdel groupname
```

例如，运行命令：

```
[root@uos ~]#groupdel group1
```

运行后将从系统中删除组 group1。

删除一个用户组时要注意以下几点：

（1）组中的文件不能自行删除，也不能自行改变文件所属的组。

（2）如果组是用户的基本组（即 /etc/passwd 文件中显示为该用户的组），则这个组无法删除。

（3）如果组中有用户在系统中处于登录状态则不能删除该组，最好删除用户后再删除组。

修改用户组的属性使用 groupmod 命令。groupmod 命令的一般格式如下：

```
groupmod [-选项] groupname
```

常用选项参数说明如下：

- -g：为用户组指定新的组标识号。
- -n：将用户组的名字改为新名字。

如果需要将一个用户加入一个组，可以通过编辑 /etc/group 文件，将用户名写到组名的后面实现。/etc/group 文件的每一行表示一个组的信息，其中第 4 个域代表组内用户的列表。

例如，user1、user2、user3 都属于组 group1，其组的 ID 为 509，则组 group1 的记录信息如下：

```
group1::509:user1，user2，user3
```

如果要将新用户加入组中，只需在文件编辑器中编辑 /etc/group 文件，并将用户名加入组记录的用户域列表中，用逗号隔开即可。

7.2.5 防火墙配置

Linux 2.4 内核开始提供防火墙软件框架 Netfilter，其前端管理的命令行配置工具有 firewalld、iptables、UFW（Uncomplicated Firewall）；Linux 3.13 以上内核开始增加了新的数据包过滤框架 nftables，使用 nft 前端命令行配置工具，nftables 在逐步取代 Netfilter/iptables 软件框架。UOS 当前版本同时支持这 2 种框架，Netfilter 的默认前端管理的命令行配置工具为 firewalld，要使用其他配置工具需要手动安装。本文对常用配置做简单介绍，复杂需求配置请查阅官方文档。

1. firewalld

firewalld（Dynamic Firewall Manager of Linux Systems，Linux 系统的动态防火墙管理器）服

务是UOS默认的防火墙配置管理工具，基于CLI（命令行界面）的配置命令为firewall-cmd。

常用配置示例：

（1）显示当前配置的规则。命令如下：

```
iptables-nL
```

（2）配置本机开放tcp 443端口，其中--permanent表示永久生效。命令如下：

```
firewall-cmd --permanent --add-port=443/tcp
```

（3）配置允许源地址10.0.30.5访问本机的tcp 3306端口。命令如下：

```
firewall-cmd --permanent --add-rich-rule="rule family="ipv4" source
address="10.0.30.5"port protocol="tcp" port="3306" accept"
```

（4）重载配置，使之生效。命令如下：

```
firewall-cmd --reload
```

2. iptables

要使用iptables工具，需通过yum install iptables-services命令先安装。安装后iptables的规则保存在/etc/sysconfig/iptables配置文件中，可以直接修改配置文件，或者通过以下命令配置规则：

```
iptables [-t table] COMMAND [chain] CRETIRIA -j ACTION
```

上述命令的参数说明：

- -t：指定规则表，当未指定规则表时，则默认使用filter表。
- COMMAND：子命令，定义对规则的管理。
- chain：指定链，如INPUT、OUTPUT等。
- CRETIRIA：参数。
- ACTION：处理动作。

（1）iptables的规则管理命令有：

- -A：添加防火墙规则。
- -D：删除防火墙规则。
- -I：插入防火墙规则。
- -F：清空防火墙规则。
- -L：列出添加防火墙规则。
- -R：替换防火墙规则。
- -Z：清空防火墙数据表统计信息。
- -P：设置链默认规则。

（2）iptables由表、链和规则组成，其中filter表负责数据包过滤功能，控制数据包的进出和转发。filter 表内置链有：

- INPUT链：本地服务器接收到的数据包，即外部访问传入防火墙的数据包。
- OUTPUT链：本地服务器发送的数据包，即防火墙向外发送的数据包。
- FORWARD链：需要Linux内核路由功能（数据包转发功能）时使用。

（3）iptables 配置常用参数有：

- [!]-p：协议，“!”表示取反。
- [!]-s：源地址。
- [!]-d：目标地址。
- [!]-i：入站网卡接口。
- [!]-o：出站网卡接口。
- [!]--sport：源端口。
- [!]--dport：目标端口。
- [!]--src-range：源地址范围。
- [!]--dst-range：目标地址范围。
- [!]--limit：数据表速率。
- [!]--mac-source：源MAC地址。
- [!]--sports：源端口。
- [!]--dports：目标端口。
- [!]--stste：状态（INVALID、ESTABLISHED、NEW、RELATED）。
- [!]--string：应用层字串。

（4）iptables 对数据包过滤的处理动作有：

- ACCEPT：允许通过。
- REJECT：拒绝通过，丢弃数据包并告知对方被拒绝的响应信息。
- LOG：记录日志信息，然后将数据包传递给下一条规则。
- DROP：拒绝通过，直接将数据包丢弃不做响应。

iptables 配置示例：

- 显示当前配置的 iptables 规则。命令如下：

```
iptables -nL
```

- 添加一条规则，所有源地址为 10.0.80.10 的数据包拒绝通过。命令如下：

```
iptables -A INPUT -s 10.0.80.10 -j DROP
```

- 添加一条规则，允许外部访问本机的 tcp 80 端口。命令如下：

```
iptables -A INPUT -p tcp --dport 80 -j ACCEPT
```

- 添加一条规则，允许源地址为 10.0.30.5 的主机访问本机的 tcp 3306 端口。命令如下：

```
iptables -A INPUT -s 10.0.30.5/32 -p tcp -m tcp --dport 3306 -j ACCEPT
```

- 配置保存生效。命令如下：

```
service iptables save
```

3. nft

nftables 是一个新的数据包分类框架，新的 Linux 防火墙管理程序，旨在替代现存的{ip,ip6,arp,eb}_tables，在 Linux 内核版本高于 3.13 时可用。nftables 和 iptables 一样，由表（table）、链（chain）和规则（rule）组成，其中，表包含链，链包含规则，规则由地址、接口、端口或包含当前处理数据包中的其他数据等表达式组成。与 iptables 不同的是，nftables 中没有内置表和链，表的数量和名称由用户决定，表可以指定 5 个簇（ip、ip6、inet、arp、bridge）中的一个，每个表只有一个地址簇，并且只适用于该簇的数据包。

nftables 的命令行工具为 nft，命令格式与 iptables 命令不同。在使用 nft 之前需要使用 yum install nftables 命令安装 nftables 服务。

nft 命令的一般格式如下：

```
nft [ options ] [ cmds... ]
```

options 参数说明如下：

- -h, --help：显示帮助信息。
- -v, --version：显示版本信息。
- -c, --check：检查命令的有效性，但并不应用。
- -f, --file：读取<filename>输入。
- -i, --interactive：从命令行读取输入。
- -j, --json：以JSON格式化输出。
- -n, --numeric：打印全数字输出。
- -s, --stateless：忽略规则集的有状态信息。
- -N：将IP地址转换为名称。
- -S, --service：按照/etc/services中的说明将端口转换为服务名称。
- -p, --numeric-protocol：以数字方式打印第4层协议。
- -y, --numeric-priority：打印链优先级。
- -T, --numeric-time：以数字方式打印时间值。
- -a, --handle：显示规则句柄handle。
- -e, --echo：回显已添加、插入或替换的内容。

cmds 的格式如下：

```
操作符　操作目标　操作内容
```

nftables 的常用配置如下：

（1）查看表。

命令示例：

```
nft list tables                  # 查看所有表
nft list table ip filter         # 查看 ip 簇 filter 表的所有规则
nft list chain filter INPUT      # 查看 filter 表 INPUT 链的规则，默认为 ip 簇
nft list ruleset                 # 查看所有规则
```

（2）表操作。表的操作符包括：

- Add：添加表。
- delete：删除表。
- list：显示一个表中的所有规则链和规则。
- flush：清除一个表中的所有规则链和规则。

命令示例：

```
nft list table ip filter         # 查看 ip 簇 filter 表的所有规则
nft add table ip filter          # 创建 ip 簇的 filter 表
nft add table ip6 filter         # 创建 ip6 簇的 filter 表
```

（3）链操作。链的操作符包括：

- add：将一条规则链添加到表。
- create：在表中创建规则链。
- delete：删除一条规则链。
- flush：清除一条规则链里的所有规则。
- list：显示一条规则链里的所有规则。
- rename：修改一条规则链的名称。

基本规则链类型包括：

- filter：数据包过滤。
- route：用于数据包路由。
- nat：用于网络地址转换。

命令示例：

```
nft add chain ip filter test { type filter hook input priority 0\; }
```

表 filter 中添加一条名为 input 的规则链，链的类型为 filter，优先级 0 附加到 input 钩子

命令执行后效果：

```
table ip filter {
   chain test {
      type filter hook input priority filter; policy accept;
   }
}
```

（4）规则配置。规则配置的操作符包括：

- add：添加一条规则。
- insert：在规则链中加入一个规则，可以添加在规则链开头或指定的地方。
- delete：删除一条规则。

命令示例：

```
nft add rule filter test tcp dport 22 accept
#filter 表的 INPUT 链增加规则，开放 tcp 22 端口
```

命令执行后效果：

```
table ip filter {
   chain test {
      type filter hook input priority filter; policy accept;
      tcp dport 22 accept
   }
}
```

7.3 Web 应用服务配置

在 Linux 操作系统中，常用的 Web 服务软件有 Apache 和 Nginx，通过简单的配置，即可提供 HTTP 或 HTTPS 服务，本文将介绍 Apache 和 Nginx 在 UOS 操作系统中的安装和配置。

7.3.1 Apache的安装与配置

Apache HTTP Server（简称 Apache）是 Apache 软件基金会的一个开放源码的网页服务器软件，支持 Windows、UNIX、Linux、Mac 等多个操作系统平台，因其简单、速度快、性能稳定得到广泛应用。Apache 提供了丰富的功能，包括目录索引、目录别名、虚拟主机、HTTP 日志报告、CGI 程序的 SetUID 执行及联机手册 man 等。

1. Apache 的安装

使用 yum 安装 Apache 服务：

```
[root@uos ~]#yum -y install httpd
```

安装完成后验证：

```
[root@uos ~]#rpm -qa httpd
httpd-2.4.37-47.module+uelc20+724+c3a76df7.2.x86_64
```

启动 Apache 服务：

```
[root@uos ~]#systemctl start httpd
```

停止 Apache 服务：

```
[root@uos ~]#systemctl stop httpd
```

查看 Apache 服务状态：

```
[root@uos ~]#systemctl status httpd
```

2. Apache 的配置

/etc/httpd/conf/httpd.conf 为 Apache 的配置文件，主要配置参数如下：

```
ServerRoot "/etc/httpd"        # 配置 Apache 安装主目录
Listen 80                      # 配置服务监听端口
User apache                    # 配置运行 Apache 的用户
Group apache                   # 配置运行 Apache 的用户组
ServerName localhost:80        # 配置网站绑定的域名和端口，也可以配置 IP 或者 localhost
DocumentRoot "/var/www/html"   # 配置网站根目录
<IfModule dir_module>
    DirectoryIndex index.html  # 配置请求根目录时，默认提供的文件
</IfModule>
ErrorLog "logs/error_log"      # 配置错误日志文件
LogLevel warn                  # 配置日志级别
<IfModule log_config_module>   # 定义日志格式
      LogFormat "%h %l %u %t \"%r\" %>s %b \"%{Referer}i\" \"%{User-Agent}
i\"" combined
    LogFormat "%h %l %u %t \"%r\" %>s %b" common
    <IfModule logio_module>
     LogFormat "%h %l %u %t \"%r\" %>s %b \"%{Referer}i\" \"%{User-Agent}
i\" %I %O" combinedio
    </IfModule>
     CustomLog "logs/access_log" combined
</IfModule>
ErrorDocument 500 "The server made a boo boo."  # 定义错误响应
ErrorDocument 404 /missing.html
```

httpd.conf 文件配置完成后，在 /var/www/html 目录下创建 index.html 文件，然后重启 httpd 服务。

在客户端浏览器输入 httpd.conf 中配置的域名或者 IP，浏览器将显示 index.html。

7.3.2　Nginx的安装与配置

Nginx 是一款高性能的 HTTP 和反向代理 Web 服务软件，可以在大部分的 UNIX、Linux、Windows 系统运行，一般与其他 Web 中间件配合使用，实现反向代理、负载均衡和缓存功能，

由于其内存占用少、启动极快、高并发能力强、支持热部署，在互联网项目中被广泛应用。

1. Nginx 的安装

可以使用 yum 安装 Nginx 服务，目前镜像源为 Nginx 1.14 版本，如果需要其他版本，可以在官方网站下载。Nginx 的安装命令如下：

```
[root@uos ~]#yum install nginx
```

安装完成后，启动服务，在浏览器输入服务器 IP 地址，出现图 7-2，表明 Nginx 已经成功安装。

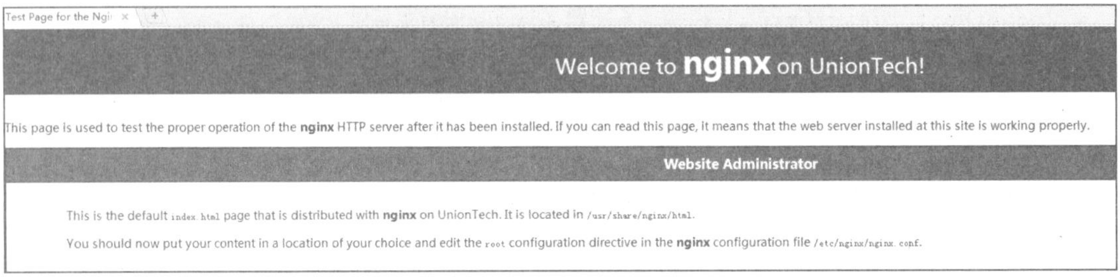

图 7-2

启动 Nginx 服务：

```
[root@uos ~]#systemctl start nginx
```

停止 Nginx 服务：

```
[root@uos ~]#systemctl stop nginx
```

查看 Nginx 服务状态：

```
[root@uos ~]#systemctl status nginx
```

查看 Nginx 服务状态的命令执行后，出现图 7-3，表明当前 Nginx 运行正常。

```
nginx.service-The nginx HTTP and reverse proxy server
  Loaded:loaded(/usr/lib/systemd/system/nginx.service;disabled;vendor preset:disabled)
  Active:active(running)since Wed 2022-11-02 22:06:09 CST; 2s ago
 Process:351701 ExecStart=/usr/sbin/nginx(code=exited,status=0/SUCCESS)
 Process:351699 ExecStartPre=/usr/sbin/nginx-t(code=exited,status=0/SUCCESS)
 Process:351697 ExecStartPre=/usr/bin/rm -f/run/nginx.pid(code=exited,status=0/SUCCESS)
Main PID:351702 (nginx)
```

图 7-3

2. Nginx 的配置

通过 yum 安装后，默认路径为 /etc/nginx，其目录下的 nginx.conf 文件为配置文件，主要配置参数如下：

```
worker_processes 2;                    # 允许 Nginx 生成的进程数
error_log /var/log/nginx/error.log; # 配置日志路径
events {
   worker_connections 1024;            # 配置每个 Nginx 进程的最大网络连接数
}
http {
   access_log  /var/log/nginx/access.log  main; # 配置日志输出路径和格式
   server {
      listen       80 default_server;           # 监听端口
      server_name  127.0.0.1;                   # 监听地址
      location / {
         root          /usr/share/nginx/html;     # 根目录
         index       index.html;                        # 默认打开页面
      }
      location /baidu {
         proxy_pass https://www.baidu.com; # 当浏览器输入 ip/baidu 时，跳转的页面
         }
      error_page 404 /404.html;                 # 配置 404 报错页面
         location = /40x.html {
      }
      error_page 500 502 503 504 /50x.html;     # 根据状态码返回对应的错误页面
         location = /50x.html {
      }
    }
 }
```

nginx.conf 文件配置完成后，可以执行 nginx -s reload 命令重载配置，不需要重启服务。配置文件主要包含 http 块、server 块和 location 块，详细功能如下：

- http块：配置代理、缓存、日志等内容，一个http块可包含多个server块。
- server块：配置虚拟主机的相关参数。
- location块：配置路由，实现各种页面的跳转处理。

第 8 章　组网技术

组网技术主要是部署和配置网络设备，本章主要介绍交换机和路由器的基本知识，并通过实例介绍它们的配置和使用方法。

8.1　交换机和路由器基本知识

8.1.1　交换机的基本知识

1. 交换机的分类

交换机的分类方式有以下几种。

（1）根据交换方式划分，可分为：

- 存储转发式交换（Store and Forward）：交换机对输入的数据包先进行缓存、验证、碎片过滤，然后再进行转发。这种交换方式延时大，但是可以提供差错校验，并支持不同速度的输入、输出端口间的交换（非对称交换），是交换机的主流工作方式。
- 直通式交换（Cut-through）：直通式交换类似于采用交叉矩阵的电话交换机，它在输入端口扫描到目标地址后立即开始转发。这种交换方式的优点是延迟小、交换速度快；其缺点是没有检错能力，不能实现非对称交换，并且当交换机的端口增加时，交换矩阵实现起来比较困难。
- 碎片过滤式交换（Fragment Free）：这是介于直通式交换和存储转发式交换之间的一种解决方案。交换机在开始转发前先检查数据包的长度是否够 64 个字节，如果小于 64 个字节，说明是冲突碎片，则丢弃；如果大于等于 64 个字节，则转发该包。这种转发方式的处理速度介于前两者之间，被广泛应用于中低档交换机中。

（2）根据交换的协议层划分，可分为：

- 第二层交换：根据 MAC 地址进行交换。
- 第三层交换：根据网络层地址（IP 地址）进行交换。
- 多层交换：根据第四层端口号或应用协议进行交换。

（3）根据交换机结构划分，可分为：

- 固定端口交换机：这种交换机提供有限数量的固定类型端口。例如，华为 S2750-28TP-EI-AC 是一种快速以太网交换机，具有 24 个 10/100Base-TX 以太网端口，4 个千兆 SFP，2 个复用的千兆 10/100/1000Base-T 以太网端口 Combo。
- 模块化交换机：这种交换机的机箱中预留了一定数量的插槽，用户可以根据网络扩充的需求选择不同类型的端口模块。这种交换机具有更大的可扩充性。

（4）根据配置方式划分，可分为：

- 堆叠型交换机：这种交换机具有专门的堆叠端口，用堆叠电缆把一台交换机的 UP 口连接到另一台交换机的 DOWN 口，以实现端口数量的扩充，如图 8-1 所示。一般交换机能够堆叠 4～9 层，堆叠后的所有交换机可以当作一台交换机来统一管理。

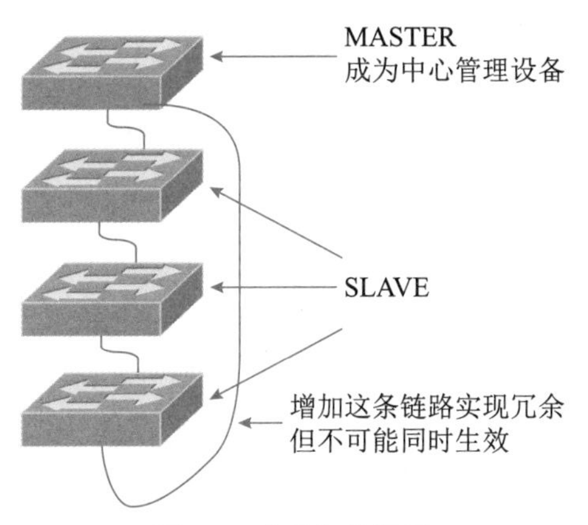

图 8-1　交换机的堆叠

- 非堆叠型交换机：这种交换机没有堆叠端口，但可以通过级连方式进行扩充。级连模式使用以太网端口（100M FE 端口、GE 端口或 10GE 端口）进行层次间互连，如图 8-2 所示。可以通过统一的网管平台实现对全网设备的管理。为了保证网络运行的效率，级连层数一般不要超过 4 层。

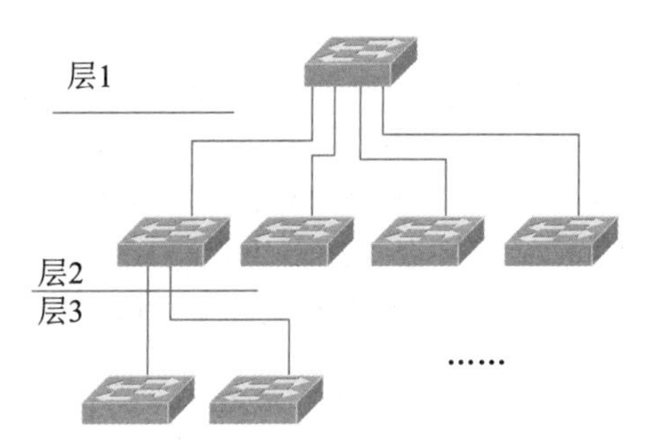

图 8-2　交换机的级连

（5）根据管理类型划分，可分为：

- 网管型交换机：这种交换机支持简单网络管理协议（SNMP）和管理信息库（MIB），可以指定IP地址，实现远程配置、监视和管理。
- 非网管型交换机：这种交换机不支持 SNMP 和 MIB，只能根据 MAC 地址进行交换，无法进行功能配置和管理。
- 智能型交换机：这种交换机支持基于 Web 的图形化管理和 MIB-II，无须使用复杂的命令行管理方式，配置和维护比较容易。更重要的是，智能型交换机提供 QoS 管理、VPN、用户认证以及多媒体传输等复杂的应用功能，而不仅仅是转发数据分组。

（6）根据层次型结构划分。

网络的分层结构把复杂的大型网络分解为多个容易管理的小型网络，每一层交换设备分别实现不同的特定任务。分层的网络设计如图 8-3 所示。

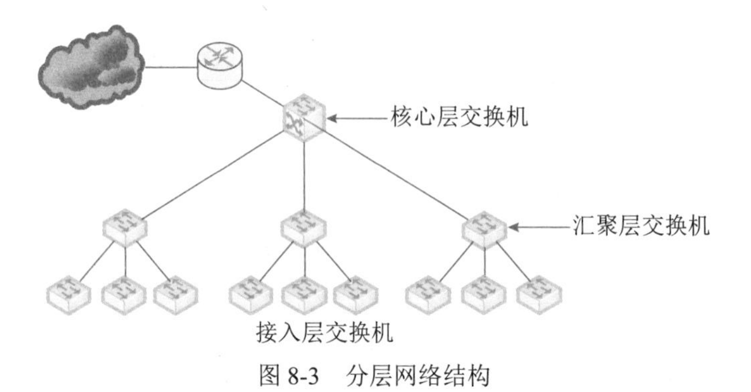

图 8-3 分层网络结构

具体可分为以下几种：

- 接入层交换机：接入层是工作站连接网络的入口，实现用户的网络访问控制，这一层的交换机应该以低成本提供高密度的接入端口。例如，华为 S2700 系列最多可以提供 52 个快速以太网端口，适合中小型企业网络使用。
- 汇聚层交换机：汇聚层将网络划分为多个广播/组播域，可以实现 VLAN 间的路由选择，并通过访问控制列表实现分组过滤。这一层交换机的端口数量和交换速率要求不是很高，但应提供第三层交换功能。例如，华为 S5700-SI 系列交换机具有多个 10/100/1000 Base-T 端口和千兆 SFP 端口，可以支持多种光模块收发器，同时提供先进的服务质量（QoS）管理和速度限制，以及安全访问控制列表、组播管理和高性能的 IP 路由。
- 核心层交换机：核心层应采用可扩展的高性能交换机组成园区网的主干线路，提供链路冗余、路由冗余、VLAN 中继和负载均衡等功能，并且与汇聚层交换机具有兼容的技术，支持相同的协议。例如，华为 S6700 系列交换机就是一种适合部署到核心网络的交换机。

2. 交换机的性能参数

交换机的主要性能参数介绍如下。

（1）端口类型。主要包括：

- 双绞线端口：双绞线端口也称为 RJ-45 接口，用于双绞线与交换机的物理连接，当采用 6 类双绞线与交换机连接时可以达到千兆速率。
- 光纤端口：光纤端口用于光纤与交换机的物理连接，通常有 SC、ST、FC、LC 等几种类型，不同的光纤端口配合不同的光纤模块使用，当采用 LC 端口配合 XFP 光纤模块使用时可以达到万兆速率。

（2）传输模式。主要包括：

- 半双工（Half-Duplex）：半双工交换机在一个时间段内只能有一个动作发生，发送或者接收数据，两个动作不能同时进行。早期的集线器就是半双工产品，随着技术的进步，半双工方式的产品已逐渐被淘汰。

- 全双工（Full-Duplex）：全双工交换机在发送数据的同时也能接收数据，两者可同步进行。全双工传输需要使用两对双绞线或两根光纤，一般双绞线端口和光纤端口都支持全双工传输模式。这种传输模式在一对主机之间建立了一条虚拟的专用连接，使得数据速率成倍提高。
- 全双工/半双工自适应：在以上两种方式之间可以自动切换。在光纤端口中，1000Base-TX 支持自适应，而 1000Base-SX、1000Base-LX、1000Base-LH 和 1000Base-ZX 均不支持自适应，不同速率和传输模式的光纤端口间无法进行通信，因而要求相互连接的光纤端口必须具有完全相同的传输速率和传输模式，否则将导致连通故障。

（3）包转发率。包转发率也称端口吞吐率，指交换机进行数据包转发的能力，单位为 pps（package per second）。包转发率是以单位时间内发送 64 字节数据包的个数作为计算基准的。对于千兆以太网来说，计算方法如下：

$$1000\text{Mb/s} \div 8\text{b} \div (64+8+12)\text{B}=1.488\ \text{Mpps}$$

当以太网帧为 64 字节时，需考虑 8 字节的帧头和 12 字节的帧间隙开销。据此，一台交换机的包转发率的计算方法如下：

包转发率 = 千兆端口数 ×1.488Mpps+ 百兆端口数 ×0.1488Mpps+ 其余端口数 × 相应包转发数

（4）背板带宽。交换机的背板带宽是指交换机端口处理器和数据总线之间单位时间内所能传输的最大数据量。背板带宽标志了一台交换机总的交换能力，单位为 Gb/s。一般交换机的背板带宽从几个 Gb/s 到上千个 Gb/s。交换机所有端口能提供的总带宽的计算公式为：

总带宽 = 端口数 × 端口速率 ×2（全双工模式）

如果总带宽小于标称背板带宽，那么可以认为背板带宽是线速的。例如，华为 S5700 系列交换机的背板带宽可扩展到 256Gb/s，包转发率可达到 132Mpps。

（5）MAC 地址数。MAC 地址数是指交换机的 MAC 地址表中可以存储的 MAC 地址数量。交换机将已识别的网络节点的 MAC 地址放入 MAC 地址表中，MAC 地址表存放在交换机的缓存中，当需要向目标地址发送数据时，交换机就在 MAC 地址表中查找相应 MAC 地址的节点位置，然后直接向这个位置的节点转发。

不同档次的交换机端口所能够支持的 MAC 地址数量不同。在交换机的每个端口，都需要足够的缓存来记忆这些 MAC 地址，所以缓存容量的大小决定了交换机所能记忆的 MAC 地址数。

（6）VLAN 表项。VLAN 是一个独立的广播域，可有效防止广播风暴。由于 VLAN 基于逻辑连接而不是物理连接，因此配置十分灵活。在有第三层交换功能的基础上，VLAN 之间也可以通信。最大 VLAN 数量反映了一台交换机所能支持的最大 VLAN 数目。目前，交换机 VLAN 表项数目在 1024 以上，可以满足一般企业的需要。

（7）机架插槽数。固定配置不带扩展槽的交换机仅支持一种类型的网络，固定配置带扩展槽的交换机和机架式交换机可支持一种以上类型的网络，例如以太网、快速以太网、千兆以太网、ATM 网、令牌环网及 FDDI 等。一台交换机所支持的网络类型越多，可扩展性就越强。机架插槽数是指机架式交换机所能安插的最大模块数，扩展槽数是指固定配置带扩展槽的交换机所能安插的最大模块数。

3. 交换机支持的以太网协议

有关交换机的以太网协议如表 8-1 所示。

表 8-1 交换机支持的以太网协议

标 准	说 明	规 范
IEEE 802.3i	以太网 10Base-T 规范	两对 UTP，RJ-45 连接器，传输距离为 100m
IEEE 802.3u	快速以太网物理层规范	● 100Base-TX：两对5类UTP，支持10Mb/s、100Mb/s自动协商 ● 100Base-T4：4对3类UTP ● 100Base-FX：光纤
IEEE 802.3z	千兆以太网物理层规范	● 1000Base-SX：短波SMF ● 1000Base-LX：长波SMF或MMF
IEEE 802.3ab	双绞线千兆以太网物理层规范	1000Base-TX
IEEE 802.3ad	Link Aggregation Control Protocol（LACP）	链路汇聚技术可以将多个链路绑定在一起，形成一条高速链路，以达到更高的带宽，并实现链路备份和负载均衡
IEEE 802.3ae	万兆以太网物理层规范	● 10GBase-SR和10GBase-SW支持短波（850nm）多模光纤（MMF），传输距离为2～300m ● 10GBase-LR和10GBase-LW支持长波（1310nm）单模光纤（SMF），传输距离为2m～10km ● 10GBase-ER和10GBase-EW支持超长波（1550nm）单模光纤（SMF），传输距离为2m～40km
IEEE 802.3af	Power over Ethernet（PoE）	以太网供电，通过双绞线为以太网提供 48V 的直流电源
IEEE 802.3x	Flow Control and Back Pressure	为交换机提供全双工流控（Full-Duplex Flow Control）和后压式半双工流控（Back Pressure Half-Duplex Flow Control）机制
IEEE 802.1d	Spanning Tree Protocol（STP）	利用生成树算法消除以太网中的循环路径，当网络发生故障时重新协商生成树，并起到链路备份的作用
IEEE 802.1q	VLAN 标记	定义了以太网 MAC 帧的 VLAN 标记。标记分两部分：VLAN ID（12 位）和优先级（3 位）
IEEE 802.1p	LAN 第二层 QoS/CoS 协议	定义了交换机对 MAC 帧进行优先级分类，并对组播帧进行过滤的机制，可以根据优先级提供尽力而为（Best-Effort）的服务质量，是 IEEE 802.1q 的扩充协议
GARP	通用属性注册协议（Generic Attribute Registration Protocol）	提供了交换设备之间注册属性的通用机制。属性信息（例如 VLAN 标识符）在整个局域网设备中传播开来，并且由相关设备形成一个“可达性”子集。GARP 是 IEEE 802.1p 的扩充部分
GVRP	GARP VLAN 注册协议（GARP VLAN Registration Protocol）	GVRP 是 GARP 的应用，提供与 802.1q 兼容的 VLAN 裁剪（VLAN Pruning）功能，以及在 802.1q 干线端口（Trunk Port）建立动态 VLAN 的机制。GVRP 定义在 IEEE 802.1p 中

（续表）

标　准	说　明	规　范
GMRP	GARP 组播注册协议（GARP Multicast Registration Protocol）	为交换机提供了根据组播成员的动态信息进行组播树修剪的功能，使得交换机可以动态地管理组播过程。GMRP 定义在 IEEE 802.1p 中
IEEE 802.1s	Multiple Spanning Tree Protocol（MSTP）	这是 802.1q 的补充协议，为交换机增加了通过多重生成树进行 VLAN 通信的机制
IEEE 802.1v	基于协议和端口的 VLAN 划分	这是 802.1q 的补充协议，定义了基于数据链路层协议进行 VLAN 划分的机制
IEEE 802.1x	用户认证	在局域网中实现基于端口的访问控制
IEEE 802.1w	Rapid Spanning Tree Protocol（RSTP）	当局域网中由于交换机或其他网络元素失效而发生拓扑结构改变时，RSTP 可以快速地重新配置生成树，恢复网络的连接。RSTP 对 802.1d 是向后兼容的

8.1.2　路由器的基本知识

1. 路由器的分类

从功能、性能和应用方面划分，路由器可分为以下几种：

（1）骨干路由器。骨干路由器是实现主干网络互连的关键设备，通常采用模块化结构，通过热备份、双电源和双数据通路等冗余技术提高可靠性，并且采用缓存技术和专用集成电路（ASIC）加快路由表的查找，使得背板交换能力达到几百个“Gb/s”，被称为线速路由器。例如，华为的 NE40E 系列以上路由器就属于骨干路由器。

（2）企业级路由器。企业级路由器连接许多终端系统，提供通信分类、优先级控制、用户认证、多协议路由和快速自愈等功能，可以实现数据、语音、视频、网络管理和安全应用（VPN、入侵检测和 URL 过滤等）等增值服务，对这类路由器的要求是实现高密度的 LAN 端口，同时支持多种业务。

（3）接入级路由器。接入级路由器也叫边缘路由器，主要用于连接小型企业的客户群，提供 1 到 2 个广域网端口卡（WIC），实现简单的信息传输功能，一般采用低档路由器就可以了（例如华为 AR3600 以下型号）。

2. 路由器的操作系统

各个厂家的路由器操作系统不尽相同，但基本的工作原理都是相似的。例如，华为路由器、交换机等数据网络产品采用的是通用路由平台 VRP（Versatile Routing Platform），常用的 VRP 有 VRP5 和 VRP8 两个版本。VRP5 是目前大多数华为设备使用的组件化设计、高可靠性网络操作系统，而 VRP8 支持分布式应用和虚拟化技术，可以适应企业快速扩展的业务需求。

IOS 软件系统包括 BootROM 软件和系统软件两部分，是路由器、交换机等设备启动、运行的必要软件，为网络设备提供支撑、管理、业务等功能。网络设备加电后，首先运行 BootROM 软件，初始化硬件并显示硬件参数信息，然后再运行系统软件。系统软件一方面提供对硬件的驱动和适配功能，另一方面实现了业务功能特性。

路由器或交换机的操作是由配置文件（configuration file或config）控制的。配置文件包含有关设备如何操作的指令，是由网络管理员创建的，一般有几百到几千个字节大小。

IOS命令在所有路由器产品中都是通用的。这意味着只要掌握一个操作界面就可以了，即命令行界面（Command Line Interface，CLI）。所以无论是通过控制台端口，或通过一部Modem，还是通过Telnet连接来配置路由器，用户看到的命令行界面都是相同的。

IOS有3种命令级别，即用户视图、系统视图和具体业务视图。在不同的视图中可执行的命令集不同，可实现的管理功能也不同。

8.1.3 访问路由器和交换机

如果要对网络互连设备进行具体的配置，首先要有效地访问它们，一般来说可以用以下几种方法访问路由器或交换机：

（1）通过设备的Console（控制台）端口接终端或运行终端仿真软件的计算机。

（2）通过设备的AUX端口接Modem，通过电话线与远方的终端或运行终端仿真软件的计算机相连。

（3）通过Telnet程序访问。

（4）通过浏览器访问。

（5）通过网管软件访问。

下面以路由器为例，给出几种访问网络互连设备方法的连接图，如图8-4所示。

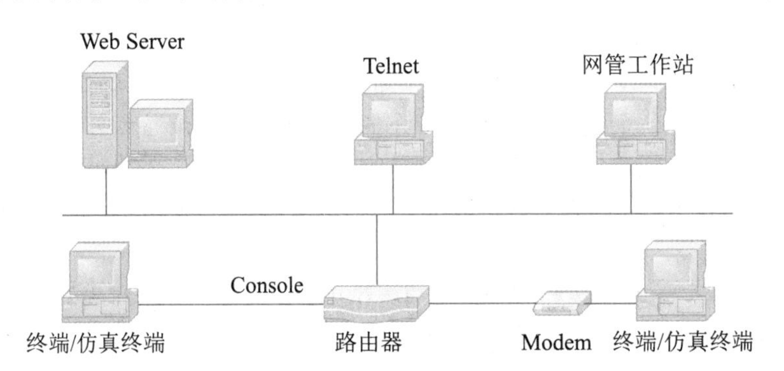

图8-4 访问路由器的几种方法

对网络互连设备的第一次设置必须通过第一种方法来实现，并且第一种方法也是最常用、最直接有效的配置方法。Console端口是路由器和交换机设备的基本端口，它是对一台新的路由器和交换机进行配置时必须使用的端口。连接Console端口的线缆称为控制台电缆（Console Cable）。在具体的连接上，Console电缆一端插入网络设备的Console端口，另一端接入终端或PC的串行接口，从而实现对设备的访问和控制。

8.2 交换机的配置

不同厂家生产的不同型号的交换机，其具体的配置命令和方法是有差别的，不过配置的原理基本上是相同的。本节以华为 S5700 系列交换机为例讲解配置交换机的基本方法。

8.2.1　配置交换机

1. 电缆连接及终端配置

如图 8-5 所示，接好计算机和交换机各自的电源线，在关机状态下，把计算机的串口 1（COM1）通过控制台电缆与交换机的 Console 端口相连，即完成设备的连接工作。

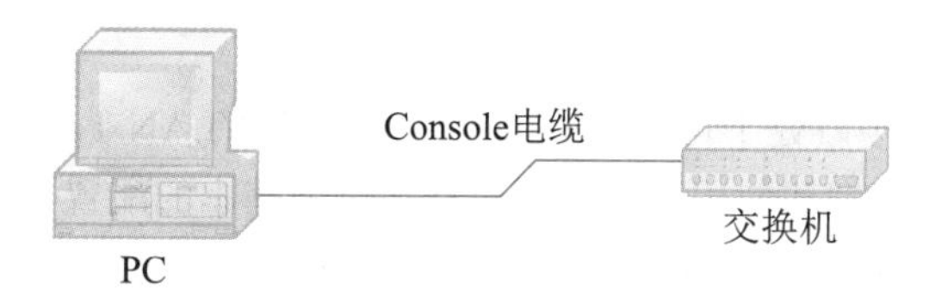

图 8-5　仿真终端与交换机的连接

交换机 Console 端口的默认参数如下：

- 端口速率：9600b/s。
- 数据位：8。
- 奇偶校验：无。
- 停止位：1。
- 流控：无。

在配置计算机的超级终端时只需保证端口属性的配置参数与上述参数相匹配即可。以 Windows 环境下的 Hyper Terminal 为例，配置 COM1 端口属性的对话框如图 8-6 所示。

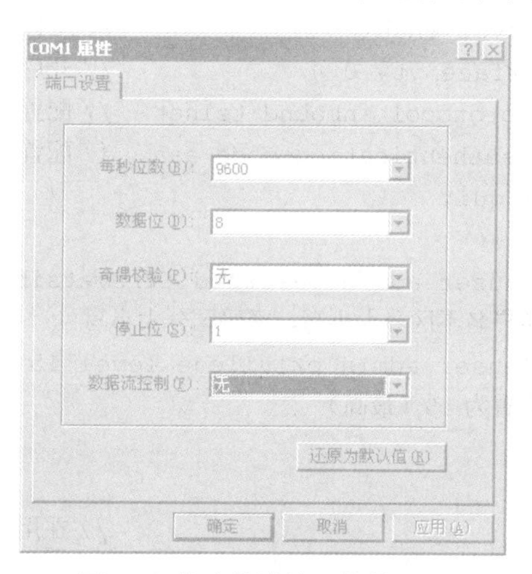

图 8-6　仿真终端端口参数配置

2. 交换机的启动

在配置好终端仿真软件后，终端窗口就会显示交换机的启动信息、交换机的版权信息和软件加载过程，直到出现提示用户设置登录密码。

```
BIOS loading ...
……
Enter Password:
Confirm Password
<HUAWEI>
```

完成Console登录密码设置后，用户便可以配置和使用交换机。

3. 交换机的基本配置

在默认配置下，所有接口处于可用状态，并且都属于VLAN 1，这种情况下交换机就可以正常工作了。但为了方便管理和使用，首先应对交换机做基本的配置。

（1）配置交换机的设备名称、管理VLAN和Telnet，在对网络中的交换机进行管理时需要对交换机进行基本配置。

```
<HUAWEI>                                          //用户视图提示符
<HUAWEI>system-view                               //进入系统视图
[HUAWEI] sysname Switch1                          //修改设备名称为SW1
[Switch1] vlan 5                                  //创建交换机管理VLAN 5
[Switch1-VLAN5] management-vlan
[Switch1-VLAN5] quit
[Switch1] interface vlanif 5                      //创建交换机管理VLAN的VLANIF接口
[Switch1-vlanif5] ip address 10.10.1.1 24         //配置VLANIF接口IP地址
[Switch1-vlanif5] quit
[Switch1] telnet server enable                    //Telnet默认是关闭的，需要打开
[Switch1] user-interface vty 0 4                  //开启VTY线路模式
[Switch1-ui-vty0-4] protocol inbound telnet       //配置Telnet协议
[Switch1-ui-vty0-4] authentication-mode aaa       //配置认证方式
[Switch1-ui-vty0-4] quit
[Switch1] aaa
[Switch1-aaa] local-user admin password irreversible-cipher Hello@123
//配置用户名和密码，用户名不区分大小写，密码区分大小写
[Switch1-aaa] local-user admin privilege level 15
//将管理员的账号权限设置为15（最高）
[Switch1-aaa]quit
[Switch1]quit
<Switch1>save                                     //在用户视图下保存配置
```

（2）登录Telnet到交换机，出现用户视图提示符。

```
C:\Documents and Settings\Administrator> telnet 10.10.1.1
 //输入交换机管理IP
Login authentication
```

```
Username:admin                                        // 输入用户名和密码
Password:
Info: The max number of VTY users is 5, and the number of current VTY
users on line is 1.
      The current login time is 2016-07-03 13:33:18+00:00.
<Switch1>                                             // 用户视图命令行提示符
```

（3）配置交换机的接口。交换机的接口属性默认支持一般网络环境，一般情况下是不需要对其接口进行设置的。在某些情况下需要对其端口属性进行配置时，配置的对象主要有端口隔离、速率、双工等信息。

```
# 配置接口 GE1/0/1 和 GE1/0/2 的端口隔离功能，实现两个接口之间的二层数据隔离，三层数据
互通
<Switch1> system-view
[Switch1] port-isolate mode l2
[Switch1] interface gigabitethernet 1/0/1
[Switch1-GigabitEthernet1/0/1] port-isolate enable group 1
[Switch1-GigabitEthernet1/0/1] quit
[Switch1] interface gigabitethernet 1/0/2
[Switch1-GigabitEthernet1/0/2] port-isolate enable group 1
[Switch1-GigabitEthernet1/0/2] quit

# 配置以太网接口 GE0/0/1 在自协商模式下协商速率为 100Mb/s
<Switch1> system-view
[Switch1] interface gigabitethernet 0/0/1
[Switch1-GigabitEthernet0/0/1] negotiation auto
[Switch1-GigabitEthernet0/0/1] auto speed 100

# 配置以太网接口 GE0/0/1 在自协商模式下双工模式为全双工模式
<Switch1> system-view
[Switch1] interface gigabitethernet 0/0/1
[Switch1-GigabitEthernet0/0/1] negotiation auto
```

（4）查看和配置 MAC 地址表。交换机通过学习网络中设备的 MAC 地址，并将学习得到的 MAC 地址存放在交换机的缓存中。在需要向目标地址发送数据时就从 MAC 表地址中查找相应地址，找到后才可以向目标快速发送数据。

MAC 表由多条 MAC 地址表项组成。MAC 地址表项由 MAC、VLAN 和端口组成，交换机在收到数据帧时，会解析出数据帧的源 MAC 地址和 VLAN ID，并与接收数据帧的端口组合成一条数据表项。通过查看 MAC 地址表项可以了解交换机运行的状态信息，排查故障。

```
# 执行命令 display mac-address，查看所有的 MAC 地址表项
<Switch1> display mac-address
```

```
-------------------------------------------------------------------------------
MAC Address    VLAN/VSI                  Learned-From          Type
-------------------------------------------------------------------------------
00e0-0900-7890     10/-                      -                  blackhole
00e0-0230-1234     20/-                      GE1/0/1             static
0001-0002-0003     30/-                      Eth-Trunk1          dynamic
-------------------------------------------------------------------------------
Total items displayed = 3

#执行命令display interface vlanif 5，显示VLANIF接口的MAC地址
<Switch1> display interface vlanif 5
Vlanif5 current state : DOWN
Line protocol current state : DOWN
Description:
Route Port,The Maximum Transmit Unit is 1500
Internet Address is 192.168.1.1/24
IP Sending Frames' Format is PKTFMT_ETHNT_2, Hardware address is 00e0-0987-7891
Current system time: 2016-07-03 13:33:09+08:00
    Input bandwidth utilization  : --
    Output bandwidth utilization : --

#在MAC地址表中增加静态MAC地址表项，目的MAC地址为0001-0002-0003，VLAN 5的报文
从接口gigabitethernet0/0/5转发出去
[Switch1] mac-address static 0001-0002-0003 gigabitethernet 0/0/5 vlan 5
```

8.2.2 配置和管理VLAN

VLAN技术是交换技术的重要组成部分，也是交换机配置的基础。它用于把物理上直接相连的网络从逻辑上划分为多个子网。每一个VLAN对应着一个广播域，处于不同VLAN上的主机不能进行通信，不同VLAN之间的通信要引入第三层交换技术才可以解决。对虚拟局域网的配置和管理主要涉及链路和接口类型、GARP协议和VLAN的配置。

为了适应不同网络环境的组网需要，链路类型分为接入链路（Access Link）和干道链路（Trunk Link）两种。接入链路只能承载1个VLAN的数据帧，用于连接交换机和用户终端；干道链路能承载多个不同VLAN的数据帧，用于交换机间互连或连接交换机与路由器。根据接口连接对象以及对收发数据帧处理的不同，以太网接口分为Access接口、Trunk接口、Hybrid接口和QinQ接口四种类型，分别用于连接终端用户、交换机与路由器以及公网与私网的互连等。

GARP协议主要用于建立一种属性传递扩散的机制，以保证协议实体能够注册和注销该属性。简单来说就是为了简化网络中配置VLAN的操作，通过GARP的VLAN自动注册功能将设备上的VLAN信息快速复制到整个交换网，达到减少手工配置量及保证VLAN配置正确的目的。

交换机的初始状态是工作在透明模式，有一个默认的 VLAN1，所有端口都属于 VLAN1。

1. 划分 VLAN 的方法

虚拟局域网是交换机的重要功能，通常虚拟局域网的实现形式有多种，包括基于接口、MAC 地址、子网、网络层协议、匹配策略等来划分 VLAN。

通过接口来划分 VLAN。交换机的每个接口配置不同的 PVID，当数据帧进入交换机时没有带 VLAN 标签，该数据帧就会被打上接口指定 PVID 的 Tag 并在指定 PVID 中传输。

通过源 MAC 地址来划分 VLAN。建立 MAC 地址和 VLAN ID 的映射关系表，当交换机收到的是 Untagged 帧时，就依据该表给数据帧添加指定 VLAN 的 Tag 并在指定 VLAN 中传输。

通过子网来划分 VLAN。建立 IP 地址和 VLAN ID 的映射关系表，当交换机收到的是 Untagged 帧时，就依据该表给数据帧添加指定 VLAN 的 Tag 并在指定 VLAN 中传输。

通过网络层协议来划分 VLAN。建立以太网帧中的协议域和 VLAN ID 的映射关系表，当交换机收到的是 Untagged 帧时，就依据该表给数据帧添加指定 VLAN 的 Tag 并在指定 VLAN 中传输。

通过匹配策略来划分 VLAN，实现多种组合的划分，包括接口、MAC 地址、IP 地址等。建立配置策略，当交换机收到的是 Untagged 帧，且与配置的策略匹配时，给数据帧添加指定 VLAN 的 Tag 并在指定 VLAN 中传输。

2. 配置 VLAN 示例

在网络中，用于终端与交换机、交换机与交换机、交换机与路由器连接时 VLAN 的划分方式多种多样，需要灵活运用。这里以接入层交换机的 VLAN 划分为例进行说明。

```
# 基于接口划分 VLAN
<HUAWEI> system-view                                          // 进入交换机系统视图
[HUAWEI] sysname SwitchA                                      // 交换机命名
[SwitchA] vlan batch 2                                        // 批量方式建立 VLAN 2
[SwitchA] interface gigabitethernet 0/0/1                     // 进入交换机接口视图
[SwitchA-GigabitEthernet0/0/1] port link-type access          // 配置接口类型
[SwitchA-GigabitEthernet0/0/1] port default vlan 2            // 将接口加入 VLAN 2
[SwitchA-GigabitEthernet0/0/1] quit
[SwitchA] interface gigabitethernet 0/0/2                     // 在接口视图配置上联接口
[SwitchA-GigabitEthernet0/0/2] port link-type trunk           // 配置上联接口类型
[SwitchA-GigabitEthernet0/0/2] port trunk allow-pass vlan 2   // 允许携带 VLAN 2 tag 的
                                                                 报文通过
[SwitchA-GigabitEthernet0/0/2] quit

# 基于 MAC 地址划分 VLAN
<HUAWEI> system-view
[HUAWEI] sysname SwitchA
[SwitchA] vlan batch 2
```

```
[SwitchA] interface gigabitethernet 0/0/1              //在接口视图配置上联接口
[SwitchA-GigabitEthernet0/0/1] port link-type hybrid        //配置上联接口类型
[SwitchA-GigabitEthernet0/0/1] port hybrid tagged vlan 2 //允许VLAN 2 tag的
                                                              报文携带tag标记通过
[SwitchA-GigabitEthernet0/0/1] quit
[SwitchA] interface gigabitethernet 0/0/2                //进入交换机接口视图
[SwitchA-GigabitEthernet0/0/2] port link-type hybrid     //配置接口类型
[SwitchA-GigabitEthernet0/0/2] port hybrid untagged vlan 2   //允许VLAN 2 tag的
                                                              报文剥离tag标记通过
[SwitchA-GigabitEthernet0/0/2] quit
[SwitchA] vlan 2
[SwitchA-vlan2] mac-vlan mac-address 0022-0022-0022  //PC的MAC地址与VLAN 2关联
[SwitchA-vlan2] quit
[SwitchA] interface gigabitethernet 0/0/2
[SwitchA-GigabitEthernet0/0/2] mac-vlan enable  //基于MAC地址启用接口
[SwitchA-GigabitEthernet0/0/2] quit
```

3. 配置GARP协议

GARP（Generic Attribute Registration Protocol）是通用属性注册协议的应用，提供802.1Q兼容的VLAN裁剪（VLAN Pruning）功能和在802.1Q干线端口（Trunk Port）上建立动态VLAN的功能。GARP配置拓扑如图8-7所示，在交换机A、B分别配置全局启用GARP功能，达到所有子网设备互访的目的。

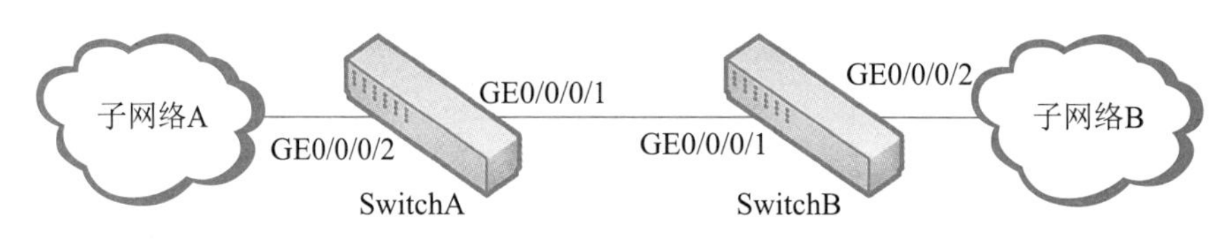

图8-7　VLAN拓扑结构图

交换机A的配置如下，交换机B和交换机A的配置相似。

```
# 配置交换机A，全局启用GARP功能
<HUAWEI> system-view
[HUAWEI] sysname SwitchA
[SwitchA] garp

# 配置接口为Trunk类型，并允许所有VLAN通过
[SwitchA] interface gigabitethernet 0/0/1
[SwitchA-GigabitEthernet0/0/1] port link-type trunk
[SwitchA-GigabitEthernet0/0/1] port trunk allow-pass vlan all
[SwitchA-GigabitEthernet0/0/1] quit
[SwitchA] interface gigabitethernet 0/0/2
```

```
[SwitchA-GigabitEthernet0/0/2] port link-type trunk
[SwitchA-GigabitEthernet0/0/2] port trunk allow-pass vlan all
[SwitchA-GigabitEthernet0/0/2] quit

# 启用接口的 GARP 功能，并配置接口注册模式
[SwitchA] interface gigabitethernet 0/0/1
[SwitchA-GigabitEthernet0/0/1] garp
[SwitchA-GigabitEthernet0/0/1] garp registration normal
[SwitchA-GigabitEthernet0/0/1] quit
[SwitchA] interface gigabitethernet 0/0/2
[SwitchA-GigabitEthernet0/0/2] garp
[SwitchA-GigabitEthernet0/0/2] garp registration normal
[SwitchA-GigabitEthernet0/0/2] quit
```

配置完成后，在 SwitchA 上使用命令 display garp statistics，查看接口的 GARP 统计信息，其中包括 GARP 状态、GARP 注册失败次数、上一个 GARP 数据单元源 MAC 地址和接口 GARP 注册类型。

```
[SwitchA] display garp statistics
    GARP statistics on port GigabitEthernet0/0/1
    GARP status                                  : Enabled
    GARP registrations failed                    : 0
    GARP last PDU origin                         : 0000-0000-0000
    GARP registration type                       : Normal

    GARP statistics on port GigabitEthernet0/0/2
    GARP status                                  : Enabled
    GARP registrations failed                    : 0
    GARP last PDU origin                         : 0000-0000-0000
    GARP registration type                       : Normal
Info: GARP is disabled on one or multiple ports.
```

8.2.3　生成树协议的配置

生成树协议是交换式以太网中的重要概念和技术，该协议的目的是实现交换机之间冗余连接的同时避免网络环路的出现，实现网络的高可用性。生成树协议通过阻断相应端口来消除网络环路。它在交换机之间传递 BPDU（Bridge Protocol Data Unit，桥接协议数据单元），互相告知诸如交换机的桥 ID、链路开销和根桥 ID 等信息，以确定根桥，从而决定将哪些端口置于转发状态，将哪些端口置于阻断状态，用于消除环路。

在网络规划中出于冗余备份的需要，在设备之间部署多条链路时，可以在网络中部署 STP 协议预防环路，避免广播风暴和 MAC 表项被破坏。配置 STP 如图 8-8 所示。当前网络中设备都运行 STP，通过相互的信息交换发现网络中存在的环路，有选择地对某个端口进行堵塞，将

环形网络结构修剪成无环路的树状网络结构，从而避免网络环路造成的故障。

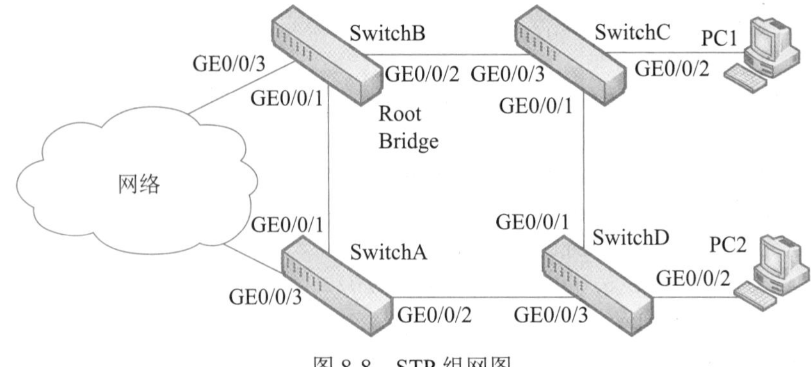

图 8-8　STP 组网图

（1）配置 STP 基本功能。

配置环网中的设备生成树协议工作在 STP 模式。

```
# 配置 SwitchA 的 STP 工作模式，SwitchB、SwitchC、SwitchD 的配置相同
<HUAWEI> system-view
[HUAWEI] sysname SwitchA
[SwitchA] stp mode stp
```

配置根桥和备份根桥设备。

```
# 配置 SwitchA 为根桥
[SwitchA] stp root primary

# 配置 SwitchB 为备份根桥
[SwitchB] stp root secondary
```

配置端口的路径开销值，实现将该端口阻塞。端口路径开销值的取值范围由路径开销计算方法决定，这里选择华为计算方法为例，配置被阻塞端口的路径开销值为 20 000，同一网络内所有交换设备的端口路径开销应使用相同的计算方法。

```
# 配置 SwitchA 的端口路径开销计算方法为华为计算方法，SwitchB、SwitchD 的配置方法相同
[SwitchA] stp pathcost-standard legacy

# 配置 SwitchC 端口 GigabitEthernet0/0/1 的端口路径开销值为 20000
[SwitchC] stp pathcost-standard legacy
[SwitchC] interface gigabitethernet 0/0/1
[SwitchC-GigabitEthernet0/0/1] stp cost 20000
[SwitchC-GigabitEthernet0/0/1] quit
```

启用 STP，实现破除环路，将与 PC 机相连的端口设置为边缘端口并启用端口的 BPDU 报文过滤功能。

```
# 配置 SwitchD 端口 GigabitEthernet0/0/2 为边缘端口并启用端口的 BPDU 报文过滤功能
[SwitchB] interface gigabitethernet 0/0/2
[SwitchB-GigabitEthernet0/0/2] stp edged-port enable
[SwitchB-GigabitEthernet0/0/2] stp bpdu-filter enable
[SwitchB-GigabitEthernet0/0/2] quit

# 配置 SwitchC 端口 GigabitEthernet0/0/2 为边缘端口并启用端口的 BPDU 报文过滤功能
[SwitchC] interface gigabitethernet 0/0/2
[SwitchC-GigabitEthernet0/0/2] stp edged-port enable
[SwitchC-GigabitEthernet0/0/2] stp bpdu-filter enable
[SwitchC-GigabitEthernet0/0/2] quit
```

设备全局启用 STP，所有设备配置相同。

```
# 设备 SwitchA 全局启用 STP
[SwitchA] stp enable
```

（2）检查配置结果。

经过以上配置，在网络计算稳定后，执行以下操作，验证配置结果。在 SwitchA 上执行 display stp brief 命令，查看端口状态和端口的保护类型。

```
[SwitchA] display stp brief
 MSTID  Port                    Role   STP State     Protection
   0    GigabitEthernet0/0/1    DESI   FORWARDING    NONE
   0    GigabitEthernet0/0/2    DESI   FORWARDING    NONE
```

将 SwitchA 配置为根桥后，与 SwitchB、SwitchD 相连的端口 GigabitEthernet0/0/2 和 GigabitEthernet0/0/1 在生成树计算中被选举为指定端口。

在 SwitchD 上执行 display stp interface gigabitethernet 0/0/1 brief 命令，查看端口 GigabitEthernet0/0/1 状态。

```
[SwitchD] display stp interface gigabitethernet 0/0/1 brief
 MSTID  Port                     Role   STP State     Protection
   0    GigabitEthernet0/0/1     DESI   FORWARDING    NONE
```

端口 GigabitEthernet0/0/1 在生成树选举中成为指定端口，处于 Forwarding 状态。

在 SwitchC 上执行 display stp brief 命令，查看端口状态，结果如下：

```
[SwitchC] display stp brief
 MSTID  Port                    Role   STP State     Protection
   0    GigabitEthernet0/0/1    ALTE   DISCARDING    NONE
   0    GigabitEthernet0/0/3    ROOT   FORWARDING    NONE
```

端口GigabitEthernet0/0/3在生成树选举中成为根端口，处于Forwarding状态。端口GigabitEthernet0/0/1在生成树选举中成为Alternate端口，处于Discarding状态。

8.3 路由器的配置

现在市场上路由器的种类繁多、型号各异，但华为的路由器是市场主流产品，具有一定的代表性。本节以华为路由器的配置为例，讲解路由器配置的相关技术和知识。

8.3.1 配置路由器

1. 路由器的命令状态

与交换机的配置类似，路由器的配置操作有3种模式，即用户视图、系统视图和具体业务视图。在用户视图模式下，用户可以完成查看运行状态和统计信息等功能，这些命令对路由器的正常工作没有影响；在系统视图模式下，用户可以配置系统参数以及通过该视图进入其他的功能配置视图；在具体业务视图模式下，用户可以配置接口相关的物理属性、链路层特性及IP地址等重要参数，路由协议的大部分参数也需要在这种模式下配置。

- <Switch>。在交换机正常启动后，用户使用终端仿真软件或Telnet登录交换机，可自动进入用户视图模式，这时用户可以查看路由器的连接状态，访问其他网络和主机，但不能看到和更改路由器的设置内容。
- [Switch]。路由器处于系统视图命令状态。在<Switch>提示符下输入system-view，可进入系统视图状态，这时不仅可以执行所有的用户命令，还可以看到和更改路由器的设置内容。
- [Switch-vlan1]。路由器处于具体业务视图状态，在[Switch]提示符下输入需要配置的业务命令，可进入该状态。退出具体的业务输入quit。
- 在开机自检时，按Ctrl+Break组合键可进入BootROM menu状态，这时路由器不能完成正常的功能，只能进行软件升级和手工引导，在进行路由器口令恢复时要进入该状态。

2. 路由器的基本配置

配置enable口令、enable密码和主机名，在路由器中同样可以配置启用口令（enable password）和启用密码（enable secret），一般情况下只需配置一个就可以，当两者同时配置时，后者生效。这两者的区别是，启用口令以明文显示，而启用密码以密文形式显示。主机名及路由器口令的设置和上一节中对交换机配置主机名及口令的过程相同，这里不再赘述。

配置路由器以太网接口，路由器一般提供一个或多个以太网接口槽，每个槽上会有一个以上以太网接口。以太网接口因此命名为{Ethernet槽位/端口}或{GigabitEthernet槽位/端口}，例如Ethernet0/0、GigabitEthernet 0/0/1，也可缩写为Eth0/0、GE0/0/1。

以AR 3600系列路由器为例，电缆连接如图8-9所示，连接好仿真终端到路由器的Console电缆线，就可以对路由器进行初始的配置工作了。

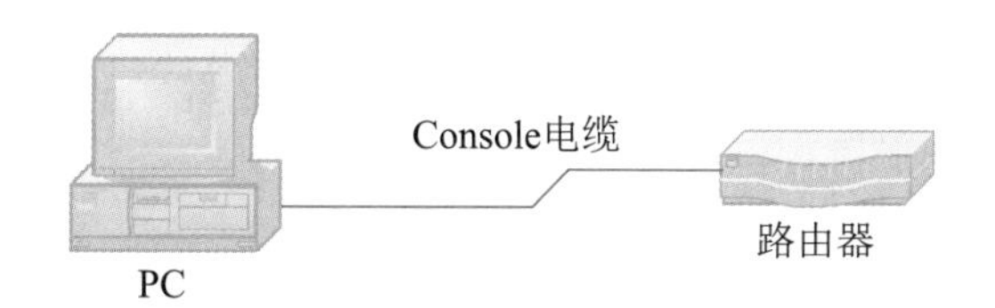

图 8-9　仿真终端与路由器的连接

对以太网接口做如下配置：

```
# 设置系统的日期、时间和时区
<Huawei> clock timezone BJ add 08:00:00
<Huawei> clock datetime 20:10:00 2015-03-26

# 设置设备名称和管理 IP 地址
<Huawei> system-view
[Huawei] sysname Server
[Server] interface gigabitethernet 0/0/0
[Server-GigabitEthernet0/0/0] ip address 10.137.217.177 24
[Server-GigabitEthernet0/0/0] quit

# 设置 Telnet 用户的级别和认证方式
[Server] telnet server enable
[Server] user-interface vty 0 4
[Server-ui-vty0-4] user privilege level 15
[Server-ui-vty0-4] authentication-mode aaa
[Server-ui-vty0-4] quit
[Server] aaa
[Server-aaa] local-user admin1234 password irreversible-cipher
Helloworld@6789
[Server-aaa] local-user admin1234 privilege level 15
[Server-aaa] local-user admin1234 service-type telnet
[Server-aaa] quit
```

3. 配置静态路由

通过配置静态路由，用户可以人为地指定对某一网络访问时所要经过的路径，网络结构比较简单，且一般到达某一网络所经过的路径唯一的情况下采用静态路由。下面通过一个实例介绍设置静态路由、查看路由表的过程，帮助大家理解路由原理及概念。

1）IPv4 静态路由设置

网络拓扑结构如图 8-10 所示，3 台路由器分别命名为 R1、R2、R3，所使用的接口和相应的 IP 地址分配如图 8-10 所示，其中“/24”与“/30”表示子网掩码为 24 位和 30 位。

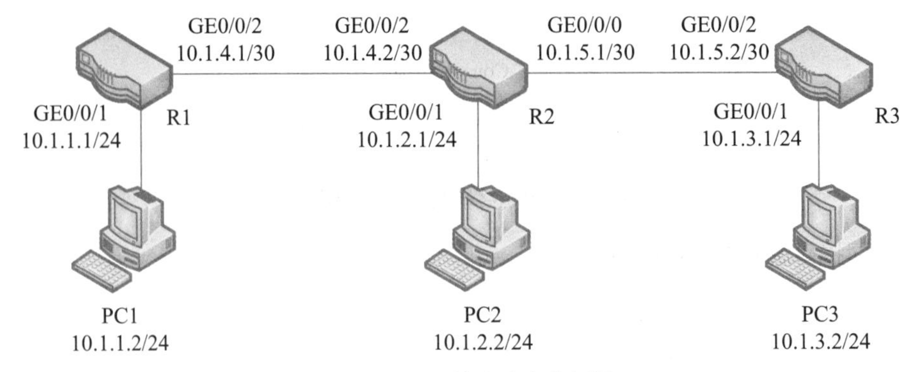

图 8-10 IPv4 静态路由实例图

路由器 R1 配置文件如下。

```
#
interface GigabitEthernet0/0/1                    // 接口视图配置 R1 的接口地址
ip address 10.1.1.1 255.255.255.0
#
interface GigabitEthernet0/0/2
ip address 10.1.4.1 255.255.255.252

#
ip route-static 10.1.2.0 255.255.255.0 10.1.4.2    // 系统视图配置 R1 到不同网
                                                      段的静态路由
ip route-static 10.1.3.0 255.255.255.0 10.1.4.2
#
return
```

路由器 R2 配置文件如下。

```
#
interface GigabitEthernet0/0/1                    // 接口视图配置 R2 的接口地址
ip address 10.1.2.1 255.255.255.0
#
interface GigabitEthernet0/0/2
ip address 10.1.4.2 255.255.255.252
#
interface GigabitEthernet0/0/0
ip address 10.1.5.1 255.255.255.252
#
ip route-static 10.1.1.0 255.255.255.0 10.1.4.1    // 系统视图配置 R2 到不同网
                                                      段的静态路由
ip route-static 10.1.3.0 255.255.255.0 10.1.5.2
```

```
#
return
```

路由器 R3 配置文件如下。

```
#
interface GigabitEthernet0/0/1                    //接口视图配置 R3 的接口地址
ip address 10.1.3.1 255.255.255.0
#
interface GigabitEthernet0/0/2
ip address 10.1.5.2 255.255.255.252
#
ip route-static 10.1.1.0 255.255.255.0 10.1.5.1    //系统视图配置 R3 到不同网
                                                     段的静态路由
ip route-static 10.1.2.0 255.255.255.0 10.1.5.1
#
return
```

通过路由器中配置静态路由以实现路由器 R1、R2、R3 在 IP 层的相互连通性，也就是要求 PC1、PC2、PC3 之间可以相互 ping 通。

首先在 R1 路由器上查看静态路由表的信息，可以看到两条静态路由信息，下一跳都指向 10.1.4.2。

```
<R1>display ip routing-table protocol static
Route Flags: R - relay, D - download to fib
------------------------------------------------------------------------------
Public routing table : Static
    Destinations : 2     Routes : 2       Configured Routes : 2
Static routing table status : <Active>
    Destinations : 2     Routes : 2
Destination/Mask  Proto    Pre Cost   Flags  NextHop    Interface
   10.1.2.0/24    Static    60   0      RD   10.1.4.2   GigabitEthernet0/0/2
   10.1.3.0/24    Static    60   0      RD   10.1.4.2   GigabitEthernet0/0/2
Static routing table status : <Inactive>
       Destinations : 0         Routes : 0
```

接下来在 PC1 的命令行 ping 通终端 PC2，显示如下，结果验证了 PC1 到 PC2 在 IP 层数据可达，其他 PC 间测试相似。

```
PC1>ping 10.1.2.2
Ping 10.1.2.2: 32 data bytes, Press Ctrl_C to break
From 10.1.2.2: bytes=32 seq=1 ttl=126 time=16 ms
From 10.1.2.2: bytes=32 seq=2 ttl=126 time=16 ms
```

```
From 10.1.2.2: bytes=32 seq=3 ttl=126 time=16 ms
From 10.1.2.2: bytes=32 seq=4 ttl=126 time=16 ms
From 10.1.2.2: bytes=32 seq=5 ttl=126 time=16 ms
--- 10.1.2.2 ping statistics ---
  5 packet(s) transmitted
  5 packet(s) received
  0.00% packet loss
  round-trip min/avg/max = 16/16/16 ms
```

2）IPv6 静态路由设置

网络拓扑结构如图 8-11 所示，将两台路由器分别命名为 R1 和 R2。

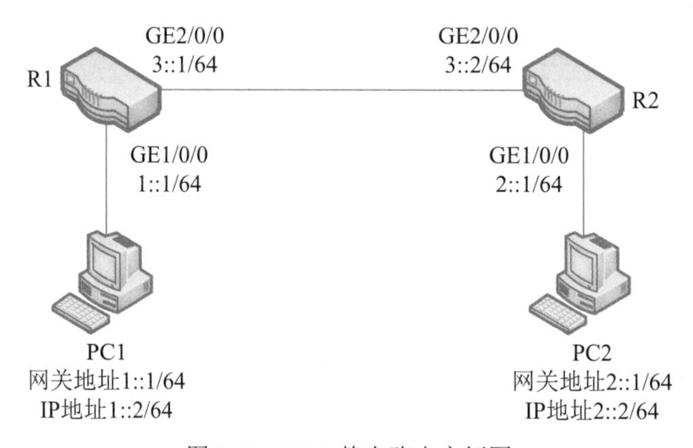

图 8-11　IPv6 静态路由实例图

配置 IPv6 路由协议前，首先应该启用路由设备转发 IPv6 单播报文。在接口下配置关于 IPv6 特性的命令前需要在接口上启用 IPv6 功能。其次，在各主机上配置缺省网关，正确配置各路由器各接口的 IPv6 地址，使网络互通。

R1 的相关配置如下。

```
#
ipv6                                   //启用路由器 IPv6 报文转发能力
#
interface GigabitEthernet1/0/0
ipv6 enable                            //在接口上启用 IPv6 功能
ipv6 address 1::1 64
#
interface GigabitEthernet2/0/0
ipv6 enable
ipv6 address 3::1 64
#
ipv6 route-static 2:: 64 3::2          //配置 R1 到 2::64 网段的静态路由
#
return
```

R2 的相关配置如下。

```
#
ipv6
#
interface GigabitEthernet1/0/0
ipv6 enable
ipv6 address 2::1 64
#
interface GigabitEthernet2/0/0
ipv6 enable
ipv6 address 3::2 64
#
ipv6 route-static 1:: 64 3::1                //配置 R1 到 1::64 网段的静态路由
#
return
```

3）检查配置结果

使用 display ipv6 routing-table 命令查看路由器的 IP 路由表。

使用 ping ipv6 命令验证连通性，要求从 PC1 可以 ping 通 PC2。

8.3.2　配置RIP协议

1. RIP 协议的配置

RIP 是距离矢量路由选择协议的一种。路由器收集所有可到达目的地的不同路径，并且保存有关到达每个目的地的最少站点数的路径信息，除到达目的地的最佳路径外，任何其他信息均予以丢弃。同时，路由器也把所收集的路由信息用 RIP 协议通知相邻的其他路由器。这样，正确的路由信息逐渐扩散到了全网。

RIP 使用非常广泛，它简单、可靠，便于配置。RIP 版本 2 还支持无类域间路由（Classless Inter-Domain Routing，CIDR）、可变长子网掩码（Variable Length Subnetwork Mask，VLSM）和不连续的子网，并且使用组播地址发送路由信息。但是 RIP 只适用于小型的同构网络，因为它允许的最大跳数为 15，任何超过 15 个站点的目的地均被标记为不可达。RIP 每隔 30s 广播一次路由信息。

RIP 应用于 OSI 网络七层模型的应用层。各厂家定义的管理距离（AD，即优先级）略有不同，华为定义的优先级是 100。

RIP 的相关命令如表 8-2 所示。

表 8-2　RIP 的相关命令

命令	功能	命令	功能
rip [*process-id*]	进入 RIP 视图	display rip 1 route	查看路由表信息
version 2	指定 RIP 版本 2	display rip route	查看 RIP 协议的路由信息
network *network*	指定与该路由器相连的网络	display rip interface	查看 RIP 接口信息

假设有如图 8-12 所示的网络拓扑结构，试通过配置 RIP 协议使全网连通。

```
# 配置路由器 R1 接口的 IP 地址
[R1] interface gigabitethernet 0/0/1
[R1-GigabitEthernet0/0/2] ip address 192.168.1.1 24
```

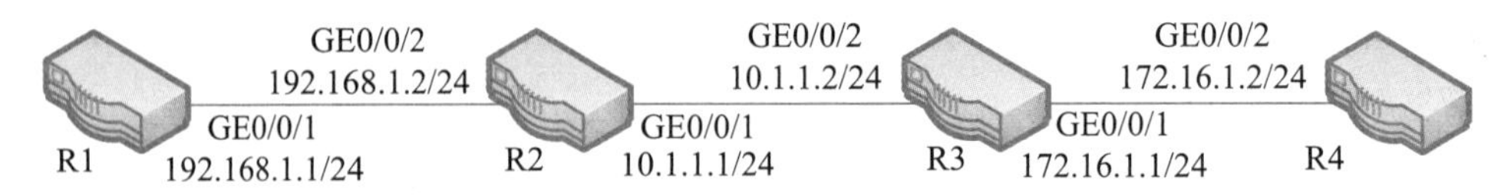

图 8-12 RIP 协议配置拓扑图

R2、R3 和 R4 的配置与 R1 的配置相似。

```
# 配置路由器 R1 的 RIP 功能
[R1] rip
[R1-rip-1] network 192.168.1.0
[R1-rip-1] quit

# 配置路由器 R2 的 RIP 功能
[R2] rip
[R2-rip-1] network 192.168.1.0
[R2-rip-1] network 10.0.0.0
[R2-rip-1] quit

# 配置路由器 R3 的 RIP 功能
[R3] rip
[R3-rip-1] network 10.0.0.0
[R3-rip-1] network 172.16.0.0
[R3-rip-1] quit

# 配置路由器 R4 的 RIP 功能
[R4] rip
[R4-rip-1] network 172.16.0.0
[R4-rip-1] quit

# 查看路由器 R1 的 RIP 路由表
[R1] display rip 1 route
 Route Flags: R - RIP
           A - Aging, S - Suppressed, G - Garbage-collect
----------------------------------------------------------------------------
 Peer 192.168.1.2  on GigabitEthernet0/0/1
```

```
      Destination/Mask          Nexthop       Cost    Tag      Flags      Sec
        10.0.0.0/8            192.168.1.2      1       0         RA        1
        172.16.0.0/16         192.168.1.2      2       0         RA        1
```

从路由表中可以看出，RIP-1 发布的路由信息使用的是自然掩码。

分别在路由器 R1、R2、R3、R4 配置 RIP-2，在路由器 R1 上配置如下，其他路由器上配置方法相同。

```
# 在路由器 R1 上配置 RIP-2
[R1] rip
[R1-rip-1] version 2
[R1-rip-1] quit

# 查看路由器 R1 的 RIP 路由表
[R1] display rip 1 route
  Route Flags: R - RIP
                A - Aging, S - Suppressed, G - Garbage-collect
-------------------------------------------------------------------------
 Peer 192.168.1.2 on GigabitEthernet0/0/1
      Destination/Mask          Nexthop       Cost    Tag      Flags      Sec
        10.1.1.0/24           192.168.1.2      1       0         RA        4
        172.16.1.0/24         192.168.1.2      2       0         RA        4
```

从路由表中可以看出，RIP-2 发布的路由中带有更为精确的子网掩码信息。

2. RIP 与 BFD 联动

双向转发检测（Bidirectional Forwarding Detection，BFD）是一种用于检测邻居路由器之间链路故障的检测机制，它通常与路由协议联动，通过快速感知链路故障并通告，使得路由协议能够快速地重新收敛，从而减少由于拓扑变化导致的流量丢失。

假设有如图 8-13 所示的网络拓扑结构，在网络中有 4 台路由器通过 RIP 协议实现网络互通。其中业务流量经过主链路 R1---R2---R3 进行传输。要求提高 R1---R2 数据转发的可靠性，当主链路发生故障时，业务流量会快速切换到另一条路径进行传输。

```
# 配置路由器 R1 接口的 IP 地址
[R1] interface gigabitethernet 0/0/1
[R1-GigabitEthernet0/0/1] ip address 192.168.1.2 24
[R1-GigabitEthernet0/0/1] quit
[R1] interface gigabitethernet 0/0/2
[R1-GigabitEthernet0/0/2] ip address 192.168.2.2 24
[R1-GigabitEthernet0/0/2] quit
```

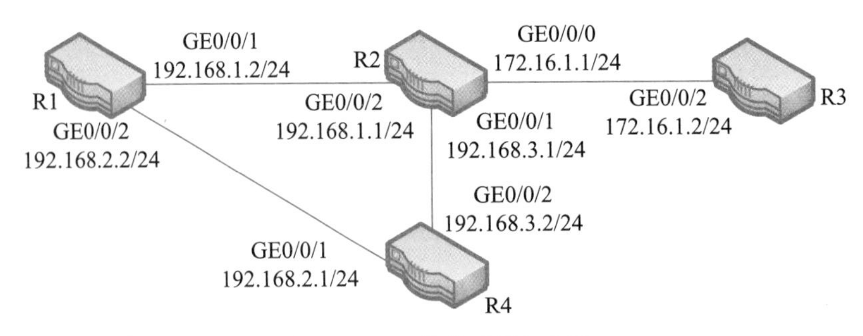

图 8-13 RIP 协议配置拓扑图

```
# 配置路由器 R1 的 RIP 的基本功能
[R1] rip 1
[R1-rip-1] version 2
[R1-rip-1] network 192.168.1.0
[R1-rip-1] network 192.168.2.0
[R1-rip-1] quit
```

路由器 R2、R3 和 R4 的配置与路由器 R1 相似。

```
# 查看路由器 R1、R2 以及路由器 R4 之间已经建立的邻居关系，以路由器 R1 的显示为例
[R1]dis rip 1 neighbor
---------------------------------------------------------------------------
 IP Address      Interface                   Type   Last-Heard-Time
---------------------------------------------------------------------------
 192.168.1.1     GigabitEthernet0/0/1         RIP     0:0:20
 Number of RIP routes   : 1
 192.168.2.1     GigabitEthernet0/0/2         RIP     0:0:12
 Number of RIP routes   : 1

# 查看完成配置的路由器之间互相引入的路由信息，以路由器 R1 的显示为例
Route Flags: R - relay, D - download to fib
---------------------------------------------------------------------------
Routing Tables: Public
         Destinations : 12       Routes : 13
Destination/Mask   Proto   Pre  Cost  Flags  NextHop      Interface
127.0.0.0/8        Direct   0    0      D   127.0.0.1    InLoopBack0
127.0.0.1/32       Direct   0    0      D   127.0.0.1    InLoopBack0
127.255.255.255/32 Direct   0    0      D   127.0.0.1    InLoopBack0
172.16.1.0/24      RIP     100   1      D   192.168.1.1 GigabitEthernet0/0/1
192.168.1.0/24     Direct   0    0      D   192.168.1.2 GigabitEthernet0/0/1
192.168.1.2/32     Direct   0    0      D   127.0.0.1    GigabitEthernet0/0/1
192.168.1.255/32   Direct   0    0      D   127.0.0.1    GigabitEthernet0/0/1
```

```
192.168.2.0/24      Direct   0     0       D 192.168.2.2   GigabitEthernet0/0/2
192.168.2.2/32      Direct   0     0       D 127.0.0.1     GigabitEthernet0/0/2
192.168.2.255/32    Direct   0     0       D 127.0.0.1     GigabitEthernet0/0/2
192.168.3.0/24      RIP      100   1       D 192.168.1.1   GigabitEthernet0/0/1
                    RIP      100   1       D 192.168.2.1   GigabitEthernet0/0/2
255.255.255.255/32 Direct    0     0       D 127.0.0.1     InLoopBack0
```

由路由表看到，去往目的地 172.16.1.0/24 的下一跳地址是 192.168.1.1，接口是 GigabitEthernet0/0/1，流量在主链路路由器 R1---R2 上进行传输。

```
# 配置路由器 R1 上所有接口的 BFD 特性，R2 的配置与此相配
[R1] bfd
[R1-bfd] quit
[R1] rip 1
[R1-rip-1] bfd all-interfaces enable      // 启用 bfd 功能，并配置最小发送、时间间
                                             隔和检测时间倍数等
[R1-rip-1] bfd all-interfaces min-rx-interval 100 min-tx-interval 100
detect-multiplier 10
[R1-rip-1] quit

# 完成上述配置之后，在路由器 R1 上执行命令 display rip bfd session，看到路由器 R1 与
  R2 之间已经建立起 BFD 会话，BFDState 字段显示为 Up，以路由器 R1 的显示为例

[R1]dis rip 1 bfd session all
 LocalIp         :192.168.1.2      RemoteIp   :192.168.1.1      BFDState   :Up
 TX              :100              RX         :100              Multiplier:10
 BFD Local Dis :8192               Interface :GigabitEthernet0/0/1
 Diagnostic Info:No diagnostic information
 LocalIp         :192.168.2.2      RemoteIp   :192.168.2.1      BFDState   :Down
 TX              :10000            RX         :10000            Multiplier:0
 BFD Local Dis :8193               Interface :GigabitEthernet0/0/2
 Diagnostic Info:No diagnostic information
```

查验配置结果：

```
# 在路由器 R2 的接口 GigabitEthernet0/0/2 上执行 shutdown 命令，模拟链路故障
[R2] interface gigabitethernet 0/0/2
[R2-GigabitEthernet0/0/2] shutdown

# 查看 R1 的 BFD 会话信息，可以看到路由器 R1 及 R2 之间不存在 BFD 会话信息

[R1]dis rip 1 bfd session all
 LocalIp         :192.168.2.2      RemoteIp   :192.168.2.1      BFDState   :Down
```

```
 TX              :10000           RX       :10000         Multiplier:0
 BFD Local Dis :8193              Interface :GigabitEthernet0/0/2
 Diagnostic Info:No diagnostic information
```

```
# 查看 R1 的路由表
[R1]dis ip routing-table
Route Flags: R - relay, D - download to fib
------------------------------------------------------------------------------
Routing Tables: Public
        Destinations : 9        Routes : 9
Destination/Mask   Proto  Pre  Cost  Flags  NextHop      Interface
127.0.0.0/8        Direct  0    0      D    127.0.0.1    InLoopBack0
127.0.0.1/32       Direct  0    0      D    127.0.0.1    InLoopBack0
127.255.255.255/32 Direct  0    0      D    127.0.0.1    InLoopBack0
172.16.1.0/24      RIP    100   2      D    192.168.2.1  GigabitEthernet0/0/2
192.168.2.0/24     Direct  0    0      D    192.168.2.2  GigabitEthernet0/0/2
192.168.2.2/32     Direct  0    0      D    127.0.0.1    GigabitEthernet0/0/2
192.168.2.255/32   Direct  0    0      D    127.0.0.1    GigabitEthernet0/0/2
192.168.3.0/24     RIP    100   1      D    192.168.2.1  GigabitEthernet0/0/2
255.255.255.255/32 Direct  0    0      D    127.0.0.1    InLoopBack0
```

由路由表可以看出，在主链路发生故障之后备份链路R1---R4---R2被启用，去往172.16.1.0/24的路由下一跳地址是192.168.2.1，出接口为GigabitEthernet0/0/2。

8.3.3 配置OSPF协议

开放最短路径优先协议是重要的路由选择协议，它是一种链路状态路由选择协议，是由Internet工程任务组开发的内部网关路由协议，用于在单一自治系统内决策路由。

链路是路由器接口的另一种说法，因此，OSPF也称为接口状态路由协议。OSPF通过路由器之间通告网络接口的状态来建立链路状态数据库，生成最短路径树，每个OSPF路由器使用这些最短路径构造路由表。下面分别介绍OSPF协议的相关要点。

（1）自治系统。自治系统包括一个单独管理实体下所控制的一组路由器，OSPF是内部网关路由协议，工作于自治系统内部。

（2）链路状态。所谓链路状态，是指路由器接口的状态，例如Up、Down、IP地址、网络类型、链路开销以及路由器和它邻接路由器间的关系。链路状态信息通过链路状态通告（Link State Advertisement，LSA）扩散到网络上的每台路由器，每台路由器根据LSA信息建立一个关于网络的拓扑数据库。

（3）最短路径优先算法。OSPF协议使用最短路径优先算法，利用从LSA通告得来的信息计算到达每一个目标网络的最短路径，以自身为根生成一棵树，包含了到达每个目的网络的完整路径。

（4）路由器标识。OSPF 的路由器标识是一个 32 位的数字，它在自治系统中被用来唯一地识别路由器。默认使用最高回送地址，若回送地址没有被配置，则使用物理接口上最高的 IP 地址作为路由器标识。

（5）邻居和邻接。OSPF 在相邻路由器间建立邻接关系，使它们交换路由信息。邻居是指共享同一网络的路由器，并使用 Hello 包来建立和维护邻居路由器间的邻接关系。

（6）区域。在 OSPF 网络中使用区域（Area）为自治系统分段。OSPF 是一种层次化的路由选择协议，区域 0 是一个 OSPF 网络中必须具有的区域，也称为主干区域，其他所有区域要求通过区域 0 互连到一起。

OSPF 的相关命令及说明如表 8-3 所示，参照图 8-14 所示的网络拓扑图来配置 OSPF 协议。配置过程具体如下。

```
# 配置 R1 路由器接口的 IP 地址
<Huawei> system-view
[Huawei] sysname R1
[R1] interface gigabitethernet 0/0/1
[R1-GigabitEthernet0/0/1] ip address 192.168.1.1 24
[R1-GigabitEthernet0/0/1] quit
[R1] interface gigabitethernet 0/0/2
[R1-GigabitEthernet0/0/2] ip address 192.168.2.1 24
[R1-GigabitEthernet0/0/2] quit

# 在路由器 R1 上配置 OSPF 基本功能
[R1] router id 1.1.1.1
[R1] ospf
[R1-ospf-1] area 0
[R1-ospf-1-area-0.0.0.0] network 192.168.1.0 0.0.0.255
[R1-ospf-1-area-0.0.0.0] quit
[R1-ospf-1] area 1
[R1-ospf-1-area-0.0.0.1] network 192.168.2.0 0.0.0.255
[R1-ospf-1-area-0.0.0.1] quit
[R1-ospf-1] quit
```

表 8-3　OSPF 的相关命令

命令	功能
ospf[*process-id*|router-id *router-id*|vpn-instance *vpn-instance-name*]	启动 OSPF 进程，进入 OSPF 视图
area *area-id*	创建并进入 OSPF 区域视图
network *ip-address wildcard-mask*	配置区域所包含的网段
display ospf peer	查看 OSPF 邻居信息
display ospf routing	查看 OSPF 路由信息

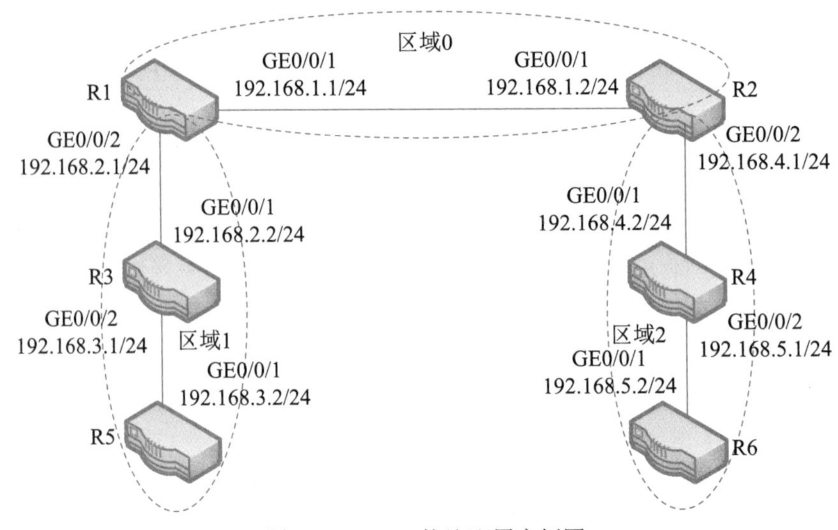

图 8-14　OSPF 协议配置实例图

```
# 路由器 R2、R3、R4、R5 和 R6 的配置与路由器 R1 相似
# 在路由器 R1 上查看路由表
<R1>dis ip rout
Route Flags: R - relay, D - download to fib
------------------------------------------------------------------------------
Routing Tables: Public
         Destinations : 13        Routes : 13
Destination/Mask     Proto   Pre Cost Flags  NextHop       Interface
127.0.0.0/8          Direct   0    0     D   127.0.0.1     InLoopBack0
127.0.0.1/32         Direct   0    0     D   127.0.0.1     InLoopBack0
127.255.255.255/32   Direct   0    0     D   127.0.0.1     InLoopBack0
192.168.1.0/24       Direct   0    0     D   192.168.1.1   GigabitEthernet0/0/1
192.168.1.1/32       Direct   0    0     D   127.0.0.1     GigabitEthernet0/0/1
192.168.1.255/32     Direct   0    0     D   127.0.0.1     GigabitEthernet0/0/1
192.168.2.0/24       Direct   0    0     D   192.168.2.1   GigabitEthernet0/0/2
192.168.2.1/32       Direct   0    0     D   127.0.0.1     GigabitEthernet0/0/2
192.168.2.255/32     Direct   0    0     D   127.0.0.1     GigabitEthernet0/0/2
192.168.3.0/24       OSPF     10   2     D   192.168.2.2   GigabitEthernet0/0/2
192.168.4.0/24       OSPF     10   2     D   192.168.1.2   GigabitEthernet0/0/1
192.168.5.0/24       OSPF     10   3     D   192.168.1.2   GigabitEthernet0/0/1
255.255.255.255/32   Direct   0    0     D   127.0.0.1     InLoopBack0
```

从路由器 R1 的路由表上可以看出，已经学到了全部的路由。

```
# 在 R5 上使用 ping 命令测试路由器 R5 与路由器 R6 之间的连通性
```

```
<R5>ping -a 192.168.3.2 192.168.5.2
  PING 192.168.5.2: 56  data bytes, press CTRL_C to break
    Reply from 192.168.5.2: bytes=56 Sequence=1 ttl=251 time=30 ms
    Reply from 192.168.5.2: bytes=56 Sequence=2 ttl=251 time=50 ms
    Reply from 192.168.5.2: bytes=56 Sequence=3 ttl=251 time=40 ms
    Reply from 192.168.5.2: bytes=56 Sequence=4 ttl=251 time=30 ms
    Reply from 192.168.5.2: bytes=56 Sequence=5 ttl=251 time=40 ms

  --- 192.168.5.2 ping statistics ---
    5 packet(s) transmitted
    5 packet(s) received
    0.00% packet loss
    round-trip min/avg/max = 30/38/50 ms

# 查看路由器 R1 的 OSPF 邻居
<R1> display ospf peer
    OSPF Process 1 with Router ID 1.1.1.1
          Neighbors
 Area 0.0.0.0 interface 192.168.1.1(GigabitEthernet0/0/1)' s neighbors
 Router ID: 2.2.2.2           Address: 192.168.1.2
   State: Full  Mode:Nbr is  Master  Priority: 1
   DR: 192.168.1.1  BDR: 192.168.1.2  MTU: 0
   Dead timer due in 32  sec
   Retrans timer interval: 5
   Neighbor is up for 01:06:23
   Authentication Sequence: [ 0 ]
          Neighbors
 Area 0.0.0.1 interface 192.168.2.1(GigabitEthernet0/0/2)' s neighbors
 Router ID: 3.3.3.3           Address: 192.168.2.2
   State: Full  Mode:Nbr is  Master  Priority: 1
   DR: 192.168.2.1  BDR: 192.168.2.2  MTU: 0
   Dead timer due in 28  sec
   Retrans timer interval: 5

# 显示路由器 R1 的 OSPF 路由信息
<R1>display ospf routing
    OSPF Process 1 with Router ID 1.1.1.1
          Routing Tables
 Routing for Network
 Destination        Cost     Type          NextHop        AdvRouter        Area
 192.168.1.0/24       1      Transit       192.168.1.1      1.1.1.1        0.0.0.0
```

```
192.168.2.0/24     1     Transit      192.168.2.1     1.1.1.1        0.0.0.1
192.168.3.0/24     2     Transit      192.168.2.2     3.3.3.3        0.0.0.1
192.168.4.0/24     2     Inter-area   192.168.1.2     2.2.2.2        0.0.0.0
192.168.5.0/24     3     Inter-area   192.168.1.2     2.2.2.2        0.0.0.0
Total Nets: 5
Intra Area: 3  Inter Area: 2  ASE: 0  NSSA: 0
```

8.3.4 配置BGP协议

边界网关协议（Border Gateway Protocol，BGP）是一种实现自治系统（Autonomous System，AS）之间的路由可达，并选择最佳路由的距离矢量路由协议。它具有以下特点：

（1）实现自治系统间通信网络的信息可达，BGP允许一个AS向其他AS通告其内部网络的可达性信息，或者是通过该AS可达的其他网络的路由信息。

（2）多个BGP路由器之间的协调，如果在一个自治系统内部有多个路由器分别使用BGP与其他自治系统中对等路由器进行通信，则通过协调使这些路由器保持路由信息的一致性。

（3）BGP支持基于策略的路径选择，可以为域内和域间的网络可达性配置不同的策略。

（4）BGP只需要在启动时交换一次完整信息，不需要在所有路由更新报文中传送完整的路由数据库信息，后续的路由更新报文只通告网络的变化信息，避免网络变化使得信息量急剧增加。

（5）在BGP通告目的网络的可达性信息时，除了处理指定目的网络的下一跳信息之外，通告中还包括了AS_PATH，即去往该目的网络时需要经过的AS的列表，使接收者能够清楚了解去往目的网络的通路信息。

除了以上这些，BGP还允许发送方把路由信息聚集在一起，用一个条目来表示多个相关的目的网络，以节约网络带宽。允许接收方对报文进行鉴别，以验证发送方的身份。

BGP在不同自治系统（AS）之间进行路由转发，分为EBGP和IBGP两种情况。EBGP（外部边界网关协议）用于在不同的自治系统间交换路由信息，IBGP（内部边界网关协议）用于向内部路由器提供更多信息。

BGP的相关命令及说明如表8-4所示，参照图8-15所示的网络拓扑图配置BGP协议使全网连通，R1、R2之间建立EBGP连接，R2、R3和R4之间建立IBGP连接。

```
# 配置各接口的 IP 地址，配置 R1，其他路由器各接口的 IP 地址与此配置一致
<R1> system-view
[R1] interface gigabitethernet 1/0/0
[R1-GigabitEthernet1/0/0] ip address 172.16.60.1
[R1-GigabitEthernet1/0/0] quit

# 配置 IBGP 连接，配置 R2、R3、R4
[R2] bgp 65009
[R2-bgp] router-id 2.2.2.2
```

```
[R2-bgp] peer 9.1.1.2 as-number 65009
[R2-bgp] peer 9.1.3.2 as-number 65009

[R3] bgp 65009
[R3-bgp] router-id 3.3.3.3
[R3-bgp] peer 9.1.3.1 as-number 65009
[R3-bgp] peer 9.1.2.2 as-number 65009
[R3-bgp] quit
[R4] bgp 65009
[R4-bgp] router-id 4.4.4.4
[R4-bgp] peer 9.1.1.1 as-number 65009
[R4-bgp] peer 9.1.2.1 as-number 65009
[R4-bgp] quit

# 配置 EBGP 连接，配置 R1、R2
[R1] bgp 65008
[R1-bgp] router-id 1.1.1.1
[R1-bgp] peer 59.74.112.1 as-number 65009

[R2-bgp] peer 59.74.112.2 as-number 65008

# 查看 BGP 对等体的连接状态
[R2-bgp] display bgp peer
 BGP local router ID : 2.2.2.2
 Local AS number : 65009
 Total number of peers : 3                Peers in established state : 3
   Peer          V    AS    MsgRcvd  MsgSent  OutQ   Up/Down      State     PrefRcv
172.16.10.2      4   65009    49       62       0   00:44:58   Established    0
172.16.30.2      4   65009    56       56       0   00:40:54   Established    0
59.74.112.2      4   65008    49       65       0   00:44:03   Established    1
```

表 8-4　BGP 的相关命令

命令	功能
bgp{*as-number-plain*|*as-number-dot*}	启动 BGP，指定本地 AS 编号，并进入 BGP 视图
router-id *ipv4-address*	配置 BGP 的 Router ID
peer{*ipv4-address*|*ipv6-address*}as-number{*as-number-plain*|*as-number-dot*}	创建 BGP 对等体
ipv4-family{unicast|multicast}	进入 IPv4 地址族视图
import-route direct	管理 IP 所在的网段路由，并引入 RIP 路由表

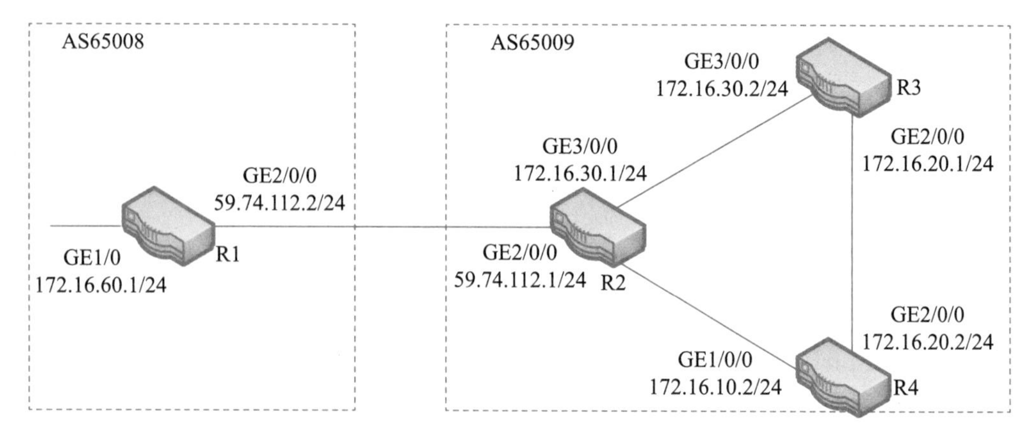

图 8-15　BGP 协议配置实例图

可以看出，R2 到其他路由器的 BGP 连接均已建立。

```
# 配置 R1 发布路由 172.16.60.0/24
[R1-bgp] ipv4-family unicast
[R1-bgp-af-ipv4] network 172.16.60.0 255.255.255.0
[R1-bgp-af-ipv4] quit
```

```
# 查看 R1 的 BGP 路由信息
[R1-bgp] display bgp routing-table
 BGP Local router ID is 1.1.1.1
 Status codes: * - valid, > - best, d - damped,
               h - history,  i - internal, s - suppressed, S - Stale
               Origin : i - IGP, e - EGP, ? - incomplete
 Total Number of Routes: 1
      Network          NextHop        MED        LocPrf    PrefVal Path/Ogn
 *>   172.16.60.0      0.0.0.0         0                      0       i
```

```
# 查看 R2 的 BGP 路由信息
[R2-bgp] display bgp routing-table
 BGP Local router ID is 2.2.2.2
 Status codes: * - valid, > - best, d - damped,
               h - history,  i - internal, s - suppressed, S - Stale
               Origin : i - IGP, e - EGP, ? - incomplete
 Total Number of Routes: 1
      Network          NextHop        MED      LocPrf      PrefVal    Path/Ogn
 *>   172.16.60.0    59.74.112.2     0                        0         65008i
```

\# 查看 R3 的 BGP 路由信息

```
[R3] display bgp routing-table
 BGP Local router ID is 3.3.3.3
 Status codes: * - valid, > - best, d - damped,
               h - history,  i - internal, s - suppressed, S - Stale
               Origin : i - IGP, e - EGP, ? - incomplete
 Total Number of Routes: 1
        Network         NextHop        MED       LocPrf     PrefVal    Path/Ogn
   i  172.16.60.0     59.74.112.2      0         100          0         65008i
```

从路由表可以看出，R3虽然学到了AS65008中的172.16.60.0的路由，但因为下一跳59.74.112.2不可达，所以不是有效路由。

```
# 配置 BGP 引入直连路由，配置 R2
[R2-bgp] ipv4-family unicast
[R2-bgp-af-ipv4] import-route direct

# 查看 R1 的 BGP 路由表
[R1-bgp] display bgp routing-table
 BGP Local router ID is 1.1.1.1
 Status codes: * - valid, > - best, d - damped,
               h - history,  i - internal, s - suppressed, S - Stale
               Origin : i - IGP, e - EGP, ? - incomplete
 Total Number of Routes: 4
       Network            NextHop        MED       LocPrf     PrefVal   Path/Ogn
 *>   172.16.60.0         0.0.0.0        0                      0        i
 *>   172.16.10.0/24      59.74.112.1    0                      0        65009?
 *>   172.16.30.0/24      59.74.112.1    0                      0        65009?
      59.74.112.0         59.74.112.1    0                      0        65009?

# 查看 R3 的路由表
[R3] display bgp routing-table
 BGP Local router ID is 3.3.3.3
 Status codes: * - valid, > - best, d - damped,
               h - history,  i - internal, s - suppressed, S - Stale
               Origin : i - IGP, e - EGP, ? - incomplete
 Total Number of Routes: 4
      Network             NextHop        MED      LocPrf     PrefVal     Path/Ogn
 *>i  172.16.60.0         59.74.112.2     0        100         0          65008i
 *>i  172.16.10.0/24      172.16.30.1     0        100         0          ?
   i  172.16.30.0/24      172.16.30.1     0        100         0          ?
 *>i  59.74.112.0         172.16.30.1     0        100         0          ?
```

可以看出，到172.16.60.0的路由变为有效路由，下一跳为R1的地址。

```
# 使用ping进行网络连通性检查
[R3] ping 172.16.60.1
  PING 172.16.60.1: 56  data bytes, press CTRL_C to break
    Reply from 172.16.60.1: bytes=56 Sequence=1 ttl=254 time=23ms
    Reply from 172.16.60.1: bytes=56 Sequence=2 ttl=254 time=56ms
    Reply from 172.16.60.1: bytes=56 Sequence=3 ttl=254 time=36ms
    Reply from 172.16.60.1: bytes=56 Sequence=4 ttl=254 time=14ms
    Reply from 172.16.60.1: bytes=56 Sequence=5 ttl=254 time=46ms

  ---172.16.60.1 ping statistics ---
    5 packet(s) transmitted
    5 packet(s) received
    0.00% packet loss
    round-trip min/avg/max = 14/35/56 ms
```

8.4 IPSec的配置

8.4.1 IPSec实现的工作流程

IPSec实现的VPN有多种方式，本节介绍通过IKE协商方式建立IPSec隧道的配置。IKE动态协商方式是由ACL来指定要保护的数据流范围，配置安全策略并将安全策略绑定在实际的接口上来完成IPSec的配置。具体方法是通过ACL规则筛选出需要进入IPSec隧道的报文，规则允许（permit）的报文将被保护，规则拒绝（deny）的报文将不被保护。这种方式可以利用ACL配置的灵活性，根据IP地址、端口、协议类型等对报文进行过滤进而灵活制定安全策略，对于中大型网络，一般使用IKE协商建立SA。

1. 为IPSec做准备

在采用ACL方式建立IPSec隧道之前，实现源接口和目的接口之间路由可达。如果要配置基于ACL的GRE over IPSec，则需要创建一个Tunnel接口并配置该接口为GRE类型，配置源IP、目的IP和IP地址。其中，源IP为网关出接口的IP地址，目的IP为对端网关出接口的IP地址，并将Tunnel接口加入安全区域。

2. 定义需要保护的数据

IPSec能够对一个或多个数据流进行安全保护，ACL方式建立IPSec隧道采用ACL来指定需要IPSec保护的数据流。实际应用中，首先需要通过配置ACL的规则定义数据流范围，再在IPSec安全策略中引用该ACL，从而起到保护该数据流的作用。一个IPSec安全策略中只能引用一个ACL。

3. 配置 IPSec 安全提议

IPSec 安全提议是安全策略或者安全框架的一个组成部分，它包括 IPSec 使用的安全协议、认证 / 加密算法以及数据的封装模式，定义了 IPSec 的保护方法，为 IPSec 协商 SA 提供各种安全参数。IPSec 隧道两端设备需要配置相同的安全参数。

（1）通过命令 ipsec proposal proposal-name，创建 IPSec 安全提议并进入 IPSec 安全提议视图。

（2）通过命令 transform{ah|esp|ah-esp}，配置安全协议，默认情况下，IPSec 安全提议采用 ESP 协议。

（3）配置安全协议的认证 / 加密算法。例如，通过命令 ah authentication-algorithm{md5|sha1|sha2-256|sha2-384|sha2-512|sm3}，设置 AH 协议采用的认证算法。默认情况下，AH 协议采用 SHA2-256 认证算法。

（4）通过命令 encapsulation-mode {transport|tunnel}，选择安全协议对数据的封装模式，默认情况下，安全协议对数据的封装模式采用隧道模式。

4. 配置 IPSec 安全策略

IPSec 安全策略是创建 SA 的前提，它规定了对哪些数据流采用哪种保护方法。配置 IPSec 安全策略时，通过引用 ACL 和 IPSec 安全提议，将 ACL 定义的数据流和 IPSec 安全提议定义的保护方法关联起来，并可以指定 SA 的协商方式、IPSec 隧道的起点和终点、所需要的密钥和 SA 的生存周期等。一个 IPSec 安全策略由名称和序号共同唯一确定，相同名称的 IPSec 安全策略为一个 IPSec 安全策略组。

ISAKMP 方式 IPSec 安全策略适用于对端 IP 地址固定的场景，ISAKMP 方式 IPSec 安全策略直接在 IPSec 安全策略视图中定义需要协商的各参数，协商发起方和响应方参数必须配置相同。

5. 接口上应用 IPSec 安全策略组

为使接口能对数据流进行 IPSec 保护，需要在该接口上应用一个 IPSec 安全策略组。当取消 IPSec 安全策略组在接口上的应用后，此接口便不再具有 IPSec 的保护功能。IPSec 安全策略组是所有具有相同名称、不同序号的 IPSec 安全策略的集合。

接口上应用 IPSec 安全策略组的配置原则如下：

（1）IPSec 安全策略应用到的接口一定是建立隧道的接口，且该接口一定是到对端私网路由的出接口。如果将 IPSec 安全策略应用到其他接口会导致 VPN 业务不通。

（2）一个接口只能应用一个 IPSec 安全策略组，一个 IPSec 安全策略组也只能应用到一个接口上。

（3）当 IPSec 安全策略组应用于接口后，不能修改该安全策略组下安全策略的引用的 ACL、引用的 IKE。

6. 测试和验证 IPSec

该任务涉及使用 display ipsec global config、ping 和相关的命令来测试和验证 IPSec 加密工作是否正常，并为之排除故障。

8.4.2 IPSec的配置示例

某公司由总部和分支机构构成，通过 IPSec 实现网络安全，具体网络拓扑结构和主路由器及分支路由器上的配置如下。

1. 网络拓扑

该公司的网络结构如图 8-16 所示。

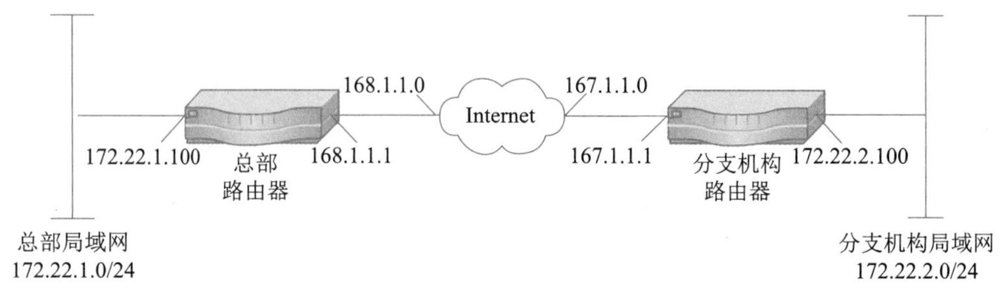

图 8-16 网络结构图

2. 配置与测试

总部路由器和分支机构路由器之间的地址分配如表 8-5 所示。

表 8-5 路由器地址分配表

地址规划	总部	分支机构
内部网段网号	172.22.1.0	172.22.2.0
因特网段网号	168.1.1.0	167.1.1.0
路由器内部端口 IP 地址	172.22.1.100	172.22.2.100
路由器 Internet 端口 IP 地址	168.1.1.1	167.1.1.1

两端路由器配置分别如下。

（1）分别在总部路由器 R1 和分支机构路由器 R2 上配置接口地址和静态路由。

```
<Huawei> system-view
[Huawei] sysname R1
[R1] interface gigabitethernet 1/0/0
[R1-GigabitEthernet1/0/0] ip address 168.1.1.1 255.255.255.0
[R1-GigabitEthernet1/0/0] quit
[R1] interface gigabitethernet 2/0/0
[R1-GigabitEthernet2/0/0] ip address 172.22.1.100 255.255.255.0
[R1-GigabitEthernet2/0/0] quit
[R1] ip route-static 167.1.1.1 255.255.255.0 168.1.1.2      （到对端下一跳的地
```

```
址是 168.1.1.2）
[R1] ip route-static 172.22.2.0 255.255.255.0 168.1.1.2

<Huawei> system-view
[Huawei] sysname R2
[R2] interface gigabitethernet 1/0/0
[R2-GigabitEthernet1/0/0] ip address 167.1.1.1 255.255.255.0
[R2-GigabitEthernet1/0/0] quit
[R2] interface gigabitethernet 2/0/0
[R2-GigabitEthernet2/0/0] ip address 172.22.2.100 255.255.255.0
[R2-GigabitEthernet2/0/0] quit
[R2] ip route-static 168.1.1.0 255.255.255.0 167.1.1.2      （到对端下一跳的
地址是 167.1.1.2）
[R2] ip route-static 172.22.1.0 255.255.255.0 167.1.1.2
```

（2）分别在 R1 和 R2 上配置 ACL，定义各自要保护的数据流。

```
# 在 R1 上配置 ACL，定义由子网 172.22.1.0/24 去子网 172.22.2.0/24 的数据流
[R1] acl number 3101
[R1-acl-adv-3101] rule permit ip source 172.22.1.0 0.0.0.255 destination
172.22.2.0 0.0.0.255
[R1-acl-adv-3101] quit
# 在 R2 上配置 ACL，定义由子网 172.22.2.0/24 去子网 172.22.1.0/24 的数据流
[R2] acl number 3101
[R2-acl-adv-3101] rule permit ip source 172.22.2.0 0.0.0.255 destination
172.22.1.0 0.0.0.255
[R2-acl-adv-3101] quit
```

（3）分别在 R1 和 R2 上创建 IPSec 安全提议。

```
# 在 R1 上配置 IPSec 安全提议
[R1] ipsec proposal tran1
[R1-ipsec-proposal-tran1] esp authentication-algorithm sha2-256
[R1-ipsec-proposal-tran1] esp encryption-algorithm aes-128
[R1-ipsec-proposal-tran1] quit

# 在 R2 上配置 IPSec 安全提议
[R2] ipsec proposal tran1
[R2-ipsec-proposal-tran1] esp authentication-algorithm sha2-256
[R2-ipsec-proposal-tran1] esp encryption-algorithm aes-128
[R2-ipsec-proposal-tran1] quit
```

此时分别在 R1 和 R2 上执行 display ipsec proposal 会显示所配置的信息。

（4）分别在R1和R2上配置IKE对等体。

```
# 在R1上配置IKE安全提议
[R1] ike proposal 5
[R1-ike-proposal-5] encryption-algorithm aes-128
[R1-ike-proposal-5] authentication-algorithm sha2-256
[R1-ike-proposal-5] dh group14
[R1-ike-proposal-5] quit

# 在R1上配置IKE对等体，并根据默认配置，配置预共享密钥和对端ID
[R1] ike peer spub
[R1-ike-peer-spub] undo version 2
[R1-ike-peer-spub] ike-proposal 5
[R1-ike-peer-spub] pre-shared-key cipher huawei
[R1-ike-peer-spub] remote-address 167.1.1.1
[R1-ike-peer-spub] quit

# 在R2上配置IKE安全提议
[R2] ike proposal 5
[R2-ike-proposal-5] encryption-algorithm aes-128
[R2-ike-proposal-5] authentication-algorithm sha2-256
[R2-ike-proposal-5] dh group14
[R2-ike-proposal-5] quit

# 在R2上配置IKE对等体，并根据默认配置，配置预共享密钥和对端ID
[R2] ike peer spua
[R2-ike-peer-spua] undo version 2
[R2-ike-peer-spua] ike-proposal 5
[R2-ike-peer-spua] pre-shared-key cipher huawei
[R2-ike-peer-spua] remote-address 192.168.1.1
[R2-ike-peer-spua] quit
```

（5）分别在R1和R2上创建安全策略。

```
# 在R1上配置IKE动态协商方式安全策略
[R1] ipsec policy map1 10 isakmp
[R1-ipsec-policy-isakmp-map1-10] ike-peer spub
[R1-ipsec-policy-isakmp-map1-10] proposal tran1
[R1-ipsec-policy-isakmp-map1-10] security acl 3101
[R1-ipsec-policy-isakmp-map1-10] quit

# 在R2上配置IKE动态协商方式安全策略
```

```
[R2] ipsec policy use1 10 isakmp
[R2-ipsec-policy-isakmp-use1-10] ike-peer spua
[R2-ipsec-policy-isakmp-use1-10] proposal tran1
[R2-ipsec-policy-isakmp-use1-10] security acl 3101
[R2-ipsec-policy-isakmp-use1-10] quit
```

此时分别在 R1 和 R2 上执行 display ipsec policy 会显示所配置的信息。

（6）分别在 R1 和 R2 的接口上应用各自的安全策略组，使接口具有 IPSec 的保护功能。

```
# 在 R1 的接口上引用安全策略组
[R1] interface gigabitethernet 1/0/0
[R1-GigabitEthernet1/0/0] ipsec policy map1
[R1-GigabitEthernet1/0/0] quit

# 在 R2 的接口上引用安全策略组
[R2] interface gigabitethernet 1/0/0
[R2-GigabitEthernet1/0/0] ipsec policy use1
[R2-GigabitEthernet1/0/0] quit
```

（7）测试配置结果。

```
# 配置成功后，总部和分支机构的 PC 执行 ping 操作正常，它们之间的数据传输将被加密，执行命
  令 display ipsec statistics 可以查看数据包的统计信息

# 在 R1 上执行 display ike sa 操作，结果如下
[R1] display ike sa
     Conn-ID        Peer            VPN     Flag(s)      Phase
  ----------------------------------------------------------
      16            167.1.1.1        0       RD|ST        v1:2
      14            167.1.1.1        0       RD|ST        v1:1

  Number of SA entries  : 2
  Number of SA entries of all cpu : 2
  Flag Description:
  RD--READY   ST--STAYALIVE   RL--REPLACED   FD--FADING   TO--TIMEOUT
  HRT--HEARTBEAT   LKG--LAST KNOWN GOOD SEQ NO.   BCK--BACKED UP
  M--ACTIVE   S--STANDBY   A--ALONE  NEG--NEGOTIATING
```

8.5 访问控制列表

8.5.1 ACL的基本概念

访问控制列表（ACL）根据源地址、目标地址、源端口或目标端口等协议信息对数据包进

行过滤，从而达到访问控制的目的。这种技术最初只在路由器上使用，后来扩展到三层交换机，甚至有些新的二层交换机也开始支持 ACL 了。

ACL 是由编号或名字组合起来的一组语句。编号和名字是路由器引用 ACL 语句的索引。编号的 ACL 语句被赋予唯一的数字，而命名的 ACL 语句有一个唯一的名字。有了编号或名字，路由器就可以找到需要的 ACL 语句了。

ACL 包括 permit/deny 两种动作，表示允许 / 拒绝，匹配（命中规则）是指存在 ACL，且在 ACL 中查找到了符合匹配条件的规则。不论匹配的动作是"permit"还是"deny"，都称为"匹配"。而不匹配（未命中规则）是指不存在 ACL，或 ACL 中无规则，再或者在 ACL 中遍历了所有规则都没有找到符合匹配条件的规则。

ACL 在系统视图模式下配置，生成的 ACL 命令需要被应用才能起效。

ACL 分为基本 ACL、高级 ACL、二层 ACL 和用户 ACL 这几种类型。基本 ACL 只能根据分组中的源 IP 地址进行过滤，例如可以允许或拒绝来自某个源设备的所有通信。高级 ACL 不仅可以根据源地址或目标地址进行过滤，还可以根据不同的上层协议和协议信息进行过滤。例如，可以对 PC 与远程服务器的 Telnet 会话进行过滤。表 8-6 比较了这几种 ACL 过滤功能的区别。

表 8-6　ACL 分类

分类	规则定义描述	编号范围
基本 ACL	仅使用报文的源 IP 地址、分片信息和生效时间段信息来定义规则	2000 ～ 2999
高级 ACL	既可使用 IPv4 报文的源 IP 地址，也可使用目的 IP 地址、IP 协议类型、ICMP 类型、TCP 源 / 目的端口、UDP 源 / 目的端口号、生效时间段等来定义规则	3000 ～ 3999
二层 ACL	使用报文的以太网帧头信息来定义规则，如根据源 MAC（Media Access Control）地址、目的 MAC 地址、二层协议类型等	4000 ～ 4999
用户 ACL	既可使用 IPv4 报文的源 IP 地址，也可使用目的 IP 地址、IP 协议类型、ICMP 类型、TCP 源端口 / 目的端口、UDP 源端口 / 目的端口号等来定义规则	6000 ～ 6031

当一个分组经过时，路由器按照一定的步骤找出与分组信息匹配的 ACL 语句对其进行处理。路由器自顶向下逐个处理 ACL 语句，首先把第一个语句与分组信息进行比较，如果匹配，则路由器将允许（permit）或拒绝（deny）分组通过；如果第一个语句不匹配，则照样处理第二个语句，直到找出一个匹配的。如果在整个列表中没有发现匹配的语句，则路由器丢弃该分组。于是，可以对 ACL 语句的处理规则总结出以下要点：

（1）一旦发现匹配的语句，就不再处理列表中的其他语句。

（2）语句的排列顺序很重要。

（3）如果整个列表中没有匹配的语句，则分组被丢弃。

需要特别强调 ACL 语句的排列顺序。如果有两条语句，一个拒绝来自某个主机的通信，另一个允许来自该主机的通信，则排在前面的语句将被执行，排在后面的语句将被忽略。所以在安排 ACL 语句的顺序时要把最特殊的语句排在列表的最前面，把最一般的语句排在列表的最后面，这是 ACL 语句排列的基本原则。例如，下面的两条语句组成一个标准 ACL。

```
rule deny ip destination 172.16.0.0 0.0.255.255
rule permit ip destination 172.16.10.0 0.0.0.255
```

第一条语句表示拒绝目的 IP 地址为 172.16.0.0/16 网段地址的报文通过，第二条语句表示允许目的 IP 地址为 172.16.10.0/24 网段地址的报文通过，该网段地址范围小于 172.16.0.0/16 网段范围。如果路由器收到一个目的地址为 172.16.10.0 的分组，则首先与第一条语句进行匹配，该分组被拒绝通过，第二条语句就被忽略了。如果要达到预想的结果——允许来自 172.16.0.0 子网 172.16.0.0/24 的所有通信，则两条语句的顺序必须互换。

```
rule permit ip destination 172.16.10.0 0.0.0.255
rule deny ip destination 172.16.0.0 0.0.255.255
```

ACL 除了按照配置顺序规则（config 模式）执行以外，还有按照自动排序规则（auto 模式）执行。自动排序是指系统使用“深度优先”的原则，将规则按照精确度从高到低进行排序，并按照精确度从高到低的顺序进行报文匹配。规则中定义的匹配项限制越严格，规则的精确度就越高，即优先级越高，系统越先匹配。

例如，在 auto 模式的高级 ACL 3001 中，先后配置以下两条规则。

```
rule deny ip destination 172.16.0.0 0.0.255.255
rule permit ip destination 172.16.10.0 0.0.0.255
```

配置完上述两条规则后，ACL 3001 的规则排序如下。

```
#
acl number 3001 match-order auto
 rule 5 permit ip destination 172.16.10.0 0.0.0.255
 rule 10 deny ip destination 172.16.0.0 0.0.255.255
#
```

此时，如果再插入一条新的规则 rule deny ip destination 172.16.10.10（目的 IP 地址范围是主机地址，优先级高于以上两条规则），则系统将按照规则的优先级关系，重新为各规则分配编号。插入新规则后，ACL 3001 新的规则排序如下。

```
#
acl number 3001 match-order auto
 rule 5 deny ip destination 172.16.10.1 0
 rule 10 permit ip destination 172.16.10.0 0.0.0.255
 rule 15 deny ip destination 172.16.0.0 0.0.255.255
#
```

8.5.2 ACL配置命令

1. 配置基本 ACL 的命令

使用编号（2000 ～ 2999）创建一个数字型的基本 ACL，并进入基本 ACL 视图，操作命令如下：

```
acl [ number ] acl-number [ match-order { auto | config } ]
```

或者使用名称创建一个命名型的基本 ACL，并进入基本 ACL 视图，操作命令如下：

```
acl name acl-name { basic | acl-number } [ match-order { auto | config } ]
```

如果创建 ACL 时未指定 match-order 参数，则该 ACL 默认的规则匹配顺序为 config；创建 ACL 后，ACL 的默认步长为 5。如果该值不能满足管理员部署 ACL 规则的需求，则可以对 ACL 步长值进行调整；（可选）执行命令 description text，配置 ACL 的描述信息。

配置基本 ACL 的规则的操作命令如下：

```
rule [ rule-id ] { deny | permit } [ source { source-address source-wildcard | any } | vpn-instance vpn-instance-name | [ fragment | none-first-fragment ] | logging | time-range time-name ]
```

以上步骤仅是一条 permit/deny 规则的配置步骤。实际配置 ACL 规则时，需根据具体的业务需求，决定配置多少条规则以及规则的先后匹配顺序。

1）ACL 语句的删除

删除 ACL，系统视图下执行命令：

```
undo acl { [ number ] acl-number | all } 或 undo acl name acl-name
```

一般可以直接删除 ACL，不受引用 ACL 的业务模块影响（简化流策略中引用 ACL 指定 rule 的情况除外），即无须先删除引用 ACL 的业务配置。

2）调整 ACL 步长

在网络维护过程中，需要管理员为原 ACL 添加新的规则。由于 ACL 的默认步长是 5，在系统分配的相邻编号的规则之间，最多只能插入 4 条规则。调整步长，在 ACL 视图下执行命令 step *step*，配置 ACL 步长。

3）查看与清除 ACL 信息

确认设备 ACL 资源的分配情况，在任意视图下查看 ACL 资源信息的命令如下：

```
display acl resource [ slot slot-id ]
```

若显示信息中的计数非零，表示设备仍存在空余的 ACL 资源。

确认需要清除 ACL 的运行信息后，在用户视图下清除 ACL 统计信息的命令如下：

```
reset acl counter { name acl-name | acl-number | all }
```

4）通配符掩码

ACL 规定使用通配符掩码来说明子网地址，通配符掩码就是子网掩码按位取反的结果。通配符掩码 0.0.0.0 表示 ACL 语句中的 32 位地址要求全部匹配，因而叫作主机掩码。例如，192.168.1.1 0.0.0.0 表示主机 192.168.1.1 的 IP 地址，实际上路由器把这个地址转换为 host 192.168.1.1，注意这里的关键字 host。

通配符掩码 255.255.255.255 表示任意地址都是匹配的，通常与地址 0.0.0.0 一起使用，例如，0.0.0.0 255.255.255.255，路由器将把这个地址转换为关键字 any。表 8-7 给出了几个使用通配符掩码的例子。

表 8-7　使用通配符掩码的例子

IP 地址	通配符掩码	匹配
0.0.0.0	255.255.255.255	匹配任何地址（关键字 any）
172.16.1.1	0.0.0.0	匹配 host 172.16.1.1
172.16.1.0	0.0.0.255	匹配子网 172.16.1.0/24
172.16.2.0	0.0.1.255	匹配子网 172.16.2.0/23（172.16.2.0 ～ 172.16.3.255）
172.16.0.0	0.0.255.255	匹配子网 172.16.0.0/16（172.16.0.0 ～ 172.16.255.255）

2. 配置基本 ACL 实例

【例 8.1】 配置基于源 IP 地址（主机地址）过滤报文的规则。在 ACL 2001 中配置规则，允许源 IP 地址是 172.16.10.3 主机地址的报文通过。

```
<Huawei> system-view
[Huawei] acl 2001
[Huawei-acl-basic-2001] rule permit source 172.16.10.3 0
```

【例 8.2】 配置基于源 IP 地址（网段地址）过滤报文的规则。在 ACL 2001 中配置规则，仅允许源 IP 地址是 172.16.10.3 主机地址的报文通过，拒绝源 IP 地址是 172.16.10.0/24 网段其他地址的报文通过，并配置 ACL 描述信息为 Permit only 172.16.10.3 through。

```
<Huawei> system-view
[Huawei] acl 2001
[Huawei-acl-basic-2001] rule permit source 172.16.10.3 0
[Huawei-acl-basic-2001] rule deny source 172.16.10.0 0.0.0.255
[Huawei-acl-basic-2001] description Permit only 172.16.10.3 through
```

【例 8.3】 配置基于时间的 ACL 规则。创建时间段 working-time（周一到周五每天 8:00 到 18:00），并在名称为 work-acl 的 ACL 中配置规则，在 working-time 限定的时间范围内，拒绝源 IP 地址是 172.16.10.0/24 网段地址的报文通过。

```
<Huawei> system-view
[Huawei] time-range working-time 8:00 to 18:00 working-day
[Huawei] acl name work-acl basic
[Huawei-acl-basic-work-acl] rule deny source 172.16.10.0 0.0.0.255 time-
range working-time
```

【例 8.4】配置基于 IP 分片信息、源 IP 地址（网段地址）过滤报文的规则。在 ACL 2001 中配置规则，拒绝源 IP 地址是 172.16.10.0/24 网段地址的非首片分片报文通过。

```
<Huawei> system-view
[Huawei] acl 2001
[Huawei-acl-basic-2001] rule deny source 172.16.10.0 0.0.0.255 none-first-
fragment
```

3. 配置高级 ACL 的命令语法

创建高级 ACL 与创建基本 ACL 相近似，当 IP 承载的协议类型为 UDP 时，在配置高级 ACL 规则时执行的命令如下：

rule[*rule-id*]{ deny | permit }{ *protocol-number* | udp }[destination{ *destination-address destination-wildcard* | any } | destination-port{ eq *port* | gt *port* | lt *port* | range *port-start port-end* } | source{ *source-address source-wildcard* | any } | source-port { eq *port* | gt *port* | lt *port* | range *port-start port-end* } | logging | time-range *time-name* | vpn-instance *vpn-instance-name* | [dscp *dscp* | [tos *tos* | precedence *precedence*] *] | [fragment | none-first-fragment] | vni *vni-id]*

当 IP 承载的协议类型为 ICMP、TCP、GRE\IGMP\IPINIP\ODPF 时，命令格式同样包含了（上层）协议、源和目标 IP 地址及通配符掩码、协议信息等内容。

其中，操作符（operator）如表 8-8 所示，用于限定特定的端口号。表 8-9 列出了常用的 TCP 和 UDP 端口号，在配置命令中使用时可以直接写端口号，也可以写与协议对应的关键字。

表 8-8 用于 TCP 和 UDP 端口号的操作符

操作符	解释	操作符	解释
lt	小于	neq	不等于
gt	大于	range	指定范围
eq	等于		

表 8-9 常用 TCP 和 UDP 端口号

传输协议	上层协议	端口号	命令参数关键字
TCP	文件传输协议——数据	20	ftp-data
TCP	文件传输协议——控制	21	ftp

（续表）

传输协议	上层协议	端口号	命令参数关键字
TCP	远程连接	23	telnet
TCP	简单邮件传输协议	25	smtp
UDP	域名服务	53	dns
UDP	简单文件传输协议	69	tftp
TCP	超文本传输协议	80	www
UDP	简单网络管理协议	161	snmp
UDP	简单网络管理协议	162	snmp-trap
UDP	路由信息协议	520	rip

4. 配置高级 ACL 实例

【例 8.5】 配置基于 ICMP 协议类型、源 IP 地址（主机地址）和目的 IP 地址（网段地址）过滤报文的规则。在 ACL 3001 中配置规则，允许源 IP 地址是 172.16.10.3 主机地址且目的 IP 地址是 172.16.20.0/24 网段地址的 ICMP 报文通过。

```
<Huawei> system-view
[Huawei] acl 3001
[Huawei-acl-adv-3001] rule permit icmp source 172.16.10.3 0 destination 172.16.20.0 0.0.0.255
```

【例 8.6】 配置基于 TCP 协议类型、TCP 目的端口号、源 IP 地址（主机地址）和目的 IP 地址（网段地址）过滤报文的规则。

步骤 1：在名称为 deny-telnet 的高级 ACL 中配置规则，拒绝 IP 地址是 172.16.10.3 的主机与 172.16.20.0/24 网段的主机建立 Telnet 连接。

```
<Huawei> system-view
[Huawei] acl name deny-telnet
[Huawei-acl-adv-deny-telnet] rule deny tcp destination-port eq telnet source 172.16.10.3 0 destination 172.16.20.0 0.0.0.255
```

步骤 2：在名称为 no-web 的高级 ACL 中配置规则，禁止 172.16.10.3 和 172.16.10.4 两台主机访问 Web 网页（HTTP 协议用于网页浏览，对应 TCP 端口号是 80），并配置 ACL 描述信息为 Web access restrictions。

```
<Huawei> system-view
[Huawei] acl name no-web
[Huawei-acl-adv-no-web] description Web access restrictions
[Huawei-acl-adv-no-web] rule deny tcp destination-port eq 80 source 172.16.10.3 0
[Huawei-acl-adv-no-web] rule deny tcp destination-port eq 80 source 172.16.10.4 0
```

8.5.3 ACL综合应用

使用高级 ACL 可以限制某些用户在特定时间访问特定服务器。

【实例 1】某公司通过 Router 实现各部门之间的互连。公司要求禁止销售部门在上班时间（8:00 至 18:00）访问工资查询服务器（IP 地址为 192.168.10.10），财务部门不受限制，可以随时访问，拓扑结构如图 8-17 所示。

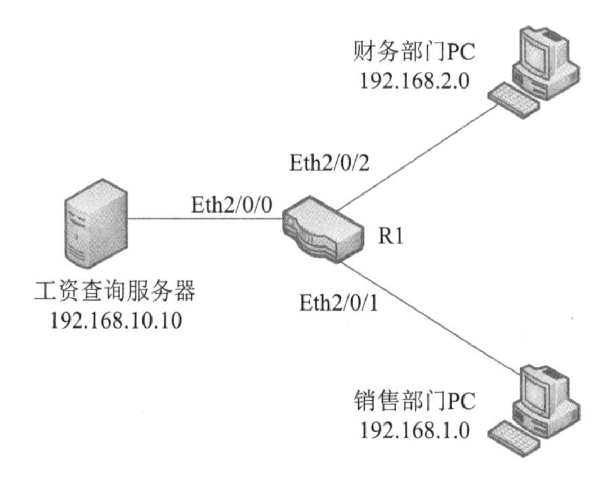

图 8-17　ACL 综合应用实例 1 拓扑结构

步骤 1：配置接口加入 VLAN，并配置 VLANIF 接口的 IP 地址。

```
# 将 Eth2/0/1 ～ Eth2/0/2 分别加入 VLAN10、20，Eth2/0/0 加入 VLAN100，并配置各
  VLANIF 接口的 IP 地址。下面配置以 Eth2/0/1 和 VLANIF 10 接口为例，其他接口配置类似
<Huawei> system-view
[Huawei] sysname R1
[R1] vlan batch 10 20 100
[R1] interface ethernet 2/0/1
[R1-Ethernet2/0/1] port link-type trunk
[R1-Ethernet2/0/1] port trunk allow-pass vlan 10
[R1-Ethernet2/0/1] quit
[R1] interface vlanif 10
[R1-Vlanif10] ip address 192.168.1.1 255.255.255.0
[R1-Vlanif10] quit
```

步骤 2：配置时间段。

```
# 配置 8:00 至 18:00 的周期时间段
[R1] time-range satime 8:00 to 18:00 working-day
```

步骤 3：配置 ACL 规则。

```
# 配置销售部门到工资查询服务器的访问规则
```

```
[R1] acl 3001
[R1-acl-3001] rule deny ip source 192.168.1.0 0.0.0.255 destination
192.168.10.10 0.0.0.0 time-range satime
[R1-acl-3001] quit
```

步骤 4：配置基于 ACL 的流分类。

```
# 配置流分类 c_xs，对匹配 ACL 3001 的报文进行分类
[R1] traffic classifier c_xs
[R1-classifier-c_xs] if-match acl 3001
[R1-classifier-c_xs] quit
```

步骤 5：配置流行为。

```
# 配置流行为 b_xs，动作为拒绝报文通过
[R1] traffic behavior b_xs
[R1-behavior-b_xs] deny
[R1-behavior-b_xs] quit
```

步骤 6：配置流策略。

```
# 配置流策略 p_xs，将流分类 c_xs 与流行为 b_xs 关联
[R1] traffic policy p_xs
[R1-trafficpolicy-p_xs] classifier c_xs behavior b_xs
[R1-trafficpolicy-p_xs] quit
```

步骤 7：应用流策略。

```
# 由于销售部门访问服务器的流量从接口 Eth2/0/1 进入 Router，所以可以在 Eth2/0/1 接口的
  入方向应用流策略 p_xs
[R1] interface ethernet2/0/1
[R1-Ethernet2/0/1] traffic-policy p_xs inbound
[R1-Ethernet2/0/1] quit
```

步骤 8：检查配置结果。

```
# 查看 ACL 规则的配置信息
[R1] display acl all
 Total quantity of nonempty ACL number is 1

Advanced ACL 3001, 1 rule
Acl's step is 5
 rule 5 deny ip source 192.168.1.0 0.0.0.255 destination 192.168.10.10 0
time-range satime(Active)
```

查看流策略的应用信息

```
[R1] display traffic-policy applied-record
-----------------------------------------
  Policy Name:   p_xs
  Policy Index:  6
     Classifier:c_xs     Behavior:b_xs
-----------------------------------------
 *interface Ethernet2/0/1
    traffic-policy p_xs inbound
      slot 0    :  success
```

【实例 2】通过园区网络连接到多个运营商时，使用策略路由实现分流，拓扑结构如图 8-18 所示。

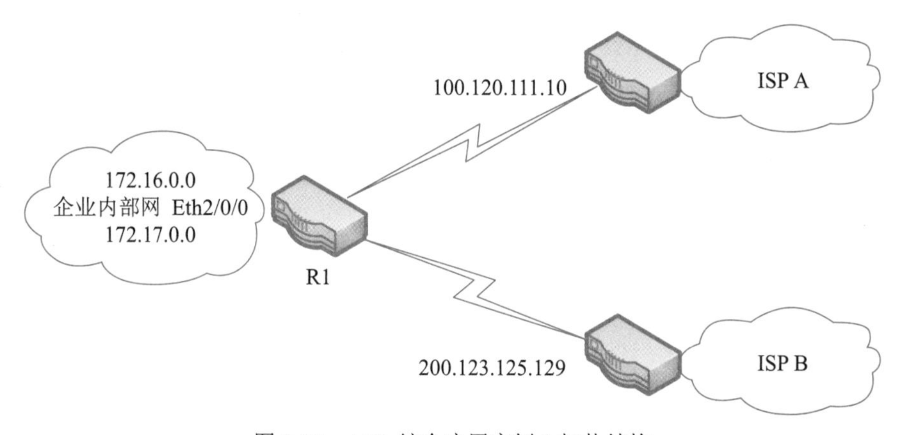

图 8-18　ACL 综合应用实例 2 拓扑结构

某企业通过路由器 R1 连接互联网，由于业务需要，与两家运营商 ISP A 和 ISP B 相连。企业网内的数据流从业务类型上可以分为两类：一类来自网络 172.16.0.0/16；另一类来自网络 172.17.0.0/16。对于来自 172.16.0.0/16 网络的数据流，管理员希望其通过运营商 ISP A 访问 Internet；而对于来自 172.17.0.0/16 网络的数据流，管理员希望其通过运营商 ISP B 访问 Internet。

步骤 1：创建 ACL，匹配两个网段。

```
[R1] acl 2015
[R1-acl-basic-2015] rule 5 permit source 172.16.0.0 0.0.255.255
[R1-acl-basic-2015] quit
[R1] acl 2016
[R1-acl-basic-2016] rule 5 permit source 172.17.0.0 0.0.255.255
[R1-acl-basic-2016] quit
```

步骤 2：在 R1 创建流分类，匹配 ACL 命中的流量。

```
[R1] traffic classifier c1
[R1-classifier-c1] if-match acl 2015
[R1-classifier-c1] quit
[R1] traffic classifier c2
[R1-classifier-c2] if-match acl 2016
[R1-classifier-c2] quit
```

步骤 3：创建流行为，配置重定向。

```
[R1] traffic behavior b1
[R1-behavior-b1] redirect  ip-nexthop 100.120.111.10
[R1-behavior-b1] quit
[R1] traffic behavior b2
[R1-behavior-b2] redirect  ip-nexthop 200.123.125.129
[R1-behavior-b2] quit
```

步骤 4：创建流策略，在接口上应用流策略。

```
[R1] traffic policy p1
[R1-trafficpolicy-p1] classifier c1 behavior  b1
[R1-trafficpolicy-p1] classifier c2 behavior  b2
[R1-trafficpolicy-p1] quit
[R1] interface Ethernet 2/0/0
[R1-Ethernet 2/0/0] traffic p1 inbound
[R1-Ethernet 2/0/0] quit
```

步骤 5：检查配置。

在路由器 R1 上使用 display traffic-policy applied-record 检查流策略生效情况，通过检查可以看到两条流策略状态都是 success，确定配置正确。

```
[R1] display traffic-policy applied-record
------------------------------------------
Policy Name :  p1
Policy Index :  4
   Classifier:c1      Behavior:b1
   Classifier:c2      Behavior:b2
------------------------------------------
Interface  Ethernet2/0/0
  traffic-policy  p1  inbound
   slot  15 :   success
   slot  5 :    success
```

第 9 章　网络管理

计算机网络的组成越来越复杂，一方面是因为网络互连的规模越来越大，另一方面是因为联网设备越来越多样。异构型的网络设备、多协议栈互连、性能需求不同的各种网络业务更增加了网络管理的难度和开支，单靠网络管理员人工管理已经无法满足需求。所以，研究网络管理的理论，开发先进的网络管理技术，采用自动化的网络管理工具就是一项迫切的任务了。

在 OSI 网络管理标准中定义了网络管理的五大功能，即故障管理（Fault Management）、配置管理（Configuration Management）、计费管理（Accounting Management）、性能管理（Performance Management）和安全管理（Security Management），简写为 F-CAPS。传统上，性能、故障和计费管理属于网络监视功能，另外两种属于网络控制功能。

基于 TCP/IP 的 SNMP（简单网络管理协议）的网络管理框架由 3 个主要部分组成，分别是管理信息结构（Structure of Management Information，SMI）、管理信息库（MIB）和管理协议（SNMP）。SMI 定义了 SNMP 框架所用信息的组织和标识，为 MIB 定义管理对象及使用管理对象提供模板；MIB 定义了可以通过 SNMP 进行访问的管理对象的集合；SNMP 是应用层协议，定义了网络管理者如何对代理进程的 MIB 对象进行读写操作。

SNMP 能够支持网络管理系统，用以监测连接到网络上的设备是否有任何引起管理上关注的情况。SNMP 采用轮询机制，提供最基本的功能集，适合小型、快速、低价格的环境使用，而且 SNMP 以用户数据报协议（UDP）报文为承载，因而受到绝大多数设备的支持，同时保证管理信息在任意两点传送，便于管理员在网络上的任何节点检索信息，进行故障排查。

9.1　简单网络管理协议

简单网络管理协议（Simple Network Management Protocol，SNMP）用于网络设备的管理。网络设备种类多，不同设备厂商提供的管理接口（如命令行接口）各不相同，这使得网络管理变得愈发复杂。为解决这一问题，SNMP 应运而生。SNMP 作为广泛应用于 TCP/IP 网络的网络管理标准协议，提供了统一的接口，从而实现了不同种类和厂商的网络设备之间的统一管理。

SNMP 是由简单网关监控协议（Simple Gateway Monitoring Protocol，SGMP）发展而来的。SNMP 是在 SGMP 的基础上加入了符合 Internet 定义的 SMI 和 MIB，让 SGMP 更加全面。SNMP 包含数据库类型（Database Schema），一个应用层协议（Application Layer Protocol）和一些资料文件。SNMP 不仅能够加强网络管理系统的效能，而且可以用来对网络中的资源进行管理和实时监控。

TCP/IP 网络管理方面最初使用的是于 1987 年 11 月提出的简单网关监控协议（SGMP），在此基础上改进成简单网络管理协议第一版（SNMPv1），陆续公布在 1990 年和 1991 年的几个 RFC（Request For Comments）文件中，即 RFC 1155（SMI）、RFC 1157（SNMP）、RFC 1212（MIB

定义）和 RFC1213（MIB-2 规范）。由于其简单性和易于实现，SNMPv1 得到了许多制造商的支持和广泛的应用。几年以后，出现了增强型版本，即第二版 SNMPv2c，它包含了其他协议操作；SNMPv3 则包含更多安全和远程配置。为了解决不同 SNMP 版本间的不兼容问题，在 RFC 3584 中定义了三者共存策略。

在同一时期，用于监控局域网通信的标准——远程网络监控（Remote Monitoring，RMON）也出现了，这就是 RMON-1（1991）和 RMON-2（1995）。这组标准定义了监视网络通信的管理信息库，是 SNMP 管理信息库的扩充，与 SNMP 配合可以提供更有效的管理性能，也得到了广泛应用。

另外，IEEE 定义了局域网的管理标准，即 IEEE 802.1b LAN/MAN 管理。这个标准用于管理物理层和数据链路层的 OSI 设备，因而叫作 CMOL（CMIP over LLC）。

为了适应电信网络的管理需要，ITU-T 在 1989 年定义了电信网络管理标准（Telecommunications Management Network，TMN），即 M.30 建议（蓝皮书）。

9.1.1　SNMP系统的组成

SNMP 系统由网络管理系统（Network Management System，NMS）、SNMP Agent、被管理对象（Managed Object）和管理信息库（Management Information Base，MIB）4 部分组成。NMS 作为整个网络的网管中心，对设备进行管理。

每个被管理设备中都包含驻留在设备上的 SNMP Agent 进程、MIB 和多个被管理对象。NMS 通过与运行在被管理设备上的 SNMP Agent 交互，由 SNMP Agent 对设备端的 MIB 进行操作，完成 NMS 的指令。

NMS 是网络中的管理者，是一个采用 SNMP 协议对网络设备进行管理 / 监视的系统，运行在 NMS 服务器上。NMS 可以向设备上的 SNMP Agent 发出请求，查询或修改一个或多个具体的参数值。NMS 可以接收设备上的 SNMP Agent 主动发送的 SNMP Traps，以获知被管理设备当前的状态。

SNMP Agent 是被管理设备中的一个代理进程，用于维护被管理设备的信息数据并响应来自 NMS 的请求，把管理数据汇报给发送请求的 NMS。SNMP Agent 接收到 NMS 的请求信息后，通过 MIB 表完成相应指令后，并把操作结果响应给 NMS。当设备发生故障或者其他事件时，设备会通过 SNMP Agent 主动发送 SNMP Traps 给 NMS，向 NMS 报告设备当前的状态变化。

Managed Object 指被管理对象。每一个设备可能包含多个被管理对象，被管理对象可以是设备中的某个硬件，也可以是在硬件、软件（如路由选择协议）上配置的参数集合。

MIB 是一个数据库，指明了被管理设备所维护的变量。MIB 在数据库中定义了被管理设备的一系列属性，包括对象的名称、对象的状态、对象的访问权限和对象的数据类型等。MIB 也可以看作 NMS 和 SNMP Agent 之间的一个接口，通过这个接口，NMS 对被管理设备所维护的变量进行查询 / 设置操作。

9.1.2　SNMP的版本

SNMP 有三种版本：SNMPv1、SNMPv2c 和 SNMPv3。

SNMPv1：SNMP 的第一个版本，它提供了一种监控和管理计算机网络的系统方法，它基于团体名认证，安全性较差，且返回报文的错误码也较少。它在 RFC 1155 和 RFC 1157 中定义。

SNMPv2c：第二个版本 SNMPv2c 引入了 GetBulk 和 Inform 操作，支持更多的标准错误码信息，支持更多的数据类型。它在 RFC 1901、RFC 1905 和 RFC 1906 中定义。

SNMPv3：SNMPv3 在前两版的基础上重新定义了网络管理框架和安全机制，新开发的网络管理系统都支持 SNMPv3。IETF 颁布了 SNMPv3 版本，提供了基于 USM（User Security Module）的认证加密和基于 VACM（View-based Access Control Model）的访问控制，是迄今为止最安全的版本。SNMPv3 在 RFC 1905、RFC 1906、RFC 2571、RFC 2572、RFC 2574 和 RFC 2575 中定义。

9.1.3 SNMPv1

Internet 最初的网络管理框架由 4 个文件定义，如图 9-1 所示，这就是 SNMPv1。RFC 1155 定义了管理信息结构，规定了管理对象的语法和语义。SMI（管理信息结构）主要说明了怎样定义管理对象和怎样访问管理对象。RFC 1212 说明了定义 MIB 模块的方法，而 RFC 1213 定义了 MIB-2 管理对象的核心集合，这些管理对象是任何 SNMP 系统必须实现的。最后，RFC 1157 是 SNMPv1 协议的规范文件。

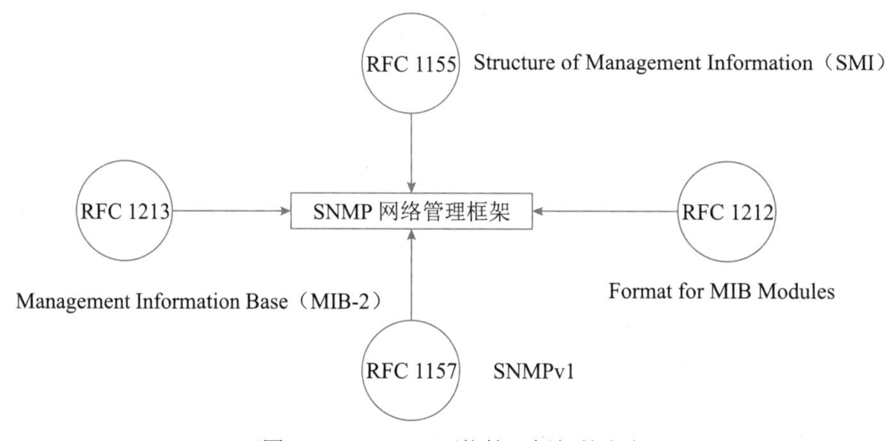

图 9-1 SNMPv1 网络管理框架的定义

1. SNMP 体系结构

如图 9-2 所示为简单网络管理协议的体系结构。SNMP 实体向管理应用程序提供服务，它的作用是把管理应用程序的服务调用变成对应的 SNMP 协议数据单元，并利用 UDP 数据报发送出去。

由于 UDP 是不可靠传输，所以 SNMP 报文容易丢失。为此，对 SNMP 实现的建议是对每个管理信息要装配成单独的数据报独立发送，而且报文应短一些，不要超过 484 字节。

每个代理进程管理若干被管理对象，并且与某些管理站建立团体（Community）关系，如图 9-3 所示。团体名作为团体的全局标识符，是一种简单的身份认证手段。一般来说，代理进程不接受没有通过团体名验证的报文，这样可以防止未授权的管理命令。同时，在团体内部也可以实行专用的管理策略。

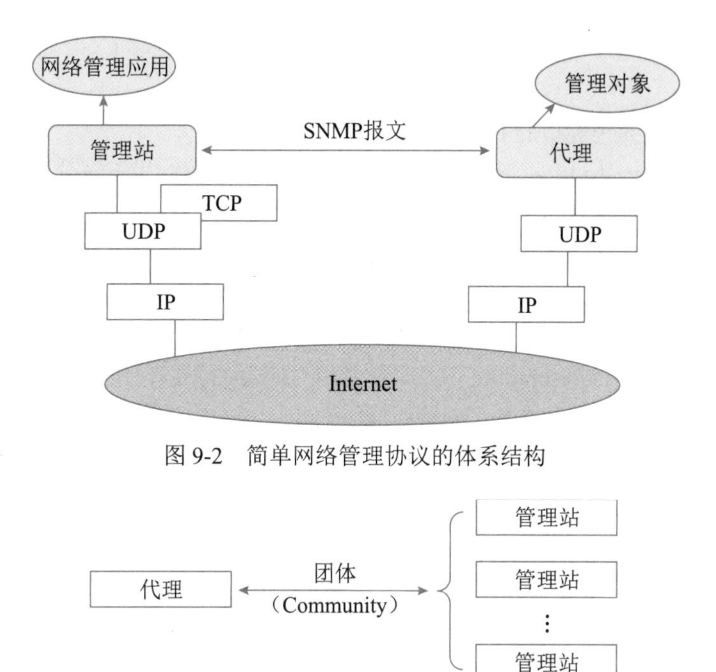

图 9-2　简单网络管理协议的体系结构

图 9-3　SNMPv1 的团体关系

2. SNMP 协议数据单元

根据 RFC 1157 给出的定义，SNMPv1 PDU 的格式如图 9-4 所示。在 SNMP 管理中，管理站和代理之间交换的管理信息构成了 SNMP 报文。报文由 3 个部分组成，即版本号、团体名和协议数据单元（PDU）。报文头中的版本号是指 SNMP 的版本，RFC 1157 为第一版。团体名用于身份认证。SNMP 共有 5 种管理操作，但只有 4 种 PDU 格式。管理站发出的 3 种请求报文（GetRequest、GetNextRequest 和 SetRequest）采用的格式是一样的，代理的应答报文格式只有一种（GetResponsePDU）。

SNMP报文

版本号	团体名	SNMP PDU

GetRequestPDU、GetNextRequestPDU和SetRequestPDU

PDU类型	请求标识	0	0	变量绑定表

GetResponsePDU

PDU类型	请求标识	错误状态	错误索引	变量绑定表

TrapPDU

PDU类型	制造商ID	代理地址	一般陷入	特殊陷入	时间戳	变量绑定表

变量绑定表

名字1	值1	名字2	值2	…	名字n	值n

图 9-4　SNMP 报文格式

从图9-4中可以看出，除了Trap之外的4种PDU格式是相同的，共有5个字段。各个字段的含义解释如下：

- PDU类型：共5种类型的PDU。
- 请求标识（request-id）：赋予每个请求报文唯一的整数，用于区分不同的请求。由于在具体实现中请求多是在后台执行，当应答报文返回时要根据其中的请求标识与请求报文配对。请求标识的另一个作用是检测由不可靠的传输服务产生的重复报文。
- 错误状态（error-status）：表示代理在处理管理站的请求时可能出现的各种错误。
- 错误索引（error-index）：当错误状态非0时指向出错的变量。
- 变量绑定表（variable-binding）：变量名和对应值的表，说明要检索或设置的所有变量及其值。在检索请求报文中，变量的值应为0。

3. SNMP 的操作

SNMP报文应答序列如图9-5所示。SNMP报文在管理站和代理之间传送，包含GetRequest、GetNextRequest和SetRequest的报文由管理站发出，代理以GetResponse响应。管理站可连续发出多个请求报文，然后等待代理返回的应答报文。如果在规定的时间内收到应答，则按照请求标识进行配对，即应答报文必须与请求报文有相同的请求标识。

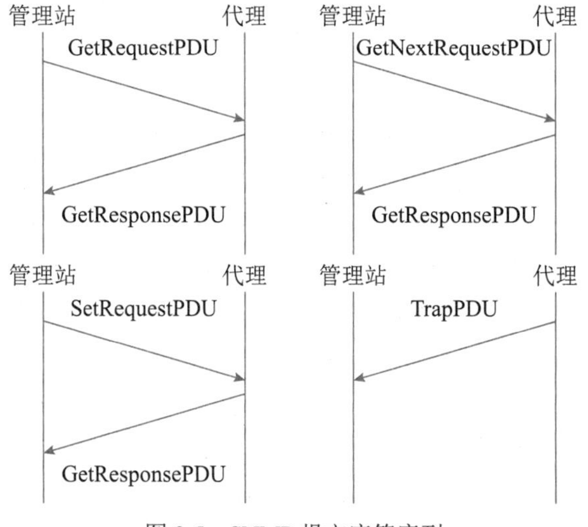

图9-5　SNMP报文应答序列

当一个SNMP实体发送报文时：首先按照ASN.1的格式构造PDU，交给认证进程。认证进程检查源和目标之间是否可以通信，如果通过这个检查，则把有关信息（版本号、团体名和PDU）组装成报文。最后经过BER编码，交传输实体发送出去，如图9-6所示。

当一个SNMP实体接收到报文时执行下面的过程：首先按照BER解码恢复ASN.1报文，然后对报文进行语法分析、验证版本号和认证信息等。如果通过分析和验证，则分离出协议数据单元，并进行语法分析，必要时经过适当处理后返回应答报文。在认证检验失败时可以生成一个陷入报文，向发送站报告通信异常情况。无论何种检验失败，都丢弃报文。接收处理过程如图9-7所示。

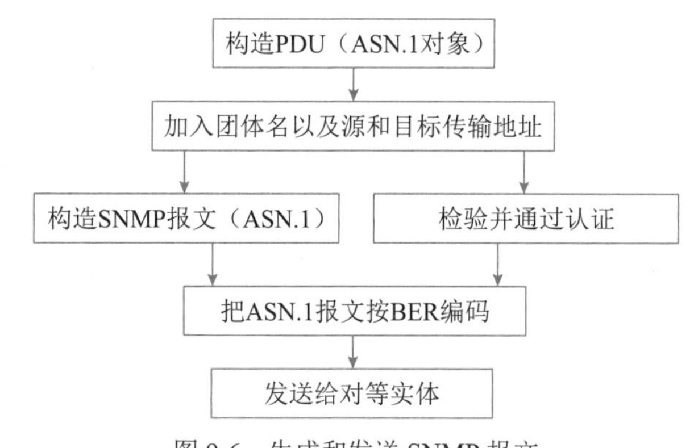

图 9-6　生成和发送 SNMP 报文

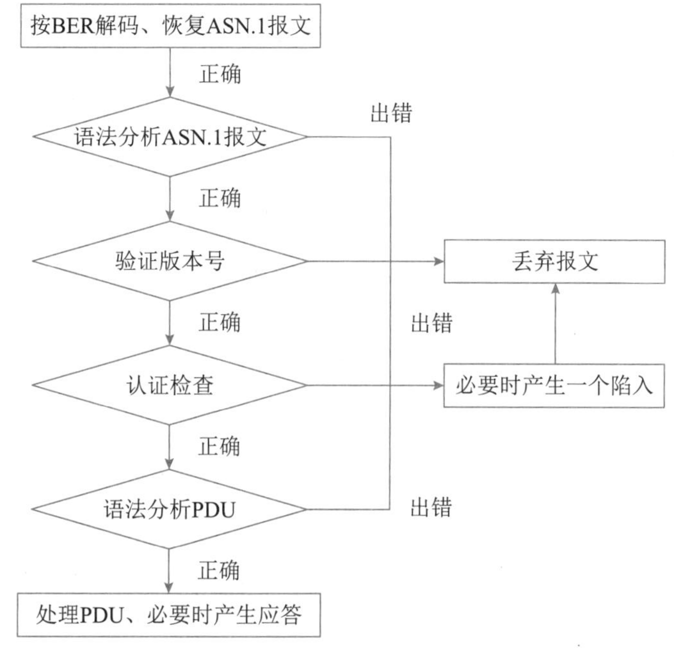

图 9-7　接收和处理 SNMP 报文

4. SNMPv1 的实现问题

SNMP 网络管理是一种分布式应用，在这种应用中，管理站和代理之间的关系可以是一对多的关系，即一个管理站可以管理多个代理，从而管理多个设备。另一方面，管理站和代理之间还可能存在多对一的关系。代理控制自己的管理信息库，也控制着多个管理站对管理信息库的访问。另外，委托代理也可能按照预定的访问策略控制对其代理设备的访问。

RFC 1157 提供的认证和控制机制是最基本的团体名验证功能。可以看出，SNMP 的安全机制是很不安全的，仅仅用团体名验证来控制访问权限是不够的，而且团体名以明文的形式传输，很容易被第三者窃取，这也是 SNMP 的简单性使然。由于这个缺陷，很多 SNMP 的实现只允许 Get 和 Trap 操作，通过 Set 操作控制网络设备是被严格限制的。

SNMP定义的陷入类型是很少的，虽然可以补充设备专用的陷入类型，但专用的陷入往往不能被其他制造商的管理站理解，所以管理站主要靠轮询收集信息。轮询的频率对管理的性能影响很大。如果管理站在启动时轮询所有代理，以后只是等待代理发来的陷入，这样很难掌握网络的最新动态。例如，不能及时了解网络中出现的拥塞。

另外，需要一种能提高网络管理性能的轮询策略，以决定合适的轮询频率。通常轮询频率与网络的规模和代理的多少有关，而网络管理性能还取决于管理站的处理速度、子网数据速率、网络拥塞程度等众多的因素，所以很难给出准确的判断规则。为了使问题简化，假定管理站一次只能与一个代理作用，轮询只是采用Get请求/响应这种简单形式，而且管理站的全部时间都用来轮询，于是有下面的不等式

$$N \leqslant T/\Delta$$

其中：N——被轮询的代理数；

T——轮询间隔；

Δ——单个轮询需要的时间。

Δ与下列因素有关：

（1）管理站生成一个请求报文的时间。

（2）从管理站到代理的网络延迟。

（3）代理处理一个请求报文的时间。

（4）代理产生一个响应报文的时间。

（5）从代理到管理站的网络延迟。

（6）管理站处理一个响应报文的时间。

（7）为了得到需要的管理信息，交换请求/响应报文的数量。

【例9.1】假设有一个LAN，每15min轮询所有被管理设备一次（这在当前的TCP/IP网络中是典型的），管理报文的处理时间是50ms，网络延迟为1ms（每个分组1000字节），没有产生明显的网络拥塞，Δ大约是0.202s，则

$$N \leqslant T/\Delta=15\times 60/0.202=4500$$

即管理站最多可支持4500个设备。

【例9.2】在由多个子网组成的广域网中，网络延迟更大，数据速率更小，通信距离更远，而且还有路由器和网桥引入的延迟，总的网络延迟可能达到0.5s，Δ大约是1.2s，于是有

$$N \leqslant T/\Delta=15\times 60/1.2=750$$

即管理站可支持的设备最多为750个。

这个计算关系到4个参数，即代理数目、报文处理时间、网络延迟和轮询间隔。如果能估计出3个参数，就可计算出第4个。所以可以根据网络配置和代理数量确定最小轮询间隔，或者根据网络配置和轮询间隔计算出管理站可支持的代理设备数。最后，当然还要考虑轮询给网络增加的负载。

9.1.4 SNMPv2

为了扩展SNMPv1的功能，IETF组织了两个工作组，一个组负责协议功能和管理信息库的

扩展，另一个组负责 SNMP 的安全方面，于 1992 年 10 月正式开始工作。这两个组的工作进展非常快，功能组的工作在 1992 年 12 月完成，安全组的工作在 1993 年 1 月完成。1993 年 5 月，IETF 发布了 12 个 RFC 文件（1441-1452）作为 SNMPv2 标准的草案。后来有一种意见认为，SNMPv2 的高层管理框架和安全机制实现起来太复杂，对代理的配置很困难，限制了网络发现能力，失去了 SNMP 的简单性。又经过几年的实验和论证，决定丢掉 SNMPv2 的安全功能，把增加的其他功能作为新标准颁布，并保留了 SNMPv1 的报文封装格式，因而叫作基于团体的 SNMP（Community-based SNMP），简称 SNMPv2c。新的 RFC（1901-1908）文件集在 1996 年 1 月发布。

SNMPv2 既可以支持完全集中的网络管理，又可以支持分布式网络管理。在分布式网络管理的情况下，有些系统既是管理站又是代理。作为代理系统，它可以接受上级管理系统的查询命令，提供本地存储的管理信息；作为管理站，它可以要求下级代理系统提供有关被管理设备的汇总信息。此外，中间管理系统还可以向它的上级系统发出陷入报告。

具体地说，SNMPv2c 对 SNMP 的增强主要体现在以下 3 个方面：

（1）管理信息结构的扩充。

（2）管理站之间的通信能力。

（3）新的协议操作。

SNMPv2 引入了新的数据类型，增强了对象的表达能力，提供了更完善的表操作功能。SNMPv2 还定义了新的 MIB 功能组，包含了关于协议操作的通信消息，以及有关管理站和代理系统配置的信息。在协议操作方面，引入了两种新的 PDU，分别用于大块数据的传送和管理站之间的通信。

SNMPv2 共有 6 种协议数据单元，分为 3 种 PDU 格式，如图 9-8 所示。注意，GetRequest、GetNextRequest、SetRequest、InformRequest 和 Trap 这 5 种 PDU 与 Response PDU 具有相同的格式，只是它们的错误状态和错误索引字段被置为 0，这样就减少了 PDU 格式的种类。

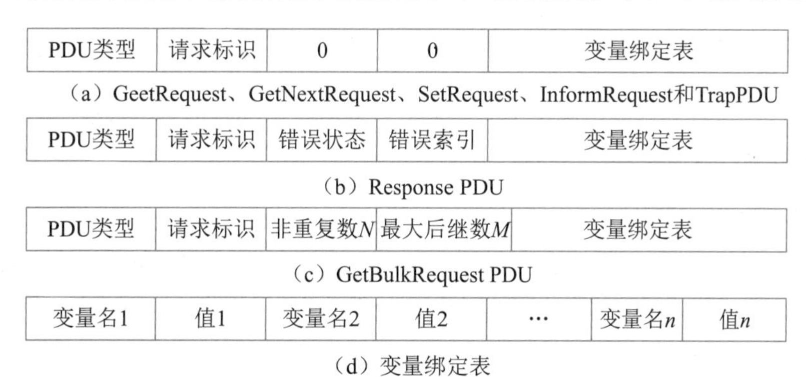

PDU类型	请求标识	0	0	变量绑定表

（a）GeetRequest、GetNextRequest、SetRequest、InformRequest和TrapPDU

PDU类型	请求标识	错误状态	错误索引	变量绑定表

（b）Response PDU

PDU类型	请求标识	非重复数N	最大后继数M	变量绑定表

（c）GetBulkRequest PDU

变量名1	值1	变量名2	值2	…	变量名n	值n

（d）变量绑定表

图 9-8　SNMPv2 PDU 格式

这些协议数据单元在管理站和代理系统之间或者两个管理站之间交换，以完成需要的协议操作，它们的交换序列如图 9-9 和图 9-10 所示。下面解释管理站和代理系统对这些 PDU 的处理和应答过程。

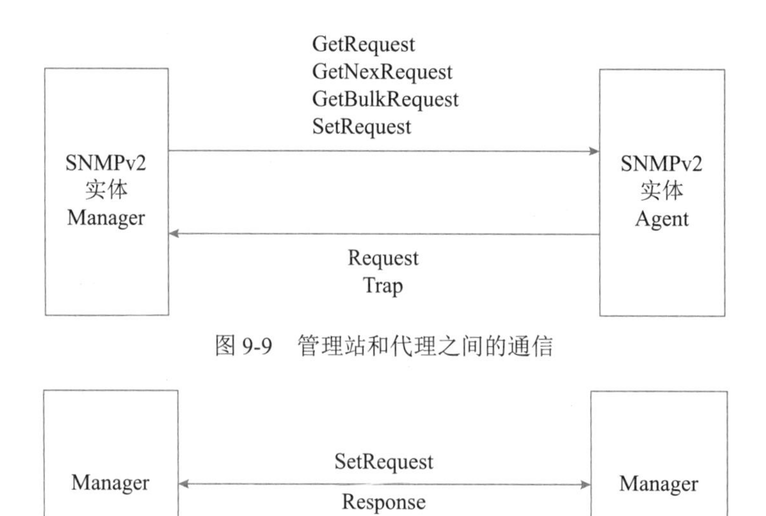

图 9-9　管理站和代理之间的通信

图 9-10　管理站和管理站之间的通信

1. GetRequestPDU

Get 操作用于检索管理信息库中的变量，一次可以检索多个变量的值。接收 GetRequest 的 SNMP 实体以请求标识符相同的 GetResponse 报文响应。在 SNMPv1 中，GetResponse 操作具有原子性，即只要有一个变量的值检索不到，就不返回任何值。SNMPv2 的响应方式与 SNMPv1 不同，SNMPv2 允许部分响应。如果由于任何其他原因而处理失败，则返回一个错误状态 genErr，对应的错误索引指向有问题的变量。如果生成的响应 PDU 太大，超过了本地的或请求方的最大报文限制，则放弃这个 PDU，构造一个新的响应 PDU，其错误状态为 tooBig，错误索引为 0，变量绑定表为空。

改变 Get 响应的原子性是一个重大进步。在 SNMPv1 中，如果 Get 操作的一个或多个变量不存在，代理就返回错误 noSuchName，剩下的事情完全由管理站处理：要么不向上层返回值；要么去掉不存在的变量，重发检索请求，然后向上层返回部分结果。由于生成部分检索算法的复杂性，很多管理站并不支持这一功能。

2. GetNextRequestPDU

GetNext 命令检索变量名指示的下一个对象实例，用在对表对象的搜索中。在 SNMPv2 中，这种检索请求的格式和语义与 SNMPv1 基本相同，唯一的差别就是改变了响应的原子性。

3. GetBulkRequestPDU

这是 SNMPv2 对原标准的主要增强，目的是以最少的交换次数检索最大量的管理信息。这种块检索操作的工作过程是这样的：假设 GetBulkRequestPDU 变量绑定表中有 L 个变量，GetBulk PDU 的“非重复数”字段的值为 N，则对前 N 个变量应各返回一个后继值。再设 GetBulk PDU 的“最大后继数”字段的值为 M，则对其余的 $R=L-N$ 个变量应该各返回最多 M 个后继值。如果可能，总共返回 $N+R\times M$ 个值，这些值的分布如图 9-11 所示。如果在任何一步查找过程中遇到不存在后继的情况，则返回错误状态 endOfMibView。

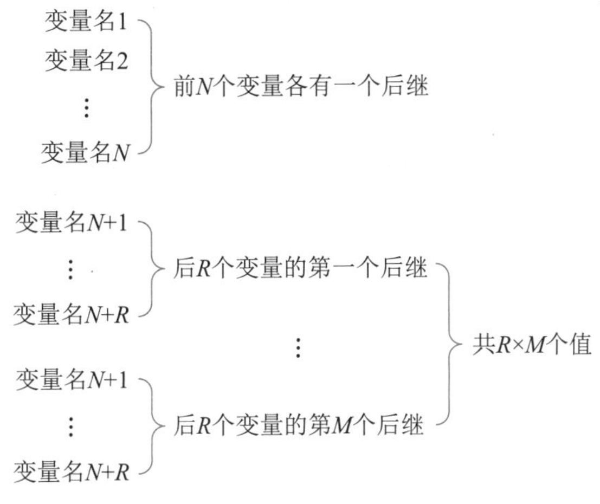

图 9-11 GetBulkRequest 检索得到的值

4. SetRequestPDU

这个请求 PDU 的格式和语义与 SNMPv1 的基本相同，其语义是设置或改变 MIB 变量的值，其差别是处理响应的方式不同。SNMPv2 实体分两个阶段处理这个请求的变量绑定表，首先是检验操作的合法性，然后是更新变量。如果至少有一个变量绑定对的合法性检验没有通过，则不进行下一阶段的更新操作。所以这个操作与 SNMPv1 一样，是原子性的。如果没有检查出错误，就可以给所有指定变量赋予新值。若有至少一个赋值操作失败，则所有赋值被撤销，并返回错误状态 commitFailed，错误索引指向问题变量的序号。但是，若不能全部撤销所赋的值，则返回错误状态 undoFailed，错误索引字段置 0。

5. TrapPDU

陷入是由代理发给管理站的非确认性消息。SNMPv2 的陷入采用与 Get 等操作相同的 PDU 格式，这一点也是与原标准不同的。TrapPDU 的变量绑定表中应包含发出陷入的时间、发出陷入的对象标识符以及代理系统选择的其他变量的值。

6. InformRequestPDU

SNMPv2 增加的管理站之间的通信机制是分布式网络管理所需要的功能，为此引入了通知报文 InformRequest 和管理站数据库（Manager-to-Manager MIB）。Inform 是管理站之间发送的消息，PDU 格式与 Get 等操作相同，变量绑定表的内容与陷入报文一样，但这个消息需要应答。管理站收到通知请求后首先要决定应答报文的大小，如果应答报文大小超过本地或对方的限制，则返回错误状态 tooBig。如果接收的请求报文不是太大，则把有关信息传送给本地的应用实体，返回一个错误状态为 noErr 的响应报文，其变量绑定表与收到的请求 PDU 相同。

9.1.5 SNMPv3

SNMPv3 中把前两版中的管理站和代理统一叫作 SNMP 实体（SNMP Entity）。实体是体系结构的一种实现，由一个或多个SNMP引擎（SNMP Engine）和一个或多个SNMP应用（SNMP Application）组成。图9-12显示了SNMP实体的组成元素。

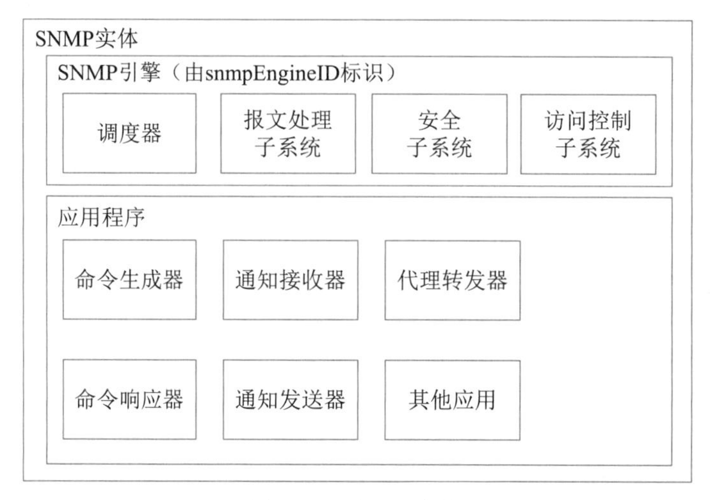

图9-12　SNMP实体

1. SNMP引擎

SNMP引擎提供下列服务：

- 发送和接收报文。
- 认证和加密报文。
- 控制对管理对象的访问。

SNMP引擎有唯一的标识snmpEngineID，由于SNMP引擎和SNMP实体具有一一对应的关系，所以snmpEngineID也是对应的SNMP实体的唯一标识。SNMP引擎具有复杂的结构，它包含以下部分：

（1）一个调度器（Dispatcher），其作用是发送/接收SNMP报文。

（2）一个报文处理子系统（Message Processing Subsystem），其功能是按照预定的格式准备要发送的报文，或者从接收的报文中提取数据。

（3）一个安全子系统（Security Subsystem），提供安全服务，例如报文的认证和加密。一个安全子系统可以有多个安全模块，以便提供各种不同的安全服务。

（4）一个访问控制子系统（Access Control Subsystem），提供授权服务，即确定是否允许访问一个管理对象，或者是否可以对某个管理对象实施特殊的管理操作。

2. 应用程序

SNMPv3的应用程序分为5种：

- 命令生成器（Command Generators）：建立SNMP Read/Write请求，并且处理这些请求的响应。
- 命令响应器（Command Responders）：接收SNMP Read/Write请求，对管理数据进行访问，并按照协议规定的操作产生响应报文，返回给读/写命令的发送者。

- 通知发送器（Notification Originators）：监控系统中出现的特殊事件，产生通知类报文，并且要有一种机制，以决定向何处发送报文，使用什么 SNMP 版本和安全参数等。
- 通知接收器（Notification Receivers）：监听通知报文，并对确认型通知产生响应。
- 代理转发器（Proxy Forwarders）：在 SNMP 实体之间转发报文。

3. 基于用户的安全模型（USM）

SNMPv3 把对网络协议的安全威胁分为主要的和次要的两类。标准规定安全模块必须提供防护的两种主要威胁如下：

- 修改信息：某些未经授权的实体改变了进来的 SNMP 报文，企图实施未经授权的管理操作，或者提供虚假的管理对象。
- 假冒：未经授权的用户冒充授权用户的标识，企图实施管理操作。

标准还规定安全模块必须对下面两种次要威胁提供防护：

- 修改报文流：由于 SNMP 通常是基于无连接的传输服务，重新排序报文流、延迟或重放报文的威胁都可能出现。这些威胁的危害性在于通过报文流的修改可能实施非法的管理操作。
- 消息泄露：SNMP 引擎之间交换的信息可能被偷听，对这种威胁的防护应采取局部的策略。

下面两种威胁是安全体系结构不必防护的，因为它们不是很重要，或者说这种防护没有多大作用。

- 拒绝服务：因为在很多情况下拒绝服务和网络失效是无法区别的，所以可以由网络管理协议来处理，安全子系统不必采取措施。
- 通信分析：由第三者分析管理实体之间的通信规律，从而获取需要的信息。由于通常都是由少数管理站来管理整个网络的，所以管理系统的通信模式是可预见的，因而防护通信分析就没有多大作用了。

因此，RFC 2574 把安全协议分为以下 3 个模块：

- 时间序列模块：提供对报文延迟和重放攻击的防护。
- 认证协议：提供完整性和数据源认证，使用了一种叫作报文认证码的协议。MAC 通常用于共享密钥的两个实体之间，使用散列函数作为密码，所以也叫作 HMAC。HMAC 可以结合任何重复加密的散列函数，例如 MD5 和 SHA-1。可见，HMAC-MD5-96 认证协议就是使用散列函数 MD5 的报文认证协议。
- 加密模块：防止报文内容的泄露。数据的加密使用 DES 算法，使用 56 位的密钥，按照 CBC（Cipher Block Chaining）模式对 64 位长的明文进行替代和替换，最后产生的密文也被分成 64 位的块。

另外，SNMPv3 还对用户密钥进行了局部化处理。用户通常使用可读的 ASCII 字符串作为口令字，密钥局部化就是把用户的口令字变换成他 / 她与一个 SNMP 引擎共享的密钥。虽然用户在整个网络中可能只使用一个口令，但是通过密钥局部化以后，用户与每一个 SNMP 引擎共享的密钥都是不同的。这样的设计可以防止一个密钥值的泄露对其他 SNMP 引擎造成危害。密钥局部化过程的主要思想是把口令字和相应的 SNMP 引擎标识作为输入，运行一个散列函数（例如 MD5 或 SHA），得到一个固定长度的伪随机序列，作为加密密钥。

4. 基于视图的访问控制（VACM）模型

当一个 SNMP 实体处理检索或修改请求时，都要检查是否允许访问指定的管理对象，以及是否允许执行请求的操作。另外，当 SNMP 实体生成通知报文时，也要用到访问控制机制，以决定把消息发送给谁。在 VACM 模型中要用到以下概念：

- SNMP上下文（context）：简称上下文，是SNMP实体可以访问的管理信息的集合。一个管理信息可以存在于多个上下文中，而一个SNMP实体也可以访问多个上下文。在一个管理域中，SNMP上下文由唯一的名字contextName标识。
- 组（group）：由二元组<securityModel，securityName>的集合构成。属于同一组的所有安全名securityName在指定的安全模型securityModel下的访问权限相同。组的名字用groupName表示。
- 安全模型（securityModel）：表示访问控制中使用的安全模型。
- 安全级别（securityLevel）：在同一组中成员可以有不同的安全级别，即noAuthNoPriv（无认证不保密）、authNoPriv（有认证不保密）和authPriv（有认证要保密）。任何一个访问请求都有相应的安全级别。
- 操作（operation）：指对管理信息执行的操作，例如读、写和发送通知等。

9.1.6 管理信息库

管理信息库（Management Information Base，MIB）是 TCP/IP 网络管理协议标准框架的内容之一，MIB 定义了受管设备必须保存的数据项、允许对每个数据项进行的操作及其含义，即管理系统可访问的受管设备的控制和状态信息等数据变量都保存在 MIB 中。

1988 年 8 月，在 RFC 1066 中公布了第一组被管理对象，这一组被称为 MIB-1。1990 年 5 月，在 RFC 1158 中定义的 MIB-2 取代了 MIB-1。MIB-2 引入了 3 个新组：cmot、transmission 和 snmp，并引入了很多新的对象，从而扩展了 MIB-1 已有的对象组。

1991 年 3 月，RFC 1213 取代了 RFC 1158。在 RFC 1213 中，MIB-2 彻底修订并采纳 RFC 1212 中的简洁 MIB 定义。

1. 被管理对象的定义

SNMP 环境中的所有被管理对象组织成树状结构，如图 9-13 和图 9-14 所示。这种层次树结构有以下 3 个作用。

（1）表示管理和控制关系。从图 9-13 可以看出，上层的中间节点是某些组织机构的名字，说明这些机构负责它下面子树的管理。有些中间节点虽然不是组织机构名，但已委托给某个组织机构代管，例如 org(3) 由 ISO 代管，SNMP 在 dod 之下设置一个子树用于 Internet 的管理。

（2）提供了结构化的信息组织技术。从图 9-14 可以看出，下层的中间节点代表的子树是与每个网络资源或网络协议相关的信息集合。例如，有关 IP 协议的管理信息都放置在 ip(4) 子树中。这样，沿着树层次访问相关信息很方便。

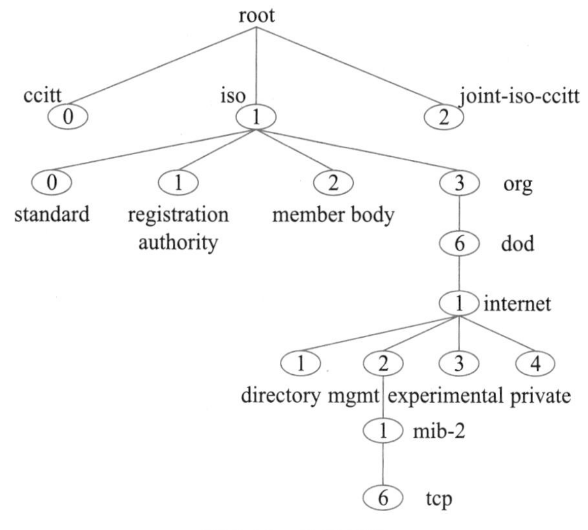

图 9-13　注册层次

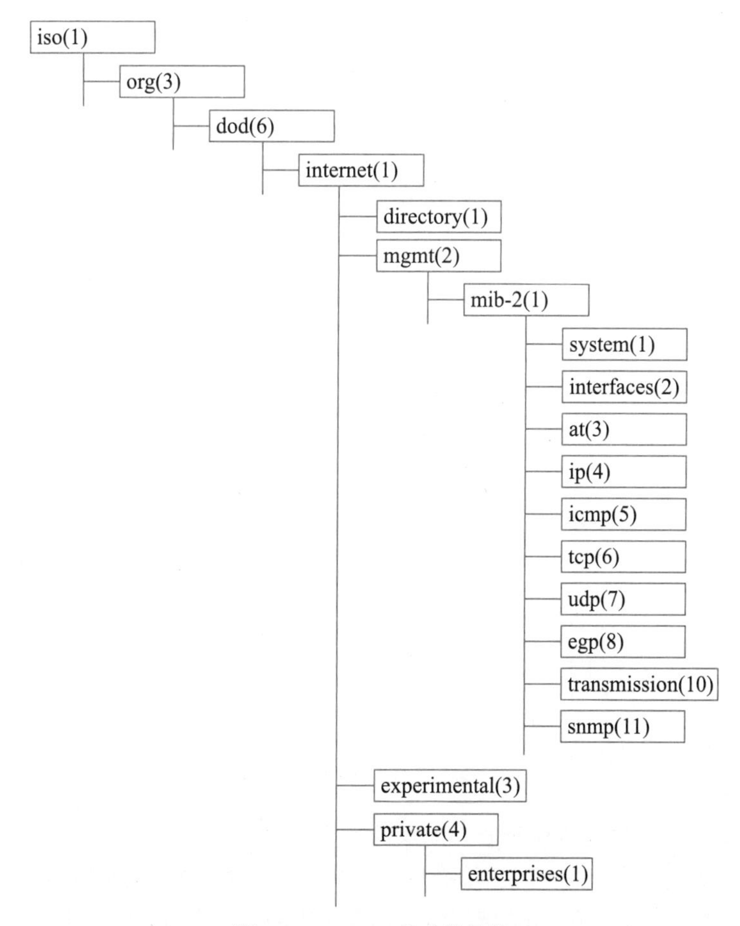

图 9-14　MIB-2 的分组结构

（3）提供了对象命名机制。树中的每个节点都有一个分层的编号。叶子节点代表实际的管理对象，从树根到树叶的编号串联起来，用圆点隔开，就形成了管理对象的全局标识。例如，internet 的标识符是 1.3.6.1，或者写为 {iso(1)org(3)dod(6)1}。

internet 下面的 4 个节点需要解释。directory(1) 是 OSI 的目录服务（X.500）。mgmt(2) 包括由 IAB 批准的所有管理对象，而 mib-2 是 mgmt(2) 的第一个孩子节点。experimental(3) 子树用来标识在因特网上实验的所有管理对象。最后，private(4) 子树是为私有企业管理信息准备的，目前这个子树只有一个孩子节点 enterprises(1)。如果一个私有企业（例如 ABC 公司）向 Internet 编码机构申请注册，并得到一个代码 100，该公司为它的令牌环适配器赋予代码为 25。这样，令牌环适配器的对象标识符就是 1.3.6.1.4.1.100.25。把 internet 节点划分为 4 个子树，为 SNMP 的实验和改进提供了非常灵活的管理机制。

SNMP MIB 中的每个对象属于一定的对象类型，并且有一个具体的值。对象类型的定义采用 ASN.1 描述，对象实例是对象类型的具体实现，只有实例才可以绑定到特定的值。

SNMP MIB 的宏定义最初在 RFC 1155 中说明，叫作 MIB-1。后来对 RFC 1212 进行了扩充，叫作 MIB-2。如图 9-15 所示是 RFC 1212 中对象类型的定义，对其中关键的成分解释如下。

```
OBJECT-TYPE MACRO::=
  BEGIN
     TYPE NOTATION::="SYNTAX" type(TYPE ObjectSyntax)
              "ACCESS" Access
              "STATUS" Status
              DescrPart
              ReferPart
              IndexPart
              DefValPart
     VALUE NOTATION::=value (VALUE ObjectName)
     Access::="read-only"|"read-write"|"write-only"|"not-accessible"
     Status::="mandatory"|"optional"|"obsolete"|"deprecated"
     DescrPart::="DESCRIPTION" value(description DisplayString) | empty
     ReferPart::="REFERENCE" value(reference DisplayString) | empty
     IndexPart::="INDEX" "{" IndexTypes "}"
     IndexTypes::=IndexType|IndexTypes "," IndexType
     IndexType::=value(indexobject ObjectName)|type (indextype)
     DefValPart::="DEFVAL" "{" value(defvalue ObjectSyntax) "}" | empty
     DisplayString::=OCTET STRING SIZE(0..255)
  END
```

图 9-15　管理对象的宏定义（RFC 1212）

- SYNTAX：语法子句说明被管理对象的类型、组成和值的范围，以及与其他对象的关系。对象类型的定义是一种语法描述，对象实例是对象类型的具体实现，只有实例才可以绑定到特定的值。在 MIB 中使用了 ASN.1 中的 5 种通用类型，如表 9-1 所示。

表 9-1　ASN.1 的通用类型

类型名	值集合	解释
INTEGER	整数	包括正、负整数和 0
OCTET STRING	位组串	由 8 位组构成的串，例如 IP 地址就是由 4 个 8 位组构成的串
NULL	NULL	空类型不代表任何类型，只是占有一个位置
OBJECT IDENTIFIER	对象标识符	MIB 树中的节点用分层的编号表示，例如 1.3.6.1.2.1
SEQUENCE（OF）	序列	可以是任何类型组成的序列，如果有 OF，则是同类型对象的序列，否则是不同类型对象的序列

- Access：定义 SNMP 协议访问对象的方式。可选择的访问方式有只读（read-only）、读/写（read-write）、只写（write-only）和不可访问（not-accessible）4 种。
- Status：说明实现是否支持这种对象。状态子句中定义了必要的（mandatory）和任选的（optional）两种支持程度。过时的（obsolete）是指旧标准支持但新标准不支持的类型。如果一个对象被说明为可取消的（deprecated），则表示当前必须支持这种对象，但在将来的标准中可能被取消。
- DescrPart：这个子句是任选的，用文字说明对象类型的含义。
- ReferPart：这个子句也是任选的，用文字说明可参考在其他 MIB 模块中定义的对象。
- IndexPart：用于定义表对象的索引项。
- DefValPart：这个子句是任选的，定义了对象实例的默认值。
- VALUE NOTATION：指明对象的访问名。

另外，RFC 1155 文件还根据网络管理的需要定义了下列应用类型：

- NetworkAddress：可以有多种网络地址，但目前定义的只有IP地址。
- IpAddress：32 位的 IP 地址，定义为 4 个字节的串。
- Counter：计数器类型是一个非负整数，其值可增加，但不能减少，达到最大值 232–1 后回零，再从头开始增加，如图 9-16（a）所示。计数器可用于计算接收到的分组数或字节数等。
- Gauge：计量器类型是一个非负整数，其值可增加，也可减少。计量器的最大值也是 $2^{32}-1$。与计数器不同之处是计量器达到最大值后不回零，而是锁定在 $2^{32}-1$，如图 9-16（b）所示。计量器可用于表示存储在缓冲队列中的分组数。

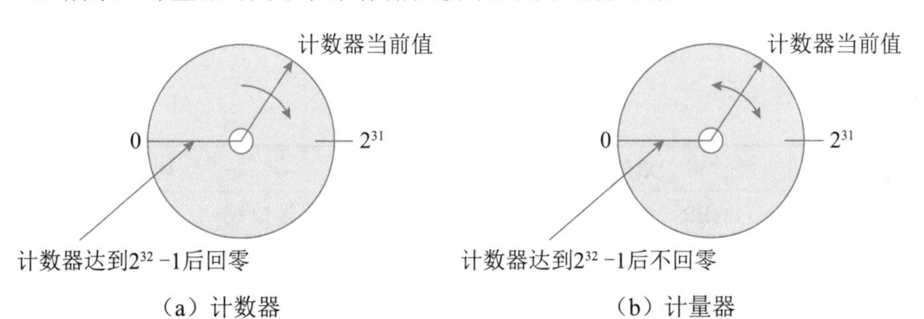

（a）计数器　　（b）计量器

图 9-16　计数器和计量器

- TimeTicks：时钟类型是非负整数。时钟的单位是百万分之一秒，可表示从某个事件（例如设备启动）开始到目前经过的时间。
- Opaque：不透明类型，即未知数据类型，可以表示任意类型。这种数据在编码时按字符串处理，管理站和代理都能解释这种类型。

SNMPv2 增加了两种新的数据类型 Unsigned32 和 Counter64。Unsigned32 和 Gauge32 都是 32 位的整数，但是在 SNMPv2 中赋予了不同的语义。Counter64 和 Counter32 一样，都表示计数器，只能增加，不能减少。当增加到 $2^{64}-1$ 或 $2^{32}-1$ 时回零，从头再增加。而且 SNMPv2 规定，计数器没有定义的初始值，所以计数器的单个值是没有意义的，只有连续两次读计数器得到的增加值才是有意义的。

SNMPv2 规范澄清了原来标准中一些含糊不清的地方。首先是在 SNMPv2 中规定 Gauge32 的最大值可以设置为小于 2^{32} 的任意正数 MAX，而在 SNMPv1 中 Gauge32 的最大值总是 $2^{32}-1$。显然，这样规定更细致了，使用更方便了。其次是 SNMPv2 明确了当计量器达到最大值时可自动减少。在 RFC 1155 中只是说计量器的值“锁定”在最大值，对锁定的含义并没有定义，人们总是在“计量器达到最大值时是否可以减少”的问题上争论不休。

2. MIB-2 的功能组

RFC 1213 定义了 MIB-2，包含 11 个功能组，共 171 个对象。下面解释主要的功能组。

（1）系统组（System Group）。提供了系统的一般信息。如表 9-2 所示为系统组的对象。

表 9-2 系统组对象

对象	语法	访问方式	功能描述
sysDescr（1）	DisplayString（SIZE（0..255））	RO	有关硬件和操作系统的描述
sysObjectID（2）	OBJECT IDENTIFIER	RO	系统制造商标识
sysUpTime（3）	Timeticks	RO	系统运行时间
sysContact（4）	DisplayString（SIZE（0..255））	RW	系统管理人员描述
sysName（5）	DisplayString（SIZE（0..255））	RW	系统名
sysLocation（6）	DisplayString（SIZE（0..255））	RW	系统的物理位置
sysServices（7）	INTEGER（0..127）	RO	系统服务

（2）接口（Interface）组。接口组包含关于主机接口的配置信息和统计信息，如表 9-3 所示。

表 9-3 接口组对象

对象	语法	访问方式	功能描述
ifNumber	INTEGER	RO	网络接口数
ifTable	SEQUENCE OF ifEntry	NA	接口表
ifEntry	SEQUENCE	NA	接口表项
ifIndex	INTEGER	RO	唯一的索引

（续表）

对象	语法	访问方式	功能描述
ifDescr	DisplayString（SIZE（0..255））	RO	接口描述信息、制造商名、产品名和版本等
ifType	INTEGER	RO	物理层和数据链路层协议确定的接口类型
ifMtu	INTEGER	RO	最大协议数据单元大小（位组数）
ifSpeed	Gauge	RO	接口数据速率
ifPhysAddress	PhysAddress	RO	接口物理地址
ifAdminStatus	INTEGER	RW	管理状态 up（1）down（2）testing（3）
ifOperStatus	INTEGER	RO	操作状态 up（1）down（2）testing（3）
ifLastChange	TimeTicks	RO	接口进入当前状态的时间
ifInOctets	Counter	RO	接口收到的总字节数
ifInUcastPkts	Counter	RO	输入的单点传送分组数
ifInNUcastPkts	Counter	RO	输入的组播分组数
ifInDiscards	Counter	RO	丢弃的分组数
ifInErrors	Counter	RO	接收的错误分组数
ifInUnknownPorotos	Counter	RO	未知协议的分组数
ifOutOctets	Counter	RO	通过接口输出的分组数
ifOutUcastPkts	Counter	RO	输出的单点传送分组数
ifOutNUcastPkts	Counter	RO	输出的组播分组数
ifOutDiscards	Counter	RO	丢弃的分组数
ifOutErrors	Counter	RO	输出的错误分组数
ifOutQLen	Gauge	RO	输出队列长度
ifSpecfic	OBJECT IDENTIFIER	RO	指向 MIB 中专用的定义

接口组中的对象可用于故障管理和性能管理。例如，可以通过检查进 / 出接口的字节数或队列长度来检测网络拥塞，可以通过接口状态获知工作情况，还可以统计出输入 / 输出的错误率。

输入错误率 =ifInErrors/（ifInUcastPkts+ifInNUcastPkts）

输出错误率 =ifOutErrors/（ifOutUcastPkts+ifOutNUcastPkts）

另外，该组可以提供接口发送的字节数和分组数，这些数据可作为计费的依据。

（3）地址转换组。地址转换组包含一个表，该表的一行对应系统的一个物理接口，表示网络地址到接口的物理地址的映像关系。MIB-2 中地址转换组的对象已被收编到各个网络协议组中，保留地址转换组仅仅是为了与 MIB-1 兼容。

（4）IP 组。IP 组提供了与 IP 协议有关的信息。由于端系统（主机）和中间系统（路由器）

都实现了 IP 协议，而这两种系统中包含的 IP 对象又不完全相同，所以有些对象是任选的，这取决于是否与系统有关。IP 组包含的对象如表 9-4 所示。

表 9-4 IP 组对象

对象	语法	访问方式	功能描述
ipForwarding（1）	INTEGER	RW	IP gateway（1），IP host（2）
ipDefaultTTL（2）	INTEGER	RW	IP 头中的 Time To Live 字段的值
ipInReceives（3）	Counter	RO	IP 层从下层接收的数据报总数
ipInHdrErrors（4）	Counter	RO	由于 IP 头出错而丢弃的数据报
ipInAddrErrors（5）	Counter	RO	地址出错（无效地址、不支持的地址和非本地主机地址）的数据报
ipForwDatagrams（6）	Counter	RO	已转发的数据报
ipInUnknownProtos（7）	Counter	RO	不支持数据报的协议，因而被丢弃
ipInDiscards（8）	Counter	RO	因缺乏缓冲资源而丢弃的数据报
ipInDelivers（9）	Counter	RO	由 IP 层提交给上层的数据报
ipOutRequests（10）	Counter	RO	由 IP 层交给下层需要发送的数据报，不包括 ipForwDatagrams
ipOutDiscards（11）	Counter	RO	在输出端因缺乏缓冲资源而丢弃的数据报
ipOutNoRoutes（12）	Counter	RO	没有到达目标的路由而丢弃的数据报
ipReasmTimeout（13）	INTEGER	RO	数据段等待重装配的最长时间（秒）
ipReasmReqds（14）	Counter	RO	需要重装配的数据段
ipReasmOKs（15）	Counter	RO	成功重装配的数据段
ipReasmFails（16）	Counter	RO	不能重装配的数据段
ipFragOKs（17）	Counter	RO	分段成功的数据段
ipFragFails（18）	Counter	RO	不能分段的数据段
ipFragCreates（19）	Counter	RO	产生的数据报分段数
ipAddrTable（20）	SEQUENCE OF	NA	IP 地址表
ipRouteTable（21）	SEQUENCE OF	NA	IP 路由表
ipNetToMediaTable（22）	SEQUENCE OF	NA	IP 地址转换表
ipRoutingDiscards（23）	Counter	RO	无效的路由项，包括为释放缓冲空间而丢弃的路由项

（5）ICMP 组。ICMP 是 IP 的伴随协议，所有实现 IP 协议的节点都必须实现 ICMP 协议。ICMP 组包含有关 ICMP 实现和操作的有关信息，它是各种接收的或发送的 ICMP 报文的计数器。ICMP 组包含的对象如表 9-5 所示。

表 9-5 ICMP 组对象

对象	语法	访问方式	功能描述
icmpInMsgs（1）	Counter	RO	接收的 ICMP 报文总数（以下为输入报文）
icmpInErrors（2）	Counter	RO	出错的 ICMP 报文数
icmpInDestUnreachs（3）	Counter	RO	目标不可送达型 ICMP 报文
icmpInTimeExcds（4）	Counter	RO	超时型 ICMP 报文
icmpInPramProbe（5）	Counter	RO	有参数问题型 ICMP 报文
icmpInSrcQuenchs（6）	Counter	RO	源抑制型 ICMP 报文
icmpInRedirects（7）	Counter	RO	重定向型 ICMP 报文
icmpInEchos（8）	Counter	RO	回声请求型 ICMP 报文
icmpInEchoReps（9）	Counter	RO	回声响应型 ICMP 报文
icmpInTimestamps（10）	Counter	RO	时间戳请求型 ICMP 报文
icmpInTimestampReps（11）	Counter	RO	时间戳响应型 ICMP 报文
icmpInAddrMasks（12）	Counter	RO	地址掩码请求型 ICMP 报文
icmpInAddrMaskReps（13）	Counter	RO	地址掩码响应型 ICMP 报文
icmpOutMsgs（14）	Counter	RO	输出的 ICMP 报文总数（以下为输出报文）
icmpOutErrors（15）	Counter	RO	出错的 ICMP 报文数
icmpOutDestUnreachs（16）	Counter	RO	目标不可送达型 ICMP 报文
icmpOutTimeExcds（17）	Counter	RO	超时型 ICMP 报文
icmpOutPramProbe（18）	Counter	RO	有参数问题型 ICMP 报文
icmpOutSrcQuenchs（19）	Counter	RO	源抑制型 ICMP 报文
icmpOutRedirects（20）	Counter	RO	重定向型 ICMP 报文
icmpOutEchos（21）	Counter	RO	回声请求型 ICMP 报文
icmpOutEchoReps（22）	Counter	RO	回声响应型 ICMP 报文
icmpOutTimestamps（23）	Counter	RO	时间戳请求型 ICMP 报文
icmpOutTimestampReps（24）	Counter	RO	时间戳响应型 ICMP 报文
icmpOutAddrMasks（25）	Counter	RO	地址掩码请求型 ICMP 报文
icmpOutAddrMaskReps（26）	Counter	RO	地址掩码响应型 ICMP 报文

（6）TCP 组。TCP 组包含与 TCP 协议的实现和操作有关的信息，这一组的前 3 项与重传有关。当一个 TCP 实体发送数据段后就等待应答，并开始计时。如果超时后没有得到应答，就认为数据段丢失了，因而要重新发送。TCP 组包含的对象如表 9-6 所示。

表9-6 TCP组对象

对象	语法	访问方式	功能描述
tcpRtoAlgorithm（1）	INTEGER	RO	重传时间算法
tcpRtoMin（2）	INTEGER	RO	重传时间最小值
tcpRtoMax（3）	INTEGER	RO	重传时间最大值
tcpMaxConn（4）	INTEGER	RO	可建立的最大连接数
tcpActiveOpens（5）	Counter	RO	主动打开的连接数
tcpPassiveOpens（6）	Counter	RO	被动打开的连接数
tcpAttemptFails（7）	Counter	RO	连接建立失败数
tcpEstabResets（8）	Counter	RO	连接复位数
tcpCurrEstab（9）	Gauge	RO	状态为 established 或 closeWait 的连接数
tcpInSegs（10）	Counter	RO	接收的 TCP 段总数
tcpOutSegs（11）	Counter	RO	发送的 TCP 段总数
tcpRetransSegs（12）	Counter	RO	重传的 TCP 段总数
tcpConnTable（13）	SEQUENCE OF	NA	连接表
tcpInErrors（14）	Counter	RO	接收的出错 TCP 段数
tcpOutRests（15）	Counter	RO	发出的含 RST 标志的段数

（7）UDP组。UDP组类似于TCP组，它包含了关于UDP数据报和本地接收端点的详细信息。

（8）EGP组。EGP组提供了关于EGP路由器发送和接收的EGP报文的信息，以及关于EGP邻居的详细信息等。

（9）传输组。设置这一组的目的是针对各种传输介质提供详细的管理信息，事实上这不是一个组，而是一个联系各种接口专用信息的特殊节点。前面介绍过的接口组包含各种接口通用的信息，而传输组提供与子网类型有关的专用信息。

3. SNMPv2管理信息库

SNMPv2 MIB扩展和细化了MIB-2中定义的管理对象，又增加了新的管理对象。

（1）系统组。SNMPv2的系统组是MIB-2系统组的扩展，如图9-17所示为这个组的管理对象。可以看出，这个组只是增加了与对象资源（Object Resource）有关的一个标量对象sysORLastChange和一个表对象sysORTable，它仍然属于MIB-2的层

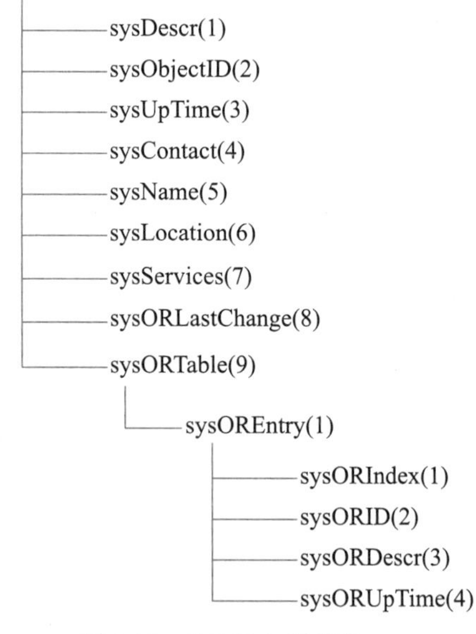

图9-17 SNMPv2系统组

次结构。所谓对象资源，是指由代理实体使用和控制的，可以由管理站动态配置的系统资源。标量对象 sysORLastChange 记录着对象资源表中描述的对象实例改变状态（或值）的时间。对象资源表是一个只读的表，每一个可动态配置的对象资源占用一个表项。

（2）SNMP 组。这个组是由 MIB-2 的对应组改造而成的，有些对象被删除了，同时又增加了一些新对象，如图 9-18 所示。

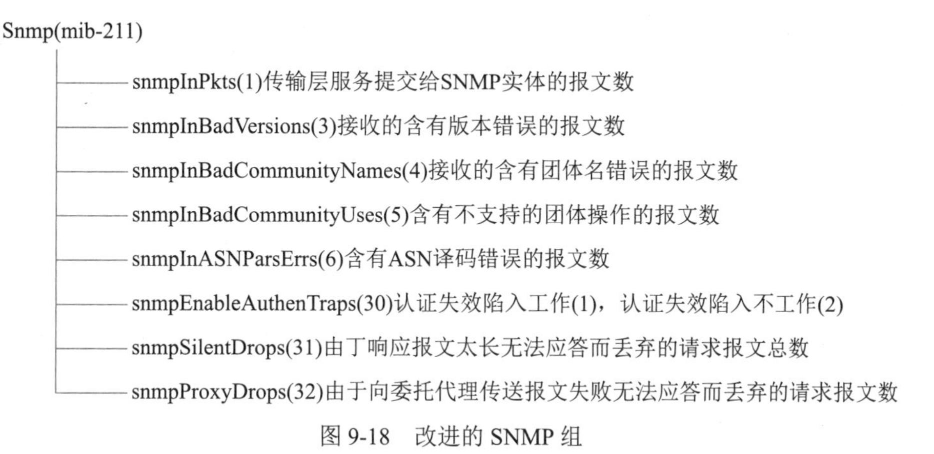

图 9-18　改进的 SNMP 组

（3）MIB 对象组。这个新组包含的对象与管理对象的控制有关，分为两个子组，如图 9-19 所示。第一个子组 snmpTrap 由两个对象组成。

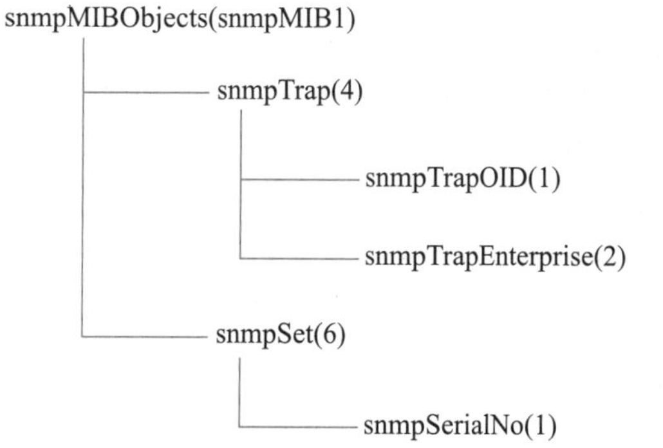

图 9-19　SNMP MIB 对象组

- snmpTrapOID：这是正在发送的陷入或通知的对象标识符，这个变量出现在陷入 PDU或通知请求PDU的变量绑定表中的第二项。
- snmpTrapEnterprise：这是与正在发送的陷入有关的制造商的对象标识符，当 SNMPv2 的委托代理把一个 RFC 1157 陷入 PDU 映像到 SNMPv2 陷入 PDU 时，这个变量出现在变量绑定表的最后。

第二个子组 snmpSet 仅有一个对象 snmpSerialNo，这个对象用于解决 SET 操作中可能出现的两个问题：

①一个管理站可能向同一个 MIB 对象发送多个 SET 操作，保证这些操作按照发送的顺序在 MIB 中执行是必要的，即使在传送过程中次序发生了错乱也是这样。

②多个管理站对 MIB 的并发操作可能破坏了数据库的一致性和精确性。

（4）接口组。MIB-2 定义的接口组经过一段时间的使用，发现有很多缺陷。RFC 1573 分析了原来的接口组没有提供的功能和其他不足之处，具体如下：

①接口编号。MIB-2 接口组定义变量 ifNumber 作为接口编号，而且是常数，这对于允许动态增加 / 删除网络接口的协议（例如 SLIP/PPP）是不合适的。

②接口子层。有时需要区分网络层下面的各个子层，而MIB-2没有提供这个功能。

③虚电路问题。对应一个网络接口可能有多个虚电路。

④不同传输特性的接口。MIB-2接口表记录的内容只适合基于分组传输的协议，不适合面向字符的协议（例如PPP，EIA RS-232），也不适合面向位的协议（例如DS1）和固定信息长度传输的协议（例如ATM）。

⑤计数长度。当网络速度增加时，32位的计数器经常溢出回零。

⑥接口速度。ifSpeed最大为（$2^{32}-1$）b/s，但是现在有的网络速度已远远超过这个限制，例如SONET OC-48为2.448Gb/s。

⑦组播/广播分组计数。MIB-2接口组不区分组播分组和广播分组，但分别计数有时是有用的。

⑧接口类型。ifType表示接口类型，MIB-2定义的接口类型不能动态增加，只能在推出新的MIB版本时再增加，这个过程一般需要几年时间。

⑨ ifSpecific问题。MIB-2对这个变量的定义很含糊。有的实现给这个变量赋予介质专用的MIB的对象标识符，有的实现赋予介质专用表的对象标识符，或者是这种表的入口对象标识符，甚至是表的索引对象标识符。

根据以上分析，RFC 1573对MIB-2接口组做了一些小的修改，纠正了上面提到的问题。例如，重新规定ifIndex不再代表一个接口，而是用于区分接口子层，而且不再限制ifIndex的取值必须在1～ifNumber之间。这样对应一个物理接口可以有多个代表不同逻辑子层的表行，还允许动态地增加/删除网络接口。RFC 1573废除了有些用处不大的变量，例如ifInNUcastPkts和ifOutNUPkts，它们的作用已经被接口扩展表中的新变量代替。由于变量ifOutQLen在实际中很少实现，因此也被废除了。变量ifSpecific由于前述原因也被废除了，它的作用已被ifType代替。同时把ifType的语法改变为IANAifType，这种类型可以由Internet编码机构（Internet Assigned Number Authority）随时更新，从而不受MIB版本的限制。

9.1.7 RMON

1. RMON的基本概念

RMON（Remote Network Monitoring，远端网络监视）最初的设计是用来解决从一个中心点管理各局域网和远程站点的问题。RMON规范是由SNMP MIB扩展而来的。在RMON中，网络监视数据包含了一组统计数据和性能指标，它们在不同的监视器（或称探测器）和控制台系统之间相互交换。结果数据可用来监控网络利用率，以用于网络规划、性能优化和协助网络错误诊断。

通常用于监视整个网络通信情况的设备叫作网络监视器（Monitor）或网络分析器（Analyzer）、探测器（Probe）等。监视器观察LAN上出现的每个分组，并进行统计和总结，给管理人员提供重要的管理信息。监视器还能存储部分分组，供以后分析用。监视器也根据分组类型进行过滤并捕获特殊的分组。通常是每个子网配置一个监视器，并且与中央管理站通信，因此叫作远程监视器，如图9-20所示。图中监视器可以是一个独立设备，也可以是运行监视器软件的工作站或服务器等。中央管理站具有 RMON 管理能力，能够与各个监视器交换管理信息。RMON 监视器或探测器（RMON Probe）实现 RMON 管理信息库（RMON MIB）。这种系统与通常的 SNMP 代理一样包含一般的 MIB，另外还有一个探测器进程，提供与 RMON 有关的功能。探测器进程能够读 / 写本地的 RMON 数据库，并响应管理站的查询请求。所以，也把 RMON 探测器称为 RMON 代理。

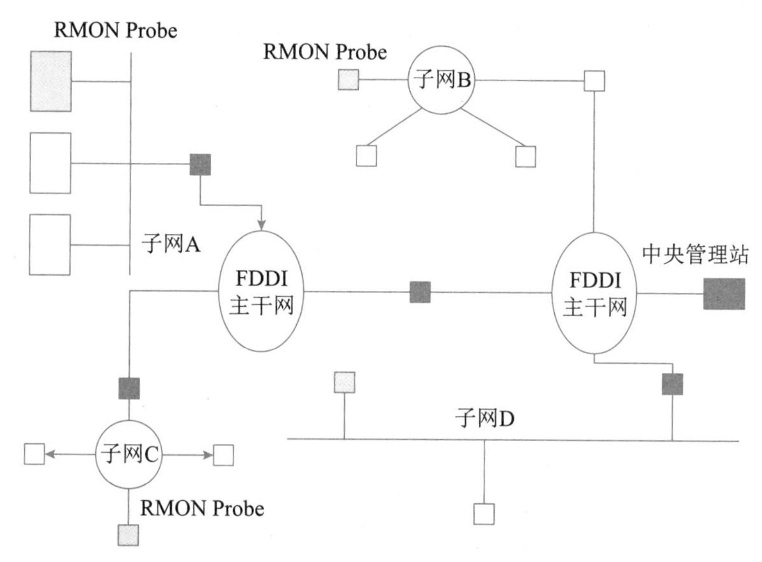

图 9-20　远程网络监视的配置

RMON 定义了远程网络监视的管理信息库，以及 SNMP 管理站与远程监视器之间的接口。一般来说，RMON 的目标就是监视子网范围内的通信，从而减少管理站和被管理系统之间的通信负担。更具体地说，RMON 有下列目标：

（1）离线操作。必要时管理站可以停止对监视器的轮询，有限的轮询可以节省网络带宽和通信费用。

（2）主动监视。如果监视器有足够的资源，通信负载也容许，监视器可以连续地或周期地运行诊断程序，收集并记录网络性能参数。

（3）问题检测和报告。如果主动监视消耗网络资源太多，监视器也可以被动地获取网络数据。

（4）提供增值数据。监控器可以分析收集到的子网数据，从而减轻了管理站的计算任务。

（5）多管理站操作。一个因特网可能有多个管理站，这样可以提高可靠性，或者分布地实现各种不同的管理功能。

当前 RMON 有两种版本：RMON v1 和 RMON v2。RMON v1 在使用较为广泛的网络硬件中都能发现，它定义了 9 个 MIB 组服务于基本网络监控；RMON v2 是 RMON 的扩展，专注于 MAC 层以上更高的流量层，它主要强调 IP 流量和应用程序层流量。RMON v2 允许网络管理应用程序监控所有网络层的信息包，这与 RMON v1 不同，后者只允许监控 MAC 及其以下层的信息包。

2. RMON 的管理信息库

RMON 规范定义了管理信息库 RMON MIB，它是 MIB-2 下面的第 16 个子树。RMON MIB 分为 10 组，如图 9-21 所示。存储在每一组中的信息都是监视器从一个或几个子网中统计和收集的数据。这 10 个功能组都是任选的，但实现时有下列连带关系：

（1）实现警报组时必须实现事件组，警报就是对某种网络事件的警告。

（2）实现最高 N 台主机组时必须实现主机组，因为最高 N 台主机组是从主机组中提取出来的。

（3）实现捕获组时必须实现过滤组，经过过滤的分组可以被捕获。

图 9-21　RMON MIB 子树

3. RMON2 的管理信息库

RMON2 监视 OSI/RM 第 3 ～ 7 层的通信，能对数据链路层以上的分组进行译码，这使得监视器可以管理 IP 协议等网络层协议，因而能了解分组的源和目标地址，能知道路由器负载的来源，使得监视的范围扩大到局域网之外。监视器也能监视应用层协议，例如电子邮件协议、文件传输协议和 HTTP 协议等，这样监视器就可以记录主机应用活动的数据，可以显示各种应用活动的图表，这些对网络管理人员都是很重要的信息。另外，在网络管理标准中，通常把网络层之上的协议叫作应用层协议，以后提到的应用层包含 OSI 的 5、6、7 层。

RMON2 扩充了原来的 RMON MIB，增加了 9 个新的功能组，如图 9-22 所示。

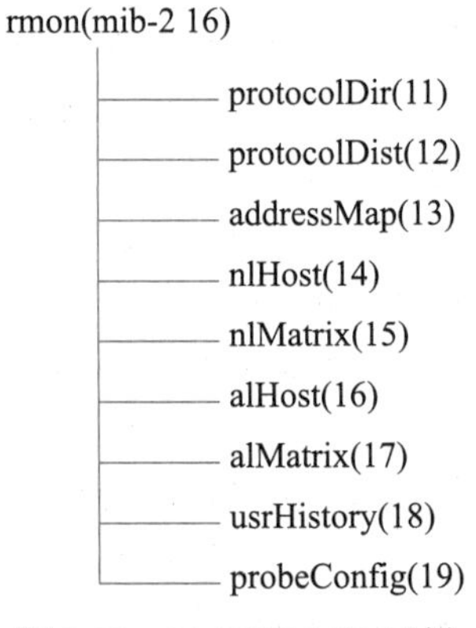

图 9-22　RMON2 MIB 子树

9.2　网络诊断和配置命令

Windows 提供了一组实用程序来实现简单的网络配置和管理功能，这些实用程序通常以

DOS 命令的形式出现。Windows 的网络管理命令通常以 exe 文件的形式存储在 system32 目录中。在“开始”菜单中运行命令解释程序 Cmd.exe，或者使用快捷键“Win+R”调出“运行”窗口输入“Cmd.exe”进入 DOS 命令窗口，可以执行任何实用程序。下面的一些例子都是在 DOS 窗口中运行的。

9.2.1　ipconfig

ipconfig 命令是最常用的 Windows 实用程序，它可以显示所有网卡的 TCP/IP 配置参数，可以刷新动态主机配置协议（DHCP）和域名系统的设置。ipconfig 命令的语法如下：

```
ipconfig [/all] [/renew[Adapter]] [/release[Adapter]] [/flushdns] [/displaydns] [/registerdns] [/showclassid Adapter] [/setclassid Adapter [ClassID]]
```

对以上命令参数解释如下：

- /?：显示帮助信息，对本章中其他命令有同样作用。
- /all：显示所有网卡的 TCP/IP 配置信息。如果没有该参数，则只显示各个网卡的 IP 地址、子网掩码和默认网关地址。
- /renew [*Adapter*]：更新网卡的 DHCP 配置，如果使用标识符 Adapter 说明了网卡的名字，则只更新指定网卡的配置，否则更新所有网卡的配置。这个参数只能用于动态配置 IP 的计算机。使用不带参数的 ipconfig 命令，可以列出所有网卡的名字。
- /release[*Adapter*]：向 DHCP 服务器发送 DHCP Release 请求，释放网卡的 DHCP 配置参数和当前使用的 IP 地址。
- /flushdns：刷新客户端 DNS 缓存的内容。在 DNS 排错期间，可以使用这个命令丢弃负缓存项以及其他动态添加的缓存项。
- /displaydns：显示客户端 DNS 缓存的内容，该缓存中包含从本地主机文件中添加的预装载项，以及最近通过名字解析查询得到的资源记录。DNS 客户端服务使用这些信息快速处理经常出现的名字查询。
- /registerdns：刷新所有 DHCP 租约，重新注册 DNS 名字。可以利用这个参数来排除 DNS 名字注册中的故障，解决客户端和 DNS 服务器之间的手工动态更新问题，可以利用“高级 TCP/IP 设置”来注册本地连接的 DNS 后缀，如图 9-23 所示。

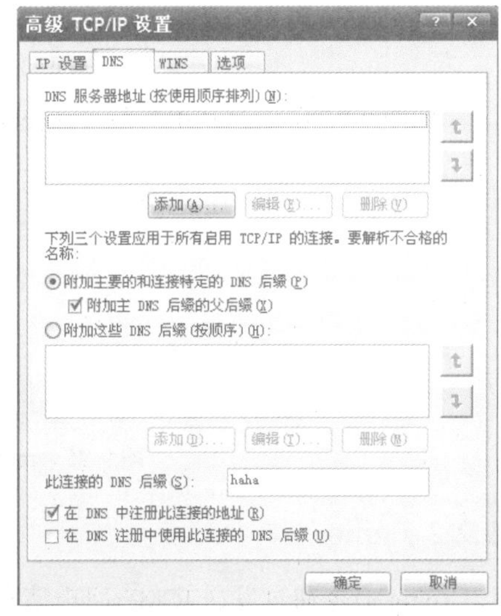

图 9-23　高级 TCP/IP 设置

- /showclassid *Adapter*：显示网卡的 DHCP 类别 ID。利用通配符“*”代替标识符 *Adapter*，可以显示所有网卡的 DHCP 类别 ID 。这个参数仅适用于自动配置 IP 地址的计算机，可以根据某种标准把 DHCP 客户端划分成不同的类别，以便于管理。例如，将移动客户划分到租约期较短的类，将固定客户划分到租约期较长的类。

- /setclassid *Adapter*[*ClassID*]：对指定的网卡设置 DHCP 类别 ID。如果未指定 DHCP 类别 ID，则会删除当前的类别 ID。

如果 *Adapter* 名称包含空格，则要在名称两边使用引号（即"*Adapter* 名称"）。在网卡名称中可以使用通配符星号"*"，例如，Local* 可以代表所有以字符串 Local 开头的网卡，而 *Con* 可以表示所有包含字符串 Con 的网卡。

如图 9-24 所示是用 ipconfig/all 命令显示的网络配置参数，其中列出了主机名、网卡物理地址和 DHCP 租约期，以及由 DHCP 分配的 IP 地址、子网掩码、默认网关和 DNS 服务器的 IP 地址等配置参数。

```
C:\Documents and Settings\Administrator>ipconfig/all

Windows IP Configuration

   Host Name . . . . . . . . . . . . : x4ep512rdszwjzp
   Primary Dns Suffix  . . . . . . . :
   Node Type . . . . . . . . . . . . : Unknown
   IP Routing Enabled. . . . . . . . : Yes
   WINS Proxy Enabled. . . . . . . . : Yes

Ethernet adapter 本地连接:

   Connection-specific DNS Suffix  . :
   Description . . . . . . . . . . . : SiS 900-Based PCI Fast Ethernet Adapter
   Physical Address. . . . . . . . . : 00-03-0D-07-03-7F
   DHCP Enabled. . . . . . . . . . . : Yes
   Autoconfiguration Enabled . . . . : Yes
   IP Address. . . . . . . . . . . . : 100.100.17.24
   Subnet Mask . . . . . . . . . . . : 255.255.255.0
   Default Gateway . . . . . . . . . : 100.100.17.254
   DHCP Server . . . . . . . . . . . : 192.168.254.10
   DNS Servers . . . . . . . . . . . : 218.30.19.40
                                       61.134.1.4
   Lease Obtained. . . . . . . . . . : 2009年1月5日 8:10:14
   Lease Expires . . . . . . . . . . : 2009年1月5日 12:10:14
```

图 9-24 ipconfig/all 命令显示的结果

如图 9-25 所示是利用参数 showclassid 显示的"本地连接"的类别标识。

```
C:\Documents and Settings\Administrator>ipconfig /showclassid 本地连接

Windows IP Configuration


DHCP Classes for Adapter "本地连接":

   DHCP ClassID Name . . . . . . . . : 默认路由和远程访问类别
   DHCP ClassID Description  . . . . : 远程访问客户端的用户类别

   DHCP ClassID Name . . . . . . . . : 默认 BOOTP 的类别
   DHCP ClassID Description  . . . . : BOOTP 客户端的用户类别
```

图 9-25 ipconfig/showclassid 命令显示的结果

9.2.2 ping

ping 命令通过发送 ICMP 回声请求报文来检验与另外一个计算机的连接。这是一个用于检测网络连通性的测试命令，如果不带参数则显示帮助信息。ping 命令的语法如下：

ping [-t] [-a] [-n *Count*] [-l *Size*] [-f] [-i *TTL*] [-v *ToS*] [-r *Count*] [-s *Count*] [{-j *HostList* | -k *HostList*}] [-w *Timeout*] [*TargetName*]

对以上命令参数解释如下：

- -t：持续发送回声请求直到按 Ctrl+Break 或 Ctrl+C 被中断，前者显示统计信息，后者不显示统计信息。
- -a：用 IP 地址表示目标，进行反向名字解析，如果命令执行成功，则显示对应的主机名。
- -n *Count*：说明发送回声请求的次数，默认为 4 次。
- -l *Size*：说明了回声请求报文的字节数，默认是 32，最大为 65 527。
- -f：在 IP 头中设置不分段标志，用于测试通路上传输的最大报文长度。
- -i *TTL*：说明 IP 头中 TTL 字段的值，通常取主机的 TTL 值，对于 Windows XP 主机，这个值是 128，最大为 255。
- -v *ToS*：说明了 IP 头中 ToS（Type of Service）字段的值，默认值是 0。
- -r *Count*：在 IP 头中添加路由记录选项，Count 表示源和目标之间的跃点数，其值为 1～9。
- -s *Count*：在 IP 头中添加时间戳（Timestamp）选项，用于记录到达每一跃点的时间，Count的值为 1～4 。
- -j *HostList*：在 IP 头中使用松散源路由选项，HostList 指明中间节点（路由器）的地址或名字，最多 9 个，用空格分开。
- -k *HostList*：在 IP 头中使用严格源路由选项，HostList 指明中间节点（路由器）的地址或名字，最多 9 个，用空格分开。
- -w *Timeout*：指明等待回声响应的时间（μs），如果响应超时，则显示出错信息 Request timed out，默认超时间隔为 4s。
- *TargetName*：用 IP 地址或主机名表示目标设备。

使用 ping 命令必须安装并运行 TCP/IP 协议，可以使用 IP 地址或主机名来表示目标设备。如果 ping 一个 IP 地址成功，但 ping 对应的主机名失败，则可以断定名字解析有问题。无论名字解析是通过 DNS、NetBIOS，还是通过本地主机文件，都可以用这个方法进行故障诊断。

举例如下：

（1）如果要测试目标 10.0.99.221 并进行名字解析，则输入：

```
ping -a 10.0.99.221
```

（2）如果要测试目标 10.0.99.221，发送 10 次请求，每个响应为 1000 字节，则输入：

```
ping -n 10 -l 1000 10.0.99.221
```

（3）如果要测试目标 10.0.99.221，并记录 4 个跃点的路由，则输入：

```
ping -r 4 10.0.99.221
```

（4）如果要测试目标 10.0.99.221，并说明松散源路由，则输入：

```
ping -j 10.12.0.1 10.29.3.1 10.1.44.1 10.0.99.221
```

如图9-26所示为ping www.163.com.cn的结果。

```
C:\Documents and Settings\Administrator>ping www.163.com.cn

Pinging www.163.com.cn [219.137.167.157] with 32 bytes of data:

Reply from 219.137.167.157: bytes=32 time=29ms TTL=54
Reply from 219.137.167.157: bytes=32 time=29ms TTL=54
Reply from 219.137.167.157: bytes=32 time=29ms TTL=54
Reply from 219.137.167.157: bytes=32 time=29ms TTL=54

Ping statistics for 219.137.167.157:
    Packets: Sent = 4, Received = 4, Lost = 0 (0% loss),
Approximate round trip times in milli-seconds:
    Minimum = 29ms, Maximum = 29ms, Average = 29ms
```

图9-26 ping命令显示的结果

9.2.3 arp

arp命令用于显示和修改地址解析协议缓存表的内容。计算机上安装的每个网卡各有一个缓存表。如果使用不含参数的arp命令，则显示帮助信息。arp命令的语法如下：

arp [-a [*InetAddr*] [-N *IfaceAddr*]] [-g [*InetAddr*] [-N *IfaceAddr*]] [-d *InetAddr* [*IfaceAddr*]] [-s *InetAddr EtherAddr* [*IfaceAddr*]]

对以上命令参数解释如下：

- -a [*InetAddr*] [-N *IfaceAddr*]：显示所有接口的ARP缓存表。如果要显示特定IP地址的ARP表项，则使用参数*InetAddr*；如果要显示指定接口的ARP缓存表，则使用参数-N *IfaceAddr*。这里，N必须大写。*InetAddr*和*IfaceAddr*都是IP地址。
- -g [*InetAddr*] [-N *IfaceAddr*]：与参数-a相同。
- -d *InetAddr* [*IfaceAddr*]：删除由*InetAddr*指示的ARP缓存表项。如果要删除特定接口的ARP缓存表项，使用参数*IfaceAddr*指明接口的IP地址；如果要删除所有ARP缓存表项，使用通配符"*"代替参数*InetAddr*。
- -s *InetAddr EtherAddr* [*IfaceAddr*]：添加一个静态的ARP表项，把IP地址*InetAddr*解析为物理地址*EtherAddr*。参数*IfaceAddr*指定了接口的IP地址。

IP地址*InetAddr*和*IfaceAddr*用点分十进制表示。物理地址*EtherAddr*由6个字节组成，每个字节用两个十六进制数表示，字节之间用连字符"-"分开，例如00-AA-00-4F-2A-9C。

用参数-s添加的ARP表项是静态的，不会由于超时而被删除。如果TCP/IP协议停止运行，ARP表项都被删除。为了生成一个固定的静态表项，可以在批文件中加入适当的arp命令，并在计算机启动时运行批文件。

举例如下：

（1）如果要显示ARP缓存表的内容，输入：

```
arp -a
```

（2）如果要显示 IP 地址为 10.0.0.99 的接口的 ARP 缓存表，输入：

```
arp -a -N 10.0.0.99
```

（3）如果要添加一个静态表项，把 IP 地址 10.0.0.80 解析为物理地址 00-AA-00-4F-2A-9C，则输入：

```
arp -s 10.0.0.80 00-AA-00-4F-2A-9C
```

如图 9-27 所示为使用 arp 命令添加一个静态表项的例子。

```
C:\Documents and Settings\Administrator>arp -a

Interface: 100.100.17.17 --- 0x10003
  Internet Address      Physical Address      Type
  100.100.17.254        00-0f-e2-29-31-c1     dynamic

C:\Documents and Settings\Administrator>arp -s 202.117.17.254 00-1c-4f-52-2a-8c

C:\Documents and Settings\Administrator>arp -a

Interface: 100.100.17.17 --- 0x10003
  Internet Address      Physical Address      Type
  100.100.17.72         00-1e-8c-ad-f9-ce     dynamic
  100.100.17.75         00-40-d0-53-bf-86     dynamic
  100.100.17.254        00-0f-e2-29-31-c1     dynamic
  202.117.17.254        00-1c-4f-52-2a-8c     static
```

图 9-27 使用 arp 命令的例子

9.2.4 netstat

netstat 命令用于显示 TCP 连接、计算机正在监听的端口、以太网统计信息、IP 路由表、IPv4 统计信息（包括 IP、ICMP、TCP 和 UDP 等协议）和 IPv6 统计信息（包括 IPv6、ICMPv6、TCP over IPv6 和 UDP over IPv6 等协议）等。如果不使用参数，则显示活动的 TCP 连接。netstat 命令的语法如下：

netstat [-a] [-e] [-n] [-o] [-p *Protocol*] [-r] [-s] [*Interval*]

对以上命令参数解释如下：

- -a：显示所有活动的 TCP 连接，以及正在监听的 TCP 和 UDP 端口。
- -e：显示以太网统计信息，例如发送和接收的字节数，以及出错的次数等。这个参数可以与 -s 参数联合使用。
- -n：显示活动的 TCP 连接，地址和端口号以数字形式表示。
- -o：显示活动的 TCP 连接以及每个连接对应的进程 ID。在 Windows 任务管理器中可以找到与进程 ID 对应的应用。这个参数可以与 -a、-n 和 -p 参数联合使用。
- -p *Protocol*：用标识符 *Protocol* 指定要显示的协议，可以是 TCP、UDP、TCPv6 或者 UDPv6。如果与参数 -s 联合使用，则可以显示协议 TCP、UDP、ICMP、IP、TCPv6、UDPv6、ICMPv6或IPv6 的统计数据。
- -s：显示每个协议的统计数据。默认情况下，统计 TCP、UDP、ICMP 和 IP 协议发送及接收的数据包、出错的数据包、连接成功或失败的次数等。如果与 -p 参数联合使用，可以指定要显示统计数据的协议。

- -r：显示 IP 路由表的内容，其作用等价于路由打印命令 route print。
- *Interval*：说明重新显示信息的时间间隔，输入 Ctrl+C 则停止显示。如果不使用这个参数，则只显示一次。

netstat 显示的统计信息分为 4 栏或 5 栏，解释如下：

- Proto：表示协议的名字（例如 TCP 或 UDP）。
- Local Address：本地计算机的地址和端口。通常显示本地计算机的名字和端口名字（例如 ftp），如果使用了-n 参数，则显示本地计算机的 IP 地址和端口号。如果端口尚未建立，则用“*”表示。
- Foreign Address：远程计算机的地址和端口。通常显示远程计算机的名字和端口名字（例如 ftp），如果使用了-n 参数，则显示远程计算机的 IP 地址和端口号。如果端口尚未建立，则用“*”表示。
- State：表示 TCP 连接的状态，用下面的状态名字表示。
  - CLOSE_WAIT：收到对方的连接释放请求。
  - CLOSED：连接已关闭。
  - ESTABLISHED：连接已建立。
  - FIN_WAIT_1：已发出连接释放请求。
  - FIN_WAIT_2：等待对方的连接释放请求。
  - LAST_ACK：等待对方的连接释放应答。
  - LISTEN：正在监听端口。
  - SYN_RECEIVED：收到对方的连接建立请求。
  - SYN_SEND：已主动发出连接建立请求。
  - TIMED_WAIT：等待一段时间后将释放连接。

举例如下：

（1）如果要显示以太网的统计信息和所有协议的统计信息，则输入：

```
netstat -e -s
```

（2）如果要显示 TCP 和 UDP 协议的统计信息，则输入：

```
netstat -s -p tcp udp
```

（3）如果要显示 TCP 连接及其对应的进程 ID，每 4s 显示一次，则输入：

```
netstat -o 4
```

（4）如果要以数字形式显示 TCP 连接及其对应的进程 ID，则输入：

```
netstat -n -o
```

如图 9-28 所示是 netstat -o 4 命令显示的统计信息，每 4s 显示一次，直到按 Ctrl+C 结束。

```
C:\Documents and Settings\Administrator>netstat  -o 4

Active Connections

  Proto  Local Address          Foreign Address        State           PID
  TCP    x4ep512rdszwjzp:1172   121.11.159.208:http    SYN_SENT        1572

Active Connections

  Proto  Local Address          Foreign Address        State           PID
  TCP    x4ep512rdszwjzp:1173   121.11.159.208:http    SYN_SENT        1572

Active Connections

  Proto  Local Address          Foreign Address        State           PID
  TCP    x4ep512rdszwjzp:1173   121.11.159.208:http    SYN_SENT        1572

Active Connections

  Proto  Local Address          Foreign Address        State           PID
  TCP    x4ep512rdszwjzp:1176   124.115.3.126:http     ESTABLISHED     3096
  TCP    x4ep512rdszwjzp:1178   124.115.6.52:http      ESTABLISHED     3096
  TCP    x4ep512rdszwjzp:1179   124.115.6.52:http      ESTABLISHED     3096
  TCP    x4ep512rdszwjzp:1180   124.115.6.52:http      ESTABLISHED     3096
  TCP    x4ep512rdszwjzp:1182   124.115.3.126:http     ESTABLISHED     3096
  TCP    x4ep512rdszwjzp:1183   124.115.6.52:http      ESTABLISHED     3096
  TCP    x4ep512rdszwjzp:1184   124.115.6.52:http      ESTABLISHED     3096
  TCP    x4ep512rdszwjzp:1185   222.73.73.173:http     ESTABLISHED     3096
  TCP    x4ep512rdszwjzp:1186   222.73.78.14:http      SYN_SENT        3096
```

图 9-28　netstat -o 4 命令显示的统计信息

9.2.5　tracert

tracert（跟踪路由）命令使用 IP 生存时间（TTL）字段和 ICMP 错误消息来确定从一个主机到网络上其他主机的路由。tracert 命令的语法如下：

tracert [-d] [-h *MaximumHops*] [-j *HostList*] [-w *Timeout*] [*TargetName*]

对以上命令参数解释如下：

- -d：不进行名字解析，显示中间节点的 IP 地址，这样可以加快跟踪的速度。
- -h *MaximumHops*：说明地址搜索的最大跃点数，默认值是 30 跳。
- -j *HostList*：说明发送回声请求报文要使用 IP 头中的松散源路由选项，标识符 *HostList* 列出必须经过的中间节点的地址或名字，最多可以列出 9 个中间节点，各个中间节点用空格隔开。
- -w *Timeout*：说明了等待 ICMP 回声响应报文的时间（μs），如果接收超时，则显示星号“*”，默认超时间隔是 4s。
- *TargetName*：用 IP 地址或主机名表示的目标。

这个诊断工具通过多次发送 ICMP 回声请求报文来确定到达目标的路径，每个报文中 TTL 字段的值都是不同的。通路上的路由器在转发 IP 数据报之前先要将 TTL 字段减 1，如果 TTL 为 0，则路由器就向源端返回一个超时（Time Exceeded）报文，并丢弃原来要转发的报文。在

tracert 第一次发送的回声请求报文中置 TTL=1，然后每次加 1，这样就能收到沿途各个路由器返回的超时报文，直至收到目标返回的 ICMP 回声响应报文。如果有的路由器不返回超时报文，那么这个路由器就是不可见的，显示列表中用星号“*”表示。

举例如下：

（1）如果要跟踪到达主机 corp7.microsoft.com 的路径，则输入：

```
tracert corp7.microsoft.com
```

（2）如果要跟踪到达主机 corp7.microsoft.com 的路径，并且不进行名字解析，只显示中间节点的 IP 地址，则输入：

```
tracert -d corp7.microsoft.com
```

（3）如果要跟踪到达主机 corp7.microsoft.com 的路径，并使用松散源路由，则输入：

```
tracert -j 10.12.0.1 10.29.3.1 10.1.44.1 corp7.microsoft.com
```

如图 9-29 所示为利用 tracert www.163.com.cn 命令显示的路由跟踪列表。

```
C:\Documents and Settings\Administrator>tracert www.163.com.cn

Tracing route to www.163.com.cn [219.137.167.157]
over a maximum of 30 hops:

  1    26 ms    15 ms    11 ms  100.100.17.254
  2    <1 ms    <1 ms    <1 ms  254-20-168-128.cos.it-comm.net [128.168.20.254]

  3    <1 ms    <1 ms    <1 ms  61.150.43.65
  4    <1 ms    <1 ms    <1 ms  222.91.155.5
  5    <1 ms    <1 ms    <1 ms  125.76.189.81
  6     1 ms    <1 ms    <1 ms  61.134.0.13
  7    28 ms    28 ms    28 ms  202.97.35.229
  8    28 ms    29 ms    29 ms  61.144.3.17
  9    29 ms    29 ms    32 ms  61.144.5.9
 10    32 ms    32 ms    32 ms  219.137.11.53
 11    29 ms    29 ms    28 ms  219.137.167.157

Trace complete.
```

图 9-29　tracert 命令的显示结果

9.2.6　pathping

pathping 结合了 ping 和 tracert 两个命令的功能，可以显示通信线路上每个子网的延迟和丢包率。pathping 在一段时间内向通路中的各个路由器发送多个回声请求报文，然后根据每个路由器返回的数据包计算统计结果。由于 pathping 命令显示了每个路由器（或链路）丢失数据包的程度，所以用户可以据此确定哪些路由器或者子网存在通信问题。pathping 命令的语法如下：

pathping [-n] [-h *MaximumHops*] [-g *HostList*] [-p *Period*] [-q *NumQueries*] [-w *Timeout*] [-T] [-R] [*TargetName*]

对以上命令参数解释如下：

- -n：不进行名字解析，以加快显示速度。
- -h *MaximumHops*：说明了搜索目标期间的最大跃点数，默认是 30。
- -g *HostList*：在发送回声请求报文时使用松散源路由，标识符 *HostList* 列出了中间节点的名字或地址。最多可以列出 9 个中间节点，用空格分开。
- -p *Period*：说明两次 ping 之间的时间间隔（ms），默认为 1/4s。
- -q *NumQueries*：说明发送给每个路由器的回声请求报文的数量，默认为 100 个。
- -w *Timeout*：说明每次等待回声响应的时间，默认是 3s。
- -T：对发送的回声请求数据包附加上第二层优先标志（例如 802.1p）。这样可以测试出不具备区分第二层优先级能力的设备，这个开关用于测试网络连接提供不同服务质量的能力。
- IEEE 802.1p 标准使得局域网交换机具有以优先级区分信息流的能力，向支持声音、图像和数据的综合业务方面迈进了一步。802.1p 定义了 8 种不同的优先级，分别用于支持时间关键的通信（例如 RIP 和 OSPF 的路由更新报文）、延迟敏感的应用（例如交互式语音和视频）、可控负载的多媒体流、重要的 SAP 数据以及尽力而为（Best-Effort）的通信等。符合 802.1p 规范的交换机具有多队列缓冲硬件，可以对较高优先级的分组进行快速处理，使得这些分组能够越过低级别分组而迅速通过交换机。

在传统的单一缓冲区交换机中，当信息传输出现拥塞时，所有分组将平等地排队等待，直到可继续前进。由于传统设备不能识别第二层优先级标签，那些带有优先标签的分组就会被丢弃，所以应用开关 T 可以区分传统交换机与可提供第二层优先级的交换机。

- -R：确定通路上的设备是否支持资源预约协议（RSVP），这个开关用于测试网络连接提供不同服务质量的能力。

R 参数用于对资源预约协议的测试。RSVP 预约报文在会话开始之前首先发送给通路上的每一个设备。如果设备不支持 RSVP，它返回一个 ICMP“目标不可到达”报文；如果设备支持 RSVP，它返回一个“预约错误信息”报文。有一些设备什么信息也不返回，如果这种情况出现，则显示超时信息。

- *TargetName*：用 IP 地址或名字表示的目标。

pathping 命令的参数是大小写敏感的，所以 T 和 R 必须大写。为了防止网络拥塞，ping 的频率不能太快，这样也可以防止突发性的丢包。

当使用 -p *Period* 参数时，对每一个中间节点一次只发送一个回声请求包，对同一个节点，两次 ping 之间的时间间隔是 *Period*× 跃点数。

当使用 -w *Timeout* 参数时，多个回声请求包并行地发出，因此标识符 *Timeout* 规定的时间并不受由 *Period* 规定的时间限制。

如图 9-30 所示是 C:\>pathping -n corp1 命令的显示结果。pathping 运行时产生的第一个结果就是路径列表，与 tracert 命令显示的结果相同。接着出现一个大约 125s 的“忙”消息，忙时间的长短随着跃点数的多少有所变化。在这期间，从上述列表中的路由器以及它们之间的链路收集统计信息，最后显示测试结果。

```
Tracing route to corp1 [10.54.1.196]
over a maximum of 30 hops:
  0  172.16.87.35
  1  172.16.87.218
  2  192.168.52.1
  3  192.168.80.1
  4  10.54.247.14
  5  10.54.1.196
Computing statistics for 125 seconds...
            Source to Here   This Node/Link
Hop  RTT    Lost/Sent = Pct  Lost/Sent = Pct  Address
  0                                           172.16.87.35
                                0/ 100 =  0%   |
  1   41ms     0/ 100 =  0%     0/ 100 =  0%  172.16.87.218
                               13/ 100 = 13%   |
  2   22ms    16/ 100 = 16%     3/ 100 =  3%  192.168.52.1
                                0/ 100 =  0%   |
  3   24ms    13/ 100 = 13%     0/ 100 =  0%  192.168.80.1
                                0/ 100 =  0%   |
  4   21ms    14/ 100 = 14%     1/ 100 =  1%  10.54.247.14
                                0/ 100 =  0%   |
  5   24ms    13/ 100 = 13%     0/ 100 =  0%  10.54.1.196
Trace complete.
```

图 9-30 pathping 命令的显示结果

在图 9-30 所示的样本报告中，Node/Link、Lost/Sent=Pct 和 Address 栏显示，在 172.16.87.218 与 192.168.52.1 之间的链路上丢包率是 13%。第二跳和第四跳的路由器也丢失了数据包，但是对于它们转发的通信量不会产生影响。在图中的地址栏（Address）中，以直杠“|”标识由于链路拥塞而产生的丢包，至于路由器丢包的原因，则可能是设备过载了。

9.2.7 route

这个命令的功能是显示和修改本地的 IP 路由表，如果不带参数，则给出帮助信息。route 命令的语法如下：

route [-f] [-p] [*Command* [*Destination*] [mask *Netmask*] [*Gateway*] [metric *Metric*]] [if *Interface*]

对以上命令参数解释如下：

- -f：删除路由表中的网络路由（子网掩码不是 255.255.255.255）、本地环路路由（目标地址为 127.0.0.0，子网掩码为 255.0.0.0）和组播路由（目标地址为 224.0.0.0，子网掩码为240.0.0.0）。如果与其他命令（例如 add、change 或 delete）联合使用，在运行这个命令前先清除路由表。
- -p：与 add 命令联合使用时，一条路由被添加到注册表中，当 TCP/IP 协议启动时，用于初始化路由表。在默认情况下，系统重新启动时不保留添加的路由。与 print 命令联合使用时，则显示持久路由列表。对于其他命令，这个参数被忽略。持久路由保存在注册表中的 HKEY_LOCAL_ MACHINE\SYSTEM\CurrentControlSet\Services\Tcpip\Parameters\PersistentRoutes 位置。
- *Command*：表示要运行的命令，可用的命令如表 9-7 所示。

表 9-7　可用的命令

命令	用途	命令	用途
add	添加路由	delete	删除路由
change	修改已有的路由	print	打印路由

- *Destination*：说明目标地址，可以是网络地址（IP 地址中对应主机的位都是 0）、主机地址或默认路由（0.0.0.0）。
- mask *Netmask*：说明了目标地址对应的子网掩码。网络地址的子网掩码依据网络的大小而变化，主机地址的子网掩码为 255.255.255.255，默认路由的子网掩码为 0.0.0.0。如果忽略了这个参数，默认的子网掩码为 255.255.255.255。由于在路由寻址中具有关键作用，所以目标地址不能特异于对应的子网掩码。换言之，如果子网掩码的某位是 0，则目标地址的对应位不能为 1。
- *Gateway*：说明下一跃点的 IP 地址。对于本地连接的子网，网关地址是本地子网中分配给接口的 IP 地址。对于远程路由，网关地址是相邻路由器中直接连接的 IP 地址。
- metric *Metric*：说明路由度量值（1～9999）。通常选择度量值最小的路由。度量值可以根据跃点数、链路速率、通路可靠性、通路的吞吐率以及管理属性等参数确定。
- if *Interface*：说明接口的索引。使用 route print 命令可以显示接口索引列表。接口索引可以使用十进制数或十六进制数表示。如果忽略if参数，接口索引根据网关地址确定。

路由表中可能出现很大的度量值，这是 TCP/IP 协议根据 LAN 接口配置的 IP 地址、子网掩码和默认网关等参数自动计算的度量值。自动计算接口度量值是默认的，就是根据接口的速率调整路由度量，所以最快的接口生成了最低的度量值。如果要消除大的度量值，则要用“高级 TCP/IP 设置”对话框来取消“自动跃点计数”复选框，如图 9-31 所示。

图 9-31　高级 TCP/IP 设置

可以用名字表示路由目标，如果在% Systemroot% \System32\Drivers\Etc\hosts 或 Lmhosts 文件中存在相应表项，也可以用名字表示网关，只要这个名字可以通过标准方法解析为 IP 地址。

在使用命令 print 或 delete 时可以忽略参数 *Gateway*，使用通配符来代替目标和网关。目标可以用一个星号“*”来代替。如果目标的值中包含星号“*”或问号“？”，也被看作通配符，用于匹配被打印或被删除的目标路由。事实上，星号可以匹配任何字符串，问号则用于匹配任何单个字符。例如，10.*.1、192.168.* 和 *224* 都是合法的通配符。

如果使用了目标地址与子网掩码的无效组合，则会显示“Route: bad gateway address netmask”的错误信息。当目标地址中的一个或多个位被设置为“1”，而子网掩码的对应位却被设置为“0”时，就会出现这种错误。为了检查这种错误，可以把目标地址和子网掩码都用二进制表示。在子网掩码的二进制表示中，开头有一串“1”，代表网络地址部分，后跟一串“0”，代表主机地址部分。这样就可以确定，目标地址中属于主机的位是否被设置成了“1”。

-p 参数只能在 Windows NT 4.0、Windows 2000/2003 和 Windows XP 中使用，Windows 9x 不支持这个参数。

举例如下：

（1）如果要显示整个路由器的内容，则输入：

```
route print
```

（2）如果要显示路由表中以 10. 开头的表项，则输入：

```
route print 10.*
```

（3）如果对网关地址 192.168.12.1 要添加一条默认路由，则输入：

```
route add 0.0.0.0 mask 0.0.0.0 192.168.12.1
```

（4）如果要添加一条到达目标 10.41.0.0（子网掩码为 255.255.0.0）的路由，下一跃点地址为 10.27.0.1，则输入：

```
route add 10.41.0.0 mask 255.255.0.0 10.27.0.1
```

（5）如果要添加一条到达目标 10.41.0.0（子网掩码为 255.255.0.0）的持久路由，下一跃点地址为 10.27.0.1，则输入：

```
route -p add 10.41.0.0 mask 255.255.0.0 10.27.0.1
```

（6）如果要添加一条到达目标 10.41.0.0 255.255.0.0 的路由，下一跃点地址为 10.27.0.1，度量值为 7，则输入：

```
route add 10.41.0.0 mask 255.255.0.0 10.27.0.1 metric 7
```

（7）如果要添加一条到达目标 10.41.0.0 255.255.0.0 的路由，下一跃点地址为 10.27.0.1，接口索引为 0x3，则输入：

```
route add 10.41.0.0 mask 255.255.0.0 10.27.0.1 if 0x3
```

（8）如果要删除到达目标 10.41.0.0 255.255.0.0 的路由，则输入：

```
route delete 10.41.0.0 mask 255.255.0.0
```

（9）如果要删除路由表中所有以 10. 开头的表项，则输入：

```
route delete 10.*
```

（10）如果要把目标 10.41.0.0 255.255.0.0 的下一跃点地址由 10.27.0.1 改为 10.27.0.25，则输入：

```
route change 10.41.0.0 mask 255.255.0.0 10.27.0.25
```

9.2.8　netsh

netsh 是一个命令行脚本实用程序，可用于修改计算机的网络配置。利用 netsh 也可以建立批文件来运行一组命令，或者把当前的配置脚本用文本文件保存起来，以后可用来配置其他的服务器。

1. netsh 上下文

netsh 利用动态链接库（DLL）与操作系统的其他组件交互作用。netsh 助手（helper）是一种动态链接库文件，提供了称为上下文（context）的扩展特性，这是一组可作用于某种网络组件的命令。netsh 上下文扩大了它的作用，可以对多种服务、实用程序或协议提供配置和监控功能。例如，Dhcpmon.dll 就是一种 netsh 助手文件，它提供了一组配置和管理 DHCP 服务器的命令。

运行 netsh 命令要从 cmd.exe 提示符开始，然后转到指定的上下文。可使用的上下文取决于已经安装的网络组件。例如，在 netsh 命令提示符（netsh>）下输入 dhcp，就会转到 DHCP 上下文。但是如果没有安装 DHCP 服务，则会出现下面的信息：

```
The following command was not found: dhcp.
```

2. 使用多个上下文

从一个上下文可以转到另一个上下文，后者叫作子上下文。例如，在路由上下文中可以转到 IP 或 IPX 上下文。

为了显示在某个上下文中可使用的子上下文和命令列表，可以在 netsh 提示符下输入上下文的名字，后跟“？”或 help。例如，为了显示在路由上下文中可使用的子上下文和命令，在 netsh 提示符下输入：

```
netsh>routing ?
```

或者

```
netsh>routing help
```

为了不改变当前上下文而完成另外一个上下文中的任务，可以在 netsh 提示符下输入命令的上下文路径。例如，要在 IGMP 上下文中添加“本地连接”接口而不改变 IGMP 上下文，则输入：

```
netsh>routing ip igmp add interface “Local Area Connection”
startupqueryinterval=21
```

3. 在 cmd.exe 命令提示符下运行 netsh 命令

为了在远程 Windows Server 2003 中运行 netsh 命令，首先要通过“远程桌面连接”连接到正在运行终端服务器的 Windows Server 2003 系统中。在 cmd.exe 命令提示符下输入 netsh，就进入了 netsh> 提示符。netsh 命令的语法如下：

```
netsh [-a AliasFile] [-c Context] [-r RemoteComputer] [{NetshCommand|-f ScriptFile}]
```

对以上参数解释如下：

- -a *AliasFile*：运行*AliasFile*文件后返回 netsh 提示符。
- -c *Context*：转到指定的 netsh 上下文，可用的上下文如表 9-8 所示。

表 9-8　netsh 上下文

上下文	解释
AAAA	配置认证、授权、计费和审计（Authentication，Authorization，Accounting，Auditing，AAAA）数据库，该数据库是 Internet 认证服务器和路由及远程访问服务器要使用的
DHCP	管理 DHCP 服务器
Diag	操作系统和网络服务的管理及故障诊断
Interface	配置 TCP/IP 协议，显示配置和统计信息
RAS	管理远程访问服务器
Routing	管理路由服务器
WINS	管理 WINS 服务器

- -r *RemoteComputer*：配置远程计算机。
- *NetshCommand*：说明要使用的 netsh 命令。
- -f *ScriptFile*：运行脚本后转出 netsh.exe。

关于 -r 参数的使用需要注意：如果在 -r 参数中使用了另外的命令，则 netsh 在远程计算机上执行这个命令，然后返回到 cmd.exe 命令提示符下。如果使用 -r 参数而没有使用其他命令，则 netsh 保持在远程模式。这个过程类似于在 netsh 命令提示符下执行 set machine 命令。在使用 -r 参数时，只是在当前的 netsh 实例中配置目标机器。在转出并重新进入 netsh 后，目标机器又变成了本地计算机。远程计算机的名字可以是存储在 WINS 服务器上的名字、UNC（Universal Naming Convention）名字，也可以是被 DNS 服务器解析的 Internet 名字或者 IP 地址。

4. 在 netsh.exe 提示符下运行 netsh 命令

在 netsh> 提示符下可以使用下面一些命令：

- ..：转移到上一层上下文。
- abort：放弃在脱机模式下所做的修改。
- add helper *DLLName*：在 netsh 中安装 netsh 助手文件 *DLLName*。
- alias [*AliasName*]：显示指定的别名。
- alias [*AliasName*][*string1* [*string2*…]]：设置 *AliasName* 的别名为指定的字符串。

可以使用别名命令行替换 netsh 命令，或者将其他平台中更熟悉的命令映射到适当的 netsh 命令。下面是使用 alias 命令的例子，这个脚本设置了两个别名 shaddr 和 shp，并进入 netsh interface ip 上下文。

```
alias shaddr show interface ip addr
alias shp show helpers
```

```
interface ip
```

如果在netsh命令提示符下输入shaddr，则被解释为命令show interface ip addr；如果在netsh命令提示符下输入shp，则被解释为命令show helpers。

- bye：退出netsh。
- commit：向路由器提交在脱机模式下所做的改变。
- delete helper *DLLName*：删除netsh助手文件*DLLName*。
- dump [*FileName*]：生成一个包含当前配置的脚本。如果要把脚本保存在文件中，则使用参数*FileName*。如果不带参数，则显示当前配置脚本。
- exec *ScriptFile*：装载并运行脚本文件*ScriptFile*。脚本文件运行在一个或多个计算机上。
- exit：退出netsh。
- help：显示帮助信息，可以用/?、?或h代替。
- offline：设置为脱机模式。
- online：设置为联机模式。

在脱机模式下做出的配置可以保存起来，通过运行commit命令或联机命令在路由器上执行。从脱机模式转到联机模式时，在脱机模式下做出的改变会反映到当前正在运行的配置中，而在联机模式下做出的改变会立即反映到当前正在运行的配置中。

- popd：从堆栈中恢复上下文。
- pushd：把当前的上下文保存在堆栈中。

popd与pushd配合使用，可以改变到新的上下文，运行新的命令，然后恢复前面的上下文。下面是使用这两个命令的例子，这个脚本首先从根脚本转到interface ip上下文，添加一个静态路由，然后返回根上下文。

```
netsh>
pushd
netsh>
interface ip
netsh interface ip>
set address local static 10.0.0.9 255.0.0.0 10.0.0.1 1
netsh interface ip>
popd
netsh>
```

- quit：退出netsh。
- set file {open *FileName*|append *FileName*| *close*}：复制命令提示符窗口的输出到指定的文件。其中的参数如下：
  - open *FileName*：打开文件*FileName*，并发送命令提示符窗口的输出到这个文件。
  - append *FileName*：附加命令提示符窗口的输出到指定的文件*FileName*。
  - *close*：停止发送输出并关闭文件。

如果指定的文件不存在，则 netsh 生成一个新文件；如果指定的文件存在，则 netsh 重写文件中已有的数据。下面的命令生成一个叫作 session.log 的记录文件，并复制 netsh 的输入和输出到这个文件：

```
set file open c:\session.log
```

- set machine [[*ComputerName*=]*string*]：指定当前要完成配置任务的计算机，其中的字符串 *string* 是远程计算机的名字。如果不带参数，则指本地计算机。

在一个脚本中，可以在多台计算机上执行命令。在一个脚本中，首先利用 set machine 命令说明一个计算机 ComputerA，在这台计算机上运行随后的命令。然后利用 set machine 命令指定另外一台计算机 ComputerB，再在这台计算机上运行命令。

- set mode {online|offline}：设置为联机或脱机模式。
- show {alias|helper|mode}：显示别名、助手或当前的模式。
- unalias *AliasName*：删除指定的别名。

9.2.9 nslookup

nslookup 命令用于显示 DNS 查询信息，诊断和排除 DNS 故障。使用这个工具必须熟悉 DNS 服务器的工作原理。nslookup 有交互式和非交互式两种工作方式。nslookup 命令的语法如下：

- nslookup [-option ...]　　#使用默认服务器，进入交互方式
- nslookup [-option ...] -server　　#使用指定服务器 server，进入交互方式
- nslookup [-option ...] host　　#使用默认服务器，查询主机信息
- nslookup [-option ...] host server　　#使用指定服务器 server，查询主机信息
- ? | /? | /help　　#显示帮助信息

1. 非交互式工作

所谓非交互式工作，就是使用一次 nslookup 命令后又返回到 cmd.exe 提示符下。如果只查询一项信息，可以进入这种工作方式。nslookup 命令后面可以跟随一个或多个命令行选项（option），用于设置查询参数。每个命令行选项由一个连字符“-”后跟选项的名字，有时还要加一个等号“=”和一个数值。

在非交互式的工作方式中，第一个参数是要查询的计算机（host）的名字或 IP 地址，第二个参数是 DNS 服务器（server）的名字或 IP 地址，整个命令行的长度必须小于 256 个字符。如果忽略了第二个参数，则使用默认的 DNS 服务器。如果指定的 host 是 IP 地址，则返回计算机的名字；如果指定的 host 是名字，并且没有尾随的句点，则默认的 DNS 域名被附加在后面（设置了 defname），查询结果给出目标计算机的 IP 地址。如果要查找不在当前 DNS 域中的计算机，在其名字后面要添加一个句点“.”（称为尾随点）。下面举例说明非交互式的工作方式的用法：

（1）应用默认的 DNS 服务器根据域名查找 IP 地址。

```
C:\>nslookup ns1.isi.edu
Server: ns1.domain.com
```

```
Address: 202.30.19.1

Non-authoritative answer:                         # 给出应答的服务器不是该域的权威服务器
Name: ns1.isi.edu
Address: 128.9.0.107                              # 查出的 IP 地址
```

（2）应用默认的 DNS 服务器根据 IP 地址查找域名。

```
C:\>nslookup 128.9.0.107
Server: ns1.domain.com
Address: 202.30.19.1

Name: ns1.isi.edu                                 # 查出的域名
Address: 128.9.0.107
```

（3）nslookup 命令后面可以跟随一个或多个命令行选项（option）。例如，要把默认的查询类型改为主机信息，把超时间隔改为 5s，查询的域名为 ns1.isi.edu，则使用下面的命令：

```
C:\>nslookup -type=hinfo -timeout=5 ns1.isi.edu
Server: ns1.domain.com
Address: 202.30.19.1

isi.edu                                           # 给出了 SOA 记录
   primary name server = isi.edu                  # 主服务器
   responsible mail addr = action.isi.edu         # 邮件服务器
   serial = 2009010800                            # 查询请求的序列号
   refresh       = 7200 <2 hours>                 # 刷新时间间隔
   retry  = 1800 <30 mins>                        # 重试时间间隔
   expire = 604800 <7 days>                       # 辅助服务器更新有效期
   default TTL = 86400 <1 days>                   # 资源记录在 DNS 缓存中的有效期
C:\>
```

2. 交互式工作

如果需要查找多项数据，可以使用 nslookup 的交互式工作方式。在 cmd.exe 提示符下输入 nslookup 后按 Enter 键，就进入了交互式工作方式，命令提示符变成“>”。

在命令提示符“>”下输入“help”或“?”，会显示可用的命令列表（如图 9-32 所示）；如果输入 exit，则返回 cmd.exe 提示符。

在交互式工作方式下，可以用 set 命令设置选项，满足指定的查询需要。下面列举几个常用子命令的应用实例：

（1）>set all：列出当前设置的默认选项。

```
>set all
```

```
Server: ns1.domain.com
Address: 202.30.19.1

Set options:
  nodebug                                    # 不打印排错信息
  defname                                    # 对每一个查询附加本地域名
  search                                     # 使用域名搜索列表
  ……………………（省略）……………………
  MSxfr                                      # 使用 MS 快速区域传输
  IXFRversion=1                              # 当前的 IXFR（渐增式区域传输）版本号
  srchlist=                                  # 查询搜索列表
```

```
Commands: (identifiers are shown in uppercase, [] means optional)
NAME - print info about the host/domain NAME using default server
NAME1 NAME2 - as above, but use NAME2 as server
help or ? - print info on common commands
set OPTION - set an option
    all - print options, current server and host
    [no]debug - print debugging information
    [no]d2 - print exhaustive debugging information
    [no]defname - append domain name to each query
    [no]recurse - ask for recursive answer to query
    [no]search - use domain search list
    [no]vc - always use a virtual circuit
    domain=NAME - set default domain name to NAME
    srchlist=N1[/N2/.../N6] - set domain to N1 and search list to N1, N2, etc.
    root=NAME - set root server to NAME
    retry=X - set number of retries to X
    timeout=X - set initial time-out interval to X seconds
    type=X - set query type (for example, A, ANY, CNAME, MX, NS, PTR, SOA, SRV)
    querytype=X - same as type
    class=X - set query class (for example, IN (Internet), ANY)
    [no]msxfr - use MS fast zone transfer
    ixfrver=X - current version to use in IXFR transfer request
server NAME - set default server to NAME, using current default server
lserver NAME - set default server to NAME, using initial server
finger [USER] - finger the optional NAME at the current default host
root - set current default server to the root
ls [opt] DOMAIN [> FILE] - list addresses in DOMAIN (optional: output to FILE)
    -a - list canonical names and aliases
    -d - list all records
    -t TYPE - list records of the given type (for example, A, CNAME, MX, NS, PTR, and so on)
view FILE - sort an 'ls' output file and view it with pg
exit - exit the program
```

图 9-32 nslookup 子命令

（2）set type=mx：这个命令查询本地域的邮件交换器信息。

```
C:\> nslookup
Default Server: ns1.domain.com
Address: 202.30.19.1
> set type=mx
> 163.com.cn
Server: ns1.domain.com
Address: 202.30.19.1
```

```
Non-authoritative answer:
163.com.cn              MX preference = 10, mail exchanger =mx1.163.com.cn
163.com.cn              MX preference = 20, mail exchanger =mx2.163.com.cn
mx1.163.com.cn   internet address = 61.145.126.68
mx2.163.com.cn   internet address = 61.145.126.30
>
```

（3）server NAME：由当前默认服务器切换到指定的名字服务器 NAME。类似的命令 lserver 是由本地服务器切换到指定的名字服务器。

```
C:\> nslookup
Default Server: ns1.domain.com
Address: 202.30.19.1
> server 202.30.19.2
Default Server: ns2.domain.com
Address: 202.30.19.2
```

（4）ls：这个命令用于区域传输，罗列出本地区域中的所有主机信息。ls 命令的语法如下：

```
ls [-a |-d | -t type] domain [> filename]
```

不带参数使用 ls 命令将显示指定域（domain）中所有主机的 IP 地址。-a 参数返回正式名称和别名，-d 参数返回所有数据资源记录，而 -t 参数将列出指定类型（type）的资源记录，任选的 filename 是存储显示信息的文件，如图 9-33 所示。

```
> ls xidian.edu.cn
[ns1.xidian.edu.cn]
 xidian.edu.cn.                NS      server = ns1.xidian.edu.cn
 xidian.edu.cn.                NS      server = ns2.xidian.edu.cn
 408net                        A       202.117.118.25
 acc                           A       202.117.121.5
 ai                            A       202.117.121.146
 antanna                       A       219.245.110.146
 apweb2k                       A       202.117.116.19
 bbs                           A       202.117.112.11
 cce                           A       210.27.3.95
 cese                          A       219.245.118.199
 cnc                           A       210.27.5.123
 cnis                          A       202.117.112.16
 www.cnis                      A       202.117.112.16
 con                           A       202.117.112.6
 cpi                           A       219.245.78.155
 cs                            A       202.117.112.23
 csti                          A       202.117.114.31
 cwc                           A       210.27.1.33
 cxjh                          A       202.117.112.27
 Dec586                        A       202.117.112.15
 dingzhg                       A       202.117.117.8
 djzx                          A       202.117.121.87
 dp                            A       210.27.12.227
 dtg                           A       202.117.114.35
 dttrdc                        A       219.245.79.48
 ecard                         A       202.117.112.199
 ecm                           A       202.117.116.79
 ecr                           A       202.117.115.9
 ee                            A       210.27.6.158
```

图 9-33　ls 命令的输出

如果安全设置禁止区域传输，将返回下面的错误信息：

```
*** Can't list domain example.com : Server failed
```

（5）set type：该命令的作用是设置查询的资源记录类型。DNS服务器中主要的资源记录有A（域名到IP地址的映射）、PTR（IP地址到域名的映射）、MX（邮件服务器及其优先级）、CNAM（别名）和NS（区域的授权服务器）等类型。通过A记录可以由域名查地址，也可以由地址查域名。在图9-34中，用set all命令显示默认设置，可以看出type=A+AAAA，这时可以进行正向查询，也可以进行反向查询，如图9-35所示。

```
> server 61.134.1.4          #设置默认服务器
默认服务器:  [61.134.1.4]
Address:  61.134.1.4

> set all
默认服务器:  [61.134.1.4]
Address:  61.134.1.4

设置选项:
  nodebug
  defname
  search
  recurse
  nod2
  novc
  noignoretc
  port=53
  type=A+AAAA               #查询A记录和AAAA记录
  class=IN                   可以给出IPv4和IPv6地址
  timeout=2
  retry=1
  root=A.ROOT-SERVERS.NET.
  domain=
  MSxfr
  IXFRversion=1
  srchlist=
```

图9-34　set all命令显示默认设置

```
> www.tsinghua.edu.cn                      #由域名查地址
服务器:  [61.134.1.4]
Address:  61.134.1.4

非权威应答:
名称:    www.d.tsinghua.edu.cn
Addresses:  2001:da8:200:200::4:100
          211.151.91.165                   #得到IPv6和IPv4地址
Aliases:  www.tsinghua.edu.cn

> 211.151.91.165                           #由地址查域名
服务器:  [61.134.1.4]
Address:  61.134.1.4

名称:    165.tsinghua.edu.cn               #得到域名
Address:  211.151.91.165
```

图9-35　查询A记录和AAAA记录

当查询PTR记录时，可以由地址查到域名，但是没有从域名查到地址，而是给出了SOA记录，如图9-36所示。

```
> set type=ptr                                                    #查询PTR记录
> 211.151.91.165                                                  #由地址查域名
服务器:  [61.134.1.4]
Address:  61.134.1.4

非权威应答:
165.91.151.211.in-addr.arpa     name = 165.tsinghua.edu.cn        #查询成功，得到域名
> www.tsinghua.edu.cn                                             #由域名查地址
服务器:  [61.134.1.4]
Address:  61.134.1.4

DNS request timed out.
    timeout was 2 seconds.
非权威应答:
www.tsinghua.edu.cn     canonical name = www.d.tsinghua.edu.cn

d.tsinghua.edu.cn
        primary name server = dns.d.tsinghua.edu.cn              #没有查出地址
        responsible mail addr = szhu.dns.edu.cn                     但给出了SOA记录
        serial  = 2007042815
        refresh = 3600 (1 hour)
        retry   = 1800 (30 mins)
        expire  = 604800 (7 days)
        default TTL = 86400 (1 day)
```

图 9-36　查询 PTR 记录

重新查询 A 记录，可以进行双向查询，如图 9-37 所示。

```
> set type=a                                  #查询A记录
> www.tsinghua.edu.cn                         #由域名查地址
服务器:  [61.134.1.4]
Address:  61.134.1.4

非权威应答:
名称:     www.d.tsinghua.edu.cn
Address:  211.151.91.165                      #查出地址，并给出别名
Aliases:  www.tsinghua.edu.cn

> 211.151.91.165                              #由地址查域名
服务器:  [61.134.1.4]
Address:  61.134.1.4

名称:     165.tsinghua.edu.cn                 #查询成功，得到域名
Address:  211.151.91.165

> _
```

图 9-37　查询 A 记录

（6）set type=any：对查询的域名显示各种可用的信息资源记录（A、CNAME、MX、NS、PTR、SOA 和 SRV 等），如图 9-38 所示。

```
> set type=any
> baidu.com
服务器:  [218.30.19.40]
Address:  218.30.19.40

非权威应答:
baidu.com       internet address = 202.108.23.59
baidu.com       internet address = 220.181.5.97
baidu.com       nameserver = dns.baidu.com
baidu.com       nameserver = ns2.baidu.com
baidu.com       nameserver = ns3.baidu.com
baidu.com       nameserver = ns4.baidu.com
baidu.com       MX preference = 10, mail exchanger = mx1.baidu.com
>
```

图 9-38　显示各种信息资源记录

（7）set debug：这个命令与 set d2 的作用类似，都是显示查询过程的详细信息，set d2 显示的信息更多，有查询请求报文的内容和应答报文的内容。如图 9-39 所示是利用 set d2 显示的查询过程。这些信息可用于对 DNS 服务器进行排错。

```
> set d2
> 163.com.cn
服务器:  UnKnown
Address:  218.30.19.40

------------
SendRequest(), len 28
    HEADER:
        opcode = QUERY, id = 2, rcode = NOERROR
        header flags:  query, want recursion
        questions = 1,  answers = 0,  authority records = 0,  additional = 0

    QUESTIONS:
        163.com.cn, type = A, class = IN

------------
------------
Got answer (44 bytes):
    HEADER:
        opcode = QUERY, id = 2, rcode = NOERROR
        header flags:  response, want recursion, recursion avail.
        questions = 1,  answers = 1,  authority records = 0,  additional = 0

    QUESTIONS:
        163.com.cn, type = A, class = IN
    ANSWERS:
    ->  163.com.cn
        type = A, class = IN, dlen = 4
        internet address = 219.137.167.157
        ttl = 86400 (1 day)

------------
非权威应答:
------------
SendRequest(), len 28
    HEADER:
        opcode = QUERY, id = 3, rcode = NOERROR
        header flags:  query, want recursion
        questions = 1,  answers = 0,  authority records = 0,  additional = 0

    QUESTIONS:
        163.com.cn, type = AAAA, class = IN

------------
------------
Got answer (28 bytes):
    HEADER:
        opcode = QUERY, id = 3, rcode = NOERROR
        header flags:  response, want recursion, recursion avail.
        questions = 1,  answers = 0,  authority records = 0,  additional = 0

    QUESTIONS:
        163.com.cn, type = AAAA, class = IN

------------
名称:    163.com.cn
Address:  219.137.167.157

>
```

图 9-39　利用 set d2 显示查询过程

9.3　网络故障诊断与故障排除工具

在信息化高速发展的今天，各个业务部门对网络的依赖也越来越强。网络的健壮性直接影响着业务部门工作的开展。这就要求网络运维部门在网络故障发生时，能够快速定位问题、分析问题、解决问题。当网络规模大到一定程度时，在定位网络故障时就需要借助网管软件以及一些故障排除工具。

从故障本身来讲，网络故障分为物理层故障、链路层故障和网络层故障。从原因上分析，大致有逻辑故障、配置故障、网络故障、协议故障、网络攻击等。在面对具体的网络故障时，首先要确定故障范围和故障现象，然后依照系统的方法快速排障。

9.3.1　网络故障诊断

在排除网络中出现的故障时，使用非系统化的方法可能会浪费宝贵的时间及资源，事倍功半，使用系统化的方法往往更为有效。系统化的方法流程如下：定义特定的故障现象，根据特定现象推断出可能发生故障的所有潜在问题，直到故障现象不再出现为止。

图 9-40 给出了一般故障排除模型的处理流程。这一流程并不是解决网络故障时必须严格遵守的步骤，只是为建立特定网络环境中故障排除的流程提供了基础。

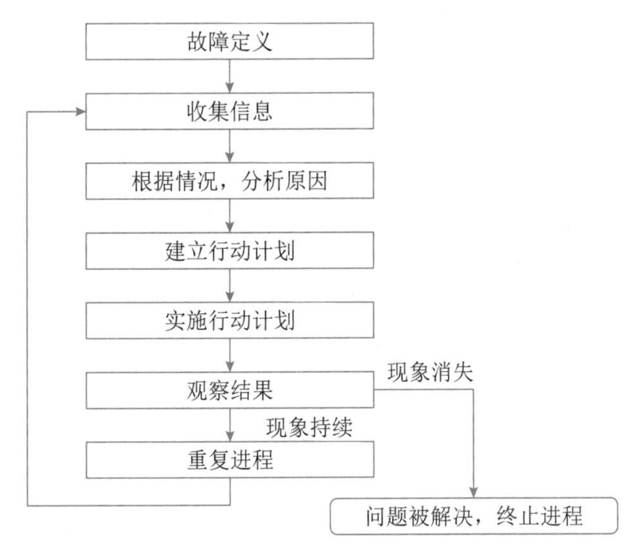

图 9-40 一般故障排除模型的处理流程

（1）在分析网络故障时，要对网络故障有一个清晰的描述，并根据故障的一系列现象以及潜在的症结来对其进行准确的定义。

如果要对网络故障做出准确的分析，首先应该了解故障表现出来的各种现象，然后确定可能会产生这些现象的故障根源或现象。例如，主机没有对客户端的服务请求做出响应（一种故障现象），可能产生这一现象的原因主要包括主机配置错误、网络接口卡损坏或路由器配置不正确等。

（2）收集有助于确定故障症结的各种信息。向受故障影响的用户、网络管理员、经理及其他关键人员询问详细的情况，从网络管理系统、协议分析仪的跟踪记录、路由器诊断命令的输出信息以及软件发行注释信息等信息源中收集有用的信息。

（3）依据所收集到的各种信息考虑可能引发故障的症结。利用所收集到的信息可以排除一些可能引发故障的原因。例如，根据收集到的信息也许可以排除硬件出现问题的可能性，于是就可以把关注的焦点放在软件问题上。并且，应该充分地利用每一条有用的信息，尽可能地缩小目标范围，从而制定出高效的故障排除方法。

（4）根据剩余的潜在症结制订故障排除计划。从最有可能的症结入手，每次只做一处改动。

之所以每次只做一处改动，是因为这样有助于确定针对固定故障的排除方法。如果同时做了两处或多处改动，也许能排除故障，但是难以确定到底是哪些改动消除了故障现象，而且对日后解决同样的故障也没有太大的帮助。

（5）实施制订好的故障排除计划，认真执行每一步骤，同时进行测试，查看相应的现象是否消失。

（6）当做出一处改动时，要注意收集相应操作的反馈信息。通常应该采用在步骤（2）中使用的方法（利用诊断工具并与相关人员密切配合）进行信息的收集工作。

（7）分析相应操作的结果，并确定故障是否已被排除。如果故障已被排除，那么整个流程到此结束。

（8）如果故障依然存在，就得针对剩余的潜在症结中最可能的一个制订相应的故障排除计划。回到步骤（4），依旧每次只做一处改动，重复此过程，直到故障被排除为止。

如果能提前为网络故障做好准备工作，那么网络故障的排除也就变得比较容易了。对于各种网络环境来说，最为重要的是保证网络维护人员总能够获得有关网络当前情况的准确信息。只有利用完整、准确的信息才能够对网络的变动做出明智的决策，才能够尽快、尽可能简单地排除故障。因此，在网络故障的排除过程中，最为关键的是确保当前掌握的信息及资料是最新的。

对于每个已经解决的问题，一定要记录其故障现象以及相应的解决方案。这样，就可以建立一个问题 / 回答数据库，今后发生类似的情况时，公司里的其他人员也能参考这些案例，从而极大地降低排除网络故障的时间，将对业务的负面影响最小化。

9.3.2 网络故障排除工具

排除网络故障的常用工具有多种，总的来说可以分为三类：设备或系统诊断命令、网络管理工具以及专用故障排除工具。

1. 设备或系统诊断命令

许多网络设备及系统本身提供了大量的集成命令来帮助监视并对网络进行故障排除。一些常用的诊断命令如下：

- debug：它可以获得路由器中交换的报文和帧的细节信息和设备的运行状态信息。帮助分离协议和配置问题。如图 9-41 所示，该 debug 信息显示了在 GigabitEthernet1/0/1 接口下存在环路。

```
%@16238448%Nov 26 17:10:51:974 2022 YT-Agg-BGQ-xuezishifu DEVM/2/FAN_FAILED: Fan 1 failed.
%@16238449#Nov 26 17:11:29:526 2022 YT-Agg-BGQ-xuezishifu LPDETECT/5/LOOPBACKED:
 Trap 1.3.6.1.4.1.25506.2.95.1.0.1<hh3cLpbkdtTrapLoopbacked>: Loopback exists on the interface 9437184 GigabitEthernet1/0/1.
%@16238450%Nov 26 17:11:29:526 2022 YT-Agg-BGQ-xuezishifu LPDETECT/5/LPDETECT_LOOPBACKED: Loopback exists on GigabitEthernet1/0/1.
%@16238451#Nov 26 17:11:51:253 2022 YT-Agg-BGQ-xuezishifu IFNET/4/INTERFACE UPDOWN:
 Trap 1.3.6.1.6.3.1.1.5.3<linkDown>: Interface 9437196 is Down, ifAdminStatus is 1, ifOperStatus is 2
%@16238452%Nov 26 17:11:51:253 2022 YT-Agg-BGQ-xuezishifu IFNET/3/LINK_UPDOWN: GigabitEthernet1/0/13 link status is DOWN.
%@16238453#Nov 26 17:12:12:128 2022 YT-Agg-BGQ-xuezishifu DEVM/1/FAN STATE CHANGES TO FAILURE:
```

图 9-41 debug 信息

- ping：用于检测网络上不同设备之间的连通性。
- trace：可以用于确定数据包在从一个设备到另一个设备直至目的地的过程中所经过的路径。
- show（display）：可以用于查看网络协议、认证以及 IP 的当前状态，用于分析网络故障。如图 9-42 所示，该用户的网络故障是用户名密码错误。

2. 网络管理工具

一些厂商推出的网络管理工具（如华为的 Esight、新华三的 U-center、Cisco Works、HP OpenView 等）都含有监测以及故障排除功能。它们可以全天候地对网络质量进行监控，通过 SLA 告警，快速识别故障网络位置并进行修复；可以对配置变更做记录和对比，有效地避免配置错误；可以实时监控网络的性能分配，便于及时排除瓶颈。

```
<YT-ME60>dis aaa online-fail-record mac-address 20dc-e680-c9c5
  ------------------------------------------------------------------------
  User name              : a:4ENZHrZl7JIfLFyJ3cSKPkNyE8Pq6HA::duanxch
  Domain name            : yt-pppoe
  User MAC               : 20dc-e680-c9c5
  User access type       : PPPoE
  User interface         : Eth-Trunk1.2100
  User access PeVlan/CeVlan     : 2161/279
  User IP address        : -
  User ID                : 706
  User authen state      : Authened
  User acct state        : AcctIdle
  User author state      : AuthorIdle
  User login time        : 2022-12-14 09:37:15
  Online fail reason : RADIUS authentication reject
  ------------------------------------------------------------------------
  Are you sure to display some information? [Y/N]:y
  ------------------------------------------------------------------------
  User name              : ~dduanxch
  Domain name            : yt-pppoe
  User MAC               : 20dc-e680-c9c5
  User access type       : PPPoE
  User interface         : Eth-Trunk1.2100
  User access PeVlan/CeVlan     : 2161/279
  User IP address        : -
  User ID                : 72517
  User authen state      : Authened
  User acct state        : AcctIdle
  User author state      : AuthorIdle
  User login time        : 2022-12-14 09:37:12
  Online fail reason : RADIUS authentication reject
  ------------------------------------------------------------------------
  Are you sure to display some information? [Y/N]:y
  ------------------------------------------------------------------------
  User name              : duanxch
  Domain name            : yt-pppoe
  User MAC               : 20dc-e680-c9c5
  User access type       : PPPoE
  User interface         : Eth-Trunk1.2100
  User access PeVlan/CeVlan     : 2161/279
  User IP address        : -
  User ID                : 1346
  User authen state      : Authened
  User acct state        : AcctIdle
  User author state      : AuthorIdle
  User login time        : 2022-12-14 09:37:10
  Online fail reason : RADIUS authentication reject
  Reply Message          : 您的密码不正确##Password Error
  ------------------------------------------------------------------------
  Are you sure to display some information? [Y/N]:y
  ------------------------------------------------------------------------
  User name              : VUB4-A47duanxch
  Domain name            : yt-pppoe
  User MAC               : 20dc-e680-c9c5
  User access type       : PPPoE
  User interface         : Eth-Trunk1.2100
  User access PeVlan/CeVlan     : 2161/279
```

图 9-42　网络故障示例

3. 专用故障排除工具

在许多情况下，专用故障排除工具可能比设备或系统中集成的命令更有效。例如，在网络通信负载繁重的环境中，运行需要占用大量处理器时间的 debug 命令将会对整个网络造成巨大的影响。然而，如果在“可疑”的网络上接入一台网络分析仪，就可以尽可能少地干扰网络的正常工作，并且很有可能在不打断网络正常工作的情况下获取到有用的信息。下面为一些典型的用于排除网络故障的专用工具。

1）欧姆表、数字万用表及电缆测试器

欧姆表、数字万用表属于电缆检测工具中比较低档的一类。这类设备能够测量诸如交直流电压、电流、电阻、电容以及电缆连续性之类的参数。利用这些参数可以检测电缆的物理连通性。

电缆测试器（扫描器）也可以用于检测电缆的物理连通性。电缆测试器适用于屏蔽双绞线（STP）、非屏蔽双绞线（UTP）、10BaseT、同轴电缆及双芯同轴电缆等。通常，电缆测试器能够提供下述的任一功能：

- 测试并报告电缆状况，其中包括近端串音（Near End Cross-Talk，NEXT）、信号衰减及噪声。
- 实现 TDR、通信检测及布线图功能。
- 显示局域网通信中媒体访问控制层的信息，提供诸如网络利用率、数据包出错率之类的统计信息，完成有限的协议测试功能（例如，TCP/IP 网络中的 ping 测试）。

对于光缆而言，也有类似的测试设备。由于光缆的造价及其安装的成本相对较高，因此在光缆安装前后都应该对其进行检测。对光纤连续性的测试需要使用可见光源或反射计。光源应该能够提供3种主要波长（即850nm、1300nm和1550nm）的光线，配合能够测量同样波长的功率计一起使用，便可以测出光纤传输中的信号衰减与回程损耗。

2）时域反射计与光时域反射计

电缆检测工具中比较高档的是时域反射计（Time Domain Reflectors，TDR），这种设备能够快速地定位金属电缆中的断路、短路、压接、扭结、阻抗不匹配及其他问题。

TDR的工作原理是基于信号在电缆末端的振动。电缆的断路、短路及其他问题会导致信号以不同的幅度反射回来，TDR通过测试信号反射回来所需要的时间就可以计算出电缆中出现故障的位置。TDR还可以用于测量电缆的长度。有些TDR还可以基于给定的电缆长度计算出信号的传播速度。

对于光纤的测试，则需要使用光时域反射计（Optical Time Domain Reflectors，OTDR）。OTDR可以精确地测量光纤的长度、定位光纤的断裂处、测量光纤的信号衰减、测量接头或连接器造成的损耗。OTDR还可以用于记录特定安装方式的参数信息（例如信号的衰减以及接头造成的损耗等）。当怀疑网络出现故障时，可以利用OTDR测量这些参数，并与原先记录的信息进行比较。

3）断接盒、智能测试盘和位/数据块错误测试器

断接盒（Breakout Boxes）、智能测试盘和位/数据块错误测试器（BERT/BLERT）是用于测量PC、打印机、调制解调器、信道服务设备/数字服务设备（CSU/DSU）以及其他外围接口数字信号的数字接口测试工具。这类设备可以监测数据线路的状态，捕获并分析数据，诊断数据通信系统中常见的故障。通过监测从数据终端设备到数据通信设备的数据通信，可以发现潜在的问题、确定位组合模式、确保电缆敷设结构正确。这类设备无法测试诸如以太网、令牌环网及FDDI之类的媒体信号。

4）网络监测器

网络监测器能够持续不断地跟踪数据包在网络上的传输，能够提供任何时刻网络活动的精确描述或者一段时间内网络活动的历史记录。网络监测器不会对数据帧中的内容进行解码。网络监测器可以对正常运作下的网络活动进行定期采样，以此作为网络性能的基准。

网络监测器可以收集诸如数据包长度、数据包数量、错误数据包的数量、连接的总体利用率、主机与MAC地址的数量、主机与其他设备之间的通信细节之类的信息。这些信息可以用于概括局域网的通信状况，帮助用户确定网络通信超载的具体位置、规划网络的扩展形式、及时地发现入侵者、建立网络性能基准、更加有效地分散通信量。

5）网络分析仪

网络分析仪（Network Analyzer）有时也称为协议分析仪（Protocol Analyzer），它能够对不同协议层的通信数据进行解码，以便于阅读的缩略语或概述的形式表示出来，详细表示哪个层被调用（物理层、数据链路层等），以及每个字节或者字节内容起什么作用。

大多数的网络分析仪能够实现以下功能：

- 按照特定的标准对通信数据进行过滤，例如，可以截获发送给特定设备及特定设备发出的所有信息。
- 为截获的数据加上时间标签。
- 以便于阅读的方式展示协议层数据信息。
- 生成数据帧，并将其发送到网络中。
- 与某些系统配合使用，系统为网络分析仪提供一套规则，并结合网络的配置信息及具体操作，实现对网络故障的诊断与排除，或者为网络故障提供潜在的排除方案。

9.3.3　网络故障分层诊断

1. 物理层及其诊断

物理层是 OSI 分层结构体系中最基础的一层，它建立在通信媒体的基础上，实现系统和通信媒体的物理接口，为数据链路实体之间进行透明传输，为建立、保持和拆除计算机和网络之间的物理连接提供服务。

物理层的故障主要表现在设备的物理连接方式不恰当，连接电缆不正确。确定路由器端口物理连接是否完好的最佳方法是使用 show interface 命令，检查每个端口的状态，解释屏幕输出信息，查看端口状态、协议建立状态和 EIA 状态。

2. 数据链路层及其诊断

数据链路层的主要任务是使网络层无须了解物理层的特征而获得可靠的传输。数据链路层为通过链路层的数据提供打包和解包、差错检测和一定的校正能力，并协调共享介质。在数据链路层交换数据之前，协议关注的是形成帧和同步设备。查找和排除数据链路层的故障，需要查看路由器的配置，检查连接端口的共享同一数据链路层的封装情况。每对接口要和与其通信的其他设备有相同的封装。通过查看路由器的配置检查其封装，或者使用 show 命令查看相应接口的封装情况。

3. 网络层及其诊断

网络层提供建立、保持和释放网络层连接的手段，包括路由选择、流量控制、传输确认、中断、差错及故障恢复等。排除网络层故障的基本方法是沿着从源到目标的路径查看路由器路由表，同时检查路由器接口的 IP 地址。如果路由没有在路由表中出现，应该通过检查来确定是否已经输入适当的静态路由、默认路由或者动态路由。然后手工配置一些丢失的路由，或者排除一些动态路由选择过程的故障，包括 RIP 或者 IGRP 路由协议出现的故障。例如，对于 IGRP 路由选择信息只在同一自治系统号（AS）的系统之间交换数据，查看路由器配置的自治系统号的匹配情况。

4. 应用层及其诊断

应用层提供最终用户服务，如文件传输、电子信息、电子邮件和虚拟终端接入等。排除网络层故障的基本方法是首先在服务器上检查配置，测试服务器是否正常运行，如果服务器没有问题，再检查应用客户端是否正确配置。常用的故障测试命令有 ipconfig、ping、tracert、netstat 和 nslookup 等，在前面的章节中已经做过介绍，这里不再赘述。

9.4 网络存储技术

9.4.1 独立冗余磁盘阵列

RAID（Redundant Array of Independent Disks，独立冗余磁盘阵列）有时也简称为磁盘阵列，是将许多价格较便宜的磁盘组成一个容量巨大的磁盘组，由美国加利福尼亚大学伯克利分校的D.A.Patterson 教授在 1988 年提出，是将多块独立的硬盘（物理硬盘）按不同的方式组合起来形成一个硬盘组（逻辑硬盘），作为逻辑上的一个磁盘驱动器来使用，从而提供比单个硬盘更高的存储性能和数据冗余的技术。按照组成磁盘阵列的不同方式分成若干 RAID 级别（RAID Levels）。在使用者看来，组成的磁盘组就像是一个硬盘，用户可以对它进行分区、格式化等操作，多个磁盘驱动器可以同时传输数据，可以增加存储的 IO 性能，而磁盘上存储的数据一旦发生损坏，可以利用备份信息使损坏数据得以恢复，从而保障了数据的安全性。总之，对磁盘阵列的操作与单个硬盘一样，不同的是，磁盘阵列的存储性能要比单个硬盘高很多，而且可以提供数据冗余。

1. RAID 的相关概念

1）条带化

如图 9-43 所示是 RAID 0 系统示意图，条带化就是将一块数据划分成一系列连续编号的 Data Block 存储到多个物理磁盘上，在多个进程同时访问数据的不同部分时不会造成磁盘冲突，特别是进行顺序访问时，可以获得最大程度上的 IO 并行能力。

	磁盘0	磁盘1	磁盘2	磁盘3	
Stripe 0	Data Block0 Data Block1 Data Block2 Data Block3	Data Block4 Data Block5 Data Block6 Data Block7	Data Block8 Data Block9 Data Block10 Data Block11	Data Block12 Data Block13 Data Block14 Data Block15	Depth
Stripe 1	Data Block16 Data Block17 Data Block18 Data Block19	Data Block20 Data Block21 Data Block22 Data Block23	Data Block24 Data Block25 Data Block26 Data Block27	Data Block28 Data Block29 Data Block30 Data Block31	
Stripe 2	Data Block32 Data Block33 Data Block34 Data Block35	Data Block36 Data Block37 Data Block38 Data Block39	Data Block40 Data Block41 Data Block42 Data Block43	Data Block44 Data Block45 Data Block46 Data Block47	
Stripe N	⋮	⋮	⋮	⋮	

图 9-43　RAID 0 系统示意图

2）块、段、条带、条带长度、条带深度

在图 9-43 中，磁盘组被划分成一条条的，横跨各磁盘的每一条形成条带（Stripe），一个条带在单块磁盘上所占的区域称为段（Segment），每个段所包含的数据块（Data Block）的个数或者字节容量称为条带深度（Stripe Depth），一个条带横跨过的所有磁盘的数据块（Data Block）的个数或者字节容量称为条带长度。例如，磁盘 0 上的数据块 Data Block0、Data Block1、Data

Block2、Data Block3 组成的区域称为段（Segment），假设每个数据块大小为 4KB，则条带深度为 4KB×4=16KB，条带长度为 4KB×16=64KB。

3）IO 的相关概念

磁盘 IO，即磁盘的输入输出，输入指的是对磁盘写入数据，输出指的是从磁盘读出数据。一般读写类型分为读 / 写 IO 、大 / 小块 IO 、连续 / 随机 IO 、顺序 / 并发 IO 、持续 / 间断 IO 等。

- 读/写 IO ：读 IO 就是控制器发出指令从磁盘读取某段序号连续的扇区的内容，一个 IO 所读取的扇区段一定是连续的，否则，就得放入多个 IO 分别执行。指令一般先通知磁盘开始扇区的位置，然后给出需要从这个初始扇区往后读取的连续扇区个数，同时给出动作是读还是写，磁盘收到这条指令后就会按照要求读或者写数据。控制器从发出这条指令到获得执行回执的过程就是一次 IO 读或者写。
- 大/小块 IO：指控制器的指令中连续读取扇区的多少。大小块并无严格区分，比如 128、64 等可以算大块 IO ，1、4、8 可以算小块 IO。
- 连续/随机 IO：连续 IO 指的是本次 IO 给出的初始扇区地址和上一次 IO 的结束扇区地址是完全连续或者相隔不多的。如果相差很大，则算作一次随机 IO。连续 IO 时，磁头几乎不用换道，或者换道的时间很短；而随机 IO会导致磁头不停地换道，造成效率大大降低，因此，连续 IO 比随机 IO 效率高。
- 顺序/并发 IO：顺序 IO 是指文件系统下发的 IO 队列只能按顺序一个一个地执行；而并发 IO 则是指向一块磁盘发送 IO 指令后不必等待回应，接着向另外一块磁盘发送 IO 指令，即可以同时向一个 RAID 系统中的多个磁盘发送 IO 指令。并发 IO 在某些特定应用场景下可以极大地提高效率和速度。
- 持续/间断 IO：持续不断地发送或者接收 IO 请求数据量，则为持续 IO；IO 数据量时断时续则为间断 IO。
- IO 并发：单块磁盘时，因为一块磁盘同一时间只能进行一次 IO，同时最多 1 个 IO，无 IO 并发；由 2 块磁盘组成的 RAID 0，同时最多 2 个 IO，故最大 IO 并发为 2；由 3 块磁盘组成的 RAID 5，由于争用校验盘的问题，同时最多 1 个 IO，无 IO 并发；由 4 块磁盘组成的 RAID 5，由于校验块分布在不同磁盘上，所以同时最多 2 个 IO，故 IO 并发为 2。
- IOPS：即每秒磁盘可以进行多少次 IO 读写。较高的 IO 并发率和较低的单次 IO 用时都会提升 IOPS，我们知道完成一次 IO 所用时间为寻道时间+旋转延迟时间+数据传输时间，受磁盘转速影响，寻道时间相对于数据传输时间要大很多，所以 7200 r/min、10 000 r/min、15 000 r/min 转速的磁盘对 IOPS 的影响明显。
- 每秒 IO 吞吐量：即每秒磁盘 IO 的流量，为磁盘读取和写入数据之和，每秒 IO 吞吐量=IOPS×平均 IO 大小，由此可知，IO 大小越大、寻道时间越短，吞吐量越高。

2. RAID 的基本工作模式

RAID 技术经过不断的发展，现在已拥有了从 RAID 0 到 RAID 6 这 7 种基本的 RAID 级别。另外，还有一些基本 RAID 级别的组合形式，如 RAID 10（RAID 0 与 RAID 1 的组合）、RAID

50（RAID 0 与 RAID 5 的组合）等。不同的 RAID 级别代表着不同的存储性能、数据安全性和存储成本。最为常用的是下面的几种 RAID 形式。

1）RAID 0

RAID 0 把连续的数据分散到多个磁盘上存储，参与形成 RAID 0 的各个物理盘会组成一个逻辑上连续、物理上也连续的虚拟磁盘。通过建立 RAID 0，原本顺序的数据请求被分散到所有的硬盘中同时执行。系统向由 2 个磁盘组成的逻辑硬盘（RAID 0 磁盘组）发出的 IO 数据请求被转化为两项操作，其中的每一项操作都对应于一块物理硬盘。从理论上讲，2 块硬盘的并行操作使同一时间内磁盘读写速度提升了 2 倍。但由于总线带宽等多种因素的影响，实际的提升速率肯定会低于理论值，但是，大量数据并行传输与串行传输比较，仍然有显著的提速效果。

RAID 0 的缺点是不提供数据冗余，因此一旦数据或者磁盘损坏，损坏的数据将无法得到恢复，RAID 0 特别适用于对性能要求较高，而对数据安全要求低的领域。

2）RAID 1

RAID 1 又称为 Mirror 或 Mirroring（镜像），它的宗旨是最大限度地保证用户数据的可用性和可修复性。RAID 1 的操作方式是把用户写入硬盘的数据百分之百地自动复制到另外一个硬盘上。当读取数据时，系统先从 RAID 1 的源盘读取数据，如果读取数据成功，系统不去管备份盘上的数据；如果读取源盘数据失败，则系统自动转而读取备份盘上的数据，不会造成用户工作任务的中断。当然，应当及时地更换损坏的硬盘，并利用备份数据重新建立 Mirror，避免备份盘也发生损坏时，造成不可挽回的数据损失。

由于对存储的数据进行完全备份，在所有 RAID 级别中，RAID 1 提供最高的数据安全保障。同样，由于数据的完全备份，备份数据占了总存储空间的一半，因而 RAID 1 的磁盘空间利用率低，存储成本高。

相比于 RAID 0 无数据冗余，RAID 1 通过数据镜像加强了数据安全性，使其尤其适用于存放重要数据。

3）RAID 5

RAID 5 是一种存储性能、数据安全和存储成本兼顾的存储解决方案。RAID 5 不对存储的数据进行备份，而是把数据和相对应的奇偶校验信息存储到组成 RAID 5 的各个磁盘上，并且奇偶校验信息和相对应的数据分别存储于不同的磁盘上。当 RAID 5 的一个磁盘数据发生损坏后，利用剩下的数据和相应的奇偶校验信息来恢复被损坏的数据。RAID 5 可以为系统提供数据安全保障，但保障程度要比 Mirror 低，而磁盘空间利用率要比 Mirror 高。RAID 5 具有和 RAID 0 相近似的数据读取速度，只是多了一个奇偶校验信息，写入数据的速度比对单个磁盘进行写入操作稍慢。同时，由于多个数据对应一个奇偶校验信息，RAID 5 至少需要 3 块磁盘，磁盘实际可用数为 N-1，磁盘空间利用率要比 RAID 1 高，存储成本相对较低。RAID 5 因为数据写入需要奇偶校验，存在写惩罚，同时磁盘组中最多允许坏一块磁盘，否则数据无法恢复。

4）RAID 6

RAID 5 以及之前的 RAID 级别最多有一块校验盘，也就是最多允许坏掉一块磁盘，而不影响使用或者不会丢失数据，但当有第二块磁盘坏掉时，系统就无法正常使用并且会丢失数据。为了提高冗余度，在 RAID 5 基础上增加一块校验盘，创建 RAID 6。RAID 6 的磁盘组中包括 2 块校验盘和多块数据盘，同 RAID 5 一样，RAID 6 的 2 块校验盘也是打散分布式存储在每一块磁盘上的。RAID 6 通过不同数学算法，计算出两种不同的校验数据，分别存入两个校验 Segment，保证同时坏掉两块盘的情况下，通过联立这两个数学关系等式来求出丢失的数据，进行数据恢复。RAID 6 的写性能比 RAID 5 更差，因为它需要读出 2 次校验数据，计算后还需要再写入，写惩罚更严重，不过数据安全性提高很多，磁盘实际可用数为 $N-2$。

5）RAID 0+1/RAID10

正如其名字一样，RAID 0+1 是 RAID 0 和 RAID 1 的组合形式，也称为 RAID 10。

以 4 个磁盘组成的 RAID 10 为例，其数据存储方式如图 9-44 所示。首先，磁盘 0 和磁盘 1 组成 RAID 1，磁盘 2 和磁盘 3 组成 RAID 1，然后这两个 RAID 1 再组成 RAID 0。RAID 10 是存储性能和数据安全兼顾的方案，它在提供与 RAID 1 一样的数据安全保障的同时，也提供了与 RAID 0 近似的存储性能。

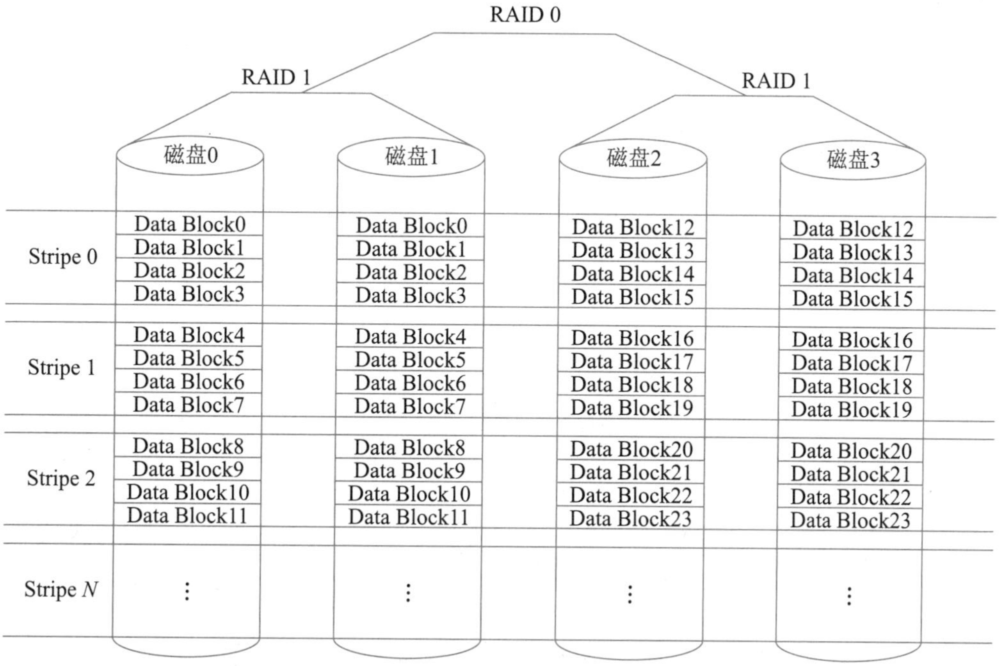

图 9-44　RAID 10 系统示意图

由于 RAID 10 也通过数据的 100% 备份功能提供数据安全保障，因此 RAID 10 的磁盘空间利用率与 RAID 1 相同，存储成本高。RAID 10 的特点使其特别适用于既有大量数据需要存取，同时又对数据安全性要求严格的领域，如银行、金融、商业超市、仓储库房、各种档案管理等。

9.4.2　网络存储

1. 直连式存储

DAS（Direct Attached Storage，直接附加存储）即直连方式存储。在这种方式中，存储设备是通过电缆（通常是SCSI接口电缆）直接连接服务器。I/O（输入/输出）请求直接发送到存储设备。DAS也可称为SAS（Server-Attached Storage，服务器附加存储）。它依赖于服务器，其本身是硬件的堆叠，不带有任何存储操作系统。使用DAS方式设备的初始费用可能比较低，可是在这种连接方式下，每台服务器单独拥有自己的存储磁盘，容量的再分配困难；对于存储系统的统一管理而言，工作烦琐而重复，没有集中管理解决方案。所以整体的拥有成本（TCO）较高，目前DAS基本被NAS或者SAN所代替。

2. 网络附加存储

在NAS（Network Attached Storage，网络附加存储）存储结构中，存储系统不再通过I/O总线附属于某个特定的服务器或客户机，而是直接通过网络接口与网络直接相连，用户通过网络来访问。

NAS常见的有两种：一种是NAS软件+磁盘阵列（或分布式存储）；另一种是NAS一体机，磁盘阵列机头包含NAS功能。

NAS软件+磁盘阵列：NAS软件安装在服务器上，服务器连接磁盘阵列，直接管理磁盘阵列的LUN，根据业务需求创建多个专属文件系统，通过NFS或者CIFS协议对用户提供共享服务，用户通过网络驱动器映射或者Mount的方式，添加NAS的文件系统，用户访问NAS如同访问本机的硬盘资源一样方便，NAS创建的文件为弹性空间，可根据用户需求在线扩容或者缩减。

NAS一体机：它实际上是一个带有瘦服务的存储设备，其作用类似于一个专用的文件服务器，不过把显示器、键盘、鼠标等设备省去，NAS用于存储服务，可以大大降低存储设备的成本，另外，NAS中的存储信息都是采用RAID方式进行管理的，从而有效地保护了数据。

3. 存储区域网络

SAN（Storage Area Network，存储区域网络）是一种连接存储设备和存储管理子系统的专用网络，专门提供数据存储和管理功能。SAN是通过专用高速网将一个或多个网络存储设备和服务器连接起来的专用存储系统，未来的信息存储将以SAN存储方式为主。SAN主要采取数据块的方式进行数据和信息的存储，目前主要使用于光纤通道和以太网两类环境中。

（1）FC-SAN：采用光纤通道（Fibre Channel）实现互连，通过光纤通道交换机连接存储阵列和服务器，光纤通道采用光纤以4Gb/s、8Gb/s、16Gb/s或更高速率传输SAN数据，延迟时间短。光纤通道转换所产生的延时仅有数微秒，正是由于光纤通道结合了高速度与延迟性低的特点，在时间敏感或交易处理的环境中，光纤通道成为理想的选择。同时，这些特点还支持强大的扩展能力，允许更多的存储系统和服务器互连。

（2）IP-SAN：顾名思义，它是在传统IP以太网上架构一个SAN存储网络把服务器与存储设备连接起来的存储技术。IP-SAN其实是在FC-SAN的基础上再进一步，它把SCSI协议完全封装在IP协议之中。简单来说，IP-SAN就是把FC-SAN中光纤通道解决的问题通过更为成熟的以太网实现了，从逻辑上讲，它是彻底的SAN架构，即为服务器提供块级服务。

第 10 章　网络规划和设计

网络规划和设计是根据网络建设的目标进行需求分析，设计网络的逻辑结构和物理结构，为网络工程的安装和配置准备各种技术文档。网络规划和设计过程是一个迭代和优化的过程，在网络的生命周期中这个过程重复多次，使得建成的网络能够适应技术的发展和应用的变化。本章主要讲述网络分析和设计过程，并介绍网络部署和配置的实例。

10.1　结构化布线系统

结构化布线系统是一种集成化通用传输系统，是在楼宇和园区范围内，利用双绞线或光缆来传输信息，可以连接电话、计算机、会议电视和监视电视等设备的结构化信息传输系统。结构化布线系统使用标准的双绞线和光纤，支持高速率的数据传输。这种系统使用物理分层星形拓扑结构，积木式、模块化设计，遵循统一标准，使系统的集中管理成为可能，也使每个信息点的故障、改动或增删不影响其他的信息点，使安装、维护、升级和扩展都非常方便，并节省费用。

结构化布线系统应满足下列要求：

- 标准化：采用国际、国家规范和标准来设计、施工和测试系统，采用符合国际和国家标准，得到国际权威机构认证的产品。
- 实用性：针对实际应用的需要和特点来建设系统，保证系统能满足现在和将来应用的需要。
- 先进性：采用国际最新技术，系统设计应具有一定的超前意识，保证在5～10年技术上不落后。
- 开放性：充分考虑整个系统的开放性，系统要兼容不同类型的信号，适应各种网络拓扑结构和各种应用的要求。
- 结构化、层次化：易于管理和维护系统，应具有充足的扩展余地，具有一定的灵活性，以及较强的可靠性和容错性。

结构化布线系统分为 6 个子系统，即工作区子系统、水平布线子系统、管理子系统、干线子系统、设备间子系统和建筑群子系统，如图 10-1 所示。

1. 工作区子系统

工作区子系统是由终端设备到信息插座的整个区域。一个独立的需要安装终端设备的区域划分为一个工作区。工作区应支持电话、数据终端、计算机、电视机、监视器以及传感器等多种终端设备。

信息插座的类型应根据终端设备的种类而定。信息插座的安装分为嵌入式（新建筑物）和表面安装（老建筑物）两种方式，信息插座通常安装在工作间四周的墙壁下方，距离地面 30cm，也有的安装在用户办公桌上。通常，可按每 9 平方米一个插座来估算信息插座的数量。

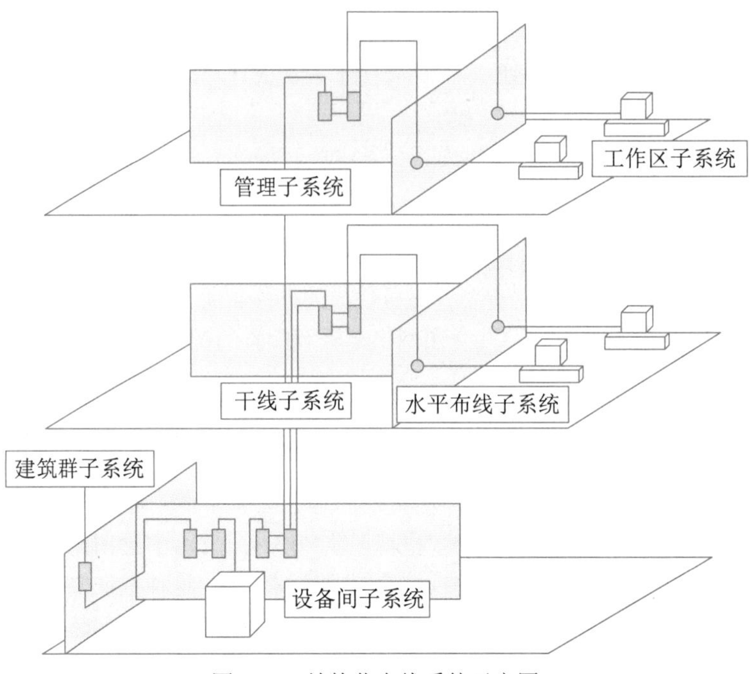

图 10-1　结构化布线系统示意图

2. 水平布线子系统

各个楼层接线间的配线架到工作区信息插座之间所安装的线缆属于水平布线子系统。水平布线子系统的作用是将干线子系统线路延伸到用户工作区。在进行水平布线时，传输介质中间不宜有转折点，两端应直接从配线架连接到工作区的信息插座。水平布线的布线通道有两种：一种是暗管预埋、墙面引线方式；另一种是地下管槽、地面引线方式。前者适用于多数建筑系统，一旦铺设完成，不易更改和维护；后者适用于少墙多柱的环境，更改和维护方便。

3. 管理子系统

管理子系统设置在楼层的接线间内，由各种交连设备（双绞线跳线架、光纤跳线架）以及集线器和交换机等交换设备组成，交连方式取决于网络拓扑结构和工作区设备的要求。交连设备通过水平布线子系统连接到各个工作区的信息插座，集线器或交换机与交连设备之间通过短线缆互连，这些短线被称为跳线。通过跳线的调整，可以在工作区的信息插座和交换机端口之间进行连接切换。

高层大楼采用多点管理方式，每一楼层要有一个配线间，用于放置交换机、集线器以及配线架等设备。如果楼层较少，宜采用单点管理方式，管理点就设在大楼的设备间内。

4. 干线子系统

干线子系统是建筑物的主干线缆，实现各楼层设备间子系统之间的互连。干线子系统通常由垂直的大对数铜缆或光缆组成，一头端接于设备间的主配线架上，另一头端接在楼层接线间的管理配线架上。

干线子系统在设计时，对于旧建筑物，主要采用楼层牵引管方式敷设；对于新建筑物，则利用建筑物的线井进行敷设。

5. 设备间子系统

建筑物的设备间是网络管理人员值班的场所，设备间子系统由建筑物的进户线、交换设备、电话、计算机、适配器以及保安设施组成，实现中央主配线架与各种不同设备（如 PBX、网络设备和监控设备等）之间的连接。

在选择设备间的位置时，要考虑连接的方便性，要考虑安装与维护的方便性，设备间通常选择在建筑物的中间楼层。设备间要有防雷击、防过压过流的保护设备，通常还要配备不间断电源。

6. 建筑群子系统

建筑群子系统也叫园区子系统，它是连接各个建筑物的通信系统。大楼之间的布线方法有 3 种：第一种是地下管道敷设方式，管道内敷设的铜缆或光缆应遵循电话管道和入孔的各种规定，安装时至少应预留一到两个备用管孔，以备扩充之用；第二种是直埋法，要在同一个沟内埋入通信和监控电缆，并应设立明显的地面标志；最后一种是架空明线，这种方法需要经常维护。

在进行结构化布线系统设计时，要注意线缆长度的限制。

10.2　网络分析和设计过程

10.2.1　网络系统生命周期

一个网络系统从构思开始，到最后被淘汰的过程称为网络生命周期。一般来说，网络生命周期至少应包括网络系统的构思和计划、分析和设计、运行和维护的过程。网络系统的生命周期与软件工程中的软件生命周期非常类似，首先它是一个循环迭代的过程，每次循环迭代的动力都来自于网络应用需求的变更。其次，每次循环过程中都存在需求分析、规划设计、实施调试和运营维护等多个阶段。有些网络仅仅经过一个周期就被淘汰，而有些网络在存活过程中经过多次循环周期，一般来说，网络规模越大、投资越多，则可能经历的循环周期也越长。

常见的迭代周期构成方式主要有以下 3 种。

1. 四阶段周期

四阶段周期能够快速适应新的需求变化，强调网络建设周期中的宏观管理，4 个阶段的划分如图 10-2 所示。

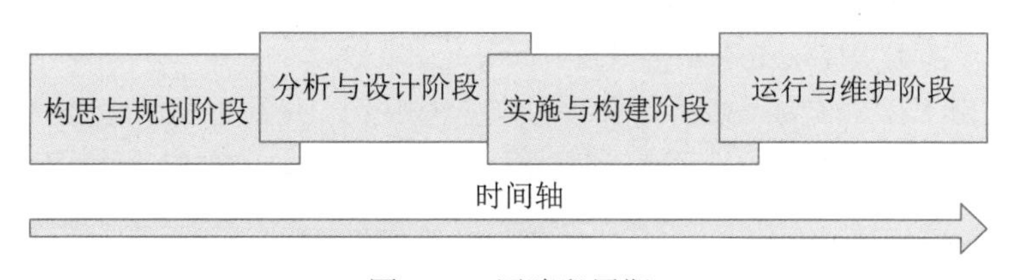

图 10-2　四阶段周期

4 个阶段分别为构思与规划阶段、分析与设计阶段、实施与构建阶段、运行与维护阶段，这 4 个阶段之间有一定的重叠，保证了两个阶段之间的交接工作。

构思与规划阶段的主要工作是明确网络设计的需求，同时确定新网络的建设目标。分析与设计阶段的工作在于根据网络的需求进行设计，并形成特定的设计方案。实施与构建阶段的工作则是根据设计方案进行设备购置、安装、调试，建成可试用的网络环境。运行与维护阶段提供网络服务，并实施网络管理。

四阶段周期的优势在于工作成本较低、灵活性好，适用于网络规模较小、需求较为明确、网络结构简单的工程项目。

2. 五阶段周期

五阶段周期是较为常见的迭代周期划分方式，它将一次迭代划分为 5 个阶段：

（1）需求规范。

（2）通信规范。

（3）逻辑网络设计。

（4）物理网络设计。

（5）实施阶段。

在这 5 个阶段中，由于每个阶段都是一个工作环节，每个环节完毕后才能进入下一个环节，类似于软件工程中的瀑布模型，形成了特定的工作流程，如图 10-3 所示。

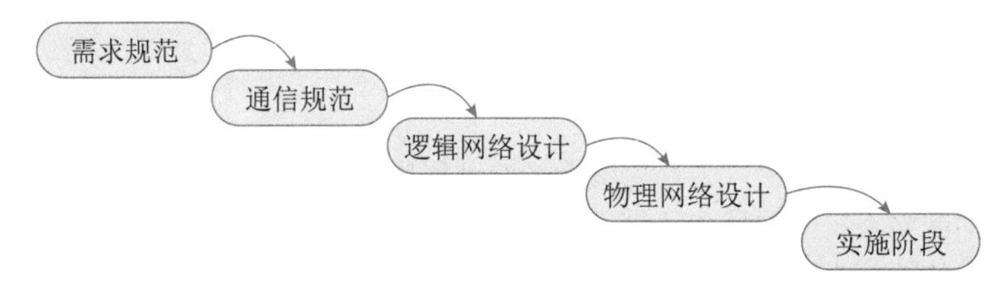

图 10-3　五阶段周期

按照这种流程构建网络，在下一个阶段开始之前，前一阶段的工作已经完成。一般情况下，不允许返回到前面的阶段，如果出现前一阶段的工作没有完成就开始进入下一个阶段的情况，则会对后续的工作造成较大的影响，甚至引起工期拖后和成本超支。

这种方法的主要优势在于所有的计划在较早的阶段完成，系统负责人对系统的具体情况以及工作进度都非常清楚，更容易协调工作。

五阶段周期的缺点是比较死板，不灵活。因为往往在项目完成之前，用户的需求经常会发生变化，这使得已开发的部分需要经常修改，从而影响工作的进程。所以，基于这种流程完成网络设计时，用户的需求确认工作非常重要。

五阶段周期由于存在较为严格的需求和通信分析规范，并且在设计过程中充分考虑了网络的逻辑特性和物理特性，因此较为严谨，适用于网络规模较大、需求较为明确、需求变更较小的网络工程。

3. 六阶段周期

六阶段周期是对五阶段周期的补充，是对其缺乏灵活性这一缺陷的改进，通过在实施阶段前后增加相应的测试和优化过程来提高网络建设工作中对需求变更的适应性。

六阶段周期由需求分析、逻辑设计、物理设计、设计优化、实施及测试、监测及性能优化 6 个阶段组成，如图 10-4 所示。

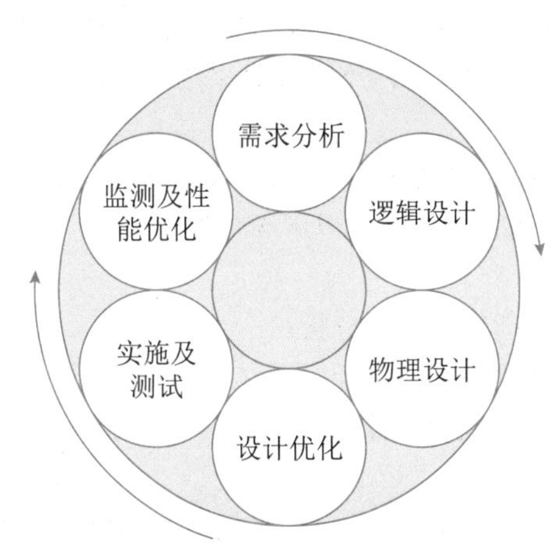

图 10-4　六阶段周期

在需求分析阶段，网络分析人员通过与用户进行交流来确定新系统（或升级系统）的商业目标和技术目标，然后归纳出当前网络的特征，分析当前和将来的网络通信量、网络性能、协议行为和服务质量要求。

逻辑设计阶段主要完成网络的拓扑结构、网络地址分配、设备命名规则、交换及路由协议选择、安全规划、网络管理等设计工作，并且根据这些设计选择设备和服务供应商。

物理设计阶段是根据逻辑设计的结果选择具体的技术和产品，使得逻辑设计成果符合工程设计规范的要求。

设计优化阶段完成工程实施前的方案优化，通过召开专家研讨会、搭建试验平台、网络仿真等多种形式找出设计方案中的缺陷，并进一步优化。

实施及测试阶段根据优化后的方案购置设备，进行安装、调试与测试工作，通过测试和试用发现网络环境与设计方案的偏差，纠正其中的错误，并修改网络设计方案。

监测及性能优化阶段是网络的运营和维护阶段。通过网络管理、安全管理等技术手段，对网络是否正常运行进行实时监控，如果发现问题，则通过优化网络设备配置参数来达到优化网络性能的目的。如果发现网络性能无法满足用户的需求，则进入下一迭代周期。

六阶段周期偏重于网络的测试和优化，侧重于网络需求的不断变更，由于其具有严格的逻辑设计和物理设计规范，使得这种模式适合于大型网络的建设工作。

10.2.2　网络开发过程

网络开发过程描述了开发网络时必须完成的基本任务，而网络生命周期为描绘网络项目的开发提供了特定的理论模型，因此网络开发过程是指一次迭代过程。

一个网络工程项目从构思到最终退出应用，一般会遵循迭代模型，经历多个迭代周期。每个周期的各种工作可根据新网络的规模采用不同的迭代周期模型。例如，在网络建设初期，由于网络规模比较小，因此第一次迭代周期的开发工作应采用四阶段模式。随着应用的发展，需要基于初期建成的网络进行全面的网络升级，可以在第二次迭代周期中采用五阶段或六阶段的模式。

由于中等规模的网络较多，并且应用范围较广，下面主要介绍五阶段迭代周期模型。这种模型也部分适用于要求比较单纯的大型网络，而且采用六阶段周期时也必须完成五阶段周期中要求的各项工作。

将大型问题分解为多个小型可解的简单问题，这是解决复杂问题的常用方法。根据五阶段迭代周期模型，网络开发过程可以被划分为以下 5 个阶段：

- 需求分析。
- 现有网络系统的分析，即通信规范分析。
- 确定网络逻辑结构，即逻辑网络设计。
- 确定网络物理结构，即物理网络设计。
- 安装和维护。

因此，网络工程被分解为多个容易理解、容易处理的部分，每个部分的工作构成一个阶段，各个阶段的工作成果都将直接影响下一阶段的工作开展，这就是五阶段周期被称为流水线的真正含义。

在这 5 个阶段中，每个阶段都必须依据上一阶段的成果完成本阶段的工作，并形成本阶段的工作成果，作为下一阶段的工作依据。这些阶段成果分别为需求规范、通信规范、逻辑网络设计和物理网络设计文档。在大多数网络工程中，网络开发过程可以用图 10-5 来描述。

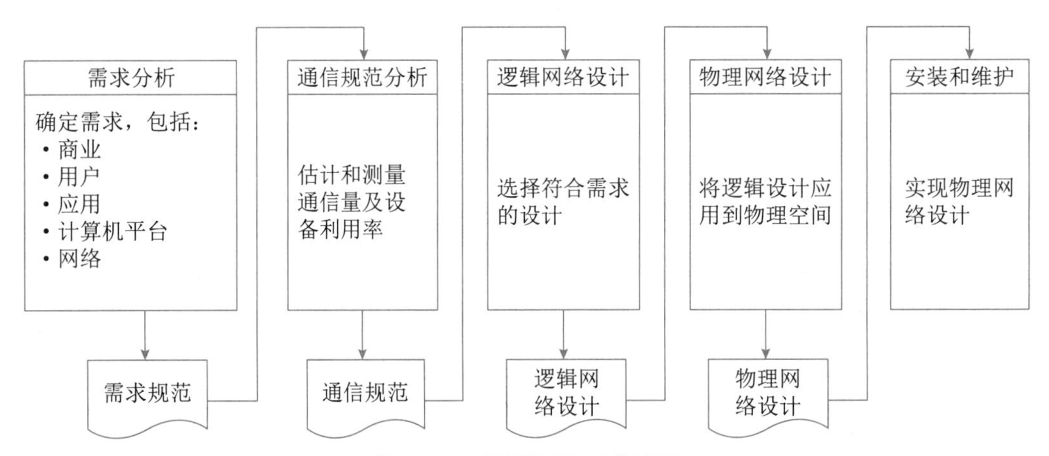

图 10-5　五阶段网络开发过程

下面详细介绍网络开发过程的各个阶段，只有理解了开发网络项目的各个阶段，才可以在实际开发过程中灵活运用。

1. 需求分析

需求分析是开发过程中最关键的阶段，所有工程设计人员都清楚，如果在需求分析阶段没有明确需求，则会导致以后各阶段的工作严重受阻。在需求分析阶段需要克服需求收集的困难，很多时候用户不清楚具体需求是什么，或者需求渐渐增加，而且经常发生变化，需求调研人员必须采用多种方式与用户交流，才能挖掘出网络工程的全面需求。

收集需求信息要和不同的用户（包括经理人员和网络管理员）进行交流，要把交流所得信息进行归纳解释、去伪存真。在这个过程中，很容易出现不同用户群体之间的需求是矛盾的，特别是网络用户和网络管理员之间会出现分歧。网络用户总是希望能够更多、更方便地享用网络资源，而网络管理员更希望网络稳定和易于管理。网络设计人员要在设计工作中根据工程经验均衡考虑各方利益，这样才能保证最终的网络是可用的。

收集需求信息是一项费时的工作，也不可能很快产生非常明确的需求，但是可以明确需求变化的范围，通过网络设计的伸缩性保证网络工程满足用户的需求变化。需求分析有助于设计者更好地理解网络应该具有什么样的功能和性能，最终设计出符合用户需求的网络。

不同的用户有不同的网络需求，收集需求的范围如下：

（1）业务需求。

（2）用户需求。

（3）应用需求。

（4）计算机平台需求。

（5）网络通信需求。

详细的需求描述使得最终的网络更有可能满足用户的要求。需求收集过程必须同时考虑现在和将来的需要，如果不适当考虑将来的发展，以后将很难实现对网络的扩展。

需求分析的输出是产生一份需求说明书，也就是需求规范。网络设计者必须把需求记录在需求说明书中，清楚而细致地总结单位和个人的需求意愿。在写完需求说明书后，管理者与网络设计者应该达成共识，并在文件上签字，这是规避网络建设风险的关键。这时需求说明书就成为开发小组和业主之间的协议，也就是说，业主认可文件中对他们所要的系统的描述，网络开发者同意提供这样的系统。

在形成需求说明书的同时，网络工程设计人员还必须与网络管理部门就需求的变化建立起需求变更机制，明确允许的变更范围。这些内容正式通过后，开发工作就可以进入下一个阶段了。

2. 现有网络系统的分析

如果当前的网络开发过程是对现有网络的升级和改造，必须进行现有网络系统的分析工作。现有网络系统分析的目的是描述资源分布，以便于在升级时尽量保护已有的投资。

升级后的网络效率与当前网络中的各类资源是否满足新的需求是相关的。如果现有的网络设备不能满足新的需求，就必须淘汰旧的设备，购置新设备。在写完需求说明书之后，设计过程开始之前，必须彻底分析现有网络的各类资源。

在这一阶段，应给出一份正式的通信规范说明文档，作为下一个阶段的输入。网络分析阶段应该提供的通信规范说明文档包含下列内容：

（1）现有网络的拓扑结构图。

（2）现有网络的容量，以及新网络所需的通信量和通信模式。

（3）详细的统计数据，直接反映现有网络性能的测量值。

（4）Internet 接口和广域网提供的服务质量报告。

（5）限制因素列表，例如使用线缆和设备清单等。

3. 确定网络逻辑结构

网络逻辑结构设计是体现网络设计核心思想的关键阶段，在这一阶段根据需求规范和通信规范选择一种比较适宜的网络逻辑结构，并实施后续的资源分配规划、安全规划等内容。

网络逻辑结构要根据用户需求中描述的网络功能、性能等要求来设计，逻辑设计要根据网络用户的分类和分布形成特定的网络结构。网络逻辑结构大致描述了设备的互连及分布范围，但是不确定具体的物理位置和运行环境。

一个具体的网络设备，在不同的协议层次上，其连接关系是不同的，在网络层和数据链路层尤其如此。在逻辑网络设计阶段，一般更关注网络层的连接图，因为这涉及网络互连、地址分配和网络层流量等关键因素。

网络设计者利用需求分析和现有网络系统分析的结果来设计网络逻辑结构。如果现有的软件、硬件不能满足新网络的需求，现有系统就必须升级。如果现有系统能够继续使用，可以将它们集成到新设计中来。如果不集成旧系统，网络设计小组可以找一个新系统，对它进行测试，确定是否符合用户的需求。

这个阶段最后应该得到一份逻辑设计文档，输出的内容包括以下几点：

（1）网络逻辑设计图。

（2）IP 地址分配方案。

（3）安全管理方案。

（4）具体的软 / 硬件、广域网连接设备和基本的网络服务。

（5）招聘和培训网络员工的具体说明。

（6）对软 / 硬件费用、服务提供费用以及员工和培训费用的初步估计。

4. 确定网络物理结构

物理网络设计是逻辑网络设计的具体实现，通过对设备的具体物理分布、运行环境等的确定来确保网络的物理连接符合逻辑设计的要求。在这一阶段，网络设计者需要确定具体的软 / 硬件、连接设备、布线和服务的部署方案。

网络物理结构设计文档必须尽可能详细、清晰，输出的内容如下：

（1）网络物理结构图和布线方案。

（2）设备和部件的详细列表清单。

（3）软 / 硬件和安装费用的估算。

（4）安装日程表，详细说明服务的时间以及期限。

（5）安装后的测试计划。

（6）用户的培训计划。

5. 安装和维护

这个阶段可以分为两个小阶段，分别是安装和维护。

（1）安装。这是根据前面的工程成果实施环境准备、设备安装调试的过程。安装阶段的主要输出就是网络本身。安装阶段应该产生的输出如下：

- 逻辑网络结构图和物理网络部署图，以便于管理人员快速了解和掌握网络的结构。
- 符合规范的设备连接图和布线图，同时包括线缆、连接器和设备的规范标识。
- 运营维护记录和文档，包括测试结果和数据流量记录。

在安装开始之前，所有的软 / 硬件资源必须准备完毕，并通过测试。在网络投入运营之前，必须准备好人员、培训、服务和协议等资源。

（2）维护。网络安装完成后，接受用户的反馈意见和监控网络的运行是网络管理员的任务。网络投入运行后，需要做大量的故障监测和故障恢复，以及网络升级和性能优化等维护工作。网络维护也是网络产品的售后服务工作。

10.2.3　网络设计的约束因素

网络设计的约束因素是网络设计工作必须遵循的一些附加条件，一个网络设计如果不满足约束条件，将导致该网络设计方案无法实施。所以在需求分析阶段，确定用户需求的同时也应该明确可能出现的约束条件。一般来说，网络设计的约束因素主要来自于政策、预算、时间和应用目标等方面。

1. 政策约束

了解政策约束是为了发现可能导致项目失败的事务安排，以及利益关系或历史因素导致的对网络建设目标的争论意见。政策约束的来源包括法律、法规、行业规定、业务规范和技术规范等。政策约束的具体表现是法律法规条文，以及国际、国家和行业标准等。

在网络开发过程中，设计人员需要与客户就协议、标准、供应商等方面的政策进行讨论，弄清楚客户在信息传输、路由选择、工作平台或其他方面是否已经制定了标准，是否有关于开发和专有解决方案的规定，是否有认可供应商或平台方面的规定，是否允许不同厂商之间的竞争等。在明确了这些政策约束后，才能开展后期的设计工作，以免出现设计失败或重复设计的现象。

2. 预算约束

预算是决定网络设计的关键因素，很多满足用户需求的优良设计因为突破了用户的基本预算而不能实施。如果用户的预算是弹性的，那就意味着赋予了设计人员更多的空间，设计人员可以从用户满意度、可扩展性和易维护性等多个角度对设计进行优化。但是大多数情况下，设计人员面对的是刚性的预算，预算可调整的幅度非常小。在刚性预算下实现满意度、可扩展性、易维护性是需要大量工程设计经验的。

对于预算不能满足用户需求的情况，放弃网络设计工作并不是积极的态度，正确的做法是在统筹规划的基础上将网络建设工作划分为多个迭代周期，同时将网络建设目标分解为多个阶段性目标，通过阶段性目标的实现，达到最终满足用户全部需求的目的，当前预算仅用于完成当前迭代周期的建设目标。

网络预算一般分为一次性投资预算和周期性投资预算。一次性投资预算主要用于网络的初始建设，包括采购设备、购买软件、维护和测试系统、培训工作人员以及设计和安装系统的费用，应根据一次性投资预算的多少进行设备选型，确保网络初始建设的可行性。周期性投资预算主要用于后期的运营维护，包括人员方面的开销、设备维护消耗、软件升级消耗、信息费用以及线路租用费用等。

3. 时间约束

网络设计的进度安排是需要考虑的另一个问题。项目进度表限定了项目最后的期限和重要的阶段。通常，项目进度由客户负责管理，但网络设计者必须就该日程表是否可行提出自己的意见。现在有许多种开发进度表的工具，在全面了解了项目之后，网络设计者要对安排的计划与进度表的时间进行分析，对于存在疑问的地方及时与客户进行沟通。

4. 应用目标的检查和确认

在进行下一阶段的任务之前，需要确定是否了解了客户的应用目标和所关心的事项。通过应用目标检查，可以避免用户需求的缺失，检查形式包括设计小组内部的自我检查和用户主管部门的确认检查。

10.3 网络结构设计

传统意义上的网络拓扑是将网络中的设备和节点描述成点，将网络线路和链路描述成线。随着网络的不断发展，单纯的网络拓扑结构已经无法全面描述网络。因此，在逻辑网络设计中，网络结构的概念正在取代网络拓扑结构，成为网络设计的框架。

网络结构是对网络进行逻辑抽象，描述网络中主要连接设备和网络计算机节点分布所形成的网络主体框架。网络结构与网络拓扑结构的最大区别在于：在网络拓扑结构中只有点和线，不会出现任何的设备和计算机节点；而网络结构主要是描述连接设备和计算机节点的连接关系。

由于当前的网络工程主要由局域网和实现局域网互连的广域网构成，因此可以将网络工程中的网络结构设计分成局域网结构和广域网结构两个设计部分内容，其中，局域网结构主要讨论数据链路层的设备互连方式，广域网结构主要讨论网络层的设备互连方式。

10.3.1 局域网结构

当前的局域网络与传统意义上的局域网络相比已经发生了很多变化，传统意义上的局域网络只具备二层通信功能，现代意义上的局域网络不仅具有二层通信功能，同时具有三层甚至多层通信的功能。现代局域网络，从某种意义上说，被称为园区网络更为合适。以下是在进行局域网络设计时常见的局域网络结构。

1. 单核心局域网结构

单核心局域网结构主要由一台核心二层或三层交换设备构建局域网络的核心，通过多台接入交换机接入计算机节点，该网络一般通过与核心交换机互连的路由设备（路由器或防火墙）

接入广域网中。典型的单核心局域网结构如图 10-6 所示。

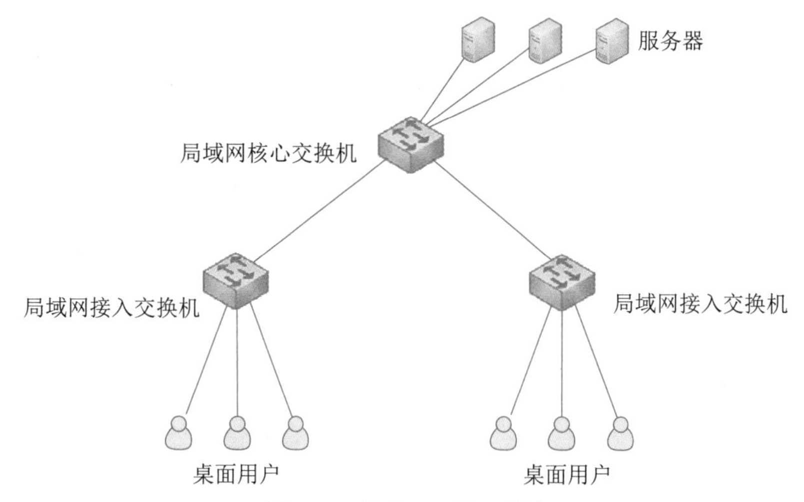

图 10-6　单核心局域网结构

单核心局域网结构具有以下特点：

（1）核心交换设备在实现上多采用二层、三层交换机或多层交换机。

（2）如采用三层或多层设备，可以划分成多个 VLAN，在 VLAN 内只进行数据链路层帧转发。

（3）网络内各 VLAN 之间访问需要经过核心交换设备，并且只能通过网络层数据包转发方式实现。

（4）网络中除核心交换设备以外不存在其他的带三层路由功能的设备。

（5）核心交换设备与各 VLAN 设备间采用 1000M 及以上以太网连接。

（6）节省设备投资。

（7）网络结构简单。

（8）部门局域网络访问核心局域网以及相互之间访问效率高。

（9）在核心交换设备端口富余的前提下，部门网络接入较为方便。

（10）网络地理范围小，要求部门网络分布比较紧凑。

（11）核心交换机是网络的故障单点，容易导致整网失效。

（12）网络的扩展能力有限。

（13）对核心交换设备的端口密度要求较高。

（14）除非是规模较小的网络，否则桌面用户不直接与核心交换设备相连，也就是核心交换机与用户计算机之间应存在接入交换机。

2. 双核心局域网结构

双核心局域网结构主要由两台核心交换设备构建局域网核心，该网络一般也是通过与核心交换机互连的路由设备接入广域网，并且路由器与两台核心交换设备之间都存在物理链路。典型的双核心局域网结构如图 10-7 所示。

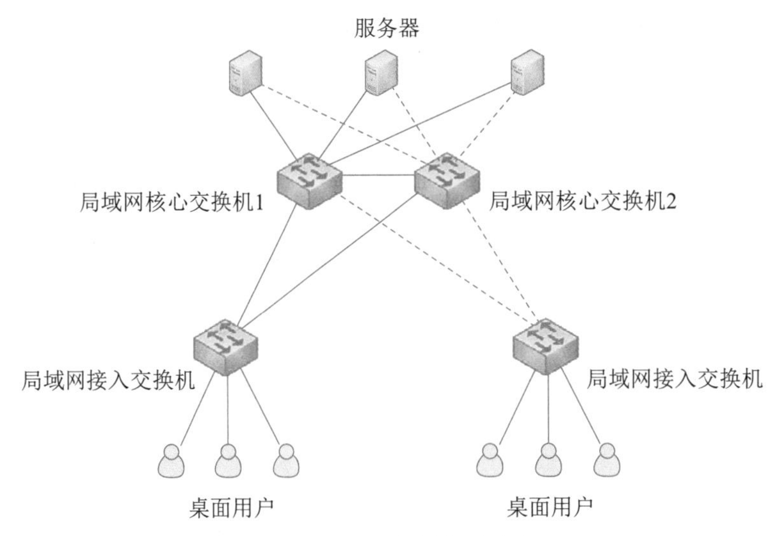

图 10-7 双核心局域网结构

双核心局域网结构具有以下特点：

（1）核心交换设备在实现上多采用三层交换机或多层交换机。

（2）网络内各 VLAN 之间访问需要经过两台核心交换设备中的一台。

（3）网络中除核心交换设备以外不存在其他的具备路由功能的设备。

（4）核心交换设备之间运行特定的网关保护或负载均衡协议，例如 HSRP、VRRP 和 GLBP 等。

（5）核心交换设备与各 VLAN 设备间采用 1000Mb 及以上以太网连接。

（6）网络拓扑结构可靠。

（7）路由层面可以实现无缝热切换。

（8）部门局域网络访问核心局域网以及相互之间多条路径选择可靠性更高。

（9）在核心交换设备端口富余的前提下，部门网络接入较为方便。

（10）设备投资比单核心局域网结构的投资高。

（11）对核心路由设备的端口密度要求较高。

（12）核心交换设备和桌面计算机之间存在接入交换设备，接入交换设备同时和双核心存在物理连接。

（13）所有服务器都直接同时连接至两台核心交换机，借助网关保护协议实现桌面用户对服务器的高速访问。

3. 环形局域网结构

环形局域网结构由多台核心三层设备连接成双 RPR（Resilient Packet Ring，弹性分组环）构建整个局域网络的核心，该网络通过与环上交换设备互连的路由设备接入广域网络。

典型的环形局域网结构如图 10-8 所示。

环形局域网结构具有以下特点：

（1）核心交换设备在实现上多采用三层交换机或多层交换机。

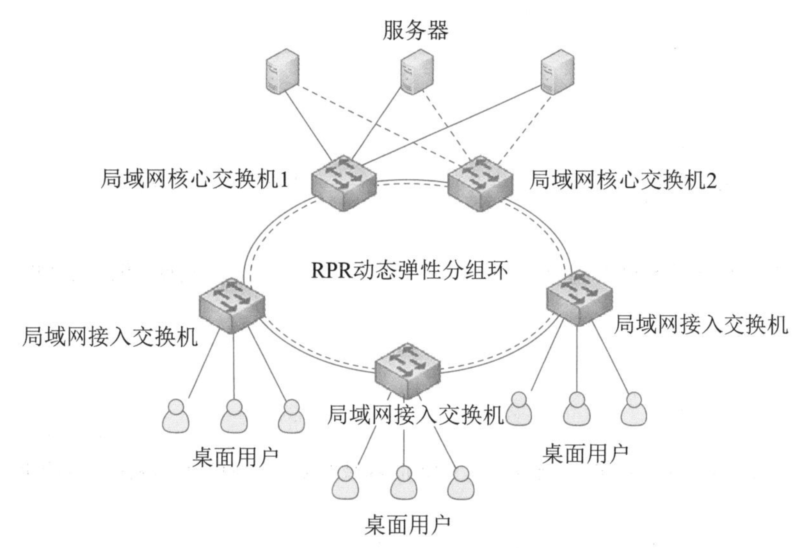

图 10-8　环形局域网结构

（2）网络内各 VLAN 之间访问需要经过 RPR 环。

（3）RPR 技术能提供 MAC 层的 50ms 自愈时间，能提供多等级、可靠的 QoS 服务。

（4）RPR 有自愈保护功能，节省光纤资源。

（5）RPR 协议中没有提及相交环、相切环等组网结构，当利用 RPR 组建大型城域网时，多环之间只能利用业务接口进行互通，不能实现网络的直接互通，因此它的组网能力与 SDH、MSTP 相比较弱。

（6）由两根反向光纤组成环形拓扑结构。其中，一根顺时针，一根逆时针，节点在环上可以从两个方向到达另一节点。每根光纤可以同时用来传输数据和同向控制信号，RPR 环双向可用。

（7）利用空间重用技术实现空间重用，使环上的带宽得到更为有效的利用。RPR 技术具有空间复用、自动拓扑识别、带宽公平机制和拥塞控制机制、物理层介质独立等特点。

（8）设备投资比单核心局域网结构的投资高。

（9）核心路由的冗余设计难度较高，容易形成路由环路。

4. 层次局域网结构

层次局域网结构主要定义了根据不同功能要求将局域网络划分层次构建的方式，从功能上定义为核心层、汇聚层和接入层。层次局域网一般通过与核心层设备互连的路由设备接入广域网络。

典型的层次局域网结构如图 10-9 所示。

层次局域网结构具有以下特点：

（1）核心层实现高速数据转发。

（2）汇聚层实现丰富的接口和接入层之间的互访控制。

（3）接入层实现用户接入。

（4）网络拓扑结构故障定位可分级，便于维护。

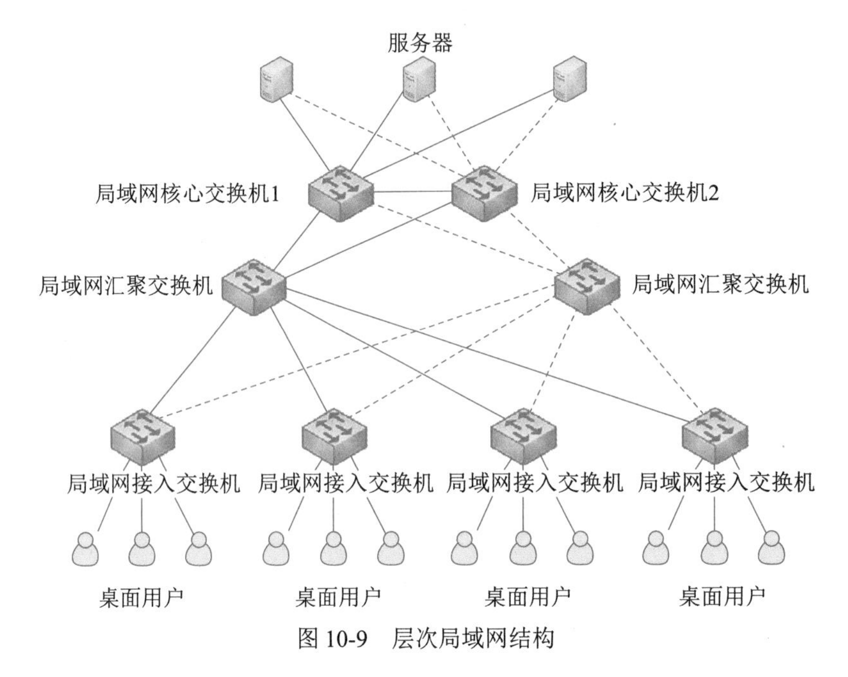

图 10-9　层次局域网结构

（5）网络功能清晰，有利于发挥设备的最大效率。

（6）网络拓扑有利于扩展。

10.3.2　层次化网络设计

1. 层次化网络设计模型

层次化网络设计模型可以帮助设计者按层次设计网络结构，并对不同层次赋予特定的功能，为不同层次选择正确的设备和系统。一个典型的层次化网络结构包括以下特征：

- 由经过可用性和性能优化的高端路由器和交换机组成的核心层。
- 由用于实现策略的路由器和交换机构成的汇聚层。
- 由用于连接用户的低端交换机等构成的接入层。

在上述网络结构介绍中，层次局域网结构和层次广域网结构就是层次化网络设计模型分别在局域网和广域网设计中的应用。随着用户不断增多，网络复杂度不断增大，层次化网络设计模型成为位于网络主流的园区网络的经典模型。

采用层次化网络设计模型进行设计工作，具有以下优点：

（1）使用层次化网络设计模型可以使网络成本降到最低，通过在不同层次设计特定的网络互连设备，可以避免为各层中不必要的特性花费过多的资金。层次化网络设计模型可以在不同层次进行更精细的容量规划，从而减少带宽浪费。同时，层次化网络设计模型可以使网络管理产生层次性，不同层次的网络运行管理人员的工作职责也不同，培训规模和管理成本也不同，从而减少控制管理成本。

（2）层次化网络设计模型在设计中可以采用不同层次上的模块化，模块就是层次上的设备及连接集合，这使得每个设计元素简化并易于理解，并且网络层次间的交界点也很容易识别，使得故障隔离程度得到提高，保证了网络的稳定性。

（3）层次化设计使网络的改变变得更加容易，当网络中的一个网元需要改变时，升级的成本限制在整个网络中很小的一个子集中，对网络的整体影响达到最小。

2. 层次化网络设计的原则

层次化网络设计应该遵循一些简单的原则，这些原则可以保证设计出来的网络更加具有层次化的特性。具体原则如下：

（1）在设计时，设计者应该尽量控制层次化的程度，一般情况下，有核心层、汇聚层和接入层 3 个层次就足够了，过多的层次会导致整体网络性能的下降，并且会提高网络的延迟，同时也不方便进行网络故障排查和文档编写。

（2）在接入层应当保持对网络结构的严格控制，接入层的用户总是为了获得更大的外部网络访问带宽而随意申请其他的渠道访问外部网络，这是不允许的。

（3）为了保证网络的层次性，不能在设计中随意加入额外连接，额外连接是指打破层次性，在不相邻层间的连接，这些连接会导致网络中的各种问题，例如缺乏汇聚层的访问控制和数据包过滤等。

（4）在进行设计时，应当首先设计接入层，根据流量负载、流量和行为的分析对上层进行更精细的容量规划，再依次完成各个上层的设计。

（5）除了接入层以外的其他层次，应尽量采用模块化方式，每个层次由多个模块或者设备集合构成，每个模块间的边界应非常清晰。

10.3.3　网络冗余设计

网络冗余设计允许通过设置双重网络元素来满足网络的可用性需求，冗余减少了网络的单点失效情况，其目标是重复设置网络组件，以避免单个组件的失效而导致应用失效。这些组件可以是一台核心路由器、交换机，可以是两台设备间的一条链路，可以是一个广域网连接，可以是电源、风扇和设备引擎等设备上的模块。对于某些大型网络来说，为了确保网络中的信息安全，在独立的数据中心之外还设置了冗余的容灾备份中心，以保证数据备份或者应用在故障下的切换。

在网络冗余设计中，对于通信线路，常见的设计目标主要有两个：一个是备用路径，另一个是负载分担。

1. 备用路径

备用路径主要是为了提高网络的可用性。当一条路径或者多条路径出现故障时，为了保障网络的连通，网络中必须存在冗余的备用路径。备用路径由路由器、交换机等设备之间的独立备用链路构成，一般情况下，备用路径仅仅在主路径失效时投入使用。

在设计备用路径时主要考虑以下因素：

（1）备用路径的带宽。备用路径带宽的依据主要是网络中重要区域、重要应用的带宽需要，设计人员要根据主路径失效后哪些网络流量不能中断来形成备用路径的最小带宽需求。

（2）切换时间。切换时间是指从主路径故障到备用路径投入使用的时间，切换时间主要取决于用户对应用系统中断服务时间的容忍度。

（3）非对称。备用路径的带宽比主路径的带宽小是正常的设计方法，由于备用路径在大多数情况下并不投入使用，过大的带宽容易造成浪费。

（4）自动切换。在设计备用路径时，应尽量采用自动切换方式，避免使用手工切换。

（5）测试。备用路径由于长期不投入使用，对线路、设备上存在的问题不容易发现，应设计定期的测试方法，以便及时发现问题。

2. 负载分担

负载分担通过冗余的形式来提高网络的性能，是对备用路径方式的扩充。负载分担通过并行链路提供流量分担来提高性能，其主要的实现方法是利用两个或多个网络接口和路径来同时传递流量。

关于负载分担，在设计时主要考虑以下因素：

（1）当网络中存在备用路径、备用链路时，可以考虑加入负载分担设计。

（2）对于主路径、备用路径都相同的情况，可以实施负载分担的特例——负载均衡，也就是多条路径上的流量是均衡的。

（3）对于主路径、备用路径不相同的情况，可以采用策略路由机制，让一部分应用的流量分摊到备用路径上。

（4）在路由算法的设计上，大多数设备制造厂商实现的路由算法都能够在相同带宽的路径上实现负载均衡，甚至部分特殊的路由算法（例如 IGRP 和增强 IERP）可以根据主路径和备用路径的带宽比例实现负载分担。

10.3.4 广域网络技术

随着网络规模的不断发展，网络用户的流动性和地域分散特性不断增强。远程企业用户需要借助特殊的接入方式实现对企业网络的访问，而城市的网络用户也需要借助同样的技术实现对因特网的访问，因此这些特殊的技术主要应用于城域网络，可以被称为城域网远程接入技术。

1. DSL 接入

数字用户线路（Digital Subscriber Line，DSL）允许用户在传统的电话线上提供高速的数据传输，用户计算机借助于 DSL 调制解调器连接到电话线上，通过 DSL 连接访问因特网络或者企业网络。

DSL 采用尖端的数字调制技术，可以提供比 ISDN 快得多的速率，其实际速率取决于 DSL 的业务类型和很多物理层因素，例如电话线的长度、线径、串扰和噪声等。

DSL 技术存在多种类型，以下是常见的技术类型：

- ADSL：非对称DSL，用户的上、下行流量不对称，一般具有 3 个信道，分别为 1.544～9Mb/s 的高速下行信道，16～640kb/s 的双工信道，64kb/s 的语音信道。
- SDSL：对称 DSL，用户的上、下行流量对等，最高可以达到 1.544Mb/s。
- ISDN DSL：介于 ISDN 和 DSL 之间，可以提供最远距离为 4600～5500m 的 128kb/s 双向对称传输。
- HDSL：高比特率 DSL，是在两个线对上提供 1.544Mb/s 或在三个线对上提供2.048Mb/s 对称通信的技术，其最大的特点是可以运行在低质量线路上，最远距离为 3700～4600m。

- VDSL：甚高比特率 DSL，一种快速非对称 DSL 业务，可以在一对电话线上提供数据和语音业务。

在这些技术中，ADSL 的应用范围最广，已经成为城域网接入的主要技术。

ADSL 接入需要的设备有接入设备（局端设备 DSLAM 和用户端设备 ATU-R）、用户线路和管理服务器，如图 10-10 所示。其中，DSLAM 作为 ADSL 的局端收发传送设备，主要由运营商提供，为 ADSL 用户端提供接入和集中复用功能，同时提供不对称数据流的流量控制，用户可以通过 DSLAM 接入到 IP 等数据网和传统的语音电话网；用户端设备 ATU-R 实现 POTS 语音与数据的分离，完成用户端 ADSL 数据的接收和发送，即 ADSL Modem。ADSL 采用双绞线作为承载媒介，语音与数据信号同时承载在双绞线上，无须对现有的用户线路进行改造，有利于宽带业务的扩展。管理服务器主要是宽带接入服务器（BRAS），除了能够提供 ADSL 用户接入的终结、认证、计费和管理等基本 BRAS 业务外，还可以提供防火墙、安全控制、NAT 转换、带宽管理和流量控制等网络业务管理功能。

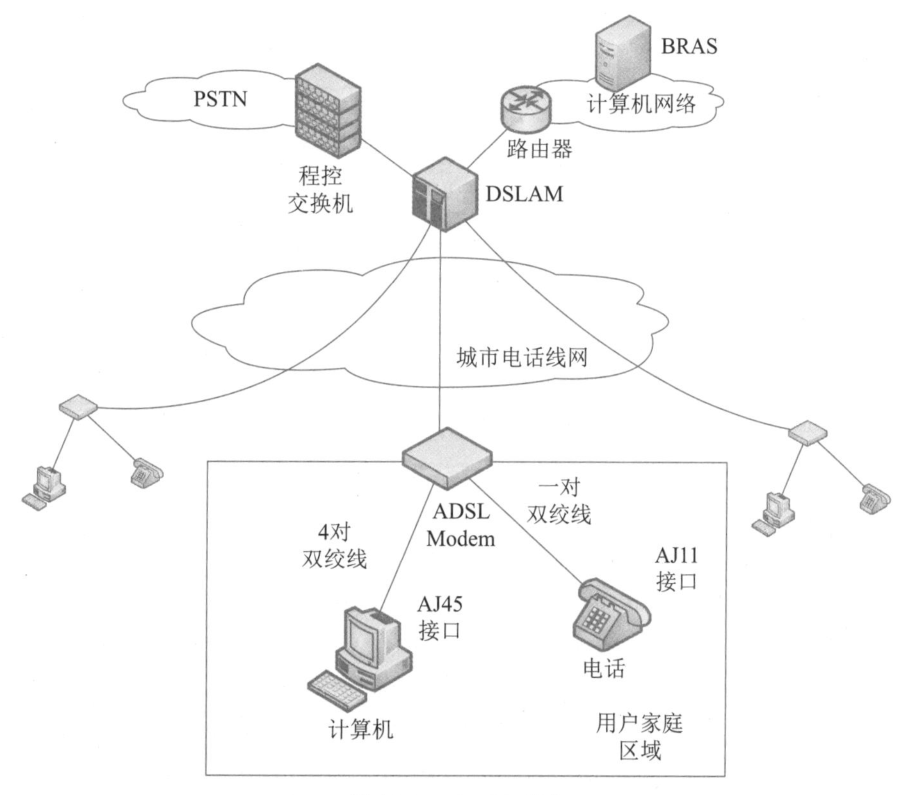

图 10-10　ADSL 接入

2. MSTP 接入

基于 SDH（Synchronous Digital Hierarchy，同步数字体系）的多业务传送平台（Multi-Service Transport Platform，MSTP）是指基于 SDH 平台同时实现 TDM、ATM、以太网等业务的接入、

处理和传送，提供统一网管的多业务节点。基于SDH的多业务传送节点除应具有标准SDH传送节点所具有的功能外，还具有以下主要功能特征：

（1）具有TDM业务、ATM业务或以太网业务的接入功能。

（2）具有TDM业务、ATM业务或以太网业务的传送功能，包括点到点的透明传送功能。

（3）具有ATM业务或以太网业务的带宽统计复用功能。

（4）具有ATM业务或以太网业务映射到SDH虚容器的指配功能。

MSTP在网络互连领域主要用于企业用户网络建设和用户接入补充。企业客户网络数量较多，地点分布零散，业务需求各不相同，如果把所有企业专网纳入统一的SDH传输平台，则投资成本过高。用户可针对企业网络业务的种类、数量，并考虑服务等级、投资成本等因素，分期、分层对企业网络进行优化、改造，在部分企业专网中引入MSTP设备，采用环形和星形网络拓扑结合的方式逐步实现对不同等级客户的不同服务质量保障。MSTP平台可以提供SDH网络提供的所有传输带宽，并且能够实现多个网络部分之间共享传输带宽。

具体的建设方案如下：将企业网络服务平台划分为核心层和接入层，将业务发展良好、业务集中、业务种类复杂的企业专网和重点企业用户纳入核心层。通过对光缆线路资源进行优化，在核心层引入MSTP设备组成环网，建立专有的重要企业业务平台，提供丰富的业务种类和可定制服务（ATM、Ethernet以及2M专线等业务），网络的结构、容量、管理和发展均以满足重点企业业务的开展为基准。将业务数量少、业务种类较单一、节点多且分布零散的企业分支机构及小型企业纳入接入层。出于成本考虑，接入层仍保持星形组网或光纤直连方式，今后可根据客户业务的发展逐步进行改造。

如图10-11所示是利用MSTP技术实现一个企业不同局域网络之间连接的示例。MSTP设备借助于SDH网络提供的链路形成MSTP业务环，企业的不同局域网借助于路由器接入到MSTP设备的以太网接口。这些企业网络所有的局域网之间的连接并不需要占用多个SDH信道，而是共享一个传统SDH信道的带宽，通过这种方式，可以避免企业网络连接对SDH网络资源的大量浪费。同时，由于各个局域网络之间访问的透明性、随机性和不确定性，企业用户的网络感受和传统SDH互连方式区别不大。

3. VPN技术

虚拟专用网（VPN）是通过公共网络实现远程用户或远程局域网之间的互连，主要采用隧道技术，让报文通过Internet或其他商用网络等公共网络进行传输。

传统的VPN技术主要是基于实现数据安全传输的协议来完成，主要包括两个层次的数据安全传输协议，分别为二层协议和三层协议。二层协议主要是对传统拨号协议PPP的扩展，通过定义多协议跨越第二层点对点链接的一个封装机制来整合多协议拨号服务至现有的因特网服务供应商，保证分散的远程客户端通过隧道方式经由Internet等网络访问企业内部网络。其典型协议为L2TP，主要用于利用拨号系统实现远程用户安全接入企业网络。三层协议主要定义了在一种网络层协议上封装另一个协议的规范，通过对需要传递的业务数据的网络层分组进行封装，封装后的分组仍然是一个网络层分组，可以在VPN寄生的网络上进行传递，使得各个VPN部分之间可以借助隧道进行通信。典型的三层协议包括IPSec和GRE，其中，IPSec主要是在IP协议上实现封装；GRE是一种规范，可以适用于多种协议的封装。

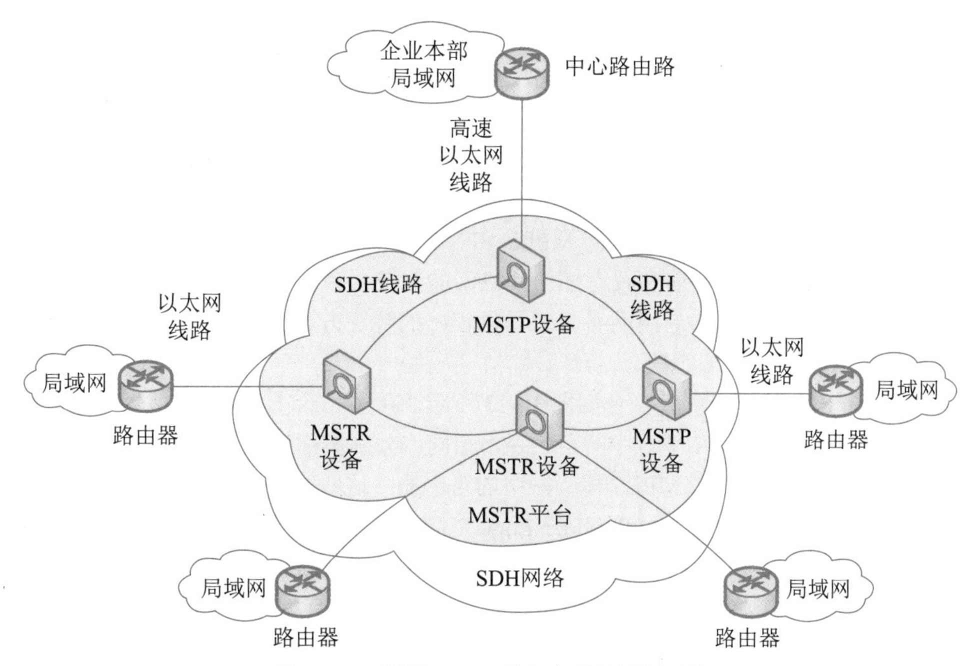

图 10-11　利用 MSTP 平台实现局域网互连

基于三层协议的 VPN 技术主要用于企业各局域网络之间的连接，分为点对点方式和中心辐射状方式，如图 10-12 所示。在点对点方式（Point-to-Point）下，两个分支局域网络边界上部署 VPN 网关或者是带有 VPN 功能的防火墙、路由器，这些 VPN 网关通过物理链路接入因特网，并由 IPSec 协议或 GRE 协议形成两个路由器之间的逻辑隧道，实现局域网络之间的数据传递；

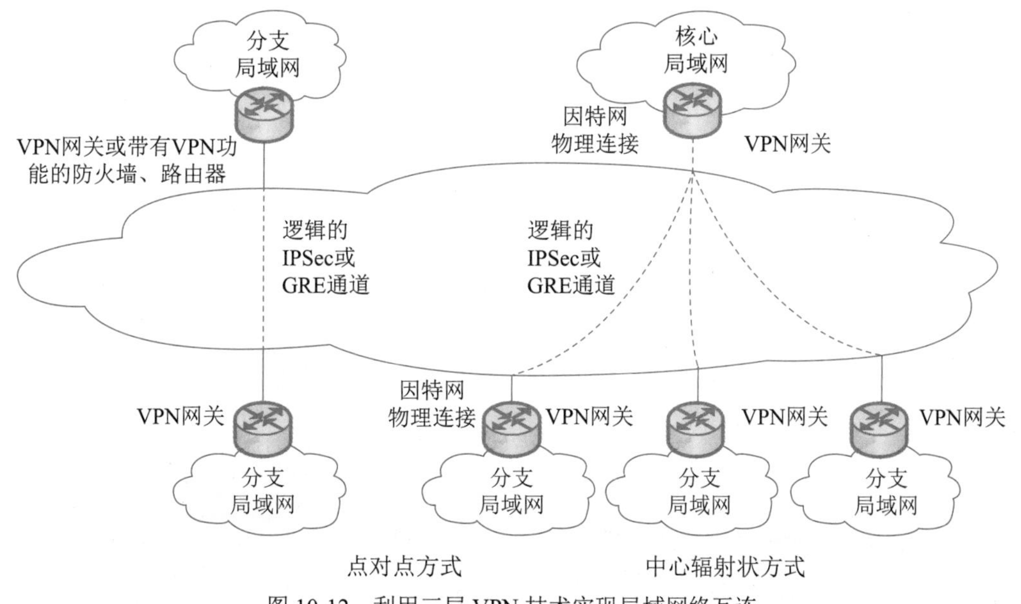

图 10-12　利用三层 VPN 技术实现局域网络互连

在中心辐射状方式（Hub-and-Spoke）下，核心局域网和各分支局域网的边界上都部署 VPN 网关，核心局域网路由器和每个分支局域网路由器之间建立逻辑隧道，完成多个局域网分支的互连，分支局域网之间的访问需要经过核心局域网的转发。

MPLS VPN 是在网络路由和交换设备上应用 MPLS 技术，简化核心路由器的路由选择方式，结合传统路由技术的标记交换实现的 IP 虚拟专用网络，可用来构造合适带宽的企业网络、专用网络，满足多种灵活的业务需求。采用 MPLS VPN 技术可以把现有的 IP 网络分解成逻辑上隔离的网络，用于解决企业网互连和政府部门网络间的互连，也可以用来提供新的业务，为解决 IP 网络地址不足、QoS 需求和专用网络需求提供较好的解决方案，因此也成为新型电信运营商提供局域网络互连服务的主要手段。

一个典型的 MPLS VPN 承载平台如图 10-13 所示。承载平台上的设备主要由各类路由器组成，这些路由器在 MPLS VPN 平台中的角色各不相同，分别被称为 P 设备、PE 设备、CE 设备。P 路由器（Provider Router）是 MPLS 核心网中的路由器，这些路由器只负责依据 MPLS 标签完成数据包的高速转发；PE 路由器（Provider Edge Router）是 MPLS 核心网上的边缘路由器，与用户的 CE 路由器互连，PE 设备负责待传送数据包的 MPLS 标签的生成和弹出，负责将数据包按标签发送给 P 路由器或接收来自 P 路由器的包含标签的数据包，PE 路由器还将发起根据路由建立交换标签的动作；CE 路由器（Customer Edge Router）是直接与电信运营商相连的用户端路由器，该设备上不存在任何带有标签的数据包，CE 路由器将用户网络的信息发送给 PE 路由器，以便在 MPLS 平台上进行路由信息的处理。

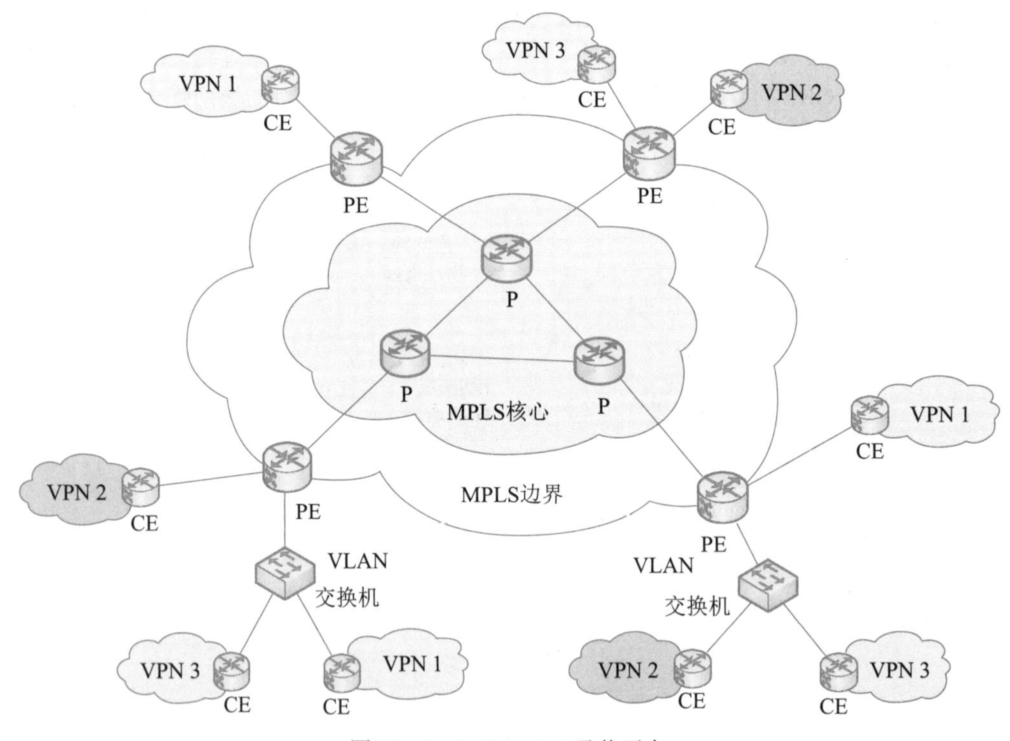

图 10-13　MPLS VPN 承载平台

10.4　网络规划案例

10.4.1　案例1

某学校在原校园网的基础上进行网络改造，网络方案如图 10-14 所示。其中，网管中心位于办公楼第三层，采用动态及静态结合的方式进行 IP 地址的管理和分配。

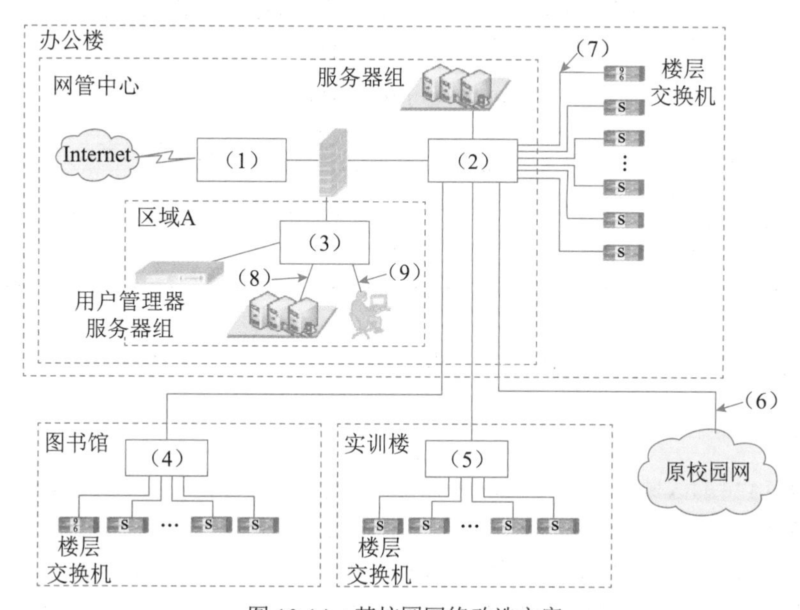

图 10-14　某校园网络改造方案

【问题 1】

设备选型是网络方案规划设计的一个重要方面，请用 200 字以内文字简要叙述设备选型的基本原则。

【问题 2】

从表 10-1 中为图 10-14 中的（1）～（5）处选择合适的设备，将设备名称写在答题纸的相应位置。

表 10-1　设备表

设备类型	设备名称	数量	性能描述
路由器	Router 1	1	模块化接入，固定的广域网接口 + 可选广域网接口，固定的局域网接口 100/1000Base-T/TX
交换机	Switch 1	1	交换容量：1.2T；转发性能：285Mpps；可支持接口类型：100/1000 Base-T、GE、10GE；电源冗余：1+1
	Switch 2	1	交换容量：140G；转发性能：100Mpps；可支持接口类型：GE；电源冗余：无；20 百兆 / 千兆自适应电口
	Switch 3	2	交换容量：100G；转发性能：66Mpps；可支持接口类型：FE、GE；电源冗余：无；24 千兆光口

【问题3】

为图10-14中的（6）～（9）处选择介质，填写在答题纸的相应位置。

备选介质：

千兆双绞线　百兆双绞线　双千兆光纤链路　千兆光纤

【问题4】

请用200字以内文字简要叙述针对不同用户分别进行动态和静态IP地址配置的优点，并说明图中的服务器以及用户采用哪种方式进行IP地址配置（见表10-2）。

表10-2　IP地址配置方式

服务器或用户	IP地址配置方式
邮件服务器	（1）
网管PC	（2）
学生PC	（3）

【问题5】

通常，有恶意用户采用地址假冒方式盗用IP地址，可以采用什么策略防止静态IP地址的盗用？

【问题6】

（1）图10-14中的区域A是什么区？（请从以下选项中选择）

A. 服务区　B. DMZ区　C. 堡垒主机　D. 安全区

（2）学校网络中的设备或系统有存储学校机密数据的服务器、邮件服务器、存储资源代码的PC、应用网关、存储私人信息的PC和电子商务系统等，这些设备哪些应放在区域A中？哪些应放在内网中？请简要说明。

1. 案例分析

（1）本案例的问题1主要是考查网络设备选型方面的知识。一般而言，在选择网络设备时应当遵循以下原则：

①可靠性。由于升级的往往是核心和骨干网络，其重要性不言而喻，一旦瘫痪则影响巨大。因此，必须将可靠性放在第一位。无论是品牌的选择，还是设备的配置，都应将可靠性作为第一考虑。

②性能。作为骨干网络节点，核心交换机、汇聚交换机必须能够提供完全无阻塞的多层交换性能，以保证业务的顺畅。

③可管理性。一个中大型网络可管理程度的高低直接影响运行成本和业务质量。因此，所有的节点都应是可网管的，而且需要有一个强有力、简洁的网络管理系统能够对网络的业务流量、运行状况等进行全方位的监控和管理。

④灵活性和可扩展性。由于校园网络结构复杂，需要交换机能够接续全系列接口，例如光口和电口、百兆、千兆和万兆端口，以及多模光纤接口和长距离的单模光纤接口等。其交换结构也应能根据网络的扩容灵活地扩大容量。其软件应具有独立知识产权，应保证其后续研发和

升级，以保证对未来新业务的支持。

⑤安全性。随着网络的普及和发展，各种各样的攻击也在威胁着网络的安全。不仅仅是接入交换机，骨干层次的交换机也应考虑安全防范的问题，例如访问控制、带宽控制等，从而有效控制不良业务对整个骨干网络的侵害。

⑥ QoS 控制能力。随着网络上的多媒体业务流（语音、视频等）越来越多，人们对核心交换节点提出了更高的要求，不仅要能进行一般的线速交换，还要能根据不同业务流的特点对它们的优先级和带宽进行有效控制，从而保证重要业务和时间敏感业务的顺畅。

⑦标准性和开放性。由于网络往往是一个具有多种厂商设备的环境，因此，所选择的设备必须能够支持业界通用的开放标准和协议，以便能够和其他厂商的设备有效地互通。

⑧性价比。在满足网络需求和网络应用的基础上，还应当充分考虑设备的性价比，以达到最大的投资回报率。

（2）问题 2 要求考生掌握网络方案设计中设备部署的相关知识，从表中关于路由器设备的性能描述“固定的广域网接口 + 可选广域网接口”可知，图 10-14 中空（1）处的网络设备应选择路由器（Router 1），通过 Router 1 的广域网接口连接到 Internet。根据交换容量、包转发能力、可支持接口类型和电源冗余模块等方面对比表中交换机设备 Switch 1、Switch 2、Switch 3 可知，设备 Switch 1 的性能和可靠性最好，设备 Switch 2 的性能次之，设备 Switch 3 的性能稍差一些。仔细分析该校园网的拓扑结构，可知空（2）处的网络设备是校园网的核心层，它必须提供稳定可靠的高速交换，并且能够连接各种接口类型，因此空（2）处的设备应为 Switch 1。

空（3）处的网络设备至少需要提供一个百兆 / 千兆电口用于连接防火墙的 DMZ 接口，以及若干个快速以太网电口或光口用于连接服务器组、用户管理器和网络管理工作站。表中关于交换机设备 Switch 2 的性能描述“可支持接口类型：GE”“20 百兆 / 千兆自适应电口”可满足以上网络连接要求，因此空（3）处的网络设备应选择交换机 Switch 2。

从空（4）和空（5）的位置可知，该设备位于汇聚层。考虑到综合布线系统中各大楼建筑物之间通常采用光纤作为传输介质，结合表中关于交换机设备 Switch 3 的性能描述“可支持接口类型：FE、GE”“24 千兆光口”可知，空（4）和空（5）处的网络设备应选择交换机 Switch 3。

（3）问题 3 要求考生掌握网络方案设计中传输介质选择的相关知识。

由 IEEE 802.3ad 工作组制定的链路聚合（Port Trunking）技术支持 IEEE 802.3 协议，是一种用来在两台核心交换机之间扩大通信吞吐量、提高可靠性的技术。该技术可使交换机之间连接最多 4 条负载均衡的冗余连接。核心交换机之间采用双千兆光纤结构，可以保证在任何时刻任意一条链路出现故障时在极短的时间内自动切换到另一条链路上，从而排除单点故障。在如图 10-14 所示的拓扑结构中，新的核心层交换机与原校园网的连接介质应该采用双千兆光纤链路以提高可靠性。

结合工程经验可知，在设计层次化网络方案时，综合考虑到网络应用涉及数据、音频、视频传输，为保证传输带宽和质量，核心层交换机与各层交换机的连接介质一般采用千兆光纤，即空（7）处的传输介质可选择“千兆光纤”。

根据上面的分析可知，空（3）处的交换机 Switch 2 可支持千兆以太网（GE）接口类型，且有20个百兆/千兆自适应电口。综合考虑到与Switch 2交换机相连接的服务器组要求较高的通信性能，因此空（8）处的传输介质可选择“千兆双绞线”。空（9）处的传输介质用于连接网管工作站，一般与交换机设备距离不会超过100m，并且对传输速率和服务质量没有太高的要求，因此空（9）处的传输介质可选择“百兆双绞线”。

（4）本问题比较简单，一方面是考查静态IP地址和动态IP地址的区别，另一方面是考查哪些设备应配置静态IP地址，哪些设备适宜采用动态分配IP地址。

在采用静态IP地址配置方案时，每个用户都有自己独立且固定的IP地址。通常，企业网或校园网中的路由器、交换机、防火墙、各种应用服务器、网络管理工作站、网络打印机等应采用静态IP地址分配。因此，本问题中邮件服务器、网管PC需采用静态IP地址分配。

由于IP地址资源的宝贵性，加上用户上网时间和空间的离散性，采用动态IP地址配置方案为用户分配一个临时的IP地址一方面可避免IP地址资源的浪费，另一方面对用户透明，不需要在每台用户计算机上配置IP参数，比较简单方便。这种配置方案增加了用户接入的灵活性，适合于客户端的接入场景，因此学生PC最好采用动态IP地址分配。

（5）本问题要求考生掌握防止静态IP地址盗用的相关知识。IP地址的修改非常容易，MAC地址存储在网卡的EEPROM中，而且网卡的MAC地址是唯一确定的。因此，为了防止内部人员进行非法IP盗用（例如盗用权限更高人员的IP地址，以获得权限外的信息），可以将内部网络的IP地址与MAC地址绑定，盗用者即使修改了IP地址，也会因MAC地址不匹配而盗用失败。

（6）本问题要求考生掌握防火墙DMZ区的概念以及服务器部署的相关知识。防火墙中的DMZ区也称为非武装区域，允许外网的用户有限度地访问其中的资源。通常，DMZ区的安全规则如下：

①允许外部网络用户访问DMZ区的面向外网的应用服务（如Web、FTP和BBS等）。

②允许DMZ区内的应用服务器及工作站访问Internet。

③禁止DMZ区的应用服务器访问内部网络。

④禁止外部网络非法用户访问内部网络等。

通常，DMZ区内的服务器不应包含任何商业机密、资源代码或是私人信息。存放机密、私人信息的设备应部署在内部网络中。

由以上分析可知，要保证学校相关信息的机密性，就要避免外部网络的用户和内部网络中未经授权的用户直接访问存储学校机密数据的服务器、存储资源代码的PC和存储私人信息的PC等，因此需要将这些设备部署在校园网内部网络中，以确保其安全。

对于邮件服务器、电子商务系统和应用网关等设备既要允许内、外网主机对其访问，又要保障它们的安全性。因此，这些设备需部署在防火墙的DMZ区域中。

2. 案例参考答案

（1）标准化原则：所选择的设备必须基于国际标准或行业标准，因为只有基于标准的产品才有可能与其他厂商的产品互联互通。

可管理性原则：对于大型网络而言，这一点是至关重要的，它不仅关系到系统的性能指标，甚至关系到系统的可用性。主要考查网管系统对所选设备的监管、配置能力，以及设备可以提供的统计信息和故障检测手段，如骨干交换机必须具备端口镜像能力。这对于故障诊断，以及今后的网络规划具有特别重要的价值。

容错冗余性原则：除了在网络设计时要考虑冗余，骨干设备的容错冗余也是必需的。所谓容错，就是设备的某一模块出现故障时是否会影响其他模块，乃至其他设备的正常工作；是否支持热插拔；是否支持备份设备的自动切换等。所谓冗余，就是配置的设备是否可以安装多个相同功能的模块，在工作正常的情况下实施负载分担，当其中一个出现问题时自动切换。

可扩展性原则：主干设备的选择应预留一定的扩展能力，而低端设备够用即可。

保护原有投资原则：根据方案实际需要选型，即根据网络实际带宽性能需求、端口类型和端口密度等选型。尽量让旧设备降级纳入到新系统中，保护用户原有的投资。

（2）空（1）：Router 1　　空（2）：Switch 1　　空（3）：Switch 2
空（4）：Switch 3　　空（5）：Switch 3

（3）空（6）：双千兆光纤链路　　空（7）：千兆光纤
空（8）：千兆双绞线　　空（9）：百兆双绞线

（4）静态 IP 地址配置的优点：每个用户拥有固定的 IP 地址，便于网络的管理以及资源的相互访问，无须配置专用的 IP 地址管理服务器。动态 IP 地址配置的优点：可避免 IP 地址资源的浪费，增加了用户入网的灵活性。

空（1）：静态 IP 地址　空（2）：静态 IP 地址　空（3）：动态 IP 地址

（5）将 IP 地址与 MAC 地址进行绑定。

（6）区域 A 是 DMZ 区。区域 A 中放置邮件服务器、应用网关、电子商务系统；内网中放置存储学校机密数据的服务器、存储资源代码的 PC 和存储私人信息的 PC。

DMZ（Demilitarized Zone）可以理解为一个不同于外网或内网的特殊网络区域。DMZ 内通常放置一些不含机密信息的公用服务器，例如 Web、Mail 和 FTP 等。这样，来自外网的访问者可以访问 DMZ 中的服务，但不可能接触到存放在内网中的公司机密或私人信息等。即使 DMZ 中的服务器受到破坏，也不会对内网中的机密信息造成影响。

10.4.2 案例2

某企业网络的拓扑结构如图 10-15 所示，阅读以下关于该企业网络结构的描述，然后回答问题 1 至问题 4。

（1）某企业网络由总公司和分公司组成，其中，分公司的网络自治系统 2（AS 2）采用 OSPF 路由协议，总公司的网络自治系统 1（AS 1）采用 RIPv2 路由协议。

（2）该企业网络有两个出口，一个出口通过 Router 1 的 S0 端口连接 ISP 1，另一个出口通过 Router 1 的 S1 端口连接 ISP 2。

（3）路由器 Router 1 的 Fa0/0 端口连接 LAN 3，该端口的 IP 地址为 192.168.3.1/24。Router 1 的 Fa0/0、Fa0/1、Fa0/2 端口启用了 RIPv2 协议。Router 1 的 Fa0/3 端口启用了 OSPF 协议。

（4）路由器 Router 2 的 Fa0/0 端口连接 LAN 1，其 IP 地址为 192.168.1.1/24，在该端口启用了 RIPv2 协议。

（5）路由器 Router 5 的 Fa0/1 端口连接 LAN 2（192.168.2.0/24），该端口的 IP 地址为 192. 168.2.1/24。

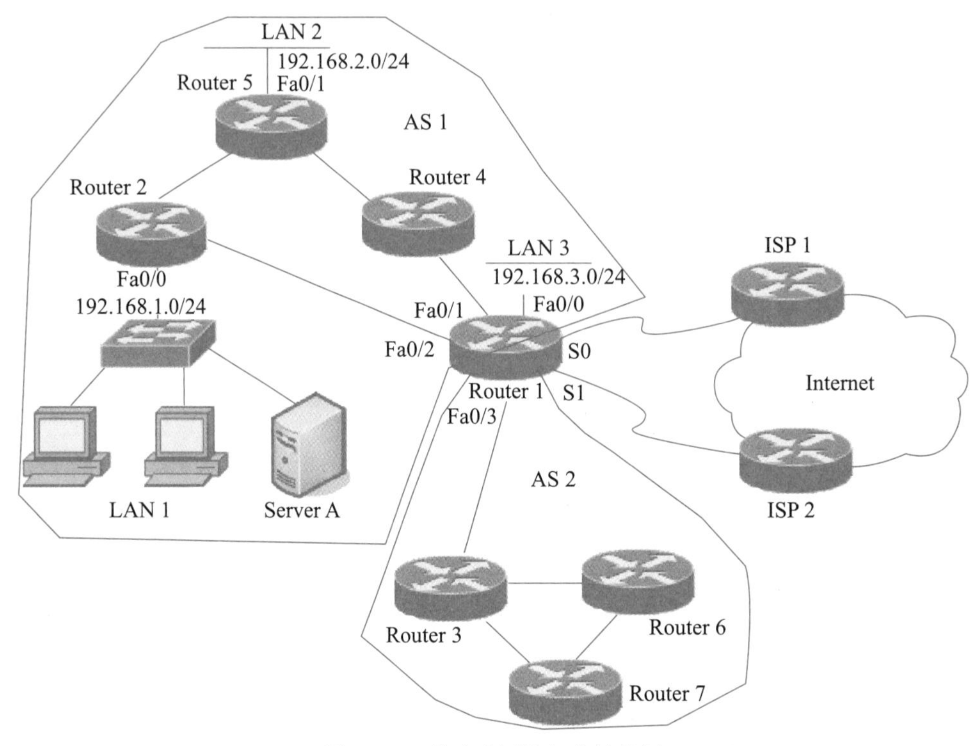

图 10-15　某企业网络拓扑结构图

【问题 1】

与 Router 2 连接的局域网 LAN 1 是一个末节网络，而且已接近饱和，为了减少流量，需要过滤进入 LAN 1 的路由更新，可以采用什么方法实现？请写出配置过程。

【问题 2】

LAN 2 中的计算机不需要访问 LAN 3 中的计算机，为了进一步控制流量，网络管理员决定通过访问控制列表阻止 192.168.2.0/24 网络中的主机访问 192.168.3.0/24 网络，请问应将访问控制列表设置在哪台路由器上？如何配置？

【问题 3】

如果希望采用策略路由将来自 192.168.3.0/24 网络去往 Internet 的数据流转发到 ISP 1，将来自 192.168.2.0/24 网络去往 Internet 的数据流转发到 ISP 2，应如何配置？

【问题 4】

要求自治系统 1 中的路由器 Router 2 能学习到自治系统 2（OSPF 网络）中的路由信息，同时 Router 3 也能学习到自治系统 1 中的路由信息，应采用什么方法？请写出配置过程。

1. 案例分析

网络管理员可以通过设置路由器何时交换路由更新以及路由更新中应包含哪些信息来优化

网络中的路由。本案例主要考查路由优化的相关知识，包括路由更新控制、基于策略的路由和路由重发布等。

（1）问题 1 需要过滤进入 LAN 1 的路由更新，可以将连接 LAN 1 的 Fa0/0 端口配置为被动接口。被动接口只接收路由更新不发送路由更新。passive-interface 命令可以用于所有 IP 内部网关协议（包括 RIP、IGRP、EIGRP、OSPF 和 IS-IS），该命令的语法如下：

```
Router(config-router)# passive-interface type number
```

（2）为了过滤不必要的通信流量，可以通过配置访问控制列表来实现。问题 2 主要考查配置访问控制列表的原则和方法。访问控制列表（ACL）是应用于路由器接口的指令列表，用于指定哪些数据包可以接收并转发，哪些数据包需要拒绝，ACL 可以限制网络流量、提高网络性能。ACL 的工作原理是读取数据包中第三层及第四层头部中的源 IP、目的 IP 和目的端口等信息，然后根据预先定义好的规则对包进行过滤。

访问控制列表的种类包括标准访问控制列表和扩展访问控制列表。其中，标准访问控制列表根据数据包的源 IP 地址决定转发或丢弃数据包，其常用的访问控制列表号为 1 ～ 99。扩展访问控制列表基于源 IP、目的 IP、传输层协议和应用服务端口号进行过滤，使用扩展 ACL 可实现更加精确的流量控制，其常用的访问控制列表号为 100 ～ 199。

ACL 通过过滤数据包并且丢弃不希望抵达目的地的数据包来控制通信流量。然而能否有效地减少不必要的通信流量，还要取决于网络管理员把 ACL 部署在哪个地方。其部署原则是标准 ACL 要尽量靠近目的端，扩展 ACL 则要尽量靠近源端。因此，本问题应在路由器 Router 5 上配置扩展访问控制列表。

（3）本问题要求考生掌握策略路由的原理及其配置方法。通过策略路由，路由器可以按照事先设置好的规则根据数据包的目的 IP 或源 IP 来选择路由。尽管策略路由可以用于在 AS 中控制数据流，但它通常用于控制 AS 间的路由。

route-map 命令用于配置策略路由，该命令的语法如下：

```
Router(config)# route-map map-tag {permit|deny} [sequence-number]
Router(config-map-router)#
```

参数 *map-tag* 是该路由图的标识符，可以将其设置为容易理解的字符串，例如 ISP 2。route-map 命令将把路由器的模式改变为路由图配置模式（config-map-router），在该模式下，可以为路由图配置条件。每个 route-map 命令中都有一组 set 和 match 命令。match 命令用于指定匹配准则，set 命令用于设置满足匹配条件时要采取的动作。

路由图的运行机理和访问控制列表相似，都是逐行进行检查，遇到匹配就立即进行处理。

（4）本问题要求考生掌握路由重发布相关的基本知识及配置方法。为了在因特网络中高效地支持多种路由选择协议，必须在这些不同的路由协议之间共享路由信息。例如，从 RIP 路由进程所学习到的路由可能需要被注入到 IGRP 路由进程中去。在路由选择协议之间交换路由信息的过程称为路由重发布。这种重发布可以是单向的或双向的，单向是指一种路由协议从另一种路由协议那里接收路由，双向是指两种路由选择协议互相接收对方的路由。执行路由重发布的路由器称为边界路由器，因为它处于两个或多个自治系统或者路由域的边界上。

根据本问题的要求，应该在路由器 Router 1 上配置双向路由重发布。

2. 案例参考答案

（1）为了阻止路由更新进入 LAN 1，可以将路由器 Router 2 的 Fa0/0 端口配置为被动接口。

```
Router2(config)# router rip
Router2(config-router)# passive-interface fa0/0
```

（2）应将访问控制列表设置在路由器 Router 5 上，配置方法如下：

```
Router5(config)# access-list 101 deny ip 192.168.2.0 0.0.0.255 192.168.3.0 0.0.0.255
Router5(config)# access-list 101 permit ip any any
Router5(config)# int fa0/1
Router5(config-if)#ip access-group 101 in
```

（3）可以在路由器 Router 1 上配置策略路由，配置方法如下：

```
Router1(config)# access-list 1 permit 192.168.3.0 0.0.0.255
Router1(config)# access-list 2 permit 192.168.2.0 0.0.0.255
Router1(config)# route-map ISP1 permit 10
Router1(config-route-map)# match ip address 1
Router1(config-route-map)# set interface serial 0
Router1(config-route-map)# exit
Router1(config)# route-map ISP2 permit 20
Router1(config-route-map)# match ip address 2
Router1(config-route-map)# set interface serial 1
```

然后将每个路由图应用到路由器 Router 1 的适当接口上，这里的适当接口是指数据流进入路由器的接口。

```
Router1(config)# interface fa0/0
Router1(config-if)# ip policy route-map ISP1
Router1(config-if)# interface fa0/1
Router1(config-if)# ip policy route-map ISP2
Router1(config-if)# interface fa0/2
Router1(config-if)# ip policy route-map ISP2
```

（4）可以在两个自治系统的边界路由器 Router 1 上设置路由重发布，配置过程如下：

配置 OSPF 协议和路由重发布命令：

```
Router1(config)# router ospf 101
Router1(config-router)# redistribute rip subnets
```

```
Router1(config-router)# network ×.×.×.× wildcard area 0
```

配置 RIP 协议和路由重发布：

```
Router1(config)# router rip
Router1(config-router)# network ×.×.×.× //配置多条 network 命令
Router1(config-router)# passive-interface fa0/3
Router1(config-router)# redistribute ospf 101 match internal external 1 external 2
Router1(config-router)# default-metric 10
```